ES

BODENSCHUTZ UND ALTLASTEN

Band 7

Vollzugshilfe Bodenschutz und Altlastensanierung

Erläuterungen zur Bundes-Bodenschutz- und Altlastenverordnung

Von
Dr. Klaus-Peter Fehlau, Dr. Bernd Hilger
und Dr. Wilhelm König

unter Mitarbeit von
Dr. Thomas Delschen, Dipl.-Ing. Ulrich Eckhoff,
Dr. Hans-Volker Neidhart, Dipl.-Ing. Michael Odensaß,
Dr. Joachim Ruf und Dr. Stefan Seiffert

ERICH SCHMIDT VERLAG

Die Deutsche Bibliothek – CIP-Einheitsaufnahme

Fehlau, Klaus-Peter:
Vollzugshilfe Bodenschutz und Altlastensanierung : Erläuterungen zur Bundes-Bodenschutz- und Altlastenverordnung / Klaus-Peter Fehlau ; Bernd Hilger ; Wilhelm König. - Berlin : Erich Schmidt, 2000
  (Bodenschutz und Altlasten ; Bd. 7)
  ISBN 3-503-05858-3

ISBN 3 503 05858 3

Alle Rechte vorbehalten
© Erich Schmidt Verlag GmbH & Co., Berlin 2000
www.erich-schmidt-verlag.de

Gedruckt auf
Recyclingpapier „RecyMago"
der Fa. E. Michaelis & Co., Reinbek

Druck: Regensberg, Münster

Vorwort

Die am 17. Juli 1999 in Kraft getretene Bundes-Bodenschutz- und Altlastenverordnung konkretisiert zentrale Vorschriften des Bundes-Bodenschutzgesetzes und wird dessen Vollzug künftig entscheidend bestimmen.

Die hier vorgelegte Schrift nimmt die Bezüge zwischen den Vorschriften des Bundes-Bodenschutzgesetzes und den Regelungen der Bundes-Bodenschutz- und Altlastenverordnung auf, sie erläutert in erster Linie aber die fachlichen, technischen und vollzugspraktischen Aspekte der Verordnung. Dabei werden vor allem auch die Vorarbeiten von (Bund-)Ländergremien berücksichtigt, die einzelnen Regelungen der Verordnung zugrunde liegen.

Ergänzend wurden zahlreiche Regelwerke und Arbeitshilfen aus den Ländern und Veröffentlichungen des Umweltbundesamtes beigezogen und in einer Übersicht als Anhang zu dieser Schrift zusammengestellt.

Die Autoren der Vollzugshilfe waren auf unterschiedliche Weise an den fachlichen Vorarbeiten und der Erarbeitung der Verordnung oder auch im Rechtssetzungsverfahren beteiligt. Diese Erfahrungen aus der Entstehungsgeschichte der Verordnung sind in die Anwendungshinweise und Erläuterungen dieser Schrift eingebracht. Auch auf die Begründungen zum Regierungsentwurf sowie zu den Ergänzungs- und Änderungsanträgen aus dem Bundesratsverfahren wird Bezug genommen.

Die Herausgeber haben sich darum bemüht, die Auffassungen der beteiligten Autoren in Einklang zu bringen. Gleichwohl bleibt jeder Autor für den Inhalt seiner Beiträge verantwortlich. Die Textbeiträge der einzelnen Autoren sind namentlich gekennzeichnet.

Eine Reihe weiterer Fachkollegen haben die Arbeit an dieser Schrift durch wertvolle Anregungen unterstützt. Ihnen sei auch auf diesem Wege gedankt. Besonderen Dank schulden die Herausgeber Frau Melitta Borho und Frau Elke Fabritius für die sorgfältige Bearbeitung der Texte und die Zusammenstellung des Anhangs.

Düsseldorf und Bonn im Februar 2000   Die Herausgeber

Inhaltsverzeichnis

Seite

Einführung 11
Verordnungstext 21
Erläuterungen zu den einzelnen Vorschriften 85

Erster Teil Allgemeine Vorschriften

§ 1   Anwendungsbereich 85
§ 2   Begriffsbestimmung 86

Zweiter Teil Anforderungen an die Untersuchung und Bewertung von Verdachtsflächen und altlastverdächtigen Flächen

§ 3   Untersuchung 109
§ 4   Bewertung 141

Dritter Teil Anforderungen an die Sanierung von schädlichen Bodenveränderungen und Altlasten

§ 5   Sanierungsmaßnahmen, Schutz- und Beschränkungsmaßnahmen 161

Vierter Teil Ergänzende Vorschriften für Altlasten

§ 6   Sanierungsuntersuchung und Sanierungsplanung 184

Fünfter Teil Ausnahmen

§ 7   Ausnahmen 190

Seite

Sechster Teil Ergänzende Vorschriften für die Gefahrenabwehr von schädlichen Bodenveränderungen auf Grund von Bodenerosion durch Wasser

§ 8   Gefahrenabwehr von schädlichen Bodenveränderungen auf Grund von Bodenerosion durch Wasser 192

Siebter Teil Vorsorge gegen das Entstehen schädlicher Bodenveränderungen

§ 9   Besorgnis schädlicher Bodenveränderungen
§ 10   Vorsorgeanforderungen
§ 11   Zulässige Zusatzbelastung 198
§ 12   Anforderungen an das Auf- und Einbringen von Materialien auf oder in den Boden 206

Achter Teil Schlußbestimmungen

§ 13   Zugänglichkeit von technischen Regeln und Normblättern 224
§ 14   Inkrafttreten 225

Anhang 1   Anforderungen an die Probennahme, Analytik und Qualitätssicherung bei der Untersuchung
          1.   Untersuchungsumfang und erforderlicher Kenntnisstand 226
          2.   Probennahme 236
          3.   Untersuchungsverfahren................................ 253
          4.   Qualitätssicherung
          5.   Abkürzungsverzeichnis
          6.   Normen, Technische Regeln und sonstige Methoden, Bezugsquellen 275

Seite

Anhang 2 Maßnahmen-, Prüf- und Vorsorgewerte
1. Wirkungspfad Boden – Mensch (direkter Kontakt)... 279
2. Wirkungspfad Boden – Nutzpflanze 289
3. Wirkungspfad Boden – Grundwasser 306
4. Vorsorgewerte für Böden 311
5. Zulässige zusätzliche jährliche Frachten 315

Anhang 3 Anforderungen an Sanierungsuntersuchungen
und den Sanierungsplan 316

Anhang 4 Anforderungen an die Untersuchung und Bewertung
von Flächen, bei denen der Verdacht einer schädlichen
Bodenveränderung auf Grund von Bodenerosion
durch Wasser vorliegt 344

Anhang

**Regelwerke und Veröffentlichungen aus den Ländern,
Veröffentlichungen des Umweltbundesamtes**

Teil 1   Gesamtdarstellungen 349

Teil 2   Erfassung 352

Teil 3   Gefährdungsabschätzung 357

Teil 4   Sanierung, Schutz- und Beschränkungsmaßnahmen 376

Teil 5   Vorsorge 381

Teil 6   Bodenerosion 385

Stichwortverzeichnis 387

Einführung

Übersicht   Rdnr.

1. Ziele des Gesetzes beim Erlaß bundesrechtlicher Regelungen
   zum Bodenschutz und zur Altlastensanierung 1
2. Überblick zur Entstehungsgeschichte der Bundes-Bodenschutz-
   und Altlastenverordnung 5
3. Anwendungsbereich der Bundes-Bodenschutz- und
   Altlastenverordnung 8
   3.1 Anwendungsbereich des Bundes-Bodenschutzgesetzes 9
   3.2 Verordnungsermächtigung des Bundes-Bodenschutzgesetzes .. 15
4. Konzeption der Verordnung 20
   4.1 Rechtsform einer Rechtsverordnung 20
   4.2 Aufbau der Bundes-Bodenschutz- und Altlastenverordnung 21
Literatur

1. Ziele des Gesetzgebers beim Erlaß bundesrechtlicher Regelungen zum Bodenschutz und zur Altlastensanierung

Am 1. März 1999 trat das Gesetz zum Schutz vor schädlichen Bodenverän- 1
derungen und zur Sanierung von Altlasten (Bundes-Bodenschutzgesetz –
BBodSchG) in Kraft. Das untergesetzliche Regelwerk zum Gesetz – die
Bundes-Bodenschutz- und Altlastenverordnung (BBodSchV) – folgte am
17. Juli 1999. Seitdem gelten für den vorsorgenden Schutz des Bodens und
die Sanierung von Böden und Altlasten bundesweit einheitliche Anforderungen.

Vor dem Inkrafttreten der bundesrechtlichen Regelungen fehlten rechtlich 2
verbindliche Anforderungen zur Vorsorge vor künftigen Beeinträchtigungen des Bodens überhaupt. Zur Abwehr von Gefahren, die von belastetem
Boden und von Altlasten ausgehen, waren landesrechtliche Anforderungen
zu beachten. In Baden-Württemberg, Berlin und Sachsen wurden sie von
speziellen Bodenschutzgesetzen vorgegeben. In den übrigen Ländern enthielten zum Teil die Abfallgesetze besondere Regelungen zur Altlastensanierung; soweit spezielle Vorschriften zur Gefahrenabwehr fehlten, hatten
die zuständigen Behörden der Länder die Maßstäbe aus dem allgemeinen
Polizei- und Ordnungsrecht herzuleiten.

Einführung

3   Beim Vollzug unterschieden sich die Anforderungen an die Gefahrenabwehr von Land zu Land, zum Teil sogar innerhalb eines Landes von Ordnungsbehörde zu Ordnungsbehörde. Ursache hierfür war das Fehlen von länderübergreifend verbindlichen Standards zur Ermittlungen der von Böden und von Altlasten ausgehenden Gefahren sowie zur Entscheidung über die Notwendigkeit von Sanierungsmaßnahmen. Für die Abschätzung des Gefährdungspotentials von kontaminiertem Boden und von Altlasten zogen die Behörden, soweit besondere landesrechtliche Regelungen fehlten, eine oder mehrere von rund vierzig verschiedenen Listen mit Prüf- oder Orientierungswerten heran, die von einzelnen Wissenschaftlern und Fachverbänden – zum Teil für andere Regelungsbereiche – entwickelt wurden. Die Anforderungen der Listen waren hinsichtlich ihrer Ableitung, ihrer inhaltlichen Standards sowie ihres Anwendungsbereich vielfach nicht vergleichbar. Die zum Teil unklare Rechtslage führte zur Rechtszersplitterung, die den Vollzug belastete und bei Unternehmen mit sanierungsbedürftigen Betriebsstandorten im bundesweiten Vergleich Wettbewerbsverzerrungen hervorrief.

4   Ziel des Gesetzgebers war es, durch Bundesrecht die Anforderungen an den Bodenschutz und die Altlastensanierung zu vereinheitlichen und zu konkretisieren. Die von Bodenbelastungen und Altlasten ausgehenden Risiken sollten kalkulierbar werden. Das Bundes-Bodenschutzgesetz und die Bundes-Bodenschutz- und Altlastenverordnung ergänzen sich insoweit wechselseitig. Während das Gesetz die materiellrechtlichen Anforderungen an den Bodenschutz und die Altlastensanierung sowie die verantwortlichen Personen bestimmt, enthält die Rechtsverordnung Standards zur Konkretisierung der gesetzlichen Anforderungen.

(Hilger)

2. Überblick zur Entstehungsgeschichte der Bundes-Bodenschutz- und Altlastenverordnung

5   Am 9. September 1998 beschloß die Bundesregierung ihren Entwurf einer „Bodenschutz- und Altlastenverordnung". Weil für das Inkrafttreten der Verordnung die Zustimmung des Bundesrates erforderlich war, wurde der Entwurf anschließend dem Bundesrat zugeleitet (BR-Drucks. 780/98).

6   Der Bundesrat stimmte dem Verordnungsentwurf am 30. April 1999 unter dem Vorbehalt umfangreicher Änderungen zu, die sowohl redaktioneller als auch inhaltlicher Art waren (BR-Drucks. 244/99 [Beschluß]). Inhaltlich wurde die Rechtsverordnung insbesondere durch ihren Sechsten Teil und

Einführung

Anhang 4 um Vorschriften zur Gefährdungsabschätzung bei Flächen ergänzt, bei denen schädliche Bodenveränderungen auf Grund von Bodenerosion durch Wasser zu befürchten sind. Ferner wurde § 12, der Anforderungen an das Aufbringen und Einbringen von Materialien auf oder in den Boden regelt, neu konzipiert. Schließlich wurden die Prüf- und Maßnahmenwerte des Anhang 2, die im Rahmen der Gefährdungsabschätzung das Überschreiten der Gefahrenschwelle indizieren (vgl. im einzelnen HILGER, in: HOLZWARTH et al. 2000, Rdnr. 35 ff. zu § 4), auf Initiative des Bundesrates wesentlich erweitert.

Am 16. Juni 1999 akzeptierte die Bundesregierung die Änderungswünsche des Bundesrates. Die geänderte „Bundes-Bodenschutz- und Altlastenverordnung" wurde am 16. Juli 1999 im Bundesgesetzblatt verkündet (BGBl. I S. 1554) und trat einen Tag später in Kraft. 7

(Hilger)

3. Anwendungsbereich der Bundes-Bodenschutz- und Altlastenverordnung

Sowohl die Wirksamkeit als auch die Reichweite der Regelungen der BBodSchV hängen vom Anwendungsbereich und von den Verordnungsermächtigungen des BBodSchG ab. 8

3.1 Anwendungsbereich des Bundes-Bodenschutzgesetzes

Den äußersten Rahmen für den Anwendungsbereich der BBodSchV bildet zunächst der Anwendungsbereich des BBodSchG selbst. Soweit § 3 Abs. 1 und 2 BBodSchG die Anwendung des BBodSchG ausschließt, können sich aus der BBodSchV keine unmittelbar verbindlichen Anforderungen ergeben. So verdrängen nach § 3 Abs. 1 BBodSchG die in der Vorschrift aufgeführten speziellen Regelungen grundsätzlich die Anwendung des BBodSchG. Soweit diese speziellen Normen jedoch hinsichtlich des Schutzes des Bodens Lücken aufweisen, sind diese Lücken anhand der Maßstäbe des Bodenschutzrechts des Bundes zu schließen, die vor allem durch das untergesetzliche Regelwerk konkretisiert werden (vgl. RADTKE, in: HOLZWARTH et al. 2000, Rdnr. 6 zu § 3). Dies wirkt sich insbesondere bei der Planfeststellung von Vorhaben – etwa von Verkehrswegen – beim Vollzug des Bauplanungs- und Bergrechts sowie des Immissionsschutzrechts aus: 9

Zum Planfeststellungsverfahren
Wird ein Vorhaben durch eine Planfeststellung zugelassen – etwa eine Straße –, sind alle betroffenen Belange gegeneinander und untereinander 10

Einführung

abzuwägen. Nach § 3 Abs. 1 Nr. 8 BBodSchG verdrängen die Vorschriften des Fachplanungsrechts das BBodSchG. Das Schutzbedürfnis des Bodens in bezug auf Schadstoffeinträge wird durch das Fachplanungsrecht allerdings nicht konkretisiert. Daher sind insoweit die Standards des Anhangs 2 der BBodSchV als abwägungserhebliche Belange zu berücksichtigen. Werden Straßen planfestgestellt, sind vor allem die Vorsorgestandards sowie die Bodenwerte zum Schutz des Grundwassers als Abwägungskriterien relevant.

Zum Bauplanungsrecht

11 Nach § 9 Abs. 5 Nr. 3 BauGB sind in einem Bebauungsplan „Flächen, deren Böden erheblich mit umweltgefährdenden Stoffen belastet sind", zu kennzeichnen. Auf Grund des Vorrangs des Bauplanungsrechts nach § 3 Abs. 1 Nr. 9 BBodSchG können sich aus dem BBodSchG hinsichtlich des Inhalts eines Bebauungsplanes keine weitergehenden Anforderungen ergeben. Weil das Bauplanungsrecht jedoch keinen Maßstab für die Erheblichkeit von Schadstoffbelastungen enthält, sind insoweit die gefahrenbezogenen Prüf- und Maßnahmenwerte des Anhangs 2 der Bundes-Bodenschutz- und Altlastenverordnung entscheidend (→ Rdnr. 47 ff. zu § 4).

12 Darüber hinaus darf die vom Bauplanungsrecht gestattete Nutzung einer Fläche keinen Gefahren ausgesetzt werden. Hinsichtlich der Gefahren, die von im Boden vorhandenen Schadstoffen ausgehen können, sind insoweit die Wertungen zu berücksichtigen, die das BBodSchG mit der Überschreitung von Prüf- und Maßnahmenwerten verbindet (vgl. HILGER, in: HOLZWARTH et al. 2000, Rdnr. 35 ff. zu § 4).

Zum Bergrecht

13 Bei der Beendigung eines bergbaulichen Vorhabens sind nach § 55 Abs. 2 Satz 1 Nr. 2 BBergG im Abschlußbetriebsplan die notwendigen Rekultivierungsmaßnahmen vorzusehen. Nach § 3 Abs. 1 Nr. 10 BBodSchG geht das Bergrecht dem Bodenschutzrecht hinsichtlich der Zulässigkeit von Einwirkungen auf den Boden vor. Weil das Bergrecht die Anforderungen an das Auf- und Einbringen von Materialien auf oder in den Boden jedoch nicht regelt, ist insoweit § 12 BBodSchV bei entsprechenden Rekultivierungsmaßnahmen zu berücksichtigen.

Zum Immissionsschutzrecht

14 § 1 BImSchG bestimmt den Boden zum Schutzgut des Bundes-Immissionsschutzgesetzes; nach § 3 Abs. 1 Nr. 11 BBodSchG verdrängt das BImSchG grundsätzlich das BBodSchG hinsichtlich der Anforderungen, denen immissionsschutzrechtliche Anlagen zum Schutz des Bodens entsprechen

müssen. Nach den §§ 5 und 22 f. i. V. m. § 3 Abs. 1 und 2 BImSchG sind immissionsschutzrechtliche Anlagen so zu errichten und zu betreiben, daß sie keine schädliche Umwelteinwirkungen hervorrufen. Von Anlagen dürfen insoweit unter anderem keine schädlichen Einwirkungen auf den Boden ausgehen. Da das Immissionsschutzrecht die konkreten Standards, die zum Schutzes Bodens zu beachten sind, jedoch nicht enthält, sind insoweit die Prüf- und Maßnahmenwerte der BBodSchV maßgebend.

(Hilger)

3.2 Verordnungsermächtigungen des Bundes-Bodenschutzgesetzes

Für den konkreten Anwendungsbereich der BBodSchV ist die Umsetzung der Verordnungsermächtigungen des BBodSchG maßgebend. 15

Zu § 5 Satz 1 BBodSchG
Von der Ermächtigung in § 5 Satz 1 BBodSchG, die Vorschriften zur Entsiegelung des Bodens ermöglicht, machte die Bundesregierung keinen Gebrauch. Auch der Bundesrat konnte sich bei seiner Stellungnahme zum Regierungsentwurf der BBodSchV nicht zu einem Regelungsvorschlag durchringen. Stattdessen forderte der Bundesrat die Bundesregierung durch eine Entschließung zur Ausarbeitung entsprechender Vorschriften auf (Anhang zur BR-Drucks. 244/99 [Beschluß], S. 65). 16

Zu § 6 BBodSchG
§ 6 BBodSchG ermöglicht Regelungen zu Anforderungen an das Auf- und Einbringen von Materialien auf oder in den Boden. Auf dieser Verordnungsermächtigung beruht insbesondere § 12 BBodSchV, der u. a. die in anderen Fachgesetzen vorgesehenen Rekultivierungsanforderungen (siehe oben zum Bergrecht) konkretisiert. 17

Zu § 8 BBodSchG
§ 8 BBodSchG ist die wichtigste Ermächtigungsgrundlage der BBodSchV: 18

- Abs. 1 ist die Grundlage der gefahrenbezogenen Anforderungen und Standards der Verordnung. Von besonderer Bedeutung sind insoweit vor allem die Regelungen zur Untersuchung und Bewertung von mit Schadstoffen belasteten Flächen in den §§ 3 und 4 BBodSchV sowie die Prüf- und Maßnahmenwerte im Anhang 2 der Verordnung.
- Abs. 2 ermöglicht die Konkretisierung der Vorsorgeanforderungen des § 7 BBodSchG durch entsprechende Vorschriften und Standards.

Einführung

> Vollzugsrelevant ist hierbei insbesondere die Schwelle zur Besorgnis schädlicher Bodenveränderungen, durch welche die Notwendigkeit von Vorsorgemaßnahmen indiziert wird. Sie wird durch § 9 i. V. m. Anhang 2 BBodSchV bestimmt.
> - Abs. 3 ergänzt die in den Absätzen 1 und 2 vorgesehenen Verordnungsermächtigungen um die Option, Verfahren zur Ermittlung von umweltgefährdenden Stoffen in Böden und Materialien festzulegen. Konkretisiert werden diese Verfahren vor allem durch Anhang 1 der BBodSchV.

Zu § 13 Abs. 1 Satz 2 BBodSchG

19 § 13 Abs. 1 Satz 2 BBodSchG ermächtigt zur Konkretisierung der Anforderungen an Sanierungsuntersuchungen sowie zur Bestimmung des Inhalts von Sanierungsplänen. Sanierungsuntersuchungen und Sanierungspläne sollen bei komplexen Altlasten mit einem besonderen Gefahrenpotential die sachgerechte Durchführung von Sanierungsmaßnahmen gewährleisten. Gegenstand und Inhalt von Sanierungsuntersuchungen und Sanierungsplänen bestimmen § 6 sowie Anhang 3 BBodSchV.

(Hilger)

4. Konzeption der Verordnung

4.1 Rechtsform einer Rechtsverordnung

20 Rechtstechnisch wurde das untergesetzliche Regelwerk zum Bundes-Bodenschutzgesetz als Rechtsverordnung mit Zustimmung des Bundesrates erlassen. Dem gesamten Inhalt der BBodSchV kommt deshalb die Verbindlichkeit von Rechtsvorschriften zu, die sowohl für die vollziehenden Behörden als auch für die Betroffenen unmittelbar maßgebend sind. Hierdurch sollte in besonderer Weise Rechtssicherheit geschaffen werden. Hilfsbegründungen für die Verbindlichkeit der das BBodSchG konkretisierenden Standards, die etwa für die Verbindlichkeit der TA Luft bzw. der TA Lärm zum BImSchG entwickelt wurden (durch ihre Wertung als antizipierte Sachverständigengutachten bzw. als normkonkretisierende Verwaltungsvorschriften), sind nicht erforderlich. Ein weiterer Vorteil einer Rechtsverordnung ist es, daß künftige EG-rechtliche Standards zum Bodenschutz und zur Altlastensanierung ohne größeren gesetzgeberischen Aufwand transformiert werden können.

(Hilger)

4.2 Aufbau der Bundes-Bodenschutz- und Altlastenverordnung

Die BBodSchV gliedert sich in acht Teile, die durch vier technische Anhänge ergänzt werden. 21

Der Erste Teil der Verordnung stellt mit den §§ 1 und 2 ihren Anwendungsbereich klar und zieht Begriffsbestimmungen für die Vorschriften der folgenden Teile „vor die Klammer". 22

Der Zweite Teil der BBodSchV ist mit den Vorschriften zur Untersuchung und Bewertung von Flächen, bei denen der Verdacht einer schädlichen Bodenveränderung oder Altlast besteht, für die bundesweite Vereinheitlichung der Anforderungen an den Bodenschutz und die Altlastensanierung besonders bedeutsam. Die §§ 3 und 4 BBodSchV konkretisieren die Gefährdungsabschätzung, die hinsichtlich ihrer Struktur durch § 9 BBodSchG vorgegeben wird (vgl. im einzelnen HILGER, in: HOLZWARTH et al. 2000, Rdnr. 1 ff. zu § 9). 23

Der Dritte Teil der Verordnung regelt durch § 5 BBodSchV die Maßnahmen, die bei schädlichen Bodenveränderungen und Altlasten zur Beseitigung der Beeinträchtigungen zu ergreifen sind. Konkretisiert wird die Eignung von Dekontaminationsmaßnahmen, Sicherungsmaßnahmen und Beschränkungsmaßnahmen, die das BBodSchG in § 4 Abs. 3 Satz 2 und 3 sowie Abs. 5 zur Sanierung vorgibt. 24

Der Vierte Teil der BBodSchV greift mit § 6 BBodSchV die in § 13 Abs. 1 Satz 1 BBodSchG geregelten Sanierungsuntersuchungen und Sanierungspläne auf. Zusammen mit Anhang 3 BBodSchV gibt § 6 BBodSchV Einzelheiten zu diesem speziellen altlastenbezogenen Instrumentarium vor. 25

Der Fünfte Teil der BBodSchV enthält eine Ausnahmeregelung zum Vierten Teil der Verordnung. Danach ist der mit Sanierungsuntersuchungen und Sanierungsplänen verbundene Aufwand nicht erforderlich, wenn Gefahren, erhebliche Nachteile oder erhebliche Belästigungen mit einfachen Mitteln abgewehrt oder beseitigt werden können. 26

Der Sechste Teil der Verordnung konkretisiert durch § 8 i. V. m. Anhang 4 BBodSchV die Maßstäbe für die Gefährdungsabschätzung, wenn von schädlichen Bodenveränderungen auf Grund von Bodenerosion durch Wasser auszugehen ist. § 8 BBodSchV nennt sowohl Anhaltspunkte für das Drohen entsprechender schädlicher Bodenveränderungen als auch Kriterien 27

Einführung

für die Bewertung von Untersuchungsergebnissen. Die Vorschrift faßt somit systematisch den Regelungsgehalt der §§ 3 und 4 BBodSchV für den Bereich der Bodenerosion durch Wasser zusammen.

28 Der Siebte Teil der Verordnung regelt Anforderungen zur Vorsorge vor schädlichen Bodenveränderungen. § 9 BBodSchV konkretisiert i. V. m. Anhang 2 und § 11 BBodSchV die Umstände, welche die Besorgnis schädlicher Bodenveränderungen begründen und damit die Voraussetzungen für Vorsorgeanforderungen der Behörden schaffen. § 10 BBodSchV betrifft die Rechtsfolgen, die im Vorsorgebereich zulässig sind.

29 § 12 BBodSchV konkretisiert spezifische Vorsorgeaspekte, die beim Auf- und Einbringen von Materialien auf oder in den Boden zu beachten sind. Diese Anforderungen werden insbesondere bei der Rekultivierung von Flächen relevant.

30 Der Achte Teil der Verordnung enthält Schlußvorschriften. § 13 BBodSchV erläutert den Zugang zu technischen Regeln und Normblättern, auf die insbesondere Anhang 1 BBodSchV Bezug nimmt. § 14 BBodSchV regelt das Inkrafttreten der Verordnung.

31 Anhang 1 der BBodSchV bestimmt die Verfahren und Methoden, die bei der Untersuchung von Flächen, die mit Schadstoffen belastet sein können, anzuwenden sind. Verordnungsermächtigung für diesen Anhang ist § 8 Abs. 3 BBodSchG.

32 Anhang 2 der Verordnung enthält die Standards, welche die Notwendigkeit von Gefahrenabwehr- und Vorsorgemaßnahmen indizieren. Grundlage dieser Werte ist § 8 Abs. 1 Satz 2 Nr. 1 und 2 sowie Abs. 2 BBodSchG.

33 Anhang 3 der BBodSchV regelt detailliert den Inhalt von Sanierungsuntersuchungen und Sanierungsplänen, die nach § 13 Abs. 1 Satz 1 BBodSchG bei Altlasten mit einem besonderen Gefährdungspotential verlangt werden können. Verordnungsermächtigung ist insoweit § 13 Abs. 1 Satz 2 BBodSchG.

34 Anhang 4 der Verordnung konkretisiert das Verfahren, welches zur Gefährdungsabschätzung bei Bodenerosion durch Wasser anzuwenden ist. Systematisch ergänzt dieser Anhang somit Anhang 1 der BBodSchV.

(Hilger)

Literatur

HOLZWARTH, F., RADTKE, H., HILGER, B., BACHMANN, G. (2000):
Bundes-Bodenschutzgesetz/Bundes-Bodenschutz- und Altlastenverordnung:
Handkommentar. 2. Aufl. Berlin: Erich Schmidt 2000

Verordnungstext

Bundes-Bodenschutz- und Altlastenverordnung (BBodSchV)

Inhaltsübersicht

Erster Teil Allgemeine Vorschriften
§ 1 Anwendungsbereich
§ 2 Begriffsbestimmungen

Zweiter Teil Anforderungen an die Untersuchung und Bewertung von Verdachtsflächen und altlastverdächtigen Flächen
§ 3 Untersuchung
§ 4 Bewertung

Dritter Teil Anforderungen an die Sanierung von schädlichen Bodenveränderungen und Altlasten
§ 5 Sanierungsmaßnahmen, Schutz- und Beschränkungsmaßnahmen

Vierter Teil Ergänzende Vorschriften für Altlasten
§ 6 Sanierungsuntersuchung und Sanierungsplanung

Fünfter Teil Ausnahmen
§ 7 Ausnahmen

Sechster Teil Ergänzende Vorschriften für die Gefahrenabwehr von schädlichen Bodenveränderungen auf Grund von Bodenerosion durch Wasser
§ 8 Gefahrenabwehr von schädlichen Bodenveränderungen auf Grund von Bodenerosion durch Wasser

Siebter Teil Vorsorge gegen das Entstehen schädlicher Bodenveränderungen
§ 9 Besorgnis schädlicher Bodenveränderungen
§ 10 Vorsorgeanforderungen
§ 11 Zulässige Zusatzbelastung
§ 12 Anforderungen an das Aufbringen und Einbringen von Materialien auf oder in den Boden

Verordnungstext

Achter Teil Schlußbestimmungen
§ 13 Zugänglichkeit von technischen Regeln und Normblättern
§ 14 Inkrafttreten

Anhang 1 Anforderungen an die Probennahme, Analytik und Qualitätssicherung bei der Untersuchung
1. Untersuchungsumfang und erforderlicher Kenntnisstand
1.1 Orientierende Untersuchung
1.2 Detailuntersuchung
2. Probennahme
2.1 Probennahmeplanung für Bodenuntersuchungen – Festlegung der Probennahmestellen und Beprobungstiefen
2.1.1 Wirkungspfad Boden – Mensch
2.1.2 Wirkungspfad Boden – Nutzpflanze
2.1.3 Wirkungspfad Boden – GGrundwasser
2.2 Probennahmeplanung Bodenluft
2.3 Probennahmeplanung bei abgeschobenem und ausgehobenem Bodenmaterial
2.4 Probengewinnung
2.4.1 Böden, Bodenmaterial und sonstige Materialien
2.4.2 Bodenluft
2.5 Probenkonservierung, -transport und -lagerung
3. Untersuchungsverfahren
3.1 Untersuchungsverfahren für Böden, Bodenmaterial und sonstige Materialien
3.1.1 Probenauswahl und -vorbehandlung
3.1.2 Extraktion, Elution
3.1.3 Analysenverfahren
3.2 Verfahren zur Abschätzung des Stoffeintrags aus Verdachtsflächen oder altlastverdächtigen Flächen in das Grundwasser
4. Qualitätssicherung
4.1 Probennahme und Probenlagerung
4.2 Probenvorbehandlung und Analytik
5. Abkürzungsverzeichnis
5.1 Maßeinheiten
5.2 Instrumentelle Analytik
5.3 Sonstige Abkürzungen
6. Normen, Technische Regeln und sonstige Methoden, Bezugsquellen
6.1 Normen, Technische Regeln und sonstige Methoden
6.2 Bezugsquellen

Verordnungstext

Anhang 2   Maßnahmen-, Prüf- und Vorsorgewerte
1. Wirkungspfad Boden – Mensch (direkter Kontakt)
1.1 Abgrenzung der Nutzungen
1.2 Maßnahmenwerte
1.3 Anwendung der Maßnahmenwerte
1.4 Prüfwerte
2. Wirkungspfad Boden – Nutzpflanze
2.1 Abgrenzung der Nutzungen
2.2 Prüf- und Maßnahmenwerte – Ackerbauflächen und Nutzgärten im Hinblick auf die Pflanzenqualität
2.3 Maßnahmenwerte – Grünlandflächen im Hinblick auf die Pflanzenqualität
2.4 Prüfwerte – Ackerbauflächen im Hinblick auf Wachstumsbeeinträchtigungen bei Kulturpflanzen
2.5 Anwendung der Prüf- und Maßnahmenwerte
3. Wirkungspfad Boden – Grundwasser
3.1 Prüfwerte zur Beurteilung des Wirkungspfads Boden – Grundwasser
3.2 Anwendung der Prüfwerte
4. Vorsorgewerte für Böden
4.1 Vorsorgewerte für Metalle
4.2 Vorsorgewerte für organische Stoffe
4.3 Anwendung der Vorsorgewerte
5. Zulässige zusätzliche jährliche Frachten an Schadstoffen über alle Wirkungspfade

Anhang 3   Anforderungen an Sanierungsuntersuchungen und den Sanierungsplan
1. Sanierungsuntersuchungen
2. Sanierungsplan

Anhang 4   Anforderungen an die Untersuchung und Bewertung von Flächen, bei denen der Verdacht einer schädlichen Bodenveränderung auf Grund von Bodenerosion durch Wasser vorliegt
1. Anwendung
2. Untersuchung und Bewertung

Verordnungstext

Erster Teil
Allgemeine Vorschriften

§ 1
Anwendungsbereich

Diese Verordnung gilt für

1. die Untersuchung und Bewertung von Verdachtsflächen, altlastverdächtigen Flächen, schädlichen Bodenveränderungen und Altlasten sowie für die Anforderungen an die Probennahme, Analytik und Qualitätssicherung nach § 8 Abs. 3 und § 9 des Bundes-Bodenschutzgesetzes,
2. Anforderungen an die Gefahrenabwehr durch Dekontaminations- und Sicherungsmaßnahmen sowie durch sonstige Schutz- und Beschränkungsmaßnahmen nach § 4 Abs. 2 bis 5, § 8 Abs. 1 Satz 2 Nr. 3 des Bundes-Bodenschutzgesetzes,
3. ergänzende Anforderungen an Sanierungsuntersuchungen und Sanierungspläne bei bestimmten Altlasten nach § 13 Abs. 1 des Bundes-Bodenschutzgesetzes,
4. Anforderungen zur Vorsorge gegen das Entstehen schädlicher Bodenveränderungen nach § 7 des Bundes-Bodenschutzgesetzes einschließlich der Anforderungen an das Auf- und Einbringen von Materialien nach § 6 des Bundes-Bodenschutzgesetzes,
5. die Festlegung von Prüf- und Maßnahmenwerten sowie von Vorsorgewerten einschließlich der zulässigen Zusatzbelastung nach § 8 Abs. 1 Satz 2 Nr. 1 und 2 und Absatz 2 Nr. 1 und 2 des Bundes-Bodenschutzgesetzes.

§ 2
Begriffsbestimmungen

Im Sinne dieser Verordnung sind

1. Bodenmaterial:
Material aus Böden im Sinne von § 2 Abs. 1 des Bundes-Bodenschutzgesetzes und deren Ausgangssubstraten einschließlich Mutterboden, das im Zusammenhang mit Baumaßnahmen oder anderen Veränderungen der Erdoberfläche ausgehoben, abgeschoben oder behandelt wird;

2. Einwirkungsbereich:
Bereich, in dem von einem Grundstück im Sinne des § 2 Abs. 3 bis 6 des Bundes-Bodenschutzgesetzes Einwirkungen auf Schutzgüter zu erwarten sind oder in dem durch Einwirkungen auf den Boden die Besorgnis des Entstehens schädlicher Bodenveränderungen hervorgerufen wird;
3. Orientierende Untersuchung:
Örtliche Untersuchungen, insbesondere Messungen, auf der Grundlage der Ergebnisse der Erfassung zum Zweck der Feststellung, ob der Verdacht einer schädlichen Bodenveränderung oder Altlast ausgeräumt ist oder ein hinreichender Verdacht im Sinne von § 9 Abs. 2 Satz 1 des Bundes-Bodenschutzgesetzes besteht;
4. Detailuntersuchung:
Vertiefte weitere Untersuchung zur abschließenden Gefährdungsabschätzung, die insbesondere der Feststellung von Menge und räumlicher Verteilung von Schadstoffen, ihrer mobilen oder mobilisierbaren Anteile, ihrer Ausbreitungsmöglichkeiten in Boden, Gewässer und Luft sowie der Möglichkeit ihrer Aufnahme durch Menschen, Tiere und Pflanzen dient;
5. Sickerwasserprognose:
Abschätzung der von einer Verdachtsfläche, altlastverdächtigen Fläche, schädlichen Bodenveränderung oder Altlast ausgehenden oder in überschaubarer Zukunft zu erwartenden Schadstoffeinträge über das Sickerwasser in das Grundwasser, unter Berücksichtigung von Konzentrationen und Frachten und bezogen auf den Übergangsbereich von der ungesättigten zur wassergesättigten Zone;
6. Schadstoffe:
Stoffe und Zubereitungen, die auf Grund ihrer Gesundheitsschädlichkeit, ihrer Langlebigkeit oder Bioverfügbarkeit im Boden oder auf Grund anderer Eigenschaften und ihrer Konzentration geeignet sind, den Boden in seinen Funktionen zu schädigen oder sonstige Gefahren hervorzurufen;
7. Expositionsbedingungen:
Durch örtliche Gegebenheiten und die Grundstücksnutzung im Einzelfall geprägte Art und Weise, in der Schutzgüter der Wirkung von Schadstoffen ausgesetzt sein können;
8. Wirkungspfad:
Weg eines Schadstoffes von der Schadstoffquelle bis zu dem Ort einer möglichen Wirkung auf ein Schutzgut;

Verordnungstext

9. Hintergrundgehalt:
   Schadstoffgehalt eines Bodens, der sich aus dem geogenen (natürlichen) Grundgehalt eines Bodens und der ubiquitären Stoffverteilung als Folge diffuser Einträge in den Boden zusammensetzt;
10. Erosionsfläche:
    Fläche, von der Bodenmaterial mit Oberflächenabfluß abgespült wird;
11. Durchwurzelbare Bodenschicht:
    Bodenschicht, die von den Pflanzenwurzeln in Abhängigkeit von den natürlichen Standortbedingungen durchdrungen werden kann.

Zweiter Teil
Anforderungen an die Untersuchung und Bewertung von Verdachtsflächen und altlastverdächtigen Flächen

§ 3
Untersuchung

(1) Anhaltspunkte für das Vorliegen einer Altlast bestehen bei einem Altstandort insbesondere, wenn auf Grundstücken über einen längeren Zeitraum oder in erheblicher Menge mit Schadstoffen umgegangen wurde und die jeweilige Betriebs-, Bewirtschaftungs- oder Verfahrensweise oder Störungen des bestimmungsgemäßen Betriebs nicht unerhebliche Einträge solcher Stoffe in den Boden vermuten lassen. Bei Altablagerungen sind diese Anhaltspunkte insbesondere dann gegeben, wenn die Art des Betriebs oder der Zeitpunkt der Stillegung den Verdacht nahelegen, daß Abfälle nicht sachgerecht behandelt, gelagert oder abgelagert wurden.

(2) Absatz 1 Satz 1 gilt für schädliche Bodenveränderungen entsprechend. Anhaltspunkte für das Vorliegen einer schädlichen Bodenveränderung ergeben sich ergänzend zu Absatz 1 insbesondere durch allgemeine oder konkrete Hinweise auf

1. den Eintrag von Schadstoffen über einen längeren Zeitraum und in erheblicher Menge über die Luft oder Gewässer oder durch eine Aufbringung erheblicher Frachten an Abfällen oder Abwässer auf Böden,
2. eine erhebliche Freisetzung naturbedingt erhöhter Gehalte an Schadstoffen in Böden,
3. erhöhte Schadstoffgehalte in Nahrungs- oder Futterpflanzen am Standort,

4. das Austreten von Wasser mit erheblichen Frachten an Schadstoffen aus Böden oder Altablagerungen,
5. erhebliche Bodenabträge und -ablagerungen durch Wasser oder Wind.

Einzubeziehen sind dabei auch Erkenntnisse auf Grund allgemeiner Untersuchungen oder Erfahrungswerte aus Vergleichssituationen insbesondere zur Ausbreitung von Schadstoffen.

(3) Liegen Anhaltspunkte nach Absatz 1 oder 2 vor, soll die Verdachtsfläche oder altlastverdächtige Fläche nach der Erfassung zunächst einer orientierenden Untersuchung unterzogen werden.

(4) Konkrete Anhaltspunkte, die den hinreichenden Verdacht einer schädlichen Bodenveränderung oder Altlast begründen (§ 9 Abs. 2 Satz 1 des Bundes-Bodenschutzgesetzes), liegen in der Regel vor, wenn Untersuchungen eine Überschreitung von Prüfwerten ergeben oder wenn auf Grund einer Bewertung nach § 4 Abs. 3 eine Überschreitung von Prüfwerten zu erwarten ist. Besteht ein hinreichender Verdacht im Sinne des Satzes 1 oder auf Grund sonstiger Feststellungen, soll eine Detailuntersuchung durchgeführt werden.

(5) Bei Detailuntersuchungen soll auch festgestellt werden, ob sich aus räumlich begrenzten Anreicherungen von Schadstoffen innerhalb einer Verdachtsfläche oder altlastverdächtigen Fläche Gefahren ergeben und ob und wie eine Abgrenzung von nicht belasteten Flächen geboten ist. Von einer Detailuntersuchung kann abgesehen werden, wenn die von schädlichen Bodenveränderungen oder Altlasten ausgehenden Gefahren, erheblichen Nachteile oder erheblichen Belästigungen nach Feststellung der zuständigen Behörde mit einfachen Mitteln abgewehrt oder sonst beseitigt werden können.

(6) Soweit auf Grund der örtlichen Gegebenheiten oder nach den Ergebnissen von Bodenluftuntersuchungen Anhaltspunkte für die Ausbreitung von flüchtigen Schadstoffen aus einer Verdachtsfläche oder altlastverdächtigen Fläche in Gebäude bestehen, soll eine Untersuchung der Innenraumluft erfolgen; die Aufgaben und Befugnisse anderer Behörden bleiben unberührt.

(7) Im Rahmen von Untersuchungsanordnungen nach § 9 Abs. 2 Satz 1 des Bundes-Bodenschutzgesetzes kommen auch wiederkehrende Untersuchungen der Schadstoffausbreitung und der hierfür maßgebenden Umstände in Betracht.

Verordnungstext

(8) Die Anforderungen an die Untersuchung von Böden, Bodenmaterial und sonstigen Materialien sowie von Bodenluft, Deponiegas und Sickerwasser bestimmen sich im übrigen nach Anhang 1.

§ 4
Bewertung

(1) Die Ergebnisse der orientierenden Untersuchungen sind nach dieser Verordnung unter Beachtung der Gegebenheiten des Einzelfalls insbesondere auch anhand von Prüfwerten zu bewerten.

(2) Liegen der Gehalt oder die Konzentration eines Schadstoffes unterhalb des jeweiligen Prüfwertes in Anhang 2, ist insoweit der Verdacht einer schädlichen Bodenveränderung oder Altlast ausgeräumt. Wird ein Prüfwert nach Anhang 2 Nr. 3 am Ort der Probennahmen überschritten, ist im Einzelfall zu ermitteln, ob die Schadstoffkonzentration im Sickerwasser am Ort der Beurteilung den Prüfwert übersteigt. Maßnahmen im Sinne von § 2 Abs. 7 oder 8 des Bundes-Bodenschutzgesetzes können bereits dann erforderlich sein, wenn im Einzelfall alle bei der Ableitung eines Prüfwertes nach Anhang 2 angenommenen ungünstigen Umstände zusammentreffen und der Gehalt oder die Konzentration eines Schadstoffes geringfügig oberhalb des jeweiligen Prüfwertes in Anhang 2 liegt.

(3) Zur Bewertung der von Verdachtsflächen oder altlastverdächtigen Flächen ausgehenden Gefahren für das Grundwasser ist eine Sickerwasserprognose zu erstellen. Wird eine Sickerwasserprognose auf Untersuchungen nach Anhang 1 Nr. 3.3 gestützt, ist im Einzelfall insbesondere abzuschätzen und zu bewerten, inwieweit zu erwarten ist, daß die Schadstoffkonzentration im Sickerwasser den Prüfwert am Ort der Beurteilung überschreitet. Ort der Beurteilung ist der Bereich des Übergangs von der ungesättigten in die gesättigte Zone.

(4) Die Ergebnisse der Detailuntersuchung sind nach dieser Verordnung unter Beachtung der Gegebenheiten des Einzelfalls, insbesondere auch anhand von Maßnahmenwerten, daraufhin zu bewerten, inwieweit Maßnahmen nach § 2 Abs. 7 oder 8 des Bundes-Bodenschutzgesetzes erforderlich sind.

(5) Soweit in dieser Verordnung für einen Schadstoff kein Prüf- oder Maßnahmenwert festgesetzt ist, sind für die Bewertung die zur Ableitung der entsprechenden Werte in Anhang 2 herangezogenen Methoden und Maß-

stäbe zu beachten. Diese sind im Bundesanzeiger Nr. 161 a vom 28. August 1999 veröffentlicht.

(6) Liegt innerhalb einer Verdachtsfläche oder altlastverdächtigen Fläche auf Teilflächen eine von der vorherrschenden Nutzung abweichende empfindlichere Nutzung vor, sind diese Teilflächen nach den für ihre Nutzung jeweils festgesetzten Maßstäben zu bewerten.

(7) Liegen im Einzelfall Erkenntnisse aus Grundwasseruntersuchungen vor, sind diese bei der Bewertung im Hinblick auf Schadstoffeinträge in das Grundwasser zu berücksichtigen. Wenn erhöhte Schadstoffkonzentrationen im Sickerwasser oder andere Schadstoffausträge auf Dauer nur geringe Schadstofffrachten und nur lokal begrenzt erhöhte Schadstoffkonzentrationen in Gewässern erwarten lassen, ist dieser Sachverhalt bei der Prüfung der Verhältnismäßigkeit von Untersuchungs- und Sanierungsmaßnahmen zu berücksichtigen. Wasserrechtliche Vorschriften bleiben unberührt.

(8) Eine schädliche Bodenveränderung besteht nicht bei Böden mit naturbedingt erhöhten Gehalten an Schadstoffen allein auf Grund dieser Gehalte, soweit diese Stoffe nicht durch Einwirkungen auf den Boden in erheblichem Umfang freigesetzt wurden oder werden. Bei Böden mit großflächig siedlungsbedingt erhöhten Schadstoffgehalten kann ein Vergleich dieser Gehalte mit den im Einzelfall ermittelten Schadstoffgehalten in die Gefahrenbeurteilung einbezogen werden.

Dritter Teil
Anforderungen an die Sanierung von schädlichen Bodenveränderungen und Altlasten

§ 5
Sanierungsmaßnahmen, Schutz- und Beschränkungsmaßnahmen

(1) Dekontaminationsmaßnahmen sind zur Sanierung geeignet, wenn sie auf technisch und wirtschaftlich durchführbaren Verfahren beruhen, die ihre praktische Eignung zur umweltverträglichen Beseitigung oder Verminderung der Schadstoffe gesichert erscheinen lassen. Dabei sind auch die Folgen des Eingriffs insbesondere für Böden und Gewässer zu berücksichtigen. Nach Abschluß einer Dekontaminationsmaßnahme ist das Erreichen des Sanierungsziels gegenüber der zuständigen Behörde zu belegen.

Verordnungstext

(2) Wenn Schadstoffe nach § 4 Abs. 5 des Bundes-Bodenschutzgesetzes zu beseitigen sind und eine Vorbelastung besteht, sind vom Pflichtigen grundsätzlich die Leistungen zu verlangen, die er ohne Vorbelastung zu erbringen hätte. Die zuvor bestehenden Nutzungsmöglichkeiten des Grundstücks sollen wiederhergestellt werden.

(3) Sicherungsmaßnahmen sind zur Sanierung geeignet, wenn sie gewährleisten, daß durch die im Boden oder in Altlasten verbleibenden Schadstoffe dauerhaft keine Gefahren, erheblichen Nachteile oder erheblichen Belästigungen für den einzelnen oder die Allgemeinheit entstehen. Hierbei ist das Gefahrenpotential der im Boden verbleibenden Schadstoffe und deren Umwandlungsprodukte zu berücksichtigen. Eine nachträgliche Wiederherstellung der Sicherungswirkung im Sinne von Satz 1 muß möglich sein. Die Wirksamkeit von Sicherungsmaßnahmen ist gegenüber der zuständigen Behörde zu belegen und dauerhaft zu überwachen.

(4) Als Sicherungsmaßnahme kommt auch eine geeignete Abdeckung schädlich veränderter Böden oder Altlasten mit einer Bodenschicht oder eine Versiegelung in Betracht.

(5) Auf land- und forstwirtschaftlich genutzten Flächen kommen bei schädlichen Bodenveränderungen oder Altlasten vor allem Schutz- und Beschränkungsmaßnahmen durch Anpassungen der Nutzung und der Bewirtschaftung von Böden sowie Veränderungen der Bodenbeschaffenheit in Betracht. Über die getroffenen Schutz- und Beschränkungsmaßnahmen sind Aufzeichnungen zu führen. Mit der zuständigen landwirtschaftlichen Fachbehörde ist Einvernehmen herbeizuführen. § 17 Abs. 3 des Bundes-Bodenschutzgesetzes bleibt unberührt.

(6) Soll abgeschobenes, ausgehobenes oder behandeltes Material im Rahmen der Sanierung im Bereich derselben schädlichen Bodenveränderung oder Altlast oder innerhalb des Gebietes eines für verbindlich erklärten Sanierungsplans wieder auf- oder eingebracht oder umgelagert werden, sind die Anforderungen nach § 4 Abs. 3 des Bundes-Bodenschutzgesetzes zu erfüllen.

Vierter Teil
Ergänzende Vorschriften für Altlasten

§ 6
Sanierungsuntersuchung und Sanierungsplanung

(1) Bei Sanierungsuntersuchungen ist insbesondere auch zu prüfen, mit welchen Maßnahmen eine Sanierung im Sinne des § 4 Abs. 3 des Bundes-Bodenschutzgesetzes erreicht werden kann, inwieweit Veränderungen des Bodens nach der Sanierung verbleiben und welche rechtlichen, organisatorischen und finanziellen Gegebenheiten für die Durchführung der Maßnahmen von Bedeutung sind.

(2) Bei der Erstellung eines Sanierungsplans sind die Maßnahmen nach § 13 Abs. 1 Satz 1 Nr. 3 des Bundes-Bodenschutzgesetzes textlich und zeichnerisch vollständig darzustellen. In dem Sanierungsplan ist darzulegen, daß die vorgesehenen Maßnahmen geeignet sind, dauerhaft Gefahren, erhebliche Nachteile oder erhebliche Belästigungen für den einzelnen oder die Allgemeinheit zu vermeiden. Darzustellen sind insbesondere auch die Auswirkungen der Maßnahmen auf die Umwelt und die voraussichtlichen Kosten sowie die erforderlichen Zulassungen, auch soweit ein verbindlicher Sanierungsplan nach § 13 Abs. 6 des Bundes-Bodenschutzgesetzes diese nicht einschließen kann.

(3) Die Anforderungen an eine Sanierungsuntersuchung und an einen Sanierungsplan bestimmen sich im übrigen nach Anhang 3.

Fünfter Teil
Ausnahmen

§ 7
Ausnahmen

Auf schädliche Bodenveränderungen und Altlasten, bei denen nach Feststellung der zuständigen Behörde Gefahren, erhebliche Nachteile oder erhebliche Belästigungen mit einfachen Mitteln abgewehrt oder sonst beseitigt werden können, findet § 6 keine Anwendung.

Verordnungstext

Sechster Teil
Ergänzende Vorschriften für die Gefahrenabwehr von schädlichen Bodenveränderungen auf Grund von Bodenerosion durch Wasser

§ 8
Gefahrenabwehr von schädlichen Bodenveränderungen auf Grund von Bodenerosion durch Wasser

(1) Von dem Vorliegen einer schädlichen Bodenveränderung auf Grund von Bodenerosion durch Wasser ist insbesondere dann auszugehen, wenn

1. durch Oberflächenabfluß erhebliche Mengen Bodenmaterials aus einer Erosionsfläche geschwemmt wurden und
2. weitere Bodenabträge gemäß Nummer 1 zu erwarten sind.

(2) Anhaltspunkte für das Vorliegen einer schädlichen Bodenveränderung auf Grund von Bodenerosion durch Wasser ergeben sich insbesondere, wenn außerhalb der vermeintlichen Erosionsfläche gelegene Bereiche durch abgeschwemmtes Bodenmaterial befrachtet wurden.

(3) Bestehen Anhaltspunkte nach Absatz 2, ist zu ermitteln, ob eine schädliche Bodenveränderung auf Grund von Bodenerosion durch Wasser vorliegt. Ist feststellbar, auf welche Erosionsfläche die Bodenabschwemmung zurückgeführt werden kann und daß aus dieser erhebliche Mengen Bodenmaterials abgeschwemmt wurden, so ist zu prüfen, ob die Voraussetzungen des Absatz 1 Nr. 2 erfüllt sind.

(4) Die Bewertung der Ergebnisse der Untersuchungen erfolgt einzelfallbezogen unter Berücksichtigung der Besonderheiten des Standortes. Weitere Bodenabträge sind zu erwarten, wenn

1. in den zurückliegenden Jahren bereits mehrfach erhebliche Mengen Bodenmaterials aus derselben Erosionsfläche geschwemmt wurden oder
2. sich aus den Standortdaten und den Daten über die langjährigen Niederschlagsverhältnisse des Gebietes ergibt, daß in einem Zeitraum von zehn Jahren mit hinreichender Wahrscheinlichkeit mit dem erneuten Eintritt von Bodenabträgen gemäß Absatz 1 Nr. 1 zu rechnen ist.

(5) Die weiteren Anforderungen an die Untersuchung und Bewertung von Flächen, bei denen der Verdacht einer schädlichen Bodenveränderung auf Grund von Bodenerosion durch Wasser vorliegt, sind in Anhang 4 bestimmt.

(6) Wird die Erosionsfläche landwirtschaftlich genutzt, ist der zuständigen Beratungsstelle gemäß § 17 des Bundes-Bodenschutzgesetzes die Gelegenheit zu geben, im Rahmen der Beratung geeignete erosionsmindernde Maßnahmen für die Nutzung der Erosionsfläche zu empfehlen. Bei Anordnungen ist Einvernehmen mit der zuständigen landwirtschaftlichen Fachbehörde herbeizuführen.

Siebter Teil
Vorsorge gegen das Entstehen schädlicher Bodenveränderungen

§ 9
Besorgnis schädlicher Bodenveränderungen

(1) Das Entstehen schädlicher Bodenveränderungen nach § 7 des Bundes-Bodenschutzgesetzes ist in der Regel zu besorgen, wenn

1. Schadstoffgehalte im Boden gemessen werden, die die Vorsorgewerte nach Anhang 2 Nr. 4 überschreiten, oder
2. eine erhebliche Anreicherung von anderen Schadstoffen erfolgt, die auf Grund ihrer krebserzeugenden, erbgutverändernden, fortpflanzungsgefährdenden oder toxischen Eigenschaften in besonderem Maße geeignet sind, schädliche Bodenveränderungen herbeizuführen.

§ 17 Abs. 1 des Bundes-Bodenschutzgesetzes bleibt unberührt.

(2) Bei Böden mit naturbedingt erhöhten Schadstoffgehalten besteht die Besorgnis des Entstehens schädlicher Bodenveränderungen bei einer Überschreitung der Vorsorgewerte nach Anhang 2 Nr. 4 nur, wenn eine erhebliche Freisetzung von Schadstoffen oder zusätzliche Einträge durch die nach § 7 Satz 1 des Bundes-Bodenschutzgesetzes Verpflichteten nachteilige Auswirkungen auf die Bodenfunktionen erwarten lassen.

Verordnungstext

(3) Absatz 2 gilt entsprechend bei Böden mit großflächig siedlungsbedingt erhöhten Schadstoffgehalten.

§ 10
Vorsorgeanforderungen

(1) Sind die Voraussetzungen des § 9 Abs. 1 Satz 1 Nr. 1, Abs. 2 oder 3 gegeben, hat der nach § 7 des Bundes-Bodenschutzgesetzes Verpflichtete Vorkehrungen zu treffen, um weitere durch ihn auf dem Grundstück und dessen Einwirkungsbereich verursachte Schadstoffeinträge zu vermeiden oder wirksam zu vermindern, soweit dies auch im Hinblick auf den Zweck der Nutzung des Grundstücks verhältnismäßig ist. Dazu gehören auch technische Vorkehrungen an Anlagen oder Verfahren sowie Maßnahmen zur Untersuchung und Überwachung von Böden. Für die Untersuchung gilt Anhang 1 entsprechend.

(2) Einträge von Schadstoffen im Sinne des § 9 Abs. 1 Satz 1 Nr. 2, für die keine Vorsorgewerte festgesetzt sind, sind nach Maßgabe von Absatz 1 so weit technisch möglich und wirtschaftlich vertretbar zu begrenzen. Dies gilt insbesondere für die Stoffe, die nach § 4a Abs. 1 der Gefahrstoffverordnung als krebserzeugend, erbgutverändernd oder fortpflanzungsgefährdend eingestuft sind.

§ 11
Zulässige Zusatzbelastung

(1) Werden die in Anhang 2 Nr. 4.1 festgesetzten Vorsorgewerte bei einem Schadstoff überschritten, ist insoweit eine Zusatzbelastung bis zur Höhe der in Anhang 2 Nr. 5 festgesetzten jährlichen Frachten des Schadstoffes zulässig. Dabei sind die Einwirkungen auf den Boden über Luft und Gewässer sowie durch unmittelbare Einträge zu beachten.

(2) Soweit die in Anhang 2 Nr. 5 festgesetzte zulässige Zusatzbelastung bei einem Schadstoff überschritten ist, sind die geogenen oder großflächig siedlungsbedingten Vorbelastungen im Einzelfall zu berücksichtigen.

(3) Die in Anhang 2 Nr. 5 festgesetzten Frachten bestimmen nicht im Sinne des § 3 Abs. 3 Satz 2 des Bundes-Bodenschutzgesetzes, welche Zusatzbelastungen durch den Betrieb einer Anlage nicht als ursächlicher Beitrag zum Entstehen schädlicher Bodenveränderungen anzusehen sind.

Verordnungstext

§ 12
Anforderungen an das Aufbringen und Einbringen von Materialien auf oder in den Boden

(1) Zur Herstellung einer durchwurzelbaren Bodenschicht dürfen in und auf Böden nur Bodenmaterial sowie Baggergut nach DIN 19731 (Ausgabe 5/98) und Gemische von Bodenmaterial mit solchen Abfällen, die die stofflichen Qualitätsanforderungen der nach § 8 des Kreislaufwirtschafts- und Abfallgesetzes erlassenen Verordnungen sowie der Klärschlammverordnung erfüllen, auf- und eingebracht werden.

(2) Das Auf- und Einbringen von Materialien auf oder in eine durchwurzelbare Bodenschicht oder zur Herstellung einer durchwurzelbaren Bodenschicht im Rahmen von Rekultivierungsvorhaben einschließlich Wiedernutzbarmachung ist zulässig, wenn

- insbesondere nach Art, Menge, Schadstoffgehalten und physikalischen Eigenschaften der Materialien sowie nach den Schadstoffgehalten der Böden am Ort des Auf- oder Einbringens die Besorgnis des Entstehens schädlicher Bodenveränderungen gemäß § 7 Satz 2 des Bundes-Bodenschutzgesetzes und § 9 dieser Verordnung nicht hervorgerufen wird und
- mindestens eine der in § 2 Abs. 2 Nr. 1 und 3 Buchstabe b und c des Bundes-Bodenschutzgesetzes genannten Bodenfunktionen nachhaltig gesichert oder wiederhergestellt wird.

Die Zwischenlagerung und die Umlagerung von Bodenmaterial auf Grundstücken im Rahmen der Errichtung oder des Umbaus von baulichen und betrieblichen Anlagen unterliegen nicht den Regelungen dieses Paragraphen, wenn das Bodenmaterial am Herkunftsort wiederverwendet wird.

(3) Die nach § 7 des Bundes-Bodenschutzgesetzes Pflichtigen haben vor dem Auf- und Einbringen die notwendigen Untersuchungen der Materialien nach den Vorgaben in Anhang 1 durchzuführen oder zu veranlassen. Die nach § 10 Abs. 1 des Bundes-Bodenschutzgesetzes zuständige Behörde kann weitere Untersuchungen hinsichtlich der Standort- und Bodeneigenschaften anordnen, wenn das Entstehen einer schädlichen Bodenveränderung zu besorgen ist; hierbei sind die Anforderungen nach DIN 19731 (Ausgabe 5/98) zu beachten.

(4) Bei landwirtschaftlicher Folgenutzung sollen im Hinblick auf künftige unvermeidliche Schadstoffeinträge durch Bewirtschaftungsmaßnahmen

Verordnungstext

oder atmosphärische Schadstoffeinträge die Schadstoffgehalte in der entstandenen durchwurzelbaren Bodenschicht 70 Prozent der Vorsorgewerte nach Anhang 2 Nr. 4 nicht überschreiten.

(5) Beim Aufbringen von Bodenmaterial auf landwirtschaftlich einschließlich gartenbaulich genutzte Böden ist deren Ertragsfähigkeit nachhaltig zu sichern oder wiederherzustellen und darf nicht dauerhaft verringert werden.

(6) Bei der Herstellung einer durchwurzelbaren Bodenschicht für eine landwirtschaftliche Folgenutzung im Rahmen von Rekultivierungsvorhaben einschließlich Wiedernutzbarmachung soll nach Art, Menge und Schadstoffgehalt geeignetes Bodenmaterial auf- oder eingebracht werden.

(7) Die Nährstoffzufuhr durch das Auf- und Einbringen von Materialien in und auf den Boden ist nach Menge und Verfügbarkeit dem Pflanzenbedarf der Folgevegetation anzupassen, um insbesondere Nährstoffeinträge in Gewässer weitestgehend zu vermeiden. DIN 18919 (Ausgabe 09/90) ist zu beachten.

(8) Von dem Auf- und Einbringen von Materialien sollen Böden, welche die Bodenfunktionen nach § 2 Abs. 2 Nr. 1 und 2 des Bundes-Bodenschutzgesetzes im besonderen Maße erfüllen, ausgeschlossen werden. Dies gilt auch für Böden im Wald, in Wasserschutzgebieten nach § 19 Abs. 1 des Wasserhaushaltsgesetzes, in nach den §§ 13, 14, 14 a, 17, 18, 19 b und 20 c des Bundesnaturschutzgesetzes rechtsverbindlich unter Schutz gestellten Gebieten und Teilen von Natur und Landschaft sowie für die Böden der Kernzonen von Naturschutzgroßprojekten des Bundes von gesamtstaatlicher Bedeutung. Die fachlich zuständigen Behörden können hiervon Abweichungen zulassen, wenn ein Auf- und Einbringen aus forst- oder naturschutzfachlicher Sicht oder zum Schutz des Grundwassers erforderlich ist.

(9) Beim Auf- und Einbringen von Materialien auf oder in den Boden sollen Verdichtungen, Vernässungen und sonstige nachteilige Bodenveränderungen durch geeignete technische Maßnahmen sowie durch Berücksichtigung der Menge und des Zeitpunktes des Aufbringens vermieden werden. Nach Aufbringen von Materialien mit einer Mächtigkeit von mehr als 20 Zentimetern ist auf die Sicherung oder den Aufbau eines stabilen Bodengefüges hinzuwirken. DIN 19731 (Ausgabe 5/98) ist zu beachten.

(10) In Gebieten mit erhöhten Schadstoffgehalten in Böden ist eine Verlagerung von Bodenmaterial innerhalb des Gebietes zulässig, wenn die in § 2

Abs. 2 Nr. 1 und 3 Buchstabe b und c des Bundes-Bodenschutzgesetzes genannten Bodenfunktionen nicht zusätzlich beeinträchtigt werden und insbesondere die Schadstoffsituation am Ort des Aufbringens nicht nachteilig verändert wird. Die Gebiete erhöhter Schadstoffgehalte können von der zuständigen Behörde festgelegt werden. Dabei kann die zuständige Behörde auch Abweichungen von Absatz 3 und 4 zulassen.

(11) § 5 Abs. 6 bleibt unberührt.

(12) Absatz 3 gilt nicht für das Auf- und Einbringen von Bodenmaterial auf die landwirtschaftliche Nutzfläche nach lokal begrenzten Erosionsereignissen oder zur Rückführung von Bodenmaterial aus der Reinigung landwirtschaftlicher Ernteprodukte.

Achter Teil
Schlußbestimmungen

§ 13
Zugänglichkeit von technischen Regeln und Normblättern

(1) Technische Regeln und Normblätter, auf die in dieser Verordnung verwiesen wird, sind beim Deutschen Patentamt archivmäßig gesichert hinterlegt. Die Bezugsquellen sind in Anhang 1 Nr. 6.2 aufgeführt.

(2) Verweisungen auf Entwürfe von technischen Normen in den Anhängen beziehen sich jeweils auf die Fassung, die zu dem in der Verweisung angegebenen Zeitpunkt veröffentlicht ist.

§ 14
Inkrafttreten

Diese Verordnung tritt am Tage nach der Verkündung in Kraft.

Verordnungstext

Anhang 1

Anforderungen an die Probennahme, Analytik und Qualitätssicherung bei der Untersuchung

Dieser Anhang findet Anwendung bei der Untersuchung von Böden, Bodenmaterialien und sonstigen Materialien, die im Boden oder auf den Böden von Verdachtsflächen oder altlastverdächtigen Flächen vorkommen, oder zum Auf- und Einbringen vorgesehen sind, sowie von Bodenluft.

Bei altlastverdächtigen Altablagerungen richten sich der Untersuchungsumfang und die Probennahme, insbesondere hinsichtlich der Untersuchungen auf Deponiegas, leichtflüchtige Schadstoffe, abgelagerte Abfälle und des Übergangs von Schadstoffen in das Grundwasser, nach den Erfordernissen des Einzelfalles.

Im Sinne dieses Anhangs ist der Stand von Verfahren und Methoden der Entwicklungsstand fortschrittlicher Verfahren und Methoden, der ihre praktische Eignung zu den vorstehend genannten Untersuchungen gesichert erscheinen läßt. Erkenntnisse über solche Verfahren und Methoden und über ihre Anwendung werden durch einen ausgewählten Kreis von Fachleuten aus Bund und Ländern sowie der Betroffenen im Benehmen mit den Ländern zusammengestellt, der vom Bundesministerium für Umwelt, Naturschutz und Reaktorsicherheit einberufen wird.

1. Untersuchungsumfang und erforderlicher Kenntnisstand

Die Untersuchungen nach § 3 dieser Verordnung beziehen sich auf die Wirkungspfade, für die sich auf Grund der im Einzelfall vorliegenden Informationen der Verdacht einer Gefahr ergibt. Bei der Festlegung des Untersuchungsumfangs sind die Ergebnisse der Erfassung, insbesondere die Kenntnisse oder begründeten Vermutungen über das Vorkommen bestimmter Schadstoffe und deren Verteilung, die gegenwärtige Nutzung und die Nutzung gemäß § 4 Abs. 4 des Bundes-Bodenschutzgesetzes und die sich daraus ergebenden Schutzbedürfnisse sowie die sonstigen beurteilungserheblichen örtlichen Gegebenheiten zu berücksichtigen. Die E DIN ISO 10381-3: 02.96 ist zu beachten. Zum Arbeitsschutz wird auf die ZH 1/183: 04.97 hingewiesen.

Verordnungstext

Bei der Untersuchung zum Wirkungspfad Boden – Mensch sind als Nutzungen

- Kinderspielflächen
- Wohngebiete
- Park- und Freizeitanlagen
- Industrie- und Gewerbegrundstücke

und bei der Untersuchung zum Wirkungspfad Boden – Nutzpflanze die Nutzungen

- Ackerbau, Nutzgarten
- Grünland

zu unterscheiden.

Bei Untersuchungen zum Wirkungspfad Boden – Grundwasser ist nicht nach der Art der Bodennutzung zu unterscheiden.

1.1 Orientierende Untersuchung

Orientierende Untersuchungen von Verdachtsflächen und altlastverdächtigen Altstandorten sollen insbesondere auch auf die Feststellung und die Einschätzung des Umfangs von Teilbereichen mit unterschiedlich hohen Schadstoffgehalten ausgerichtet werden.

Bei altlastverdächtigen Altablagerungen sind in der Regel Untersuchungen von Deponiegas und auf leichtflüchtige Schadstoffe sowie Untersuchungen insbesondere auch hinsichtlich des Übergangs von Schadstoffen in das Grundwasser durchzuführen.

Sind bei Verdachtsflächen oder altlastverdächtigen Flächen auf Verlangen der dafür zuständigen Behörde Untersuchungen des Grund- oder Oberflächenwassers durchzuführen, ist dies bei der Festlegung von Umfang und Ablauf der orientierenden Untersuchung für Boden- oder Sickerwasseruntersuchungen zu berücksichtigen.

Kann bei Verdachtsflächen nicht auf vorhandene Bodenkartierungen zurückgegriffen werden oder liegen keine geeigneten bodenbezogenen Informationen vor, soll im Rahmen der orientierenden Untersuchung eine bodenkundliche Kartierung oder Bodenansprache am Ort der Probennahme

Verordnungstext

auf der Grundlage der Bodenkundlichen Kartieranleitung, 4. Auflage, berichtigter Nachdruck 1996, in dem Umfange durchgeführt werden, der für die Gefahrenbeurteilung erforderlich ist.

Die Untersuchungsvorschriften für Böden und Bodenmaterialien gelten für die §§ 9,10 und 12 entsprechend.

1.2 Detailuntersuchung

Bei der Detailuntersuchung sollen neben den unter § 3 Abs. 5 und 6 dieser Verordnung genannten Sachverhalten auch die für die Wirkungspfade maßgeblichen Expositionsbedingungen, insbesondere die für die verschiedenen Wirkungspfade bedeutsamen mobilen oder mobilisierbaren Anteile der Schadstoffgehalte, geklärt werden. Es soll auch festgestellt werden, ob sich aus räumlich begrenzten Anreicherungen von Schadstoffen innerhalb einer Verdachtsfläche oder altlastverdächtigen Fläche Gefahren ergeben und ob und wie eine Abgrenzung von nicht belasteten Flächen geboten ist.

2. Probennahme

Das Vorgehen bei der Probennahme richtet sich insbesondere nach den im Einzelfall berührten Wirkungspfaden, der Flächengröße, der auf Grund der Erfassungsergebnisse vermuteten vertikalen und horizontalen Schadstoffverteilung sowie der gegenwärtigen, der planungsrechtlich zulässigen und der früheren Nutzung. Dabei sind die unter den Nummern 2.1 bis 2.3 genannten Anforderungen zu beachten. Das Vorgehen bei der Probennahme ist zu begründen und zu dokumentieren. Die Anforderungen des Arbeitsschutzes sind zu beachten.

Untersuchungsflächen sollen für die Probennahme in geeignete Teilflächen gegliedert werden. Die Teilung soll auf Grund eines unterschiedlichen Gefahrenverdachts, einer unterschiedlichen Bodennutzung, der Geländeform oder der Bodenbeschaffenheit sowie von Auffälligkeiten, wie z. B. einer unterschiedlichen Vegetationsentwicklung, oder anhand von Erkenntnissen aus der Erfassung erfolgen.

Verordnungstext

2.1 Probennahmeplanung für Bodenuntersuchungen – Festlegung der Probennahmestellen und Beprobungstiefen

Soll die räumliche Verteilung der Schadstoffe ermittelt werden, ist die zu untersuchende Fläche oder Teilfläche grundsätzlich unter Zuhilfenahme eines Rasters repräsentativ zu beproben. Soweit aus Vorkenntnissen, bei altlastverdächtigen Altstandorten insbesondere nach den Ergebnissen der Erfassung, eine Hypothese über die räumliche Verteilung der Schadstoffe abgeleitet werden kann, ist diese bei der Festlegung der Probennahmestellen und des Rasters zu berücksichtigen. Für die Festlegung von Probennahmestellen können auch Ergebnisse aus einer geeigneten Vor-Ort-Analytik herangezogen werden.

Vermutete Schadstoffanreicherungen sind gezielt zu beproben. Die Beprobung ist, insbesondere hinsichtlich Zahl und räumlicher Anordnung der Probennahmestellen, so vorzunehmen, daß der Gefahrenverdacht geklärt, eine mögliche Gefahr bewertet werden und eine räumliche Abgrenzung von Schadstoffanreicherungen erfolgen kann.

Bei der Festlegung der Beprobungstiefen für die Wirkungspfade Boden – Mensch und Boden – Nutzpflanze sollen für die Untersuchung auf anorganische und schwerflüchtige organische Schadstoffe die in Tabelle 1 genannten Beprobungstiefen zugrundegelegt werden.

Tabelle 1: Nutzungsorientierte Beprobungstiefe bei Untersuchungen zu den Wirkungspfaden Boden – Mensch und Boden – Nutzpflanze

Wirkungspfad	Nutzung	Beprobungstiefe
Boden – Mensch	Kinderspielfläche, Wohngebiet	0-10 cm [1] 10-35 cm [2]
	Park- und Freizeitanlage	0-10 cm [1]
	Industrie- und Gewerbegrundstücke	0-10 cm [1]
Boden – Nutzpflanze	Ackerbau, Nutzgarten	0-30 cm [3] 30-60 cm
	Grünland	0-10 cm [4] 10-30 cm

[1] Kontaktbereich für orale und dermale Schadstoffaufnahme, zusätzlich 0-2 cm bei Relevanz des inhalativen Aufnahmepfades
[2] 0-35 cm: durchschnittliche Mächtigkeit aufgebrachter Bodenschichten; zugleich max. von Kindern erreichbare Tiefe
[3] Bearbeitungshorizont
[4] Hauptwurzelbereich

Verordnungstext

Böden sind möglichst horizontweise zu beproben. Grundlage für die Ermittlung der Horizontabfolge ist die Bodenkundliche Kartieranleitung der Geologischen Landesämter (AG Bodenkunde, 4. Auflage, 1994). Bis in den Unterboden gestörte Böden sind lagenweise zu beproben (siehe Tabelle 1). Die Lagen- oder Horizontmächtigkeit, die durch Entnahme einer Probe repräsentiert werden kann, beträgt in der Regel 30 cm. Mächtigere Horizonte oder Lagen sind gegebenenfalls zu unterteilen. Ergänzend zur Tabelle 1 ist die Beprobungstiefe zu berücksichtigen, für die bei der nach § 4 Abs. 4 des Bundes-Bodenschutzgesetzes zu berücksichtigenden Nutzung besondere Vorkehrungen getroffen werden müssen. Die Gründe für abweichende Beprobungstiefen sind zu dokumentieren.

Bei der Probennahme ist hinsichtlich der Wirkungspfade folgendes zu beachten:

2.1.1 Wirkungspfad Boden – Mensch

Im Rahmen der Festlegung der Probennahmestellen und der Beprobungstiefe sollen auch Ermittlungen zu den im Einzelfall vorliegenden Expositionsbedingungen vorgenommen werden, insbesondere über

- die tatsächliche Nutzung der Fläche (Art, Häufigkeit, Dauer),
- die Zugänglichkeit der Fläche,
- die Versiegelung der Fläche und über den Aufwuchs,
- die Möglichkeit der inhalativen Aufnahme von Bodenpartikeln,
- die Relevanz weiterer Wirkungspfade.

Für die Beurteilung der Gefahren durch die inhalative Aufnahme von Bodenpartikeln sind die obersten zwei Zentimeter des Bodens maßgebend. Inhalativ bedeutsam sind solche Schadstoffe, für die sich der inhalative Pfad nach den Ableitungsmaßstäben gemäß § 4 Abs. 5 dieser Verordnung als ausschlaggebend für die Festlegung des Prüfwertes erwiesen hat. Durch Rückstellproben ist sicherzustellen, daß der Schadstoffgehalt in der für die Staubbildung relevanten Feinkornfraktion bis 63 μm gegebenenfalls getrennt analysiert werden kann.

Ist auf Grund vorliegender Erkenntnisse davon auszugehen, daß die Schadstoffe in der beurteilungsrelevanten Bodenschicht annähernd gleichmäßig über eine Fläche verteilt sind, kann auf Flächen bis 10.000 m² für jeweils 1000 m², mindestens aber von 3 Teilflächen, eine Mischprobe entnommen werden. Die Mischprobe soll aus 15 bis 25 Einzelproben einer Bepro-

Verordnungstext

bungstiefe gewonnen werden. Bei Flächen unter 500 m² sowie in Hausgärten oder sonstigen Gärten entsprechender Nutzung kann auf eine Teilung verzichtet werden. Für Flächen über 10.000 m² sollen mindestens jedoch 10 Teilflächen beprobt werden.

2.1.2 Wirkungspfad Boden – Nutzpflanze

Bei landwirtschaftlich einschließlich gartenbaulich genutzten Böden mit annähernd gleichmäßiger Bodenbeschaffenheit und Schadstoffverteilung soll auf Flächen bis 10 Hektar in der Regel für jeweils 1 Hektar, mindestens aber von 3 Teilflächen eine Mischprobe entsprechend den Beprobungstiefen entnommen werden. Bei Flächen unter 5000 m² kann auf eine Teilung verzichtet werden. Für Flächen größer 10 Hektar sollen mindestens jedoch 10 Teilflächen beprobt werden. Die Probennahme erfolgt nach den Regeln der Probennahme auf landwirtschaftlich genutzten Böden (E DIN ISO 10381-1: 02.96, E DIN ISO 10381-4: 02.96) durch 15 bis 25 Einzeleinstiche je Teilfläche, die zu jeweils einer Mischprobe vereinigt werden.

In Nutzgärten erfolgt die Probennahme in der Regel durch Entnahme einer grundstücksbezogenen Mischprobe für jede Beprobungstiefe und im übrigen in Anlehnung an die Regeln der Probennahme auf Ackerflächen.

Für die Eignung von Geräten zur Probennahme ist E DIN ISO 10381-2: 02.96 maßgebend.

2.1.3 Wirkungspfad Boden – Grundwasser

Beim Wirkungspfad Boden – Grundwasser ist zur Feststellung der vertikalen Schadstoffverteilung die ungesättigte Bodenzone bis unterhalb einer mutmaßlichen Schadstoffanreicherung oder eines auffälligen Bodenkörpers zu beproben. Die Beprobung erfolgt horizont- oder schichtspezifisch. Im Untergrund dürfen Proben aus Tiefenintervallen bis max. 1 m entnommen werden. In begründeten Fällen ist die Zusammenfassung engräumiger Bodenhorizonte bzw. -schichten bis max. 1 m Tiefenintervall zulässig. Auffälligkeiten sind zu beurteilen und gegebenenfalls gesondert zu beproben. Die Beprobungstiefe soll reduziert werden, wenn erkennbar wird, daß bei Durchbohrung von wasserstauenden Schichten im Untergrund eine hierdurch entstehende Verunreinigung des Grundwassers zu besorgen ist. Ist das Durchbohren von wasserstauenden Schichten erforderlich, sind beson-

Verordnungstext

dere Sicherungsmaßnahmen zu ergreifen. Für die Eignung von Geräten zur Probennahme ist DIN 4021: 10.90 maßgebend.

2.2 Probennahmeplanung Bodenluft

Die Probennahme erfolgt nach VDI-Richtlinie 3865, Blatt 1 und 2.

2.3 Probennahmeplanung bei abgeschobenem und ausgehobenem Bodenmaterial

Die Probennahme erfolgt in Anlehnung an DIN 52101: 03.88 oder nach DIN EN 932-1: 11.96.

2.4 Probengewinnung

2.4.1 Böden, Bodenmaterial und sonstige Materialien

Die notwendige Probemenge richtet sich gemäß DIN 18123: 11.96 nach dem Größtkorn und muß ausreichen, um nach sachgerechter Probenvorbehandlung die Laboruntersuchung sowie gegebenenfalls die Bereitstellung von Rückstellproben zu gewährleisten. Eine Abstimmung mit der Untersuchungsstelle sollte erfolgen.

Grobmaterialien (Materialien > 2 mm) und Fremdmaterialien, die möglicherweise Schadstoffe enthalten oder denen diese anhaften können, sind aus der gesamten Probemenge zu entnehmen und gesondert der Laboruntersuchung zuzuführen. Ihr Massenanteil an dem beprobten Bodenhorizont bzw. der Schichteinheit ist zu ermitteln und zu dokumentieren.

Zur Entnahme von Boden, Bodenmaterial und sonstigen Materialien sind Verfahren anzuwenden, die in der DIN 4021: 10.90 und E DIN ISO 10381-2: 02.96 aufgeführt sind. Bei der Verfahrensauswahl sind über die in der Norm enthaltenen Angaben hinaus die erforderliche Probemenge und der Aufbau des Untergrundes zu berücksichtigen.

2.4.2 Bodenluft

Für die Entnahme von Bodenluftproben gilt VDI-Richtlinie 3865, Blatt 2.

2.5 Probenkonservierung, -transport und -lagerung

Für die Auswahl von Probengefäßen sowie für Probenkonservierung, -transport und -lagerung sind die entsprechenden Regelungen in den Untersuchungsvorschriften nach Nummer 3.1.3, Tabelle 3 bis 7 einzuhalten. Fehlen derartige Regelungen, sind E DIN ISO 10381-1: 02.96 und DIN EN ISO 5667-3: 04.96 zu beachten.

Der Transport der Bodenproben für die Untersuchung organischer Schadstoffe sowie ihre Lagerung erfolgt gemäß E DIN ISO 14507: 02.96.

3 Untersuchungsverfahren

3.1 Untersuchungsverfahren für Böden, Bodenmaterial und sonstige Materialien

3.1.1 Probenauswahl und -vorbehandlung

Im Falle gestufter Untersuchungen ist für den Einzelfall zu entscheiden, in welcher Abfolge im Feld gewonnene Proben zu analysieren sind, und ob ggf. auch eine Zusammenfassung mehrerer Proben zweckmäßig ist. Die Entscheidung und ihre Gründe sind zu dokumentieren.

Die Probenvorbehandlung, einschließlich der Trocknung des Probenmaterials, erfolgt für die Bestimmung physikalisch-chemischer Eigenschaften (Nummer 3.1.3, Tabelle 3) und die Bestimmung anorganischer Schadstoffe (Nummer 3.1.3, Tabelle 4) nach DIN ISO 11 464: 12.96. Für organische Schadstoffe ist E DIN ISO 14 507: 02.96 anzuwenden.

Ist bei Böden, Bodenmaterial und sonstigen Materialien (insbesondere Schlacken und Bauschutt) eine Auftrennung in Grob- und Feinanteil erforderlich, hat dies über ein Sieb mit einer Maschenweite von 2 mm in die Fraktionen ≤ 2 mm (Feinanteil) und > 2 mm (Grobanteil) Korndurchmesser zu erfolgen. Verklumpungen sind zu zerkleinern, wobei aber geringstabile Aggregate (z. B. Carbonat-, Eisen-Konkretionen, Bims) möglichst nicht zerbrochen werden sollten. Beide Fraktionen sind zu wägen, zu beschreiben und zu dokumentieren, und deren Trockenmasseanteil ist zu bestimmen. Der Feinanteil ist zu homogenisieren und zu untersuchen. Bestehen Anhaltspunkte für einen erhöhten Schadstoffgehalt der Fraktion > 2 mm, ist diese Fraktion zu gewinnen und nach Vorzerkleinerung und Homogenisierung ebenfalls zu untersuchen. Im Probenmaterial enthaltene Fremdmateri-

Verordnungstext

alien sind erforderlichenfalls getrennt zu untersuchen und bei der Bewertung zu berücksichtigen.

Repräsentative Teile der im Feld entnommenen Proben sind als Rückstellproben aufzubewahren. Art und Umfang der Rückstellung sind nach den Erfordernissen des Einzelfalls zu vereinbaren.

3.1.2 Extraktion, Elution

Königswasserextrakt
Die Bestimmung des Gehaltes an anorganischen Schadstoffen zum Vergleich der Schadstoffaufnahme auf dem Wirkungspfad Boden – Mensch mit den Werten nach Anhang 2 Nummer 1 mit Ausnahme der Cyanide, für den Wirkungspfad Boden – Nutzpflanze auf Ackerbauflächen und in Nutzgärten bezüglich Arsen und Quecksilber nach Anhang 2 Nummer 2.2 und für den Wirkungspfad Boden – Nutzpflanze auf Grünland nach Anhang 2 Nummer 2.3 sowie hinsichtlich der Vorsorgewerte nach Anhang 2 Nummer 4.1 erfolgt aus dem Königswasserextrakt nach DIN ISO 11466: 06.97 aus aufgemahlenen Proben (Korngröße < 150 µm).

Ammoniumnitratextraktion
Der Ammoniumnitratextrakt nach DIN 19730: 06.97 ist zur Ermittlung der Gehalte anorganischer Schadstoffe für die Bewertung der Schadstoffe im Wirkungspfad Boden – Nutzpflanze auf Ackerbauflächen und in Nutzgärten im Hinblick auf die Pflanzenqualität bezüglich Cadmium, Blei und Thallium nach Anhang 2 Nummer 2.2 sowie auf Ackerbauflächen im Hinblick auf Wachstumsbeeinträchtigungen bei Kulturpflanzen nach Anhang 2 Nummer 2.4 anzuwenden und kann zur Abschätzung von anorganischen Schadstoffkonzentrationen im Sickerwasser nach Nummer 3.3 dieses Anhangs eingesetzt werden.

Extraktion organischer Schadstoffe
Die Bestimmung des Gehaltes an organischen Schadstoffen zum Vergleich der Schadstoffaufnahme auf dem Wirkungspfad Boden – Mensch mit den Werten nach Anhang 2 Nummer 1.2 sowie hinsichtlich der Vorsorgewerte nach Anhang 2 Nummer 4.2 erfolgt aus den in Nummer 3.1.3, Tabelle 5 angegebenen Bodenextrakten. Sollen andere Verfahren angewendet werden, ist dies zu begründen und nachzuweisen, daß deren Ergebnisse mit den Ergebnissen der oben angegebenen Verfahren gleichwertig oder vergleichbar sind.

Verordnungstext

Elution mit Wasser
Für die Herstellung von Eluaten mit Wasser zur Abschätzung von Schadstoffkonzentrationen im Sickerwasser nach Nummer 3.3 dieses Anhangs sind die in Tabelle 2 angegebenen Verfahren anzuwenden.

Tabelle 2: Verfahren zur Herstellung von Eluaten mit Wasser

Verfahren	Verfahrenshinweise	Methode
anorganische Stoffe		
Bodensättigungsextrakt	Verfahren siehe (1)	
Elution mit Wasser	- Probenmasse unter Berücksichtigung der Trockenmasse nach DIN 38414-2: 11.85 bzw. nach DIN ISO 11465: 12.96 - Filtration siehe (2)	DIN 38414 - 4: 10.84
organische Stoffe		
Säulen- oder Lysimeterversuch	Die zu erwartende Geschwindigkeit, mit der sich stoffspezifisch die Gleichgewichtskonzentration einstellt, ist zu beachten.	

(1) Gewinnung des Bodensättigungsextraktes:

Zur Vorbereitung wird der Bodenprobe in einem Polyethylen-Gefäß langsam soviel bidestilliertes Wasser zugegeben, daß sie vollständig durchfeuchtet ist. Die benötigte Menge an Wasser zur Vorbefeuchtung ist bodenartabhängig und sollte ungefähr der Feldkapazität entsprechen. Bei sandigen Proben wird von ca. 25 %, bei lehmig/schluffigen Proben von ca. 35 % und bei tonigen Proben von ca. 40 % der Einwaage lufttrockenen Bodens ausgegangen. Die zugegebene Wassermenge ist gravimetrisch zu erfassen und zu notieren. Die Probe wird gut vermischt und unter Verdunstungsschutz 24 h bei 5 °C stehengelassen.

Zur Herstellung des Bodensättigungsextrakts wird das vorbefeuchtete Bodenmaterial in Zentrifugenbecher überführt. Bidestilliertes Wasser wird unter ständigem Rühren langsam zugegeben, bis die Fließgrenze erreicht ist (Bildung einer glänzenden Oberfläche und Zerfließen einer Spachtelkerbe). Bei tonigen Proben muß 15 min bis zum Abschluß der Quellung gewartet und gegebenenfalls Wasser nachgegeben werden. Die zugegebene Was-

Verordnungstext

sermenge wird gravimetrisch erfaßt und die Bodenpaste mit einem Glasstab verrührt. Die Bodenpaste ist zur Gleichgewichtseinstellung 24 h im Kühlschrank oder -raum bei 5 °C unter Verdunstungsschutz aufzubewahren.

Aus der Einwaage lufttrockenen Bodens und zweimaliger Wasserzugabe wird das Boden/Wasser-Verhältnis berechnet. Dabei ist der Wassergehalt der lufttrockenen Probe an einem Aliquot separat zu erfassen (Trocknung bei 105 °C bis zur Gewichtskonstanz) und rechnerisch zu berücksichtigen.

Zur Gewinnung der Gleichgewichtsbodenlösung erfolgt die Zentrifugation in einer Kühlzentrifuge für 30 min. Die überstehende Lösung wird dekantiert und zur Abtrennung suspendierter Partikel in zuvor gewogene Polyethylen- Weithalsflaschen mittels Unterdruck membranfiltriert. Die Filtratmenge ist gravimetrisch zu bestimmen. Die Lösungen sind durch Zugabe von 10 Volumenanteilen Salpetersäure (c = 5 mol/l) zu stabilisieren, wobei die Säurezugabe bei der Auswertung von Meßergebnissen und der Erstellung von Kalibrierlösungen zu berücksichtigen ist.

(2) <u>Filtrationsschritt:</u>

Verwendet wird eine Druckfiltrationseinheit für Membranfilter (142 mm Durchmesser, medienführende Teile aus PTFE) mit einem Membranfilter mit 0,45 µm Porenweite. Bei Nutzung abweichender Geräte ist das zu filtrierende Volumen entsprechend der Filterfläche zu verändern; das Verhältnis von filtrierendem Volumen und Filterfläche ist einzuhalten.

Nach dem Schütteln ist die Suspension ca. 15 min zur Sedimentation der gröberen Partikel stehenzulassen. Die überstehende Flüssigkeit ist im Zentrifugenbecher weitestgehend zu dekantieren. Die Zentrifugation erfolgt für 30 min mit 2000 g. Danach erfolgt das weitestgehend vollständige Dekantieren der überstehenden Flüssigkeit in die Membrandruckfiltrationsapparatur. Nach 5 min druckloser Filtration wird zur Beschleunigung der Filtration ein Druck von 1 bar angelegt. Haben nach 15 min weniger als zwei Drittel des Eluats das Filter passiert, wird der Druck auf 2 bar erhöht. Falls erforderlich, wird der Druck nach weiteren 30 min auf 3,5 bar erhöht. Die Filtration wird solange fortgesetzt, bis der gesamte Überstand der Zentrifugation das Filter passiert hat. Ist die Filtration nach 120 min noch unvollständig, wird sie abgebrochen und mit dem unvollständigen Filtrat weitergearbeitet.

Verordnungstext

3.1.3 Analysenverfahren

<u>Böden, Bodenmaterial und sonstige Materialien</u>

Die Analyse von Böden, Bodenmaterial und gegebenenfalls von sonstigen Materialien ist nach den in den Tabellen 3 bis 5 aufgeführten Untersuchungsverfahren auszuführen.

Sollen unter Nennung der Gründe andere Verfahren angewendet werden, ist nachzuweisen und zu dokumentieren, daß deren Ergebnisse mit den Ergebnissen der in den Tabellen 3 bis 5 angegebenen Verfahren gleichwertig oder vergleichbar sind. Inwieweit einzelne Verfahren insbesondere auch unter den unter Nummer 4.2 genannten Gesichtspunkten anwendbar sind, ist im Einzelfall zu prüfen. Die Schadstoffgehalte sind auf Trockenmasse (105 °C) zu beziehen. Sie müssen in der gleichen Einheit wie die entsprechenden Prüf-, Maßnahmen- und Vorsorgewerte in Anhang 2 angegeben werden.

Tabelle 3: Analyse physikalisch-chemischer Eigenschaften

Untersuchungsparameter	Verfahrenshinweise	Methode
Bestimmung der Trockenmasse	feldfrische oder luftgetrocknete Bodenproben	DIN ISO 11 465: 12.96
Organischer Kohlenstoff und Gesamtkohlenstoff nach trockener Verbrennung	luftgetrocknete Bodenproben	DIN ISO 10 694: 08.96
pH-Wert ($CaCl_2$)	Suspension der feldfrischen oder luftgetrockneten Bodenprobe in $CaCl_2$-Lösung; $c(CaCl_2)$: 0,01 mol/ l	DIN ISO 10 390: 05.97
Korngrößenverteilung	1) „Fingerprobe" im Gelände*)	Bodenkundliche Kartieranleitung, 4.Auflage, 1994; DIN 19682-2: 04.97
	2) Siebung, Dispergierung, Pipett-Analyse*)	E DIN ISO 11 277: 06.94 DIN 19683-2: 04.97
	3) Siebung, Dispergierung, Aräometermethode	DIN 18 123: 11.96 E DIN ISO 11277: 06.94
Rohdichte	Trocknung einer volumengerecht entnommenen Bodenprobe bei 105 °C, rückwiegen	E DIN ISO 11 272: 01.94 DIN 19683-12: 04.73

*) Empfohlene Methoden

Verordnungstext

Tabelle 4: Analyse anorganischer Schadstoffgehalte

Untersuchungsparameter	Verfahrenshinweise	Methode
Cd, Cr, Cu, Ni, Pb,Tl, Zn	AAS	E DIN ISO 11 047: 06.95
As, Cd, Cr, Cu, Ni, Pb, Tl, Zn	ICP-AES (ICP-MS möglich) Berücksichtigung von spektralen Störungen bei hohen Matrixkonzentrationen erforderlich	DIN EN ISO 11885: 04.98
Arsen (As)	ET-AAS	In Analogie zu E DIN ISO 11 047: 06.95
	Hydrid-AAS	DIN EN ISO 11 969: 11.96
Quecksilber (Hg)	AAS-Kaltdampftechnik Bei der Probenvorbehandlung darf die Trocknungstemperatur 40 °C nicht überschreiten.	DIN EN 1483: 08.97 Reduktion mit Zinn(II)-chlorid oder NaBH4
Chrom (VI)	1. Extraktion mit phosphatgepufferter Aluminiumsulfatlösung 2. Elution mit Wasser, Abtrennung von Cr(III), Bestimmung von löslichem Cr(VI) in Böden	Spektralphotometrie DIN 19 734: 01.99 DIN 38 405 - 24: 05.87
Cyanide		E DIN ISO 11262: 06.94

Tabelle 5: Analyse organischer Schadstoffgehalte

Untersuchungsparameter	Verfahrenshinweise	Methode
Polycyclische aromatische Kohlenwasserstoffe (PAK): 16 PAK (EPA) Benzo(a)pyren	1) Soxhlet-Extraktion mit Toluol, chromatographisches Clean-up; Quantifizierung mittels GC-MS*	Merkblatt Nr. 1 des LUA-NRW, 1994*
	2) Extraktion mit Tetrahydrofuran oder Acetonitril; Quantifizierung mittels HPLC-UV/DAD/F*	Merkblatt Nr. 1 des LUA - NRW, 1994*

Verordnungstext

Untersuchungsparameter	Verfahrenshinweise	Methode
	3) Extraktion mit Aceton, Zugeben von Petrolether, Entfernung des Acetons, chromatographische Reinigung des Petroletherextraktes, Aufnahme in Acetonitril; Quantifizierung mittels HPLC-UV/DAD/F	E DIN ISO 13877: 06.95
	4) Extraktion mit einem Wasser/Aceton/ Petrolether-Gemisch in Gegenwart von NaCl; Quantifizierung mittels GC-MS oder HPLC-UV/DAD/F	VDLUFA-Methodenbuch, Band VII; Handbuch Altlasten Bd. 7, LfU HE
Hexachlorbenzol	Extraktion mit Aceton/Cyclohexan-Gemisch oder Aceton/Petrolether, ggf. chromatographische Reinigung nach Entfernen des Acetons; Quantifizierung mittels GC-ECD oder GC-MS	E DIN ISO 10382: 02.98
Pentachlorphenol	Soxhlet-Extraktion mit Heptan oder Aceton/Heptan (50:50); Derivatisierung mit Essigsäureanhydrid; Quantifizierung mittels GC-ECD oder GC-MS	E DIN ISO 14154: 10.97
Aldrin, DDT, HCH-Gemisch	1) Extraktion mit Petrolether oder Aceton/Petrolether-Gemisch, chromatographische Reinigung; Quantifizierung mittels GC-ECD oder GC-MS*)	E DIN ISO 10382: 02.98*
	2) Extraktion mit Wasser/Aceton/ Petrolether-Gemisch; Quantifizierung mittels GC-ECD oder GC-MS	VDLUFA-Methodenbuch, Band VII

Verordnungstext

Untersuchungsparameter	Verfahrenshinweise	Methode
Polychlorierte Biphenyle (PCB): 6 PCB-Kongenere (Nr. 28, 52, 101,138, 153, 180 nach Ballschmiter)	1) Extraktion mit Heptan oder Aceton/Petrolether, chromatographische Reinigung; Quantifizierung mittels GC-ECD (GC-MS möglich)	E DIN ISO 10382: 02.98
	2) Soxhlet-Extraktion mit Heptan, Hexan oder Pentan, chromatographische Reinigung an AgNO3/ Kieselgelsäule; Quantifizierung mittels GC-ECD (GC-MS möglich)	DIN 38414-20: 01.96
	3) Extraktion mit einem Wasser/Aceton/ Petrolether-Gemisch in Gegenwart von NaCl; Quantifizierung mittels GC-ECD (GC-MS möglich)	VDLUFA-Methodenbuch, Band VII
Polychlorierte Dibenzodioxine und Dibenzofurane	Soxhlet-Extraktion gefriergetrockneter Proben mit Toluol, chromatographische Reinigung; Quantifizierung mittels GC-MS	nach Klärschlammverordnung unter Beachtung von DIN 384141-24: 04.98, VDI-Richtlinie 3499, Blatt 1: 03.90

*) Empfohlene Methoden

Eluate und Sickerwasser

Die analytische Bestimmung der anorganischen Stoffkonzentrationen in Eluaten und Sickerwasser ist nach den in Tabelle 6 aufgeführten Analyseverfahren durchzuführen, die Bestimmung der organischen Stoffkonzentrationen im Sickerwasser erfolgt nach den in Tabelle 7 genannten Methoden.

Sollen unter Nennung der Gründe andere Verfahren angewendet werden, ist nachzuweisen, daß deren Ergebnisse mit den Ergebnissen der in Tabelle 6 und 7 angegebenen Verfahren gleichwertig oder vergleichbar sind.

Verordnungstext

Tabelle 6: Bestimmung der Konzentration anorganischer Schadstoffe in Eluaten und Sickerwasser

Untersuchungsparameter	Verfahrenshinweise	Methode
As, Cd, Cr, Co, Cu, Mo, Ni, Pb, Sb, Se, Sn, Tl, Zn	ICP-AES (ICP-MS möglich)	Auf der Grundlage DIN EN ISO 11885: 04.98[1]
Arsen (As), Antimon (Sb)	Hydrid-AAS	DIN EN ISO 11969: 11.96
Blei (Pb)	AAS	DIN 38406-6: 07.98
Cadmium (Cd)	AAS	DIN EN ISO 5961: 05.95
Chrom (Cr), gesamt	AAS	DIN EN 1233: 08.96
Chrom (Cr VI)	Spektralphotometrie	DIN 38405-24: 05.87
	Ionenchromatographie	DIN EN ISO 10304-3: 11.97
Cobalt (Co)	AAS	DIN 38406-24: 03.93
Kupfer (Cu)	AAS	DIN 38406-7: 09.91
Nickel (Ni)	AAS	DIN 38406-11: 09.91
Quecksilber (Hg)	AAS-Kaltdampftechnik	DIN EN 1483: 08.97
Selen (Se)	AAS	DIN 38405-23: 10.94
Zink (Zn)	AAS	DIN 38406-8: 10.80
Cyanid (CN-), gesamt	Spektralphotometrie	DIN 38405-13: 02.81 E DIN EN ISO 14403: 05.98
Cyanid (CN-), leicht freisetzbar	Spektralphotometrie	DIN 38405-13: 02.81
Fluorid (F-)	Fluoridsensitive Elektrode	DIN 38405-4: 07.85
	Ionenchromatographie	DIN EN ISO 10304-1: 04.95

[1] Durch geeignete Maßnahmen oder eine geeignete gerätetechnische Ausstattung ist die Bestimmungsgrenze dem Untersuchungsziel anzupassen.

Tabelle 7: Bestimmung der Konzentration organischer Schadstoffe im Bodensickerwasser

Untersuchungsparameter	Verfahrenshinweise	Methode
Benzol	GC-FID	DIN 38407-9: 05.91[1]
BTEX	GC-FID Matrixbelastung beachten	DIN 38407-9: 05.91
Leichtflüchtige Halogenkohlenwasserstoffe (LHKW)	GC-ECD	DIN EN ISO 10301: 08.97

Verordnungstext

Untersuchungsparameter	Verfahrenshinweise	Methode
Aldrin	GC-ECD (GC-MS möglich)	DIN 38407-2: 02.93
DDT	GC-ECD (GC-MS möglich)	DIN 38407-2: 02.93
Phenole	GC-ECD	ISO/ DIS 8165-2: 01.97
Chlorphenole	GC-ECD oder GC-MS	ISO/ DIS 8165-2: 01.97
Chlorbenzole	GC-ECD (GC-MS möglich)	DIN 38407-2: 02.93
PCB, gesamt	GC-ECD GC-ECD oder GC-MS	DIN EN ISO 6468: 02.97 DIN 51527-1: 05.87 DIN 38407-3: 07.98
PAK, gesamt	HPLC-F	DIN 38407-8: 10.95
Naphthalin	GC-FID oder GC-MS	DIN 38407-9: 05.91
Mineralölkohlenwasserstoffe	Extraktion mit Petrolether, gaschromatographische Quantifizierung	nach ISO/TR 11046: 06.94

[1] Anpassung der Bestimmungsgrenze erforderlich

3.2 Untersuchung von Bodenluft

Die Untersuchung von Bodenluft erfolgt nach VDI-Richtlinie 3865 Blatt 2 und 3.

3.3 Verfahren zur Abschätzung des Stoffeintrags aus Verdachtsflächen oder altlastverdächtigen Flächen in das Grundwasser

Die Stoffkonzentrationen und -frachten im Sickerwasser und der Schadstoffeintrag in das Grundwasser im Übergangsbereich von der ungesättigten zur wassergesättigten Bodenzone (Ort der Beurteilung) können abgeschätzt werden, es sei denn, günstige Umstände ermöglichen eine repräsentative Beprobung von Sickerwasser am Ort der Beurteilung.

Diese Abschätzung kann annäherungsweise

– durch Rückschlüsse oder Rückrechnungen aus Untersuchungen im Grundwasserabstrom unter Berücksichtigung der Stoffkonzentration im Grundwasseranstrom, der Verdünnung, des Schadstoffverhaltens in der ungesättigten und gesättigten Bodenzone sowie des Schadstoffinventars im Boden,

- auf der Grundlage von In-situ-Untersuchungen oder
- auf der Grundlage von Materialuntersuchungen im Labor (Elution, Extraktion), bei anorganischen Stoffen insbesondere der Elution mit Wasser, gemäß Tabelle 2

auch unter Anwendung von Stofftransportmodellen erfolgen.

Die Stoffkonzentrationen im Sickerwasser können am Ort der Probennahme

- für anorganische Schadstoffe mit den Ergebnissen des Bodensättigungsextraktes ansatzweise gleichgesetzt werden; Abschätzungen unter Heranziehung von Analysenergebnissen nach Tabelle 6 und anderer Elutionsverfahren (z. B. DIN 19 730 oder DIN 38 414-4) sind zulässig, wenn die Gleichwertigkeit der Ergebnisse insbesondere durch Bezug dieser Ergebnisse auf den Bodensättigungsextrakt sichergestellt ist; Ergebnisse nach DIN 38 414-4:10.84 können nur verwendet werden, wenn die Filtration nach Nummer 3.1.2 dieser Verordnung durchgeführt wurde;

- für organische Stoffe aus Säulenversuchen der entnommenen Proben unter Beachtung der Standortbedingungen am Entnahmeort, insbesondere im Hinblick auf die Kontaktzeit, mit Verfahren nach Tabelle 7 ermittelt werden.

Die Analysenergebnisse der Untersuchung von Sickerwasser, Grundwasser, Extrakten und Eluaten sowie von Bodenproben sind mit dem jeweiligen Untersuchungsverfahren anzugeben. Die darauf beruhende Abschätzung der Sickerwasserbeschaffenheit und -frachten für den Übergangsbereich von der ungesättigten zur wassergesättigten Zone ist im einzelnen darzulegen und zu begründen.

Für die Abschätzung sind insbesondere Verfahren heranzuziehen, die mit Erfolg bei praktischen Fragestellungen angewendet worden sind. Hierzu sind im Einzelfall gutachterliche Feststellungen zu treffen.

Ergänzend sind folgende Anwendungshinweise zu beachten:

Wenn im Einzelfall einer schädlichen Bodenveränderung oder Altlast ein Zutritt von sauren Sickerwässern, ein Zutritt von Lösevermittlern bzw. eine Änderung des Redoxpotentials zu erwarten ist, sollten entsprechende weitere Extraktionsverfahren angewendet werden.

Verordnungstext

Bei der Abschätzung des Schadstoffeintrags im Übergangsbereich von der ungesättigten zur gesättigten Zone ist insbesondere die Abbau- und Rückhaltewirkung der ungesättigten Zone zu berücksichtigen. Hierbei sind vor allem folgende Kriterien maßgebend:

- Grundwasserflurabstand,
- Bodenart,
- Gehalt an organischer Substanz (Humusgehalt),
- pH-Wert,
- Grundwasserneubildungsrate/Sickerwasserrate,
- Mobilität und Abbaubarkeit der Stoffe.

Der Einfluß dieser Faktoren auf die Stoffrückhaltung in der ungesättigten Zone wird auf Grund allgemein vorliegender wissenschaftlicher Erkenntnisse und Erfahrungen für den jeweiligen Standort abgeschätzt. Auch der Einsatz von Stofftransportmodellen kann zweckmäßig sein.

Bei direkter Beprobung und Untersuchung von Sickerwasser ist bei der Bewertung der gemessenen Stoffkonzentrationen deren witterungsbedingte Dynamik zu berücksichtigen.

4. Qualitätssicherung

4.1 Probennahme und Probenlagerung

Die Festlegung der Probennahmestellen und der Beprobungstiefen sowie die Probennahme sind durch hierfür qualifiziertes Personal durchzuführen.

Probennahme, Probentransport und Probenlagerung haben so zu erfolgen, daß eine Beeinflussung der chemischen, physikalischen und biologischen Beschaffenheit des Probenmaterials durch Arbeitsverfahren und/oder -materialien sowie aus Lagerungsbedingungen so weit wie möglich ausgeschlossen wird.

Die Probennahme ist zu dokumentieren. Die Dokumentation soll alle für die Laboruntersuchung und die Auswertung der Untersuchungsergebnisse relevanten Informationen enthalten, insbesondere Angaben zu

- Probennahmezeitpunkt, Probennehmer,
- der Lage der Untersuchungsfläche und der Probennahmepunkte,
- Flächenbezeichnung,

Verordnungstext

- Beprobungstiefe,
- Bodenhorizonten, gemäß Bodenkundlicher Kartieranleitung, 4. Auflage, berichtigter Nachdruck 1996,
- Schichtenverzeichnis,
- Entnahmeverfahren,
- ehemaliger und gegenwärtiger Flächennutzung, Vorkenntnissen zu Kontaminationen.

Bestehende Normen, Regelungen der Länder und fachliche Regeln zur Qualitätssicherung sind zu beachten.

4.2 Probenvorbehandlung und Analytik

Es sind geeignete interne und externe Qualitätssicherungsmaßnahmen, insbesondere hinsichtlich der Reproduzierbarkeit (Präzision) und Richtigkeit der Untersuchungsergebnisse, durchzuführen, zu überwachen und zu dokumentieren.

Interne Qualitätssicherungsmaßnahmen sind insbesondere:

- die Durchführung von unabhängigen Mehrfachbestimmungen,
- die Kalibrierung von Meß- und Prüfmitteln,
- der Einsatz zertifizierter und/oder laborinterner Referenzmaterialien zur Qualitätskontrolle von Reproduzierbarkeit und Richtigkeit,
- Plausibilitätskontrolle der Untersuchungsergebnisse.

Externe Qualitätssicherungsmaßnahmen sind insbesondere:

- die erfolgreiche Teilnahme an Vergleichsprüfungen, insbesondere Ringversuche,
- Kompetenzbestätigung gemäß DIN EN 45 001: 05.90.

Für die angewendeten Untersuchungsverfahren sind die Nachweis- und Bestimmungsgrenzen nach DIN 32 645: 05.94 anzugeben. Das Bestimmungsverfahren ist so auszuwählen, daß auf Grund der Bestimmungsgrenze die Über- und Unterschreitung der entsprechenden Prüf-, Maßnahmen- und Vorsorgewerte nach Anhang 2 sicher beurteilt werden kann. Die angewendeten Bestimmungsverfahren sind zu dokumentieren.

Für das Analysenergebnis ist eine Meßunsicherheit gemäß DIN 1319-3: 05.96 und/oder DIN 1319-4: 12.85 anzugeben.

Verordnungstext

5. Abkürzungsverzeichnis

5.1 Maßeinheiten

1 ng (Nanogramm)	=	10^{-9} g	= 0,000 000 001 Gramm
1 mg (Mikrogramm)	=	10^{-6} g	= 0,000 001 Gramm
1 mg (Milligramm)	=	10^{-3} g	= 0,001 Gramm
1 kg (Kilogramm)	=	10^{3} g	= 1000 Gramm
1 µm (Mikrometer)	=	10^{-6} m	= 0,000 001 Meter
1 mm (Millimeter)	=	10^{-3} m	= 0,001 Meter
1 cm (Zentimeter)	=	10^{-2} m	= 0,01 Meter
1 ha (Hektar)	=	10^{4} m2	= 10 000 Quadratmeter

°C – Grad Celsius

5.2 Instrumentelle Analytik

AAS	–	Atomabsorptionsspektrometrie
ET AAS	–	Atomabsorptionsspektrometrie mit elektrothermaler Anregung
ICP-AES	–	Atomemissionsspektrometrie mit induktiv gekoppeltem Plasma
GC	–	Gaschromatographie
HPLC	–	Hochleistungsflüssigkeitschromatographie

Detektoren (GC, HPLC):

DAD	–	Dioden-Array-Detektor
ECD	–	Elektroneneinfangdetektor
FID	–	Flammenionisationsdetektor
F	–	Fluoreszenzdetektor
UV	–	Ultraviolett- Detektor
MS	–	Massenspektrometer

5.3 Sonstige Abkürzungen

TM	–	Trockenmasse
I-TEq	–	Internationale Toxizitätsäquivalente
PTFE	–	Polytetrafluorethylen

Verordnungstext

6 PCB-Kongonere (PCB6) nach Ballschmiter:
Nr. 28:	2,4,4'	Trichlorbiphenyl
Nr. 52:	2,2',5,5'	Tetrachlorbiphenyl
Nr. 101:	2,2',4,5,5'	Pentachlorbiphenyl
Nr. 138:	2,2',3,4,4',5'	Hexachlorbiphenyl
Nr. 153:	2,2',4,4',5,5'	Hexachlorbiphenyl
Nr. 180:	2,2',3,4,4',5,5'	Heptachlorbiphenyl

16 PAK (EPA):
Naphthalin
Acenaphthylen
Acenaphthen
Fluoren
Phenanthren
Anthracen
Fluoranthen
Pyren
Benz(a)anthracen
Chrysen
Benzo(b)fluoranthen
Benzo(k)fluoranthen
Benzo(a)pyren
Dibenz(a,h)anthracen
Indeno(1,2,3-cd)pyren
Benzo(g,h,i)perylen

6. **Normen, Technische Regeln und sonstige Methoden, Bezugsquellen**

6.1 Normen, Technische Regeln und sonstige Methoden

E DIN ISO 10 381-1: 02.96
Bodenbeschaffenheit – Probenahme – Teil 1: Anleitung zur Aufstellung von Probenahmeprogrammen (ISO/ DIS 10 381-1: 1995)

E DIN ISO 10 381-2: 02.96
Bodenbeschaffenheit – Probenahme – Teil 2: Anleitung für Probenahmeverfahren (ISO/ DIS 10 381-2: 1995)

Verordnungstext

E DIN ISO 10 381-3: 02.96
Bodenbeschaffenheit – Probenahme – Teil 3: Anleitung zur Sicherheit ISO/ DIS 10 381-3: 1995)

E DIN ISO 10 381-4: 02.96
Bodenbeschaffenheit – Probenahme – Teil 4: Anleitung für das Vorgehen bei der Untersuchung von natürlichen, naturnahen und Kulturstandorten (ISO/ DIS 10 381-4: 1995)

E DIN ISO 10 382: 02.98
Bodenbeschaffenheit – Gaschromatographische Bestimmung des Gehaltes an polychlorierten Biphenylen (PCB) und Organopestiziden (OCP) (ISO/ CD 10 382: 1995)

DIN ISO 10 390: 05.97
Bodenbeschaffenheit – Bestimmung des pH-Wertes (ISO 10 390: 1994)

DIN ISO 10 694: 08.96
Bodenbeschaffenheit – Bestimmung von organischem Kohlenstoff und Gesamtkohlenstoff nach trockener Verbrennung (Elementaranalyse) (ISO 10 694: 1995)

ISO/ TR 11 046: 06.94
Soil quality – Determination of mineral oil content – Methods by infrared spectrometry and gas chromatographic method

E DIN ISO 11 047: 06.95
Bodenbeschaffenheit – Bestimmung von Cadmium, Chrom, Cobalt, Kupfer, Blei, Mangan, Nickel und Zink – Flammen- und elektrothermisches atomabsorptionsspektrometrisches Verfahren (ISO/ DIS 11 047)

E DIN ISO 11 262: 06.94
Bodenbeschaffenheit – Bestimmung von Cyaniden

E DIN ISO 11 272: 01.94
Bodenbeschaffenheit – Bestimmung der Trockenrohdichte (ISO/ DIS 11 272: 1992)

Verordnungstext

E DIN ISO 11 277: 06.94
Bodenbeschaffenheit – Bestimmung der Partikelgrößenverteilung in Mineralböden – Verfahren durch Sieben und Sedimentation nach Entfernen der löslichen Salze, der organischen Substanz und der Carbonate (ISO/ DIS 11 277: 1994)

DIN ISO 11 464: 12.96
Bodenbeschaffenheit – Probenvorbehandlung für physikalisch-chemische Untersuchungen (ISO/ DIS 11 464: 1994)

DIN ISO 11 465: 12.96
Bodenbeschaffenheit – Bestimmung des Trockenrückstandes und des Wassergehalts auf Grundlage der Masse – Gravimetrisches Verfahren (ISO 11 465: 1993)

DIN ISO 11 466: 06.97
Bodenbeschaffenheit – Extraktion in Königswasser löslicher Spurenelemente (ISO 11 466: 1995)

E DIN ISO 13 877: 06.95
Bodenbeschaffenheit – Bestimmung von polycyclischen aromatischen Kohlenwasserstoffen (PAK) – Hochleistungs-Flüssigkeitschromatographie- (HPLC) Verfahren (ISO/ DIS 13 877)

E DIN ISO 14 154: 10.97
Bodenbeschaffenheit – Bestimmung von ausgewählten Chlorphenolen in Böden – Gaschromatographisches Verfahren (ISO/ CD 14 154: 1997)

E DIN ISO 14 507: 02.96
Bodenbeschaffenheit – Probenvorbehandlung für die Bestimmung von organischen Verunreinigungen in Böden (ISO/ DIS 14 507)

DIN 19 730: 06.97
Bodenbeschaffenheit – Extraktion von Spurenelementen mit Ammoniumnitratlösung

DIN 19 731: 05.98
Bodenbeschaffenheit – Verwertung von Bodenmaterial

DIN 19 734: 01.99
Bodenbeschaffenheit – Bestimmung von Chrom(VI) in phosphatgepufferter Lösung

Verordnungstext

DIN 19 682-2: 04.97
Bodenuntersuchungsverfahren im Landwirtschaftlichen Wasserbau – Felduntersuchungen – Teil 2: Bestimmung der Bodenart

DIN 19 683-2: 04.97
Bodenuntersuchungsverfahren im Landwirtschaftlichen Wasserbau – Physikalische Laboruntersuchungen, Bestimmung der Korngrößenzusammensetzung nach Vorbehandlung mit Natriumpyrophosphat

DIN 19 683-12: 04.73
Bodenuntersuchungsverfahren im Landwirtschaftlichen Wasserbau; Physikalische Laboruntersuchungen, Bestimmung der Rohdichte

DIN EN 1233: 08.96
Wasserbeschaffenheit – Bestimmung von Chrom – Verfahren mittels Atomabsorptionsspektrometrie; Deutsche Fassung EN 1233: 1996

DIN EN ISO 5667-3: 04.96
Wasserbeschaffenheit – Probenahme – Teil 3: Anleitung zur Konservierung und Handhabung von Proben (ISO 5667-3: 1994); Deutsche Fassung EN ISO 5667-3: 1995 (A 21)

DIN EN ISO 5961: 05.95
Wasserbeschaffenheit – Bestimmung von Cadmium durch Atomabsorptionsspektrometrie (ISO 5961: 1994); Deutsche Fassung EN ISO 5961: 1995 (A 19)

DIN EN ISO 6468: 02.97
Wasserbeschaffenheit – Bestimmung ausgewählter Organoinsektizide, Polychlorbiphenyle und Chlorbenzole; Gaschromatographisches Verfahren nach Flüssig-Flüssig-Extraktion (ISO 6468: 1996); Deutsche Fassung EN ISO 6468: 1996

ISO/DIS 8165-2: 01.97
Water quality – Determination of Selected Monohydric Phenols by Derivatisation and Gas Chromatography

DIN EN ISO 10 301: 08.97
Wasserbeschaffenheit – Bestimmung leichtflüchtiger halogenierter Kohlenwasserstoffe – Gaschromatographische Verfahren (ISO 10 301: 1997); Deutsche Fassung EN ISO 10 301: 1997

Verordnungstext

DIN EN ISO 10 304-1: 04.95
Wasserbeschaffenheit – Bestimmung der gelösten Anionen Fluorid, Chlorid, Nitrit, Orthophosphat, Bromid, Nitrat und Sulfat mittels Ionenchromatographie – Teil 1: Verfahren für gering belastete Wässer (ISO 10 304-1: 1992); Deutsche Fassung EN ISO 10 304-1: 1995 (D 19)

DIN EN ISO 10 304-3: 11.97
Wasserbeschaffenheit – Bestimmung der gelösten Anionen mittels Ionenchromatographie – Teil 3: Bestimmung von Chromat, Iodid, Sulfit, Thiocyanat und Thiosulfat (ISO 10304 - 3: 1997); Deutsche Fassung EN ISO 10 304-3: 1997 (D 22)

DIN EN ISO 11 885: 04.98
Wasserbeschaffenheit – Bestimmung von 33 Elementen durch induktiv gekoppelte Plasma-Atom-Emissionsspektrometrie (ISO 11 885: 1996); Deutsche Fassung EN ISO 11 885: 1997

DIN EN ISO 11 969: 11.96
Wasserbeschaffenheit – Bestimmung von Arsen – Atomabsorptionsspektrometrie (Hydridverfahren)

E DIN EN ISO 14 403: 05.98
Wasserbeschaffenheit – Bestimmung des gesamten Cyanids und des freien Cyanids mit der kontinuierlichen Fließanalytik (ISO/ DIS 14 403: 1998); Deutsche Fassung prEN ISO 14 403: 1998

DIN 38 405-4:07.85
Deutsche Einheitsverfahren zur Wasser-, Abwasser- und Schlammuntersuchung – Anionen (Gruppe D); Bestimmung von Fluorid (D 4)

DIN 38 405-13: 02.81
Deutsche Einheitsverfahren zur Wasser-, Abwasser- und Schlammuntersuchung – Anionen (Gruppe D); Bestimmung von Cyaniden (D 13)

DIN 38 405-23: 10.94
Deutsche Einheitsverfahren zur Wasser-, Abwasser- und Schlammuntersuchung – Anionen (Gruppe D) – Teil 23: Bestimmung von Selen mittels Atomabsorptionsspektrometrie (AAS) (D 23)

Verordnungstext

DIN 38 405-24: 05.87
Deutsche Einheitsverfahren zur Wasser-, Abwasser- und Schlammuntersuchung – Anionen (Gruppe D) – Teil 24: Photometrische Bestimmung von Chrom(VI) mittels 1,5-Diphenylcarbazid (D 24)

DIN 38 406-6: 07.98
Deutsche Einheitsverfahren zur Wasser-, Abwasser- und Schlammuntersuchung – Kationen (Gruppe E) – Bestimmung von Blei mittels Atomabsorptionsspektrometrie (AAS) (E 6)

DIN 38 406-7: 09.91
Deutsche Einheitsverfahren zur Wasser-, Abwasser- und Schlammuntersuchung; Kationen (Gruppe E); Bestimmung von Kupfer mittels Atomabsorptionsspektrometrie (AAS) (E 7)

DIN 38 406-8: 10.80
Deutsche Einheitsverfahren zur Wasser-, Abwasser- und Schlammuntersuchung; Kationen (Gruppe E); Bestimmung von Zink (E 8)

DIN 38 406-11: 09.91
Deutsche Einheitsverfahren zur Wasser-, Abwasser- und Schlammuntersuchung; Kationen (Gruppe E); Bestimmung von Nickel mittels Atomabsorptionsspektrometrie (AAS) (E 11)

DIN 38 406-24: 03.93
Deutsche Einheitsverfahren zur Wasser-, Abwasser- und Schlammuntersuchung; Kationen (Gruppe E); Bestimmung von Cobalt mittels Atomabsoptionsspektrometrie (AAS) (E 24)

DIN 38 407-2: 02.93
Deutsche Einheitsverfahren zur Wasser-, Abwasser- und Schlammuntersuchung; Gemeinsam erfaßbare Stoffgruppen (Gruppe F); Gaschromatographische Bestimmung von schwerflüchtigen Halogenkohlenwasserstoffen (F 2)

DIN 38407-3: 07.98
Deutsche Einheitsverfahren zur Wasser-, Abwasser- und Schlammuntersuchung; Gemeinsam erfaßbare Stoffgruppen (Gruppe F); Teil 3: Gaschromatographische Bestimmung von polychlorierten Biphenylen (F 3)

Verordnungstext

DIN 38 407-8: 10.95
Deutsche Einheitsverfahren zur Wasser-, Abwasser- und Schlammuntersuchung; Gemeinsam erfaßbare Stoffgruppen (Gruppe F); Bestimmung von 6 polycyclischen aromatischen Kohlenwasserstoffen (PAK) in Wasser mittels Hochleistungs-Flüssigkeitschromatographie (HPLC) mit Fluoreszenzdetektion (F 8)

DIN 38 407-9: 05.91
Deutsche Einheitsverfahren zur Wasser-, Abwasser- und Schlammuntersuchung; Gemeinsam erfaßbare Stoffgruppen (Gruppe F); Bestimmung von Benzol und einigen Derivaten mittels Gaschromatographie (F 9)

DIN 38 414-2: 11.85
Deutsche Einheitsverfahren zur Wasser-, Abwasser- und Schlammuntersuchung; Schlamm und Sedimente (Gruppe S); Bestimmung des Wassergehaltes und des Trockenrückstandes bzw. der Trockensubstanz (S 2)

DIN 38 414-4: 10.84
Deutsche Einheitsverfahren zur Wasser-, Abwasser- und Schlammuntersuchung; Schlamm und Sedimente (Gruppe S); Bestimmung der Eluierbarkeit mit Wasser (S 4)

DIN 38 414-20: 01.96
Deutsche Einheitsverfahren zur Wasser-, Abwasser- und Schlammuntersuchung – Schlamm und Sedimente (Gruppe S) – Teil 20: Bestimmung von 6 polychlorierten Biphenylen (PCB) (S 20)

DIN 38 414-24: 04.98
Deutsche Einheitsverfahren zur Wasser-, Abwasser- und Schlammuntersuchung – Schlamm und Sedimente (Gruppe S) – Teil 24: Bestimmung von polychlorierten Dibenzodioxinen (PCDD) und polychlorierten Dibenzofuranen (PCDF) (S 24)

DIN EN 1483: 08.97
Wasseranalytik – Bestimmung von Quecksilber; Deutsche Fassung EN 1483: 1997 (E 12)

DIN 32 645: 05.94
Chemische Analytik – Nachweis-, Erfassungs- und Bestimmungsgrenze – Ermittlung unter Wiederholungsbedingungen - Begriffe, Verfahren, Auswertung

Verordnungstext

DIN 1319-3: 05.96
Grundlagen der Meßtechnik – Teil 3: Auswertung von Messungen einer Meßgröße, Meßunsicherheit

DIN 1319-4: 12.85
Grundbegriffe der Meßtechnik; Behandlung von Unsicherheiten bei der Auswertung von Messungen

DIN EN 45 001: 05.90
Allgemeine Kriterien zum Betreiben von Prüflaboratorien; Identisch mit EN 45 001: 1989

DIN 4021: 10.90
Baugrund – Aufschluß durch Schürfe und Bohrungen sowie Entnahme von Proben

DIN 18 123: 11.96
Baugrund – Untersuchung von Bodenproben – Bestimmung der Korngrößenverteilung

DIN EN 932-1: 11.96
Prüfverfahren für allgemeine Eigenschaften von Gesteinskörnungen – Teil 1: Probenahmeverfahren; Deutsche Fassung EN 932-1: 1996

DIN 52 101: 03.88
Prüfung von Naturstein und Gesteinskörnungen – Probenahme

DIN 51 527-1: 05.87
Prüfung von Mineralölerzeugnissen; Bestimmung polychlorierter Biphenyle (PCB) – Flüssigchromatographische Vortrennung und Bestimmung 6 ausgewählter PCB mittels eines Gaschromatographen mit Elektronen- Einfang- Detektor (ECD)

ZH 1/183: 04.97
Regeln für Sicherheit und Gesundheitsschutz bei der Arbeit in kontaminierten Bereichen, Hauptverband der gewerblichen Berufsgenossenschaften – Fachausschuß Tiefbau, Ausgabe April 1997

Verordnungstext

VDI-Richtlinie 3865: Messen organischer Bodenverunreinigungen

- Blatt 1: Messen leichtflüchtiger halogenierter Kohlenwasserstoffe, Meßplanung für Bodenluft-Untersuchungsverfahren (Okt. 1992);
- Blatt 2: Techniken für die aktive Entnahme von Bodenluftproben (Januar 1998);
- Blatt 3: Messen organischer Bodenverunreinigungen; Gaschromatographische Bestimmung von niedrigsiedenden organischen Verbindungen in Bodenluft nach Anreicherung an Aktivkohle oder XAD-4 und Desorption mit organischen Lösungsmitteln (Entwurf November 1996);

VDI-Richtlinie 3499,

- Blatt 1: Messen von Emissionen – Messen von Reststoffen. Messen von polychlorierten Dibenzodioxinen und -furanen in Rein- und Rohgas von Feuerungsanlagen mit der Verdünnungsmethode, Bestimmung in Filterstaub, Kesselasche und in Schlacken. VDI-Handbuch Reinhaltung der Luft, Band 5 (Entwurf März 1990)

Arbeitsgruppe Bodenkunde der Geologischen Landesämter und der Bundesanstalt für Geowissenschaften und Rohstoffe (1994): Bodenkundliche Kartieranleitung. – 4. Auflage, berichtigter Nachdruck Hannover 1996, E. Schweizerbart'sche Verlagsbuchhandlung Stuttgart

Landesumweltamt Nordrhein-Westfalen (LUA NRW): Bestimmung von polyzyklischen aromatischen Kohlenwasserstoffen (PAK) in Bodenproben. Merkblätter LUA NRW Nr. 1, Essen 1994

Hessische Landesanstalt für Umwelt (LfU HE): Bestimmung von Polycyclischen Aromatischen Kohlenwasserstoffen in Feststoffen aus dem Altlastenbereich. Handbuch Altlasten, Band 7, Wiesbaden 1998

Verband Deutscher Landwirtschaftlicher Untersuchungs- und Forschungsanstalten (VDLUFA): Methodenbuch, Band VII Umweltanalytik, VDLUFA-Verlag Darmstadt 1996

Verordnungstext

6.2 Bezugsquellen

Die in dieser Verordnung aufgeführten Normen, Technische Regeln und sonstige Methodenvorschriften sind zu beziehen:

a) DIN- und ISO-Normen und Normentwürfe, VDI-Richtlinien: Beuth-Verlag GmbH, 10772 Berlin
b) Bodenkundliche Kartieranleitung: E. Schweizerbart'sche Verlagsbuchhandlung, 70176 Stuttgart
c) VDLUFA-Methodenbuch: VDLUFA-Verlag, 64293 Darmstadt
d) Merkblatt LUA NRW: Landesumweltamt NRW, 45023 Essen
e) Handbuch Altlasten LfU HE: Hessische Landesanstalt für Umwelt, 65022 Wiesbaden
f) ZH 1/ 183: Hauptverband der gewerblichen Berufsgenossenschaften, Fachausschuß Tiefbau, 81241 München

Verordnungstext

Anhang 2

Maßnahmen-, Prüf- und Vorsorgewerte

1. Wirkungspfad Boden – Mensch (direkter Kontakt)

1.1 Abgrenzung der Nutzungen

a) Kinderspielflächen

Aufenthaltsbereiche für Kinder, die ortsüblich zum Spielen genutzt werden, ohne den Spielsand von Sandkästen. Amtlich ausgewiesene Kinderspielplätze sind ggf. nach Maßstäben des öffentlichen Gesundheitswesens zu bewerten.

b) Wohngebiete

Dem Wohnen dienende Gebiete einschließlich Hausgärten oder sonstige Gärten entsprechender Nutzung, auch soweit sie nicht im Sinne der Baunutzungsverordnung planungsrechtlich dargestellt oder festgesetzt sind, ausgenommen Park- und Freizeitanlagen, Kinderspielflächen sowie befestigte Verkehrsflächen.

c) Park- und Freizeitanlagen

Anlagen für soziale, gesundheitliche und sportliche Zwecke, insbesondere öffentliche und private Grünanlagen sowie unbefestigte Flächen, die regelmäßig zugänglich sind und vergleichbar genutzt werden.

d) Industrie- und Gewerbegrundstücke

Unbefestigte Flächen von Arbeits- und Produktionsstätten, die nur während der Arbeitszeit genutzt werden.

1.2 Maßnahmenwerte nach § 8 Abs. 1 Satz 2 Nr. 2 des Bundes-Bodenschutzgesetzes für die direkte Aufnahme von Dioxinen/Furanen auf Kinderspielflächen, in Wohngebieten, Park- und Freizeitanlagen und Industrie- und Gewerbegrundstücken (in ng/kg Trockenmasse, Feinboden, Analytik nach Anhang 1)

Verordnungstext

Stoff	Maßnahmenwerte [ng I-TEq/kg TM][1]			
	Kinderspiel-flächen	Wohn-gebiete	Park- u. Freizeitan-lagen	Industrie- und Gewerbegrund-stücke
Dioxine/ Furane (PCDD/F)	100	1.000	1.000	10.000

[1] Summe der 2, 3, 7, 8 - TCDD-Toxizitätsäquivalente (nach NATO/CCMS)

1.3 Anwendung der Maßnahmenwerte

Bei Vorliegen dioxinhaltiger Laugenrückstände aus Kupferschiefer („Kieselrot") erfolgt eine Anwendung der Maßnahmenwerte auf Grund der geringen Resorption im menschlichen Organismus nicht unmittelbar zum Schutz der menschlichen Gesundheit als vielmehr zum Zweck der nachhaltigen Gefahrenabwehr.

1.4 Prüfwerte nach § 8 Abs. 1 Satz 2 Nr. 1 des Bundes-Bodenschutzgesetzes für die direkte Aufnahme von Schadstoffen auf Kinderspielflächen, in Wohngebieten, Park- und Freizeitanlagen und Industrie- und Gewerbegrundstücken (in mg/kg Trockenmasse, Feinboden, Analytik nach Anhang 1)

Prüfwerte [mg/kg TM]				
Stoff	Kinderspiel-flächen	Wohn-gebiete	Park- und Freizeit-anlagen	Industrie- und Gewerbe-grundstücke
Arsen	25	50	125	140
Blei	200	400	1.000	2.000
Cadmium	10[1]	20[1]	50	60
Cyanide	50	50	50	100
Chrom	200	400	1.000	1.000
Nickel	70	140	350	900
Quecksilber	10	20	50	80
Aldrin	2	4	10	-
Benzo(a)pyren	2	4	10	12
DDT	40	80	200	-

Verordnungstext

Prüfwerte [mg/kg TM]				
Stoff	Kinderspielflächen	Wohngebiete	Park- und Freizeitanlagen	Industrie- und Gewerbegrundstücke
Hexachlorbenzol	4	8	20	200
Hexachlorcyclohexan (HCH-Gemisch oder β-HCH)	5	10	25	400
Pentachlorphenol	50	100	250	250
Polychlorierte Biphenyle (PCB6) [2]	0,4	0,8	2	40

1) In Haus- und Kleingärten, die sowohl als Aufenthaltsbereiche für Kinder als auch für den Anbau von Nahrungspflanzen genutzt werden, ist für Cadmium der Wert von 2,0 mg/kg TM als Prüfwert anzuwenden.
2) Soweit PCB-Gesamtgehalte bestimmt werden, sind die ermittelten Meßwerte durch den Faktor 5 zu dividieren.

2. Wirkungspfad Boden – Nutzpflanze

2.1 Abgrenzung der Nutzungen

a) Ackerbau

Flächen zum Anbau wechselnder Ackerkulturen einschließlich Gemüse und Feldfutter, hierzu zählen auch erwerbsgärtnerisch genutzte Flächen.

b) Nutzgarten

Hausgarten-, Kleingarten- und sonstige Gartenflächen, die zum Anbau von Nahrungspflanzen genutzt werden.

c) Grünland

Flächen unter Dauergrünland

Verordnungstext

2.2 Prüf- und Maßnahmenwerte nach § 8 Abs. 1 Satz 2 Nr. 1 und 2 des Bundes-Bodenschutzgesetzes für den Schadstoffübergang Boden – Nutzpflanze auf Ackerbauflächen und in Nutzgärten im Hinblick auf die Pflanzenqualität (in mg/kg Trockenmasse, Feinboden, Analytik nach Anhang 1)

Stoff	Ackerbau, Nutzgarten		
	Methode[1]	Prüfwert	Maßnahmenwert
Arsen	KW	200[2]	---
Cadmium	AN	---	0,04 / 0,1[3]
Blei	AN	0,1	---
Quecksilber	KW	5	---
Thallium	AN	0,1	---
Benzo(a)pyren	---	1	---

[1] Extraktionsverfahren für Arsen und Schwermetalle:
AN=Ammoniumnitrat, KW=Königswasser

[2] Bei Böden mit zeitweise reduzierenden Verhältnissen gilt ein Prüfwert von 50 mg/kg Trockenmasse

[3] Auf Flächen mit Brotweizenanbau oder Anbau stark Cadmium-anreichernder Gemüsearten gilt als Maßnahmenwert 0,04 mg/kg Trockenmasse; ansonsten gilt als Maßnahmenwert 0,1 mg/kg Trockenmasse

2.3 Maßnahmenwerte nach § 8 Abs. 1 Satz 2 Nr. 2 des Bundes-Bodenschutzgesetzes für den Schadstoffübergang Boden – Nutzpflanze auf Grünlandflächen im Hinblick auf die Pflanzenqualität (in mg/kg Trockenmasse, Feinboden, Arsen und Schwermetalle im Königswasser-Extrakt, Analytik nach Anhang 1)

Stoff	Grünland
	Maßnahmenwert
Arsen	50
Blei	1200
Cadmium	20
Kupfer	1300[1]
Nickel	1900
Quecksilber	2
Thallium	15
Polychlorierte Biphenyle (PCB$_6$)	0,2

[1] Bei Grünlandnutzung durch Schafe gilt als Maßnahmenwert 200 mg/kg Trockenmasse

2.4 Prüfwerte nach § 8 Abs. 1 Satz 2 Nr. 1 des Bundes-Bodenschutzgesetzes für den Schadstoffübergang Boden – Pflanze auf Ackerbauflächen im Hinblick auf Wachstumsbeeinträchtigungen bei Kulturpflanzen (in mg/kg Trockenmasse, Feinboden, im Ammoniumnitrat-Extrakt, Analytik nach Anhang 1)

Stoff	Ackerbau Prüfwert
Arsen	0,4
Kupfer	1
Nickel	1,5
Zink	2

2.5 Anwendung der Prüf- und Maßnahmenwerte

Die Prüf- und Maßnahmenwerte gelten für die Beurteilung der Schadstoffgehalte in der Bodentiefe von 0 bis 30 cm bei Ackerbauflächen und in Nutzgärten sowie in der Bodentiefe von 0 bis 10 cm bei Grünland entsprechend Anhang 1 Nr. 2.1 Tabelle 1. Für die in Anhang 1 Nr. 2.1 Tabelle 1 genannten größeren Bodentiefen gelten die 1,5-fachen Werte.

3. Wirkungspfad Boden – Grundwasser

3.1 Prüfwerte zur Beurteilung des Wirkungspfads Boden – Grundwasser nach § 8 Abs. 1 Satz 2 Nr. 1 des Bundes-Bodenschutzgesetzes (in ?g/l, Analytik nach Anhang 1)

Anorganische Stoffe	Prüfwert [µg/l]
Antimon	10
Arsen	10
Blei	25
Cadmium	5
Chrom, gesamt	50
Chromat	8
Kobalt	50
Kupfer	50
Molybdän	50
Nickel	50
Quecksilber	1

Verordnungstext

Anorganische Stoffe	Prüfwert [µg/l]
Selen	10
Zink	500
Zinn	40
Cyanid, gesamt	50
Cyanid, leicht freisetzbar	10
Fluorid	750

Organische Stoffe	Prüfwert [µg/l]
Mineralölkohlenwasserstoffe [1]	200
BTEX [2]	20
Benzol	1
LHKW [3]	10
Aldrin	0,1
DDT	0,1
Phenole	20
PCB, gesamt [4]	0,05
PAK, gesamt [5]	0,20
Naphthalin	2

[1] n-Alkane (C 10...C39), Isoalkane, Cycloalkane und aromatische Kohlenwasserstoffe

[2] Leichtflüchtige aromatische Kohlenwasserstoffe (Benzol, Toluol, Xylole, Ethylbenzol, Styrol, Cumol)

[3] Leichtflüchtige Halogenkohlenwasserstoffe (Summe der halogenierten C1- und C2-Kohlenwasserstoffe)

[4] PCB, gesamt: Summe der polychlorierten Biphenyle; in der Regel Bestimmung über die 6 Kongenere nach Ballschmiter gemäß Altöl-VO (DIN 51527) multipliziert mit 5; ggf. z. B. bei bekanntem Stoffspektrum einfache Summenbildung aller relevanten Einzelstoffe (DIN 38407-3-2 bzw. -3-3)

[5] PAK, gesamt: Summe der polycyclischen aromatischen Kohlenwasserstoffe ohne Naphthalin und Methylnaphthaline; in der Regel Bestimmung über die Summe von 15 Einzelsubstanzen gemäß Liste der US Environmental Protection Agency (EPA) ohne Naphthalin; ggf. unter Berücksichtigung weiterer relevanter PAK (z. B. Chinoline)

3.2 Anwendung der Prüfwerte

a) Die Prüfwerte gelten für den Übergangsbereich von der ungesättigten zur wassergesättigten Bodenzone (Ort der Beurteilung). Der Ort der Bodenprobennahme stimmt nicht notwendigerweise mit dem Ort der Beurteilung für das Grundwasser überein.

Verordnungstext

b) Bei der Bewertung, ob es zu erwarten ist, daß die Prüfwerte für das Sickerwasser am Ort der Beurteilung überschritten werden, sind die Veränderungen der Schadstoffkonzentrationen im Sickerwasser beim Durchgang durch die ungesättigte Bodenzone sowie die Grundwasserflurabstände und deren Schwankungen zu berücksichtigen.

c) Bei Altablagerungen ist die Abschätzung der Schadstoffkonzentrationen im Sickerwasser durch Materialuntersuchungen auf Grund von Inhomogenitäten der abgelagerten Abfälle in der Regel nicht zweckmäßig. Entsprechendes gilt für Altstandorte mit besonders ungleichmäßiger Schadstoffverteilung. In diesen Fällen kann durch Rückschlüsse oder Rückrechnung aus Abstrommessungen im Grundwasser unter Berücksichtigung insbesondere auch der Stoffkonzentration im Anstrom eine Abschätzung der Schadstoffkonzentrationen im Sickerwasser erfolgen.

d) Soweit die Schadstoffkonzentrationen im Sickerwasser direkt gemessen werden können, soll die Probenahme nach Möglichkeit am Ort der Beurteilung für das Grundwasser durchgeführt werden.

e) Soweit schädliche Bodenveränderungen und Altlasten in der wassergesättigten Bodenzone liegen, werden sie hinsichtlich einer Gefahr für das Grundwasser nach wasserrechtlichen Vorschriften bewertet.

f) Die geogen bedingte Hintergrundsituation der jeweiligen Grundwasserregion ist bei der Anwendung der Prüfwerte zu berücksichtigen.

4. Vorsorgewerte für Böden nach § 8 Abs. 2 Nr. 1 des Bundes-Bodenschutzgesetzes (Analytik nach Anhang 1)

4.1 Vorsorgewerte für Metalle

(in mg/kg Trockenmasse, Feinboden, Königswasseraufschluß)

Böden	Cadmium	Blei	Chrom	Kupfer	Quecksilber	Nickel	Zink
Bodenart Ton	1,5	100	100	60	1	70	200
Bodenart Lehm/Schluff	1	70	60	40	0,5	50	150
Bodenart Sand	0,4	40	30	20	0,1	15	60
Böden mit naturbedingt und großflächig siedlungsbedingt erhöhten Hintergrundgehalten	unbedenklich, soweit eine Freisetzung der Schadstoffe oder zusätzliche Einträge nach § 9 Abs. 2 und 3 dieser Verordnung keine nachteiligen Auswirkungen auf die Bodenfunktionen erwarten lassen						

Verordnungstext

4.2 Vorsorgewerte für organische Stoffe

(in mg/kg Trockenmasse, Feinboden)

Böden	Polychlorierte Biphenyle (PCB$_6$)	Benzo (a)pyren	Polycycl. Aromatische Kohlenwasserstoffe (PAK$_{16}$)
Humusgehalt > 8 %	0,1	1	10
Humusgehalt ≤ 8 %	0,05	0,3	3

4.3 Anwendung der Vorsorgewerte

a) Die Vorsorgewerte werden nach den Hauptbodenarten gemäß Bodenkundlicher Kartieranleitung, 4. Auflage, berichtigter Nachdruck 1996, unterschieden; sie berücksichtigen den vorsorgenden Schutz der Bodenfunktionen bei empfindlichen Nutzungen. Für die landwirtschaftliche Bodennutzung gilt § 17 Abs. 1 des Bundes-Bodenschutzgesetzes.

b) Stark schluffige Sande sind entsprechend der Bodenart Lehm/Schluff zu bewerten.

c) Bei den Vorsorgewerten der Tabelle 4.1 ist der Säuregrad der Böden wie folgt zu berücksichtigen:
   – Bei Böden der Bodenart Ton mit einem pH-Wert von < 6,0 gelten für Cadmium, Nickel und Zink die Vorsorgewerte der Bodenart Lehm/Schluff.
   – Bei Böden der Bodenart Lehm/Schluff mit einem pH-Wert von < 6,0 gelten für Cadmium, Nickel und Zink die Vorsorgewerte der Bodenart Sand. § 4 Abs. 8 Satz 2 der Klärschlammverordnung vom 15. 4. 1992 (BGBl. I S. 912), zuletzt geändert durch Verordnung vom 6. 3.1997 (BGBl. I S. 446), bleibt unberührt.
   – Bei Böden mit einem pH-Wert von < 5,0 sind die Vorsorgewerte für Blei entsprechend den ersten beiden Anstrichen herabzusetzen.

d) Die Vorsorgewerte der Tabelle 4.1 finden für Böden und Bodenhorizonte mit einem Humusgehalt von mehr als 8 Prozent keine Anwendung. Für diese Böden können die zuständigen Behörden ggf. gebietsbezogene Festsetzungen treffen.

5. **Zulässige zusätzliche jährliche Frachten an Schadstoffen über alle Wirkungspfade** nach § 8 Abs. 2 Nr. 2 des Bundes-Bodenschutzgesetzes (in Gramm je Hektar)

Element	Fracht [g/ha • a]
Blei	400
Cadmium	6
Chrom	300
Kupfer	360
Nickel	100
Quecksilber	1,5
Zink	1.200

Verordnungstext

Anhang 3

Anforderungen an Sanierungsuntersuchungen und den Sanierungsplan

1. Sanierungsuntersuchungen

Mit Sanierungsuntersuchungen bei Altlasten sind die zur Erfüllung der Pflichten nach § 4 Abs. 3 des Bundes-Bodenschutzgesetzes geeigneten, erforderlichen und angemessenen Maßnahmen zu ermitteln. Die hierfür in Betracht kommenden Maßnahmen sind unter Berücksichtigung von Maßnahmenkombinationen und von erforderlichen Begleitmaßnahmen darzustellen.

Die Prüfung muß insbesondere

- die schadstoff-, boden-, material- und standortspezifische Eignung der Verfahren,
- die technische Durchführbarkeit,
- den erforderlichen Zeitaufwand,
- die Wirksamkeit im Hinblick auf das Sanierungsziel,
- eine Kostenschätzung sowie das Verhältnis von Kosten und Wirksamkeit,
- die Auswirkungen auf die Betroffenen im Sinne von § 12 Satz 1 des Bundes-Bodenschutzgesetzes und auf die Umwelt,
- das Erfordernis von Zulassungen,
- die Entstehung, Verwertung und Beseitigung von Abfällen,
- den Arbeitsschutz,
- die Wirkungsdauer der Maßnahmen und deren Überwachungsmöglichkeiten,
- die Erfordernisse der Nachsorge und
- die Nachbesserungsmöglichkeiten

umfassen.

Die Prüfung soll unter Verwendung vorhandener Daten, insbesondere aus Untersuchungen nach § 3 dieser Verordnung, sowie auf Grund sonstiger gesicherter Erkenntnisse durchgeführt werden. Soweit solche Informationen insbesondere zur gesicherten Abgrenzung belasteter Bereiche oder zur Beurteilung der Eignung von Sanierungsverfahren im Einzelfall nicht aus-

Verordnungstext

reichen, sind ergänzende Untersuchungen zur Prüfung der Eignung eines Verfahrens durchzuführen.

Die Ergebnisse der Prüfung und das danach vorzugswürdige Maßnahmenkonzept sind darzustellen.

2. Sanierungsplan

Ein Sanierungsplan soll die unter Nummer 1 bis 5 genannten Angaben sowie die für eine Verbindlichkeitserklärung nach § 13 Abs. 6 des Bundes-Bodenschutzgesetzes erforderlichen Angaben und Unterlagen enthalten.

1. Darstellung der Ausgangslage, insbesondere hinsichtlich
   - der Standortverhältnisse (u. a. geologische, hydrogeologische Situation; bestehende und planungsrechtlich zulässige Nutzung),
   - der Gefahrenlage (Zusammenfassung der Untersuchungen nach § 3 dieser Verordnung im Hinblick auf Schadstoffinventar nach Art, Menge und Verteilung, betroffene Wirkungspfade, Schutzgüter und -bedürfnisse),
   - der Sanierungsziele,
   - der getroffenen behördlichen Entscheidungen und der geschlossenen öffentlich-rechtlichen Verträge, insbesondere auch hinsichtlich des Maßnahmenkonzeptes, die sich auf die Erfüllung der nach § 4 des Bundes-Bodenschutzgesetzes zu erfüllenden Pflichten auswirken, und
   - der Ergebnisse der Sanierungsuntersuchungen.

2. Textliche und zeichnerische Darstellung der durchzuführenden Maßnahmen und Nachweis ihrer Eignung, insbesondere hinsichtlich
   - des Einwirkungsbereichs der Altlast und der Flächen, die für die vorgesehenen Maßnahmen benötigt werden,
   - des Gebietes des Sanierungsplans,
   - der Elemente und des Ablaufs der Sanierung im Hinblick auf
     • den Bauablauf,
     • die Erdarbeiten (insbesondere Aushub, Separierung, Wiedereinbau, Umlagerungen im Bereich des Sanierungsplans),
     • die Abbrucharbeiten,
     • die Zwischenlagerung von Bodenmaterial und sonstigen Materialien,
     • die Abfallentsorgung beim Betrieb von Anlagen,

Verordnungstext

- die Verwendung von Böden und die Ablagerung von Abfällen auf Deponien und
- die Arbeits- und Immissionsschutzmaßnahmen,
- der fachspezifischen Berechnungen zu
  - on-site-Bodenbehandlungsanlagen,
  - in-situ-Maßnahmen,
  - Anlagen zur Fassung und Behandlung von Deponiegas oder Bodenluft,
  - Grundwasserbehandlungsanlagen,
  - Anlagen und Maßnahmen zur Fassung und Behandlung insbesondere von Sickerwasser,
- der zu behandelnden Mengen und der Transportwege bei Bodenbehandlung in off-site-Anlagen,
- der technischen Ausgestaltung von Sicherungsmaßnahmen und begleitenden Maßnahmen, insbesondere von
  - Oberflächen-, Vertikal- und Basisabdichtungen,
  - Oberflächenabdeckungen,
  - Zwischen- bzw. Bereitstellungslagern,
  - begleitenden passiven pneumatischen, hydraulischen oder sonstigen Maßnahmen (z. B. Baufeldentwässerung, Entwässerung des Aushubmaterials, Einhausung, Abluftfassung und -behandlung) und
- der behördlichen Zulassungserfordernisse für die durchzuführenden Maßnahmen.

3. Darstellung der Eigenkontrollmaßnahmen zur Überprüfung der sachgerechten Ausführung und Wirksamkeit der vorgesehenen Maßnahmen, insbesondere
   - das Überwachungskonzept hinsichtlich
     - des Bodenmanagements bei Auskofferung, Separierung und Wiedereinbau,
     - der Boden- und Grundwasserbehandlung, der Entgasung oder der Bodenluftabsaugung,
     - des Arbeits- und Immissionsschutzes,
     - der begleitenden Probenahme und Analytik und
   - das Untersuchungskonzept für Materialien und Bauteile bei der Ausführung von Bauwerken.

4. Darstellung der Eigenkontrollmaßnahmen im Rahmen der Nachsorge einschließlich der Überwachung, insbesondere hinsichtlich

- des Erfordernisses und der Ausgestaltung von längerfristig zu betreibenden Anlagen oder Einrichtungen zur Fassung oder Behandlung von Grundwasser, Sickerwasser, Oberflächenwasser, Bodenluft oder Deponiegas sowie Anforderungen an deren Überwachung und Instandhaltung,
- der Maßnahmen zur Überwachung (z. B. Meßstellen) und
- der Funktionskontrolle im Hinblick auf die Einhaltung der Sanierungserfordernisse und Instandhaltung von Sicherungsbauwerken oder -einrichtungen.

5. Darstellung des Zeitplans und der Kosten.

Verordnungstext

Anhang 4

Anforderungen an die Untersuchung und Bewertung von Flächen, bei denen der Verdacht einer schädlichen Bodenveränderung auf Grund von Bodenerosion durch Wasser vorliegt

1. Anwendung

Dieser Anhang findet gemäß § 8 Anwendung bei der Untersuchung von Flächen, bei denen der Verdacht einer schädlichen Bodenveränderung auf Grund von Bodenerosion durch Wasser besteht.

2. Untersuchung und Bewertung

Bestehen Anhaltspunkte für das Vorliegen einer schädlichen Bodenveränderung auf Grund von Bodenerosion durch Wasser, so ist zunächst zu prüfen,

a) ob erhebliche Mengen Bodenmaterials aus der Erosionsfläche geschwemmt wurden und
b) auf welche Erosionsflächen und auf welche Verursacher die Bodenabschwemmung zurück zuführen ist.

Hinweise für eine Identifikation der Erosionsfläche ergeben sich vor allem durch deutlich sichtbare Übertrittsstellen von Bodenmaterial von der Erosionsfläche zu den außerhalb der Erosionsfläche gelegenen und durch Bodenmaterial beeinträchtigten Bereichen. Weitere Hinweise ergeben sich aus dem Vorliegen deutlich sichtbarer Erosionsformen auf der Erosionsfläche. Bei der Prüfung gemäß Buchstabe a kann es erforderlich sein, die bei einem Erosionsereignis oder in Folge von Erosionsereignissen, die im Abstand von maximal wenigen Wochen nacheinander aufgetreten sind, von einer Verdachtsfläche abgeschwemmte Bodenmenge abzuschätzen. Dies kann mit Hilfe der „Kartieranleitung zur Erfassung aktueller Erosionsformen" (DVWK 1996) erfolgen.

Für die Abschätzung der Wiedereintrittswahrscheinlichkeit von Bodenabträgen gemäß § 8 Abs. 1 sind insbesondere gebietsspezifische statistische Auswertungen langjähriger Niederschlagsaufzeichnungen des Deutschen

Wetterdienstes heranzuziehen. Hierzu können auch Erosionsprognosemodelle als Hilfsmittel genutzt werden, soweit sie nachweislich geeignet sind, die aus den Erosionsflächen abgeschwemmten Bodenmengen bei konkret eingetretenen Erosionsereignissen mit hinreichender Genauigkeit abzuschätzen.

Die Bedingungen für die Erwartung weiterer Bodenabträge gemäß § 8 Abs. 1 Nr. 2 sind in der Regel erfüllt, wenn innerhalb der letzten zehn Jahre mindestens in einem weiteren Fall erhebliche Mengen Bodenmaterials aus derselben Erosionsfläche geschwemmt wurden.

Erläuterungen zu den einzelnen Vorschriften

Erster Teil
Allgemeine Vorschriften

§ 1
Anwendungsbereich

Diese Verordnung gilt für

1. die Untersuchung und Bewertung von Verdachtsflächen, altlastverdächtigen Flächen, schädlichen Bodenveränderungen und Altlasten sowie für die Anforderungen an die Probennahme, Analytik und Qualitätssicherung nach § 8 Abs. 3 und § 9 des Bundes-Bodenschutzgesetzes,

2. Anforderungen an die Gefahrenabwehr durch Dekontaminations- und Sicherungsmaßnahmen sowie durch sonstige Schutz- und Beschränkungsmaßnahmen nach § 4 Abs. 2 bis 5, § 8 Abs. 1 Satz 2 Nr. 3 des Bundes-Bodenschutzgesetzes,

3. ergänzende Anforderungen an Sanierungsuntersuchungen und Sanierungspläne bei bestimmten Altlasten nach § 13 Abs. 1 des Bundes-Bodenschutzgesetzes,

4. Anforderungen zur Vorsorge gegen das Entstehen schädlicher Bodenveränderungen nach § 7 des Bundes-Bodenschutzgesetzes einschließlich der Anforderungen an das Auf- und Einbringen von Materialien nach § 6 des Bundes-Bodenschutzgesetzes,

5. die Festlegung von Prüf- und Maßnahmenwerten sowie von Vorsorgewerten einschließlich der zulässigen Zusatzbelastung nach § 8 Abs. 1 Satz 2 Nr. 1 und 2 und Absatz 2 Nr. 1 und 2 des Bundes-Bodenschutzgesetzes.

Erläuterungen

1 § 1 faßt den Anwendungsbereich der nachfolgenden Vorschriften zusammen. Die Norm beschreibt den Regelungsgehalt der übrigen Vorschriften, ohne ihn inhaltlich zu modifizieren oder zu ergänzen. Hinsichtlich der Verordnungsermächtigungen, auf denen die Bundes-Bodenschutz- und Altlastenverordnung beruht, sowie zum Aufbau der Verordnung wird auf die entsprechenden Ausführungen in der Einführung verwiesen.

(Hilger)

§ 2
Begriffsbestimmungen

Im Sinne dieser Verordnung sind

1. **Bodenmaterial:**

   Material aus Böden im Sinne von § 2 Abs. 1 des Bundes-Bodenschutzgesetzes und deren Ausgangssubstraten einschließlich Mutterboden, das im Zusammenhang mit Baumaßnahmen oder anderen Veränderungen der Erdoberfläche ausgehoben, abgeschoben oder behandelt wird;

2. **Einwirkungsbereich:**

   Bereich, in dem von einem Grundstück im Sinne des § 2 Abs. 3 bis 6 des Bundes-Bodenschutzgesetzes Einwirkungen auf Schutzgüter zu erwarten sind oder in dem durch Einwirkungen auf den Boden die Besorgnis des Entstehens schädlicher Bodenveränderungen hervorgerufen wird;

3. **Orientierende Untersuchung:**

   Örtliche Untersuchungen, insbesondere Messungen, auf der Grundlage der Ergebnisse der Erfassung zum Zweck der Feststellung, ob der Verdacht einer schädlichen Bodenveränderung oder Altlast ausgeräumt ist oder ein hinreichender Verdacht im Sinne des § 9 Abs. 2 Satz 1 des Bundes-Bodenschutzgesetzes besteht;

4. Detailuntersuchung:

Vertiefte weitere Untersuchung zur abschließenden Gefährdungsabschätzung, die insbesondere der Feststellung von Menge und räumlicher Verteilung von Schadstoffen, ihrer mobilen oder mobilisierbaren Anteile, ihrer Ausbreitungsmöglichkeiten in Boden, Gewässer und Luft sowie der Möglichkeit ihrer Aufnahme durch Menschen, Tiere und Pflanzen dient;

5. Sickerwasserprognose:

Abschätzung der von einer Verdachtsfläche, altlastverdächtigen Fläche, schädlichen Bodenveränderung oder Altlast ausgehenden oder in überschaubarer Zukunft zu erwartenden Schadstoffeinträge über das Sickerwasser in das Grundwasser, unter Berücksichtigung von Konzentrationen und Frachten und bezogen auf den Übergangsbereich von der ungesättigten zur wassergesättigten Zone;

6. Schadstoffe:

Stoffe und Zubereitungen, die auf Grund ihrer Gesundheitsschädlichkeit, ihrer Langlebigkeit oder Bioverfügbarkeit im Boden oder auf Grund anderer Eigenschaften und ihrer Konzentration geeignet sind, den Boden in seinen Funktionen zu schädigen oder sonstige Gefahren hervorzurufen;

7. Expositionsbedingungen:

Durch örtliche Gegebenheiten und die Grundstücksnutzung im Einzelfall geprägte Art und Weise, in der Schutzgüter der Wirkung von Schadstoffen ausgesetzt sein können;

8. Wirkungspfad:

Weg eines Schadstoffes von der Schadstoffquelle bis zu dem Ort einer möglichen Wirkung auf ein Schutzgut;

9. **Hintergrundgehalt:**

Schadstoffgehalt eines Bodens, der sich aus dem geogenen (natürlichen) Grundgehalt eines Bodens und der ubiquitären Stoffverteilung als Folge diffuser Einträge in den Boden zusammensetzt;

10. **Erosionsfläche:**

Fläche, von der Bodenmaterial mit Oberflächenabfluß abgespült wird;

11. **Durchwurzelbare Bodenschicht:**

Bodenschicht, die von den Pflanzenwurzeln in Abhängigkeit von den natürlichen Standortbedingungen durchdrungen werden kann.

<u>Übersicht</u>   Rdnr.

1.	Allgemeines	1
1.1	Entstehungsgeschichte	1
1.2	Funktion der Begriffsbestimmungen	3
2.	Erläuterungen und Anwendungshinweise	5
2.1	Bodenmaterial	5
2.2	Einwirkungsbereich	8
2.3	Orientierende Untersuchung	15
2.4	Detailuntersuchung	25
2.5	Sickerwasserprognose	30
2.6	Schadstoffe	34
2.7	Expositionsbedingungen	38
2.8	Wirkungspfad	46
2.9	Hintergrundgehalt	49
2.10	Erosionsfläche	52
2.11	Durchwurzelbare Bodenschicht	53
2.11.1	Zur Begründung der Notwendigkeit	53
2.11.2	Eingrenzung des Anwendungsbereichs	60
Literatur		

1. Allgemeines

1.1 Entstehungsgeschichte

Die BBodSchV bestimmt in § 2 elf Begriffe, die in der Verordnung verwendet werden und von denen sich einige ohne ausdrückliche Definition auch im BBodSchG finden. Vier dieser Begriffsbestimmungen (Nrn. 7, 9, 10 und 11) sind auf Grund der Zustimmungsmaßgabe des Bundesrates in die Verordnung aufgenommen worden. Eine Definition aus der Regierungsvorlage, die der „historischen Erkundung", wurde auf Forderung des Bundesrates gestrichen. Der Bundesrat gab dazu folgende Begründung (BR-Drucks. 244/99 [Beschluß], S. 4):

> *„Die historische Erkundung ist grundsätzlich integrierender Bestandteil der Erfassung und fällt nach dem Bundes-Bodenschutzgesetz in die Regelungsbefugnis der Länder. Sofern der Begriff historische Erkundung in der Verordnung gebraucht wird, ist er durch den Begriff 'Erfassung' zu ersetzen. Dies ist auch sachlich geboten, da bei der Untersuchungsplanung, Untersuchung und Bewertung im Rahmen der orientierenden Untersuchung und der Detailuntersuchung alle Erkenntnisse aus der Erfassung zu berücksichtigen sind."*

Für weitere in der Verordnung in einem bestimmten Sinn verwendete Begriffe, wie z. B. den der „Materialien" in § 12 oder die verschiedenen Nutzungskategorien in Anhang 2 Nrn. 1 und 2, wurden keine Definitionen in § 2 aufgenommen. Nähere Bestimmungen finden sich z. T. aber in den einzelnen Vorschriften. Diese werden im Zusammenhang mit den entsprechenden Textstellen erläutert.

(Fehlau)

1.2 Funktion der Begriffsbestimmungen

Die elf Begriffsbestimmungen in § 2 haben unterschiedliche Funktionen: Sie stellen beispielsweise die sachliche Reichweite bestimmter Regelungen klar (z. B. Nrn. 1 und 10) oder konkretisieren Art und Umfang der vom BBodSchG vorgeschriebenen Ermittlungen und Untersuchungen (z. B. Nrn. 2 bis 5 sowie 7 und 8).

Bei der Anwendung der BBodSchV sollte beachtet werden, daß die in Nr. 2 gegebenen Begriffsbestimmungen mit den betreffenden Vorschriften des Gesetzes und der Verordnung jeweils ein Regelungsganzes bilden, dessen

Inhalt und Bedeutung sich vollständig nur aus der Zusammenschau der in Verbindung stehenden Regelungen ergibt.

(Fehlau)

2. Erläuterungen und Anwendungshinweise

2.1 Bodenmaterial

5   Die Begriffsbestimmung für Bodenmaterial knüpft an die in § 2 Abs. 1 BBodSchG enthaltene Bodendefinition an und ergänzt in Anlehnung an DIN 19731 die Begriffsbestimmungen des Gesetzes. Der Begriff „Bodenmaterial" wird dann angewandt, wenn Boden im vorstehenden Sinne aus seiner natürlichen Lagerung entnommen ist. Er umfaßt Materialien aus Böden und deren Ausgangssubstraten (Fest- oder Lockergesteine) und bei organischen Böden auch organisches Material. Auf Grund der engen Bodendefinition des Gesetzes ist Baggergut aus Unterwasserböden nicht eingeschlossen, sondern z. B. in § 12 Abs. 1 ergänzend genannt. In der amtlichen Begründung (BR-Drucks. 780/98) wird noch auf die zusätzliche Aufnahme des Begriffs „Mutterboden" hingewiesen, der

> *„an die Regelungen des § 202 des Baugesetzbuches anknüpft, nach der ausgehobenes Bodenmaterial in nutzbarem Zustand zu erhalten und vor Vernichtung oder Vergeudung zu schützen ist".*

6   Vom Bundesrat wurde die Definition des Regierungsentwurfs auch auf **„behandeltes"** Bodenmaterial ausgedehnt, da z. B. Bodenmaterial aus einer biologischen Behandlung in seinen Eigenschaften durchaus mit natürlichem Bodenmaterial vergleichbar sein kann. Daher wäre eine generelle Ausgrenzung nicht gerechtfertigt. Kontaminiertes Bodenmaterial oder solches mit unzureichenden physikalischen oder biologischen Eigenschaften kann hingegen durch die qualitativen Anforderungen in § 12 aus bestimmten Anwendungen ausgeschlossen werden.

7   Bodenmaterial ist von „sonstigen Materialien" abzugrenzen. Das gilt z. B. einerseits für Produktionsrückstände oder Abbruchmaterialien, die im Laufe der Zeit zum „Bodenbestandteil" von Altstandorten geworden sind, oder andererseits für aus mineralischen und organischen Abfällen gemischte Materialien, die einen dem Bodenmaterial ähnlichen Charakter aufweisen können. Als Grenze für Bodenmaterial wird üblicherweise von einem An-

teil von maximal 10 Vol. % Fremdbestandteilen ausgegangen (siehe z. B. LAGA 1995).

(König)

2.2 Einwirkungsbereich

In Nr. 2 wird der Begriff des *„Einwirkungsbereichs"* bestimmt. Dieser Begriff wird zum einen in den **Vorsorgeregelungen** des BBodSchG (§ 7 Abs. 1 Satz 1) und der BBodSchV (§ 10 Abs. 1 Satz 1) und zum anderen in den **Anforderungen an den Sanierungsplan** (Anhang 3 Nr. 2 erster Anstrich) verwendet. Die Definition der Verordnung ist demnach der Abgrenzung der Einwirkungsbereiche sowohl bei der Erfüllung der Vorsorgepflichten nach § 10 BBodSchG als auch bei der Sanierungsplanung zugrunde zu legen. Aus der Begriffsbestimmung ergibt sich darüber hinaus, auf welchen **räumlichen Bereich** die Untersuchung, Bewertung, Sanierung und Überwachung nach den bodenschutzrechtlichen Vorschriften bei einem Grundstück im Sinne des § 2 Abs. 3 bis 6 BBodSchG (Verdachtsfläche, schädliche Bodenveränderung, altlastverdächtige Fläche, Altlast) zu erstrecken ist.

8

Die jetzige Fassung der Nr. 2 geht auf den Bundesrat zurück. Dieser begründete seine Zustimmungsmaßgabe damit, daß die Definition des Regierungsentwurfs
„Fläche, auf der durch Einwirkungen schädliche Bodenveränderungen oder die Besorgnis ihres Entstehens hervorgerufen werden"

9

zu eng gefaßt sei. Dieses Bedenken konnten offenbar auch nicht durch die amtliche Begründung ausgeräumt werden, die auf ein weites Begriffsverständnis hindeutet (BR-Drucks. 780/98):

„Der Einwirkungsbereich wird durch die Art und Reichweite der Einwirkung bestimmt, nicht allein durch seine Lage im Sinne einer grundstücksbezogenen Nachbarschaft. Die Art der Einwirkung ist nicht auf eine stoffliche Wirkung etwa eines Schadstoffeintrages eingeengt; es kann sich z. B. auch um eine physikalische Einwirkung durch die Ver- oder Umlagerung von Bodenmaterial handeln."

Aus der Begründung des Bundesrates für die jetzige Fassung geht hervor, daß sich dessen Einwände zum einen auf das Wort „Fläche" bezogen (BR-Drucks. 244/99 [Beschluß], S. 3 f.):

10

> *„In eine sachgerechte Betrachtung sind nicht nur Einwirkungen einer bestehenden schädlichen Bodenveränderung oder Altlast auf Nachbarflächen, sondern z. B. auch Einwirkungen auf unterlagernde Bodenschichten oder das Grundwasser unterhalb der Verdachtsfläche und im beeinflußbaren Abstrombereich zu betrachten..."*

> *„... Notwendig ist die Klarstellung, daß der Einwirkungsbereich einer schädlichen Bodenveränderung oder Altlast sich nicht nur auf deren Fläche (Grundstück i. S. d. BBodSchG) erstreckt. Er umfaßt vielmehr den gesamten räumlichen Bereich, in dem Gefahren, erhebliche Nachteile oder Belästigungen für den einzelnen oder die Allgemeinheit von der einzelnen schädlichen Bodenveränderung oder Altlast hervorgerufen werden."*

11 Die Begründung des Bundesrates besagt zum anderen, daß die Einengung auf die Gefahrenart „schädliche Bodenveränderung" als problematisch angesehen wurde:

> *„Die Begriffsbestimmung für Altlasten in § 2 Abs. 5 BBodSchG stellt nicht nur auf schädliche Bodenveränderungen, sondern ausdrücklich auch auf sonstige Gefahren für den einzelnen oder die Allgemeinheit ab. Die Einbeziehung der 'sonstigen Gefahren' ist nach der Begründung des Gesetzentwurfs erfolgt, weil ein Abstellen allein auf das Vorliegen von schädlichen Bodenveränderungen nicht ausreiche, um die Beseitigung aller von der Anlage oder dem Grundstück ausgehenden Gefahren regeln zu können.*

> *Sonstige Gefahren für den einzelnen oder die Allgemeinheit wie auch Gefahren im Sinne des § 2 Abs. 3 können insbesondere dadurch hervorgerufen werden, daß Schadstoffe durch Abwehung oder Abschwemmung, Migration von Deponiegasen oder Sickerwassertransport aus einer schädlichen Bodenveränderung oder Altlast ausgetragen werden und in der Umgebung zu schädlichen Einwirkungen auf Schutzgüter führen. Um alle dem BBodSchG unterfallenden Gefahren erkennen und durch geeignete Maßnahmen abwehren zu können, ist die Aufklärung des Sachverhalts deshalb in dem Umfang auf den Umgebungsbereich von Verdachtsflächen und altlastverdächtigen Flächen zu erstrecken, in dem nach sachkundigem Urteil von diesen Flächen ausgehende Einwirkungen auf Schutzgüter wahrscheinlich sind. Dem dient die Klarstellung des Begriffs Einwirkungsbereich."*

Der vorstehenden Begründung des Bundesrates sind zugleich konkrete **Hinweise für die Abgrenzung des (potentiellen) Einwirkungsbereichs** bei der Planung und Durchführung von Untersuchungen, Sanierungs- und Überwachungsmaßnahmen sowie bei der Bewertung von Untersuchungsergebnissen zu entnehmen. Im Einzelfall kann sich der Einwirkungsbereich je nach Wirkungspfad in seiner Erstreckung unterscheiden. 12

Indem die Begriffsbestimmung von dem Bereich spricht, innerhalb dessen Einwirkungen auf Schutzgüter *„zu erwarten sind"*, stellt sie darauf ab, daß bei Verdachtsflächen und altlastverdächtige Flächen erst noch zu untersuchen ist, ob und in welchem Umfang Einwirkungen von ihnen tatsächlich ausgehen. Die Wendung bezieht sich aber auch darauf, daß bei der Untersuchung und Bewertung von Grundstücken im Sinne des § 2 Abs. 3 bis 6 BBodSchG nicht nur der **gegenwärtige Zustand** zu betrachten, sondern auch eine **Gefahrenprognose** zu erstellen ist. 13

Der zweite Teilsatz der Definition *(„... in dem durch Einwirkungen auf den Boden die Besorgnis des Entstehens schädlicher Bodenveränderungen hervorgerufen wird")* bestimmt den Begriff des „Einwirkungsbereichs" im Hinblick auf die Vorsorgepflichten des § 7 BBodSchG und die Vorsorgeanforderungen des § 10 BBodSchV. Für diesen Anwendungsbereich gelten die vorstehenden Erläuterungen sinngemäß. Im Einzelfall ist der Einwirkungsbereich auch in diesem Zusammenhang so abzugrenzen, daß alle nach dem BBodSchG und der BBodSchV zu beantwortenden Fragen abschließend geklärt werden können. 14

(Fehlau)

2.3 Orientierende Untersuchung

Der Begriff der *„orientierenden Untersuchung"* wird im BBodSchG nicht verwendet. Die Regelungen des § 9 BBodSchG (Gefährdungsabschätzung und Untersuchungsanordnungen) grenzen aber die von Amts wegen durchzuführenden Ermittlungen und Untersuchungen (§ 9 Abs. 1 Satz 1) von den Untersuchungen ab, die von der zuständigen Behörde gegenüber einem nach § 4 Verpflichteten angeordnet werden können (§ 9 Abs. 2 Satz 1). 15

Die Begriffsbestimmung für die *„orientierende Untersuchung"* nimmt diese Abgrenzung des BBodSchG auf; sie beinhaltet zusätzlich Aussagen über die Art der Untersuchungen und über die der Untersuchungsplanung zugrunde zu legenden Erkenntnisse. 16

BBodSchV § 2

17 Zur **Abgrenzung** der orientierenden Untersuchung gegenüber der Detailuntersuchung greift die BBodSchV zurück auf die Vorschrift des § 9 Abs. 2 Satz 1 BBodSchG:

> *„Besteht auf Grund konkreter Anhaltspunkte der hinreichende Verdacht einer schädlichen Bodenveränderung oder einer Altlast, kann die zuständige Behörde anordnen, daß die in § 4 Abs. 3, 5 und 6 genannten Personen die notwendigen Untersuchungen zur Gefährdungsabschätzung durchzuführen haben."*

18 **Zweck** der orientierenden Untersuchung ist nach der Begriffsbestimmung in Nr. 3 die Feststellung, ob die Voraussetzungen des § 9 Abs. 2 Satz 1 BBodSchG vorliegen. Damit werden unter diesem Begriff alle geeigneten **Untersuchungen** zusammengefaßt, die auf Grund des § 9 Abs. 1 Satz 1 BBodSchG von der zuständigen Behörde zur Ermittlung des Sachverhalts ergriffen werden sollen. Mit anderen Worten: Die Trennlinie zwischen orientierender Untersuchung und Detailuntersuchung liegt nach der BBodSchV zwischen den Untersuchungen, die im Wege der Amtsermittlung durchgeführt werden sollen, und den Untersuchungen, zu denen nach § 9 Abs. 2 Satz 1 BBodSchG ein Pflichtiger herangezogen werden kann.

19 Die Definition der orientierenden Untersuchung stellt außerdem klar, daß es sich bei den Maßnahmen, die unter diesem Begriff zusammengefaßt werden, der Art nach um *„örtliche Untersuchungen, insbesondere Messungen"* handelt. Hierunter fallen nicht nur Messungen an Ort und Stelle und die Untersuchung örtlich entnommener Proben im Labor, sondern beispielsweise auch die Feststellung der tatsächlichen Nutzung des betreffenden Grundstücks und dessen näherer Umgebung sowie die visuelle Prüfung der Grundstücksbeschaffenheit (Auffälligkeiten im Boden, Versiegelungen von Teilflächen, Bewuchs etc.). Nähere Regelungen finden sich dazu in Anhang 1 *(→ Rdnr. 13 f. zu Anhang 1).*

20 Die v. g. Klarstellung geht auf die Zustimmungsmaßgabe des Bundesrates zurück. Im Regierungsentwurf waren dagegen eine *„vertiefte historische Erkundung oder Messungen"* alternativ als Maßnahmen einer orientierenden Untersuchung genannt. Eine solche Regelung wäre in zweierlei Hinsicht problematisch gewesen.

21 Zum einen hätte die in das freie Ermessen gestellte Wahlmöglichkeit zwischen einer *„vertieften historischen Erkundung"* und *„Messungen"* den Fehlschluß nahegelegt, daß die Gefahrenlage einer Verdachtsfläche oder altlastverdächtigen Fläche durch die Ausschöpfung vorhandener Informa-

tionsquellen grundsätzlich ebenso zuverlässig beurteilt werden könne, wie anhand sachkundig durchgeführter örtlicher Untersuchungen. Die Vollzugspraxis der Länder zeigt aber, daß eine derartige Beurteilung (insbesondere auch eine Feststellung der Gefahrenfreiheit) i. d. R nur durch örtliche Untersuchungen hinreichend sicher abgestützt werden kann. Nur ausnahmsweise läßt sich ein Gefahrenverdacht auf Grund systematischer historischer Recherchen ausräumen, z. B. wenn Unterlagen belegen, daß eine zunächst vermutete umweltgefährdende Nutzung oder Tätigkeit nicht stattgefunden hat.

Zum anderen ist es typische Erfassungstätigkeit, Akten und sonstiges Schriftgut zu sichten und auszuwerten, Zeitreihen von Luftbildern und Karten zu analysieren oder Zeitzeugen über Einzelheiten der früheren Grundstücksnutzung zu befragen. In der Praxis kann es zwar auch noch in zeitlichem Zusammenhang mit der orientierenden Untersuchung erforderlich werden, ergänzende oder vertiefende Maßnahmen dieser Art durchzuführen. Systematisch ist eine solche Vervollständigung der historischen Erkundung gleichwohl der von den Ländern zu regelnden Erfassung (§ 11 BBodSchG) zuzurechnen (siehe hierzu den Exkurs im Anschluß an die Erläuterungen zu § 3, dort *Rdnr. 69 ff.*). 22

Mit dem ausdrücklichen Hinweis auf die *„Ergebnisse der Erfassung"* als *„Grundlage"* für die orientierende Untersuchung macht die geltende Fassung jedoch deutlich, daß sie die Erfassung einschließlich einer historischen Erkundung (standortbezogenen Erhebung) grundsätzlich als einen der orientierenden Untersuchung vorgelagerten Ermittlungsschritt betrachtet. Dies ist vornehmlich unter dem Aspekt zu sehen, daß sich diese Untersuchung auf alle im Einzelfall relevanten Wirkungspfade und sämtliche für den Untersuchungszweck bedeutsamen Fragen erstrecken soll. Werden bei der Erfassung die verfügbaren Daten, Tatsachen und Erkenntnisse möglichst vollständig recherchiert und ausgewertet und die Ergebnisse bei der Planung von Art und Umfang der Untersuchungen verständig berücksichtigt, ist am ehesten Gewähr dafür gegeben, daß der Sachverhalt – bezogen auf die Anforderungen an die orientierende Untersuchung – zutreffend und vollständig ermittelt wird. Die in Teil 2 des Anhangs zu dieser Schrift aufgeführten Regelwerke und Arbeitshilfen geben detaillierte fachliche Hinweise zur Erfassung und zur Auswertung von Erfassungsergebnissen. 23

Zu den Anforderungen an die orientierende Untersuchung im einzelnen wird auf die Erläuterungen zu § 3 Abs. 3 *(→ Rdnr. 29 ff. zu § 3)* und Anhang 1 verwiesen *(→ Rdnr. 18 ff.).* 24

(Fehlau)

2.4 Detailuntersuchung

25 Die Definition der „*Detailuntersuchung*" in § 2 Nr. 4 legt die Stellung der Detailuntersuchung in der Untersuchungsabfolge fest, benennt deren Zweck und stellt deren Art und Umfang im wesentlichen klar.

26 Aus der Stellung der Begriffsbestimmung nach der Nr. 3, den Wörtern „*vertiefte weitere Untersuchung*" und der Zweckbestimmung ergibt sich, daß sich der Begriff der Detailuntersuchung auf alle Untersuchungen erstreckt, die aus Sicht der zuständigen Behörde im Einzelfall nach den Ergebnissen der orientierenden Untersuchung und auf Grund sonstiger Erkenntnisse „*zur abschließenden Gefährdungsabschätzung*" notwendig sind.

27 Unter den Begriff der Detailuntersuchung fallen in diesem Sinne und nach dem Wortlaut der Definition, anders als von SANDEN (in: SANDEN, SCHOENECK 1998, Rdnr. 50 f. zu § 2) auf Grund früherer Verordnungsentwürfe dargestellt, auch die Ermittlung der Menge und die räumliche Verteilung der Schadstoffe (einschließlich des Ausmaßes von Bodenwert-Überschreitungen).

28 **Zweck der Detailuntersuchung** ist es, den Sachverhalt im Einzelfall vollständig und zutreffend festzustellen, damit die Gefährdungsabschätzung in eine abschließende Bewertung durch die zuständige Behörde münden kann.

29 Die auf den ersten Teilsatz der Definition folgende nähere Bestimmung einzelner Untersuchungszwecke ist auf Grund der Zustimmungsmaßgabe des Bundesrates angefügt worden. Dieser Teil der Begriffsbestimmung stellt klar, daß die Anforderungen an die Untersuchung nach § 9 Abs. 1 Satz 3 BBodSchG auch für die Detailuntersuchung gelten *(→ Rdnr. 49 zu § 3)*, jedoch in dem Maße vertieft, wie dies für eine abschließende Bewertung hinsichtlich der Notwendigkeit von Sanierungs-, Schutz- oder Beschränkungsmaßnahmen (§ 4 Abs. 4 BBodSchV) erforderlich ist.

(Fehlau)

2.5 Sickerwasserprognose

30 Um über das Vorliegen eines hinreichenden Verdachtes einer schädlichen Bodenveränderung oder Altlast zu entscheiden, werden zum einen prognostizierte Schadstoffkonzentrationen im Sickerwasser mit Sickerwasserprüfwerten verglichen *(→ Rdnr. 25 zu § 4)*. Wie diese Prognose durchgeführt werden kann, ist in Anhang 1 Nr. 3.3 beschrieben. Da Schadstoffe im

Sickerwasser nur dann auf das Grundwasser einwirken, wenn das Sickerwasser zu Grundwasser wird, kommt es auf die Sickerwasserkonzentrationen im Übergangsbereich von der ungesättigten (Boden-)Zone (in der sich das Sickerwasser bewegt) in die wassergesättigte Zone an.

Weiterhin sind bei der Entscheidung über das Vorliegen eines hinreichenden Verdachtes einer schädlichen Bodenveränderung oder Altlast auch die mit dem Sickerwasser transportierten Schadstofffrachten zu berücksichtigen. Diese Frachten ergeben sich in der Dimension „Schadstoffmasse/Zeit" aus dem Volumenstrom des Sickerwassers, multipliziert mit der jeweiligen Schadstoffkonzentration. Die Schadstofffracht ist in folgenden Fällen von Bedeutung: 31

- Bei der Entscheidung über das Vorliegen einer schädlichen Bodenveränderung oder Altlast können Sickerwasserkonzentrationen oberhalb der Sickerwasserprüfwerte vernachlässigt werden, wenn die Frachten so klein sind, daß bei einer kleinräumigen Mittelwertbildung *(→ Rdnr. 23 zu § 4)* über die sickerwasserbildende Fläche keine Überschreitung der Prüfwerte entsteht. Der hier verwendete Begriff „kleinräumig" hat nichts mit dem Begriff „lokal begrenzt" *(→ Rdnr. 43 zu § 4)* zu tun.
- Liegt eine schädliche Bodenveränderung oder Altlast vor, ist es für die Entscheidung über Sanierungsmaßnahmen unter Verhältnismäßigkeitsaspekten u. a. wichtig, ob es sich um sogenannte „geringe Schadstofffrachten" handelt *(→ Rdnr. 43 zu § 4)*.

Teilflächen mit einer vergleichbaren Sickerwasserbelastung können zusammengefaßt werden, ansonsten ist örtlich zu differenzieren. 32

Die Sickerwasserprognose soll nicht nur für einen bestimmten Zeitpunkt erfolgen, sondern es sind auch die Veränderungen der Konzentrationen und Frachten im Verlauf der überschaubaren Zukunft abzuschätzen und darstellen. Dazu ist die zeitliche Entwicklung des Volumenstromes und der Belastung des Sickerwasser zu ermitteln, es sei denn, daß in etwa von stationären Verhältnissen ausgegangen werden kann. Im allgemeinen reicht die Angabe von Jahresmittelwerten aus. Der Zeitraum „überschaubare Zukunft" richtet sich nach den im Zeitpunkt der Prognose zur Verfügung stehenden Erkenntnismöglichkeiten; im vorliegenden Zusammenhang sind etwa 100 Jahre anzusetzen. 33

(Ruf)

BBodSchV § 2

2.6 Schadstoffe

34 Die Begriffe „Schadstoffe" und „umweltgefährdende Stoffe" werden im BBodSchG an verschiedenen Stellen synonym verwandt, keiner der Begriffe wird jedoch definiert. Der Verordnungsgeber hat sich hingegen in der BBodSchV auf den Begriff „Schadstoffe" beschränkt und diesen mit seiner Begriffsbestimmung im Hinblick auf boden- und altlastenrelevante Stoffe akzentuiert. Im Geltungsbereich des Bodenschutzrechts sind nicht unbedingt alle „**umwelt**gefährdenden" Stoffe von Bedeutung, sondern vorrangig solche, die

- Bodenfunktionen, insbesondere die Aktivität der Bodenorganismen schädigen können und
- die auf den von einem Boden oder einer Altlast ausgehenden Wirkungspfaden auf Schutzgüter, wie insbesondere die menschliche Gesundheit, Pflanzen, Tiere oder das Grundwasser, einwirken und dadurch Gefahren hervorrufen können.

35 Auf den jeweiligen Geltungsbereich anderer Rechtsbereiche bezogene Definitionen für schädliche Stoffe (z. B. Schadstoffe, umweltgefährdende Stoffe, wassergefährdende Stoffe, gefährliche Stoffe, Gefahrstoffe) bestehen daneben im Chemikalien-, Gefahrstoff-, Kreislaufwirtschafts-/Abfall- und Wasserrecht.

36 Schadstoffe treten in fester, flüssiger und gasförmiger Form auf. Ihre Wirkung ist – ausgenommen bei kanzerogenen Stoffen – stark konzentrationsabhängig und kann bei verschiedenen Schutzgütern sehr unterschiedlich sein. So ist z. B. das Schwermetall Zink in geringen Konzentrationen ein essentielles Spurenelement für Pflanzen und ein lebensnotwendiger Mineralstoff für Tier und Mensch, hingegen in höheren Konzentrationen phytotoxisch. Daher wurden in Anhang 2 lediglich beim Wirkungspfad Boden – Pflanze und beim Wirkungspfad Boden – Grundwasser Prüfwerte für Zink festgelegt. Der Übergang von Schadstoffen über verschiedene Wirkungspfade hängt stark von ihren physikalisch-chemischen Eigenschaften, der Bindungsform und den Sorptionseigenschaften des jeweiligen Bodens oder Untergrundes ab.

37 Konkrete Aufzählungen von Schadstoffen finden sich in der BBodSchV in den Wertelisten des Anhangs 2, die aber nicht als abschließend anzusehen sind. Auf die Relevanz möglicher weiterer Stoffe wird etwa in § 4 Abs. 5 und in § 8 Abs. 1 Nr. 2 hingewiesen. Die in der BBodSchV enthaltenen Stofflisten nehmen Bezug auf verschiedene Schriften von (Bund-)Län-

dergremien und die bisher in einzelnen Ländern angewandten Wertelisten sowie auf Vorschläge aus der Wissenschaft. Eine umfassende Liste bodenrelevanter Stoffe findet sich im Anhang zur Bodenschutzkonzeption der Bundesregierung (BT-Drucks. 10/2977). Bei Altlasten häufig vorkommende Schadstoffe wurden in der Informationsschrift „Altablagerungen und Altlasten" der Länderarbeitsgemeinschaft Abfall (LAGA 1991) aus damaliger Sicht dokumentiert. Spezifische Schadstoffe von rüstungs- und kriegsbedingten Altlasten sind in dieser Dokumentation noch nicht berücksichtigt; hierzu sei auf den Anhang zu dieser Schrift hingewiesen.

(König)

2.7 Expositionsbedingungen

Die Begriffsbestimmung der „Expositionsbedingungen" ist auf Grund der Zustimmungsmaßgabe des Bundesrates in den § 2 aufgenommen worden. Die Forderung wurde damit begründet, daß die im Einzelfall vorliegenden Expositionsbedingungen maßgeblichen Einfluß auf das Ergebnis der abschließenden Gefährdungsabschätzung hätten. Der Begriff sei jedoch in der Regierungsvorlage verwendet worden, ohne ihn zu definieren. 38

Vermutlich wurde eine solche Definition vor allem deshalb vermißt, weil die Verordnung den Begriff der Expositionsbedingungen in einem sehr weiten Sinne verwendet (Anhang 1 Nrn. 1.2 und 2.1.1). 39

Gebräuchlich ist der Begriff Exposition vor allem im Zusammenhang mit der Einwirkung von Stoffen auf Lebewesen. Die Exposition beschreibt dabei allgemein die Art und Weise des Kontakts eines Organismus mit einem Stoff (insbesondere Schadstoff). Im Hinblick auf den Menschen wird zwischen äußerer und innerer Exposition unterschieden. Die äußere Exposition bezeichnet den Kontakt mit Substanzen in den verschiedenen Umweltmedien, Lebensmitteln und Bedarfsgegenständen. Die innere Exposition beschreibt die Belastung des Menschen durch bereits in den Körper gelangte Stoffe. 40

Demgegenüber erstreckt die Begriffsbestimmung für den Wirkungspfad in § 2 Nr. 8 *(→ Rdnr. 47)* den Begriff der Exposition nicht nur auf Lebewesen, sondern in einem umfassenden Verständnis auf alle durch das BBodSchG geschützten Rechtsgüter (Schutzgüter). Sie bezieht also z. B. Einwirkungen auf Gewässer oder Sachgüter in den Begriff der Exposition ein. 41

42 Die Begriffsbestimmung der „Expositionsbedingungen" stellt insbesondere auch darauf ab, daß die Art und Weise, d. h. die Art und der Umfang der Einwirkung von Schadstoffen, sowie die Art der Aufnahme durch Organismen durch die Umstände des Einzelfalls bestimmt werden. Unterschieden werden dabei die örtlichen Gegebenheiten und die Grundstücksnutzung.

43 Die **örtlichen Gegebenheiten** sind dabei in einem weiten Sinne aufzufassen. Sie umschließen alle Faktoren, von denen die einzelnen Einwirkungen auf tangierte Schutzgüter abhängen, ausgenommen die Grundstücksnutzung. Zu den örtlichen Gegebenheiten gehören demnach beispielsweise die Bindungsform, in der die Schadstoffe in einer schädlichen Bodenveränderung oder Altlast vorliegen, die Mobilität und Mobilisierbarkeit der vorhandenen Schadstoffe, die Vorgänge, die zum Transport von Schadstoffen zu Schutzgütern oder zur Schadstoffaufnahme führen, die in Betracht kommenden Aufnahmewege sowie Art und Umfang der Einwirkungen (der Aufnahme) und die Mechanismen möglicher Wirkungen.

44 Die **Grundstücksnutzung** ist hier zu verstehen als die reale Grundstücksnutzung, die z. B. im Hinblick auf den direkten Schadstoffübergang zum Menschen Art und Umfang der Exposition maßgeblich bestimmt (Häufigkeit und Dauer des Aufenthalts auf dem Grundstück, Kontaktmöglichkeiten mit dem belasteten Boden, Anteil bestimmter Risikogruppen etc.). Auch beim Schadstofftransfer über Nahrungs- und Futterpflanzen hat die Art der Nutzung, z. B. als Kleingarten, Acker oder Grünland, einen wesentlichen Einfluß auf die Exposition des Menschen. Da die Begriffsbestimmung nicht von Einwirkungen sondern von Wirkungen spricht, denen Schutzgüter ausgesetzt sein können, erscheint es nicht unbegründet, den Begriff der Expositionsbedingungen auch auf die innere Exposition von Organismen und die danach zu erwartenden Wirkungen zu erstrecken.

45 Die weite Fassung des Begriffs Expositionsbedingungen entspricht den Anforderungen an die Detailuntersuchung in Anhang 1 Nr. 1.2. Nach dieser nicht auf bestimmte Wirkungspfade beschränkten Regelung sollen bei der Detailuntersuchung auch die für die Wirkungspfade maßgeblichen Expositionsbedingungen, insbesondere auch die für die verschiedenen Wirkungspfade bedeutsamen mobilen und mobilisierbaren Anteile der Schadstoffgehalte, geklärt werden.

(Fehlau)

2.8 Wirkungspfad

Der „Wirkungspfad" i. S. d. BBodSchV ist der mögliche oder tatsächliche Weg, den ein Schadstoff von einer schädlichen Bodenveränderung oder Altlast als Schadstoffquelle zum Ort einer möglichen Wirkung bei einem Schutzgut zurücklegt. Schadstoffquelle und Schutzgut sind nach der Definition der BBodSchV mithin Bestandteil des Wirkungspfades. Der Begriff Wirkungspfad schließt auch mögliche Wirkungen beim Schutzgut selbst mit ein und ist damit weiter als der oft alternativ angewandte Begriff „Einwirkungspfad". Er erstreckt sich damit sowohl auf die äußere als auch die innere Exposition eines Schutzgutes. Da auch Wirkungen beim Schutzgut selbst in eine Gefahrenbeurteilung mit zu berücksichtigen sind, ist eine solche umfassende Definition sachgerecht. 46

Der Wirkungspfad gibt die Art der Exposition von Schutzgütern hinsichtlich der **stofflichen Belastung** des Bodens an. Als Wirkungspfade werden in der Verordnung gesondert behandelt: 47

- der Pfad Boden – Mensch (direkter Kontakt) mit der ingestiven, inhalativen und dermalen Aufnahme durch den Menschen und einer Differenzierung nach Bodennutzungen
- der Pfad Boden – Pflanze, unterschieden nach Nahrungs- und Futterpflanzenanbau sowie
- der Pfad Boden – Grundwasser.

Auf die Erfassung und Differenzierung der Wirkungspfade wird in Anhang 1 Nr. 2 eingegangen. Die Nennung der Wirkungspfade in der Verordnung ist nicht abschließend. Soweit im Einzelfall weitere Wirkungspfade von Bedeutung sein können, ist auch der Schadstofftransfer über diese zu erfassen. Hierzu zählen z. B. 48

- die Abwehung oder der Abtrag auf Nachbarflächen oder in benachbarte Oberflächengewässer
- die Ausgasung flüchtiger Stoffe und deren Eindringen in geschlossene Räume
- die direkte Wirkung auf Bodenorganismen oder
- Wirkungen auf Sachgüter durch Korrosion oder ähnliche Erscheinungen.

(König)

2.9 Hintergrundgehalt

49 Auf Grund der Zustimmungsmaßgabe des Bundesrates ist die Verordnung um eine zusätzliche Begriffsbestimmung für den „Hintergrundwert" ergänzt worden, da dieser Begriff in Anhang 2 verwendet wird und er einer klaren Abgrenzung zu den verschiedenen Wertekategorien nach § 8 BBodSchG bedarf. Die Begriffsbestimmung wurde dem Bericht der Bund-/Länder-Arbeitsgemeinschaft Bodenschutz „Hintergrundwerte für Böden" (LABO 1998) entnommen. Dort wird ergänzend ausgeführt:

> *„Hintergrundwerte sind repräsentative Werte für allgemein verbreitete Hintergrundgehalte eines Stoffes oder eine Stoffgruppe in Böden. Sie beruhen auf den ermittelten Hintergrundgehalten und bezeichnen unter Angabe statistischer Kenngrößen und der Differenzierung hinsichtlich der Bodeneigenschaften und Standortverhältnisse sowie der Bezugsgrößen Nutzung und Gebietstyp die repräsentativen Stoffkonzentrationen in Böden."*

50 Als Hintergrundwert im vorstehenden Sinne wird in der Regel das 90. Perzentil entsprechender Untersuchungsdaten angegeben. Ergänzend wird oft das 50. Perzentil für die mittleren Hintergrundgehalte ausgewertet.

51 Hintergrundwerte sind insbesondere erforderlich, um eine darüber hinausgehende spezifische Schadstoffanreicherung (z. B. auf einem Altstandort) abzugrenzen und diese einer bestimmten Eintragsursache oder einem Verursacher zuordnen zu können. Großflächig erhöhte Hintergrundgehalte können entsprechend den in § 8 Abs. 2 und 3 BBodSchG genannten Voraussetzungen zu Ausnahmeregelungen bei der Anwendung der Vorsorgewerte führen. Dabei sind naturbedingt erhöhte Hintergrundgehalte, z. B. auf Grund erhöhter Schwermetallgehalte in bestimmten Ausgangsgesteinen, und siedlungsbedingt erhöhte Gehalte, die einer spezifischen Quelle nicht zugeordnet werden können (z. B. aus Hausbrand, innerörtlichen Straßenverkehrsnetzen u. ä.), zu unterscheiden.

(König)

2.10 Erosionsfläche

52 Mit Bezug auf den Regelungsinhalt von § 8 wird der Begriff „Erosionsfläche" einschränkend für solche Flächen gefaßt, von denen Bodenmaterial mit Oberflächenabfluß abgespült wird. Damit sind beispielsweise Flächen, von denen Bodenmaterial ausschließlich durch Wind abgetragen wird,

nicht Erosionsflächen im Sinne der Verordnung. Die Regelungen des § 8 zur Gefahrenabwehr von schädlichen Bodenveränderungen auf Grund von Bodenerosion durch Wasser beschränken sich darüber hinaus auf Fälle, in denen Bodenmaterial aus einer Fläche herausgeschwemmt wurde oder wird. Die Erosionsfläche, auf welcher der Bodenabtrag entsteht, ist somit zu unterscheiden von Flächen, über die Bodenmaterial durch Oberflächenabfluß lediglich hinwegtransportiert oder auf denen es abgelagert wird. Dabei weist die Definition der Erosionsfläche keinen Bezug zu Flurstücksgrenzen oder Flächeneinheiten gleicher Nutzung und Bewirtschaftung auf, d. h. daß sich die Abgrenzung der Erosionsfläche streng genommen allein nach dem Kriterium des Bodenabtrags richtet und demnach grundsätzlich auch bei Erosionsereignissen, deren Auswirkungen auf die Fläche eines Ackerschlags begrenzt bleiben, die Frage nach dem Verdacht einer schädlichen Bodenveränderung auf Grund von Erosion durch Wasser bestehen kann.

(Seiffert)

2.11 Durchwurzelbare Bodenschicht

2.11.1 Zur Begründung der Notwendigkeit

Die Notwendigkeit zur Aufnahme dieser Begriffsbestimmung in den § 2 der BBodSchV ergibt sich durch die Neufassung des § 12 BBodSchV *"Anforderungen an das Auf- und Einbringen von Materialien auf oder in den Boden"* auf der Grundlage der Zustimmungsmaßgabe des Bundesrates (BR-Drucks. 244/99 [Beschluß], S. 31-35).

Der Bundesrat hat mit der vorgeschlagenen Neufassung des § 12 BBodSchV vor allem zwei Ziele verfolgt: Einerseits sollte der Anwendungsbereich dieser Regelung nicht auf das Auf- und Einbringen von Bodenmaterial beschränkt bleiben, sondern auf den vom § 6 BBodSchG vorgegebenen umfassenderen Materialienbegriff erweitert werden. Andererseits sollte der Anwendungsbereich für das Auf- und Einbringen von Materialien auf oder in Böden eingeschränkt werden, nämlich auf die *"durchwurzelbare Bodenschicht"* des anstehenden Bodens gemäß der Definition des § 2 Abs. 1 BBodSchG sowie auf die Herstellung einer kulturfähigen, d. h. vor allem *"durchwurzelbaren Bodenschicht"* im Rahmen von Rekultivierungsmaßnahmen einschließlich Wiedernutzbarmachung.

Letzteres eröffnet dem Vollzug auch die Möglichkeit, die fachlichen Anforderungen des Bodenschutzrechts bereits bei Herstellung und Auswahl geeigneter Substrate für solche Flächen durchzusetzen, die dem Bodenschutzrecht nicht unmittelbar unterliegen (z. B. Lärmschutzwälle, Deponie-

und Haldenabdeckungen). Nur so kann in Erfüllung des Vorsorgeanspruchs des § 7 BBodSchG sichergestellt werden, daß sich die aufgebrachte „durchwurzelbare Bodenschicht" im Falle der Wiedernutzbarmachung – auch hinsichtlich der zu stellenden qualitativen Anforderungen – in die angrenzenden Bodenflächen harmonisch einfügt.

56 In der Begründung des Bundesrates (BR-Drucks. 244/99 [Beschluß], S. 35) wird hierzu ausgeführt:

> „Durch die Beschränkung auf die durchwurzelbare bzw. kultivierbare Bodenschicht wird der Bereich für das Auf- und Einbringen von Materialien auf oder in den Boden insofern einer Beschränkung unterworfen, als gerade für diesen obersten Bereich besondere Anforderungen an die Qualität hinsichtlich des Schutzes der Bodenfunktionen gem. § 2 Abs. 2 Nr. 1 BBodSchG und der Nutzung als Standort für die Land- und Forstwirtschaft oder als Fläche für Siedlung und Erholung gem. § 2 Abs. 2 Nr. 3 Buchstabe b und c BBodSchG gestellt werden müssen. Bei Baumaßnahmen in tieferen Bodenschichten sind dann ggf. die Anforderungen des Bau-, Wasser- und Abfallrechts zu beachten."

57 Aus vorstehender Begründung leiten sich zwei **Anliegen des Bundesrates** ab: Einerseits sieht der Bundesrat die Notwendigkeit, zumindest in vertikaler Richtung eine weitere Differenzierung des Bodens im Sinne des § 2 Abs. 1 BBodSchG zu ermöglichen, um den Vollzugserfordernissen auch in anderen Rechtsbereichen gerecht werden zu können, und andererseits soll nicht in jedem Fall der gesamte Boden bis zum anstehenden Grundwasser vom § 12 BBodSchV geregelt werden. Bei vielen Fallgestaltungen kann damit die im BBodSchG nach wie vor bestehende vertikale Abgrenzungsproblematik zum Grundwasser hin deutlich entschärft werden.

58 Vor dem Hintergrund der wirkungspfadbezogenen Herangehensweise an die Bewertung einer schädlichen Bodenveränderung oder Altlast wird mit der Einführung des Begriffes der „durchwurzelbaren Bodenschicht" eine durchaus sachgerechte Differenzierungsmöglichkeit geschaffen: An die „durchwurzelbare Bodenschicht" sind insofern besonders hohe Anforderungen zu stellen, weil von dieser Schicht Auswirkungen auf alle Wirkungspfade zu erwarten sind. Für den Bodenbereich unterhalb der „durchwurzelbaren Bodenschicht" ist dagegen im Hinblick auf die Aspekte des Bodenschutzes nur noch der Wirkungspfad Boden – Grundwasser relevant.

Die BBodSchV enthält zur Beurteilung dieses Pfades Prüfwerte im Anhang 2 Nr. 3. Gemäß § 7 Satz 6 BBodSchG gilt jedoch, daß sich die Vorsorge für das Grundwasser nach den wasserrechtlichen Vorschriften zu richten hat. Daraus folgt, daß sich Abfallverwertungs- oder Baumaßnahmen unterhalb der „durchwurzelbaren Bodenschicht" auch an den Anforderungen des vorsorgenden Grundwasserschutzes auszurichten haben. Darüber hinaus sind ggf. die abfallrechtlichen Anforderungen zu beachten.

2.11.2 Eingrenzung des Anwendungsbereichs

Schwierigkeiten bereitet der Begriff der „durchwurzelbaren Bodenschicht" hinsichtlich der Frage der vertikalen und horizontalen Eingrenzung des Anwendungsbereichs.

Zur vertikalen Eingrenzung des Anwendungsbereichs:

Hinsichtlich der vertikalen Eingrenzung des Anwendungsbereichs hilft ähnlich wie bei § 2 Abs. 1 BBodSchG eine funktionale Betrachtung weiter. Die „durchwurzelbare Bodenschicht" ist durch die Grenzen des Wurzelwachstums definiert. Neben der genetischen Disposition und der Konkurrenz durch andere Wurzeln sind hier die Standorteigenschaften begrenzend für das Tiefenwachstum (Wurzeltiefgang).

Wurzeln dringen in der Regel nicht in das Grundwasser ein. Unter gewissen Umständen fällt also die Grenze der „durchwurzelbaren Bodenschicht" mit der Eingrenzung des Bodenbegriffs nach § 2 Abs. 1 BBodSchG zusammen. Diese Situation ist z. B. bei allen grundwasserbeeinflußten Vegetationstypen (DVWK 1996) oder immer dann gegeben, wenn der Grundwasserflurabstand geringer ist als der arttypische Wurzeltiefgang und dem Wurzelwachstum keine anderen Wachstumshindernisse entgegenstehen. Bei diesen Fallgestaltungen erstreckt sich die rechtliche Wirkung des § 12 BBodSchV also auf den gesamten vertikalen Bodenbereich.

Angaben zum Wurzeltiefgang befinden sich in den einschlägigen Werken der Bodenkunde (SCHEFFER, SCHACHTSCHABEL 1984; KUNTZE, ROESCHMANN, SCHWERDTFEGER 1994) oder Werken der Vegetationskunde (u. a. WALTER 1968, 1973, vgl. auch das umfassende Quellenverzeichnis in DVWK 1996). Bei einjährigen landwirtschaftlichen Nutzpflanzen wird zur Charakterisierung des Wurzeltiefgangs auch auf die *„effektive Durchwurzelungstiefe"* abgestellt (vgl. Bodenkundliche Kartieranleitung, 1994; S. 311 ff.).

64 Bei einem anstehenden Boden entspricht die „durchwurzelbare Bodenschicht" also der Schicht, die von den Wurzeln der standorttypischen Vegetation erschlossen wird und aus der vorrangig die Nährstoffaufnahme aber ggf. auch die Schadstoffaufnahme in die Pflanzen erfolgt. Eine allein metrische Festlegung dieses Bereichs ist insofern nicht sachgerecht.

65 Bei der Herstellung einer „durchwurzelbaren Bodenschicht" wird sich dagegen die Tiefenbegrenzung dieser Schicht überwiegend an der angestrebten Nutzung und dem Wurzeltiefgang der dann angebauten Pflanzen zu orientieren haben. In diesem Fall können durchaus **Regelannahmen** auf der Grundlage bekannter Wurzeltiefgänge getroffen werden. Erkenntnisse aus Reststickstoff-Untersuchungen und Bodenüberdeckungsversuchen belegen zudem, daß die Stoffaufnahme vor allem aus dem Ah-Horizont und maximal aus dem obersten Meter erfolgt, auch wenn einzelne Wurzeln tiefer in den Boden eindringen (vgl. hierzu: DELSCHEN 1996).

66 Für eine orientierende Abschätzung der herzustellenden „durchwurzelbaren Bodenschicht" kann bei Rekultivierungsmaßnahmen der Wurzeltiefgang von Gründüngungspflanzen zur Beurteilung der metrischen vertikalen Ausdehnung herangezogen werden. In den Faustzahlen für Landwirtschaft und Gartenbau (1988) sind hierzu folgende Angaben enthalten:

Wurzeltiefgang	Pflanzenarten
bis 80 cm	Weißklee, Inkarnatklee, Zottelwicke, Peluschke
80 bis 150 cm	Serradelle, Ackerbohne, Erbse, Gelbklee, Saatwicke, Stoppelrübe, Senf, Raps, Rübsen, Buchweizen, Phacelia, Ölrettich
150 bis 300 cm	Lupine, Steinklee, Rotklee und Sonnenblume

67 Für Luzerne ist je nach Länge der Kultur ein Wurzeltiefgang bis zu 10 m verbürgt, einige Tamariskenarten können in Wüstengebieten bis zu 30 m tief vordringen (WALTER 1968). Solche extremen Wurzeltiefgänge sind jedoch zu Abgrenzung der „durchwurzelbaren Bodenschicht" in der Regel ungeeignet.

68 Unter mitteleuropäischen Vegetationsbedingungen kann die „durchwurzelbare Bodenschicht" zumindest auf einen Bereich zwischen 0,8 bis 3,5 m eingegrenzt werden. Für zahlreiche Kulturpflanzen wird ein Ansatz von 2,0 m ausreichend bemessen sein. Dies entspricht auch der Grenzziehung

in der Bodenkundlichen Kartieranleitung (KA 4, 1994, S. 131) für die „physiologische Gründigkeit" von „sehr tief" und kann als **Regelannahme** für eine zu schaffende „durchwurzelbare Bodenschicht" gelten. Nur bei besonders tief wurzelnden Pflanzen, wie sie z. B. bei einer forstlichen Rekultivierung eingesetzt werden, ist von einer größeren Mächtigkeit auszugehen.

Wurzeln folgen bei ihrem Tiefenwachstum dem Sickerwasser und dem Nährstoffangebot des Bodens. Dabei nutzen sie Gänge von Bodenorganismen (Regenwürmer) ebenso wie Lücken im Bodengefüge. Wachstumshindernisse sind demgemäß Bodenverdichtungen (z. B. durch Baugrundverfestigungen, mineralische Trennschichten), andere Barrieren (z. B. Ortsteinbildungen, pH-Wert-Sprünge) oder auch künstlich eingebrachte Trennschichten z. B. Folien, wie sie bei der Sanierung von Altlasten zur Abgrenzung des belasteten Materials von unbelastetem Deckmaterial häufig eingesetzt werden. 69

In diesen Fällen ist die „durchwurzelbare Bodenschicht" also die Schicht oberhalb einer solchen standortgegebenen oder auch künstlich eingebrachten Barriere. Die „durchwurzelbare Bodenschicht" kann hier deutlich kleiner sein als 0,5 m. Bei der Sanierung von Altlasten durch Aufbringen einer „durchwurzelbaren Bodenschicht" über einer Sperrfolie haben sich in der Vergangenheit Schichtdicken von 0,5 – 0,7 m durchaus bewährt. 70

Bei einem Grundwasserflurabstand deutlich > 2,0 m entsteht folglich bis zur Grundwasseroberkante ein Bodenbereich, der nicht durch den § 12 BBodSchV geregelt ist. Bei dieser Fallgestaltung ist die „durchwurzelbare Bodenschicht" also nur eine Teilmenge des Bodens im Sinne des § 2 Abs. 1 BBodSchG. 71

Zur horizontalen Eingrenzung des Anwendungsbereichs:

Der § 2 Abs. 1 BBodSchG schließt explizit die Bereiche des Grundwassers und der Gewässerbetten aus dem Bodenbegriff des Bodenschutzrechts aus. Demgemäß kann der Begriff der „durchwurzelbaren Bodenschicht" auch nicht auf die ggf. tieferreichende Ausdehnung des Wurzelbereichs, wie sie z. B. bei einigen Wasserpflanzen auftritt, angewendet werden. Als seitliche Begrenzung der „durchwurzelbaren Bodenschicht" im Sinne des § 2 BBodSchV bietet sich daher die Uferlinie der Gewässer an. Dies entspricht der gängigen Auslegung des § 2 Abs.1 BBodSchG in zahlreichen Kommentaren. 72

73 Bei Bauwerken, Halden oder Deponien empfiehlt es sich, die seitliche Grenze dort zu ziehen, wo der anstehende Boden angrenzt. Die „durchwurzelbare Bodenschicht" endet dann an der vertikalen Projektion dieses Punktes nach unten. Der Boden unter Bauwerken, Halden oder Deponien gehört damit nicht zur „durchwurzelbaren Bodenschicht", auch wenn potentiell die Möglichkeit zur Schaffung einer solchen Schicht gegeben wäre, z. B. nach Abriß, Abtrag oder Auskofferung.

74 Bei der Rekultivierung z. B. einer Halde wird durch die Maßgabe des § 12 BBodSchV allerdings die Möglichkeit eröffnet, hier eine Angleichung der stofflichen Qualität zwischen dem Abdeckmaterial von Halden und dem umliegenden Boden vorzunehmen.

75 Bei Abgrabungen gibt es in der Regel keine unlösbaren horizontalen Abgrenzungsprobleme. Wird der anstehende Boden entfernt, so bleibt zumindest an der Oberkante der entstandenen Böschung die „durchwurzelbare Bodenschicht" erhalten. Bei geeigneten Substraten in der Böschung und bei hinreichender physiologischer Gründigkeit kann sich hier im Zuge der Sukzession eine neue „durchwurzelbare Bodenschicht" selbständig ausbilden. In diesem Fall ist also die freigelegte Bodenschicht selbst als „durchwurzelbare Bodenschicht" einzustufen. Der Sukzessionsprozeß kann ggf. durch geeignete Maßnahmen auf der Grundlage des § 12 BBodSchV beschleunigt werden.

(Neidhart)

Literatur

Ad-hoc-Arbeitsgruppe Boden der geologischen Landesämter und der Bundesanstalt für Geowissenschaften und Rohstoffe der Bundesrepublik Deutschland (1994):
    Bodenkundliche Kartieranleitung. 4. Aufl. Hannover: 1994

Bodenschutzkonzeption der Bundesregierung 1985:
    BR-Drucks. 10/2977 vom 7. März 1985

DELSCHEN, TH. (1996):
    Bodenüberdeckung als Sanierungsmaßnahme für schwermetallbelastete Gärten: Ergebnisse eines Feldversuchs. In: PFAFF-SCHLEY, H. (Hrsg.): Bodenschutz und Umgang mit kontaminierten Böden. Berlin: Springer 1996, S. 167-181

DVWK – Deutscher Verband für Wasserwirtschaft und Kulturbau e. V. (1996):
    Klassifikation überwiegend grundwasserbeeinflußter Vegetationstypen. Schriftenreihe des DVWK, H. 112

KUNTZE, H., ROESCHMANN, G., SCHWERDTFEGER, G. (1994):
Bodenkunde. 5. Aufl. Stuttgart: Ulmer 1994

LAGA – Länderarbeitsgemeinschaft Abfall (1991):
LAGA-Informationsschrift „Altablagerungen und Altlasten". Berlin: Erich Schmidt 1991

LAGA – Länderarbeitsgemeinschaft Abfall (1995):
Anforderungen an die stoffliche Verwertung von mineralischen Reststoffen/Abfällen (Technische Regeln). Berlin: Erich Schmidt 1995

LABO – Bund-/Länder-Arbeitsgemeinschaft Bodenschutz (1998):
Hintergrundwerte für anorganische und organische Stoffe in Böden. 2. überarb. und erg. Aufl.: In: ROSENKRANZ, BACHMANN, EINSELE, HARREß: Bodenschutz, Lfg. 9006. Berlin: Erich Schmidt

Ruhr-Stickstoff AG Bochum (1988):
Faustzahlen für Landwirtschaft und Gartenbau. 11. Aufl. Bochum: 1988

SANDEN, SCHOENECK (1998):
Bundes-Bodenschutzgesetz: Kurzkommentar. Heidelberg: Müller 1998

SCHEFFER, F., SCHACHTSCHABEL, P. (1984):
Lehrbuch der Bodenkunde. 11. Aufl. Stuttgart: Enke 1984

WALTER, H. (1968):
Die Vegetation der Erde in öko-physiologischer Betrachtung, Band II: Die gemäßigten und arktischen Zonen. 3. Aufl. Jena: Fischer 1968

WALTER, H. (1973):
Die Vegetation der Erde in öko-physiologischer Betrachtung, Band I: Die tropischen und subtropischen Zonen. 3. Aufl. Jena: Fischer 1973

Zweiter Teil
Anforderungen an die Untersuchung und Bewertung von Verdachtsflächen und altlastverdächtigen Flächen

§ 3
Untersuchung

(1) Anhaltspunkte für das Vorliegen einer Altlast bestehen bei einem Altstandort insbesondere, wenn auf Grundstücken über einen längeren Zeitraum oder in erheblicher Menge mit Schadstoffen umgegangen

wurde und die jeweilige Betriebs-, Bewirtschaftungs- oder Verfahrensweise oder Störungen des bestimmungsgemäßen Betriebs nicht unerhebliche Einträge solcher Stoffe in den Boden vermuten lassen. Bei Altablagerungen sind diese Anhaltspunkte insbesondere dann gegeben, wenn die Art des Betriebs oder der Zeitpunkt der Stillegung den Verdacht nahelegen, daß Abfälle nicht sachgerecht behandelt, gelagert oder abgelagert wurden.

(2) Absatz 1 Satz 1 gilt für schädliche Bodenveränderungen entsprechend. Anhaltspunkte für das Vorliegen einer schädlichen Bodenveränderung ergeben sich ergänzend zu Absatz 1 insbesondere durch allgemeine oder konkrete Hinweise auf

1. den Eintrag von Schadstoffen über einen längeren Zeitraum und in erheblicher Menge über die Luft oder Gewässer oder durch eine Aufbringung erheblicher Frachten an Abfällen oder Abwässer auf Böden,
2. eine erhebliche Freisetzung naturbedingt erhöhter Gehalte an Schadstoffen in Böden,
3. erhöhte Schadstoffgehalte in Nahrungs- oder Futterpflanzen am Standort,
4. das Austreten von Wasser mit erheblichen Frachten an Schadstoffen aus Böden oder Altablagerungen,
5. erhebliche Bodenabträge und -ablagerungen durch Wasser oder Wind.

Einzubeziehen sind dabei auch Erkenntnisse auf Grund allgemeiner Untersuchungen oder Erfahrungswerte aus Vergleichssituationen insbesondere zur Ausbreitung von Schadstoffen.

(3) Liegen Anhaltspunkte nach Absatz 1 oder 2 vor, soll die Verdachtsfläche oder altlastverdächtige Fläche nach der Erfassung zunächst einer orientierenden Untersuchung unterzogen werden.

(4) Konkrete Anhaltspunkte, die den hinreichenden Verdacht einer schädlichen Bodenveränderung oder Altlast begründen (§ 9 Abs. 2 Satz 1 des Bundes-Bodenschutzgesetzes), liegen in der Regel vor, wenn Untersuchungen eine Überschreitung von Prüfwerten ergeben oder wenn auf Grund einer Bewertung nach § 4 Abs. 3 eine Überschreitung von Prüfwerten zu erwarten ist. Besteht ein hinreichender Verdacht im Sinne des Satzes 1 oder auf Grund sonstiger Feststellungen, soll eine Detailuntersuchung durchgeführt werden.

(5) Bei Detailuntersuchungen soll auch festgestellt werden, ob sich aus räumlich begrenzten Anreicherungen von Schadstoffen innerhalb einer Verdachtsfläche oder altlastverdächtigen Fläche Gefahren ergeben und ob und wie eine Abgrenzung von nicht belasteten Flächen geboten ist. Von einer Detailuntersuchung kann abgesehen werden, wenn die von schädlichen Bodenveränderungen oder Altlasten ausgehenden Gefahren, erheblichen Nachteile oder erheblichen Belästigungen nach Feststellung der zuständigen Behörde mit einfachen Mitteln abgewehrt oder sonst beseitigt werden können.

(6) Soweit auf Grund der örtlichen Gegebenheiten oder nach den Ergebnissen von Bodenluftuntersuchungen Anhaltspunkte für die Ausbreitung von flüchtigen Schadstoffen aus einer Verdachtsfläche oder altlastverdächtigen Fläche in Gebäude bestehen, soll eine Untersuchung der Innenraumluft erfolgen; die Aufgaben und Befugnisse anderer Behörden bleiben unberührt.

(7) Im Rahmen von Untersuchungsanordnungen nach § 9 Abs. 2 Satz 1 des Bundes-Bodenschutzgesetzes kommen auch wiederkehrende Untersuchungen der Schadstoffausbreitung und der hierfür maßgebenden Umstände in Betracht.

(8) Die Anforderungen an die Untersuchung von Böden, Bodenmaterial und sonstigen Materialien sowie von Bodenluft, Deponiegas und Sickerwasser bestimmen sich im übrigen nach Anhang 1.

Übersicht

		Rdnr.
1.	Allgemeines	1
1.1	Zum Inhalt der Vorschrift insgesamt	1
1.2	Zum fachlichen Hintergrund der Vorschrift	4
2.	Erläuterungen und Anwendungshinweise	10
2.1	Anhaltspunkte für das Vorliegen einer Altlast	10
2.1.1	Aufbau der Vorschrift	10
2.1.2	Anhaltspunkte bei Altstandorten	12
2.1.3	Anhaltspunkte bei Altablagerungen	17
2.2	Anhaltspunkte für das Vorliegen einer schädlichen Bodenveränderung	22
2.2.1	Belastungsursachen für schädliche Bodenveränderungen	25
2.2.2	Erhöhter Schadstofftransfer aus schädlichen Bodenveränderungen	27
2.3	Orientierende Untersuchung	29

2.4	Hinreichender Verdacht für eine schädliche Bodenveränderung oder Altlast	35
2.5	Detailuntersuchung	49
2.6	Untersuchung der Innenraumluft auf Grund von Bodenluftuntersuchungen	53
2.7	Wiederkehrende Untersuchungen	65
2.8	Verbindung zu Anhang 1 der BBodSchV	68

Exkurs: Das Verhältnis der Erfassung zu der Ermittlungspflicht nach § 9 Abs. 1 und den Untersuchungen i. S. d. § 8 Abs. 1 BBodSchG 69

Literatur

1. Allgemeines

1.1 Zum Inhalt der Vorschrift insgesamt

1 § 3 enthält nicht nur Vorschriften über die Untersuchung von Verdachtsflächen, schädlichen Bodenveränderungen, altlastverdächtigen Flächen und Altlasten. In Abs. 1 und 2 werden auch Anhaltspunkte für das Vorliegen einer Altlast bzw. einer schädlichen Bodenveränderung aufgeführt und damit die Voraussetzungen der behördlichen Ermittlungspflicht nach § 9 Abs. 1 Satz 1 BBodSchG näher bestimmt. Abs. 4 nennt außerdem *„konkrete Anhaltspunkte, die den hinreichenden Verdacht einer schädlichen Bodenveränderung oder Altlast begründen"* und konkretisiert damit die Voraussetzungen der Anordnungsbefugnis nach § 9 Abs. 2 Satz 1 BBodSchG.

2 Die Regelungen in Abs. 1, 2 und 4 tragen wesentlich zur Klärung von Fragen bei, die sich aus § 9 BBodSchG ergeben. Erörterungsbedürftig bleibt das Verhältnis von § 9 Abs. 1 Satz 1 BBodSchG und § 3 Abs. 1 BBodSchV zu der Begriffsbestimmung in § 2 Abs. 6 BBodSchG (altlastverdächtige Flächen) und zu der landesrechtlich geregelten Erfassung solcher Flächen (→ *Rdnr. 69 ff.*).

3 Die übrigen Vorschriften des § 3 betreffen die Untersuchung von Grundstücken nach § 2 Abs. 3 bis 6 BBodSchG unmittelbar. Abs. 3 besagt, daß bei Vorliegen von Anhaltspunkten nach Abs. 1 oder 2 nach der Erfassung zunächst orientierende Untersuchungen durchgeführt werden sollen. Nähere Regelungen zu Ziel, Zweck und Notwendigkeit der „Detailuntersuchung" sind in Abs. 5 enthalten. Abs. 6 regelt, bei welchen Anhaltspunkten eine Untersuchung der Innenraumluft erfolgen soll. Abs. 7 enthält Klarstellungen zu Untersuchungsanordnungen nach § 9 Abs. 2 Satz 1 BBodSchG. Mit Abs. 8 wird der Bezug zu den ins einzelne gehenden Untersuchungsvorschriften in Anhang 1 hergestellt.

(Fehlau)

1.2 Zum fachlichen Hintergrund der Vorschrift

Untersuchungen zur Gefahrenbeurteilung (d. h. zur Bewertung i. S. d. § 8 Abs. 1 Satz 1 BBodSchG i. V. m. § 4 BBodSchV) müssen das Schadstoffinventar einer schädlichen Bodenveränderung oder Altlast nach Art und Menge zureichend charakterisieren und die Ausbreitung der relevanten Schadstoffe aus einer Bodenverunreinigung oder Altlast als Gefahrenquelle bis hin zu den Einwirkungen auf die betroffenen Schutzgüter und die dadurch ggf. hervorgerufenen Wirkungen **im Einzelfall** möglichst exakt erfassen. Dazu gehört die Ermittlung von Art und Konzentration der Schadstoffe in den Böden von Verdachtsflächen und im Bereich von altlastverdächtigen Flächen, die Untersuchung der Mobilität bzw. Mobilisierbarkeit sowie die Erfassung der Exposition konkret betroffener Schutzgüter. Dies ist wegen der Eigenart und Komplexität der Untersuchungsgegenstände mit systematischen Schwierigkeiten verbunden. 4

Böden weisen oft von Natur aus eine sehr hohe **Inhomogenität** auf. Eine Vielzahl von Schadstoffen unterschiedlicher Bindungsformen kann auf verschiedenen Eintragspfaden in den Boden gelangen. Da innerhalb von Böden nicht ein so starker Stoffaustausch wie in Wasser und Luft stattfindet, kommt es zu flächenhaften, linienförmigen oder punktuellen Schadstoffanreicherungen von sehr unterschiedlichem Ausmaß. Die Bodenverunreinigungen variieren daher meist sowohl in ihrer horizontalen Verbreitung als auch in der vertikalen Abstufung. 5

Altablagerungen stellen auf Grund ihrer Entstehungsweise regelmäßig ein höchst heterogenes Stoffgemisch dar, das sich als Ganzes einer repräsentativen Beprobung entzieht. In der Mehrzahl der Fälle ist auf Grund von Umlagerungen, Aufschüttungen, Unfällen, Leckagen etc. auch im Bereich von **Altstandorten** ein kleinräumiges Mosaik mit sehr heterogenen Belastungen anzutreffen. Bei altlastverdächtigen Flächen ist deshalb i. d. R. eine einzelfallbezogene Untersuchungsplanung auf der Grundlage allgemeiner Grundsätze erforderlich. 6

Die für eine sachgerechte Gefahrenbeurteilung bedeutsame **Mobilität** bzw. **Mobilisierbarkeit** der Schadstoffe hängt von der Bindungsform, von den Bodeneigenschaften, wie dem pH-Wert, dem Tongehalt oder dem Gehalt 7 an anorganischer Substanz, sowie von löslichkeitsbeeinflussenden Begleitstoffen ab. Relevante **Wirkungspfade** sind oft der Pfad Boden – Mensch infolge direkter oraler oder inhalativer Aufnahme, der Pfad Boden – Pflanze durch Aufnahme über Nahrungs- und Futterpflanzen sowie der Pfad Boden – Grundwasser. Während die Art und Intensität der Bodennutzung insbesondere bei den erstgenannte Wirkungspfaden für die **Exposition** des Menschen von vorrangiger Bedeutung ist, sind im Hinblick auf die Schadstoffausbreitung über den Pfad Boden – Grundwasser vor allem die geologischen und hydrogeologischen Verhältnisse zu ermitteln.

8   Die hieraus und aus weiteren Faktoren resultierende hohe Komplexität der Gefährdungsabschätzung von stofflichen schädlichen Bodenveränderungen und Altlasten setzt der **Standardisierung** von Untersuchungen (wie auch von Bewertungsmaßgaben) deutliche **Grenzen**. Erforderlich ist eine spezielle Untersuchungsstrategie in Form eines gestuften Vorgehens, mit zunehmender Einzelfalldifferenzierung in der Abfolge der Untersuchungsstufen. Dies ist nötig, um die entscheidungserheblichen Umstände des Einzelfalls zutreffend feststellen zu können.

9   Eine wesentliche Voraussetzung für zweckgerichtete und effiziente Untersuchungen sind darüber hinaus umfassende standortbezogene Erhebungen (historische Recherchen) und deren sachkundige Auswertung im Rahmen der Erfassungsmaßnahmen. Darauf aufbauend hat sich in der Praxis ein modularer Untersuchungsaufbau bewährt, der es einerseits gestattet, Art und Umfang der Untersuchungen an neue Erkenntnisse innerhalb des Untersuchungsablaufs anzupassen und der andererseits in den ersten Untersuchungsschritten darauf ausgerichtet ist, tragfähige Ergebnisse für die Entscheidungen über weitergehende Untersuchungen zu erzielen. Ein entsprechender Untersuchungsaufbau findet sich in der BBodSchV mit der Stufung in orientierende Untersuchung und Detailuntersuchung und mit den Differenzierungsvorbehalten für den Einzelfall wieder.

(König)

2. Erläuterungen und Anwendungshinweise

2.1 Anhaltspunkte für das Vorliegen einer Altlast

2.1.1 Aufbau der Vorschrift

10   § 3 Abs. 1 nennt bestimmte Anhaltspunkte für das Vorliegen einer Altlast und trifft damit nähere Regelungen über die Voraussetzungen, unter denen

die behördliche Ermittlungs- und Untersuchungspflicht nach § 9 Abs. 1 Satz 1 BBodSchG einsetzt. Nach dieser Vorschrift des Gesetzes soll die zuständige Behörde die zur Ermittlung des Sachverhalts geeigneten Maßnahmen ergreifen, wenn ihr Anhaltspunkte dafür vorliegen, daß eine Altlast (oder schädliche Bodenveränderung → *Rdnr. 22*) vorliegt.

Die Anhaltspunkte werden in Abs. 1 allgemein umschrieben und getrennt nach Altstandorten und Altablagerungen aufgeführt. Die Aufzählung ist, wie die Verwendung des Wortes „insbesondere" anzeigt, für beide Fallgestaltungen nicht abschließend. **11**

2.1.2 Anhaltspunkte bei Altstandorten

Satz 1 führt Anhaltspunkte für Altstandorte auf und bezieht sich mithin auf **Grundstücke** i. S. d. § 2 Abs. 5 Nr. 2 BBodSchG. **12**

Die Kriterien **längerer Zeitraum** und **erhebliche Menge** sind alternativ genannt. Anhaltspunkte für das Vorliegen einer Altlast können demnach nicht nur bestehen, wenn beide Kriterien zutreffen, sondern auch dann, wenn über einen längeren Zeitraum mit geringen Mengen oder über einen kürzeren Zeitraum in erheblichen Mengen mit Schadstoffen auf dem betreffenden Grundstück umgegangen wurde. **13**

Welcher Zeitraum „*länger*" und welche Schadstoffmenge „*erheblich*" ist, läßt sich nicht verallgemeinern. Beispielsweise können Störfälle innerhalb kurzer Zeit Schadstoffe in großem Umfang freisetzen oder bestimmte Schadstoffe schon in geringen Mengen erhebliche Schadwirkungen hervorrufen. Gesehen werden muß außerdem die Beziehung zu den örtlichen Gegebenheiten: Je empfindlicher ein Standort für den Eintrag bestimmter Schadstoffe ist, um so geringer ist auch die als „erheblich" einzustufende Menge dieser Schadstoffe. Zur Klärung der Frage, ob bei dem einzelnen Altstandort insoweit Anhaltspunkte für das Vorliegen einer Altlast gegeben sind, ist deshalb ein Mindestumfang an Vorinformationen erforderlich. Diese werden i. d. R. nur durch erste Ermittlungen im Vorfeld der durch § 9 Abs. 1 Satz 1 BBodSchG geregelten Sachverhaltsermittlung beschafft werden können (→ *Rdnr. 73*). **14**

Unter **Umgang** mit Schadstoffen ist in Anlehnung an § 19 g WHG das Lagern, Abfüllen, Herstellen, Behandeln, Verwenden und Umschlagen von Schadstoffen oder von Stoffen zu verstehen, die Schadstoffe in beurteilungserheblichen Mengen enthalten. **15**

16 Detaillierte Auskünfte über die Schadstoffe (einschließlich der Abfälle), mit denen in altlastgeneigten Wirtschaftszweigen während bestimmter Zeiträume umgegangen wurde, sowie über das Bodenbelastungspotential der **jeweiligen Betriebs-, Bewirtschaftungs- oder Verfahrensweisen** und der typischerweise aufgetretenen **Störungen des bestimmungsgemäßen Betriebes** geben mehrere der in Teil 2 des Anhangs zu dieser Schrift genannten Publikationen. Anhand dieser allgemeinen branchenspezifischen und industriehistorischen Angaben können in Verbindung mit Vorermittlungen über den einzelnen Altstandort begründete **Vermutungen** über die in Betracht kommenden Schadstoffe, über die Wahrscheinlichkeit von **Schadstoffeinträgen in den Boden** sowie über die Größenordnung *("nicht unerhebliche Einträge")* und Lokalisierung möglicher Einträge abgeleitet und Entscheidungen über das Vorliegen von Anhaltspunkten i. S. d. § 9 Abs. 1 Satz 1 BBodSchG getroffen werden.

2.1.3 Anhaltspunkte bei Altablagerungen

17 Nach § 3 Satz 2 ergeben sich Anhaltspunkte für das Vorliegen einer Altlast bei Altablagerungen insbesondere aus der Art des Betriebes und dem Zeitpunkt der Stillegung. Altablagerungen sind nach der Begriffsbestimmung in § 2 Abs. 5 Nr. 1 BBodSchG – ungeachtet des Wortsinns – alle Arten stillgelegter Abfallbeseitigungsanlagen.

18 Der Zeitraum, in dem die einzelne Abfallbeseitigungsanlage errichtet, betrieben und stillgelegt wurde, gibt Auskunft darüber, ob und wie lange ihre Betriebsphase in den zeitlichen Geltungsbereich der bundesrechtlichen Spezialregelungen über die Abfallbeseitigung hineingereicht hat. Aus diesen Daten, aus allgemeinen Kenntnissen über die früher übliche Handhabung der Abfallbeseitigung und aus ersten Erfassungsergebnissen können im Einzelfall Rückschlüsse über die **Art des Betriebes,** aber auch über die in Betracht kommenden Abfälle und deren Menge, über das Vorhandensein technischer oder natürlicher Barrieren und über weitere risikobestimmende Faktoren gezogen werden.

19 Der **Zeitpunkt der Stillegung** gibt insbesondere auch Hinweise darauf, ob und inwieweit damit zu rechnen ist, daß im Zuge der Stillegung eingetretene Bodenbelastungen beseitigt, oder – bei stillgelegten Abfallablagerungen – bautechnische Sicherungsmaßnahmen durchgeführt wurden.

20 Bei Altablagerungen, die vor dem Inkrafttreten des Abfallbeseitigungsgesetzes am 11. Juni 1972 bzw. entsprechender landesrechtlicher Regelungen stillgelegt worden sind, wird ohne gesicherte gegenteilige Erkenntnisse das

Bestehen einer Altlast in der Regel nicht ausgeschlossen werden können. Dies gilt nicht nur für Altablagerungen im Wortsinne, sondern auch für vor diesem Zeitpunkt stillgelegte Anlagen zur Lagerung oder Behandlung von Abfällen, soweit diese nach Art, technischen Merkmalen und bestimmungsgemäßen Abfallanlieferungen mit einem erhöhten Risiko für Bodenverunreinigungen behaftet waren. Gerade die bis zum Inkrafttreten des Abfallbeseitigungsgesetzes i. d. R. nicht sachgerechte Abfallagerung und -ablagerung, z. T. aber auch Abfallbehandlung, haben zu den spezialgesetzlichen Vorschriften über die Abfallbeseitigung und zu der damit einsetzenden Neuordnung auf diesem Gebiet geführt.

Darüber hinaus ist aber auch für den Zeitraum bis zum Erlaß der Zweiten Allgemeinen Verwaltungsvorschrift zum Abfallgesetz (TA Abfall) vom 12. März 1991 und der Dritten Allgemeinen Verwaltungsvorschrift zum Abfallgesetz (TA Siedlungsabfall) vom 14. Mai 1993 eine höhere Wahrscheinlichkeit dafür gegeben, daß vor allem einzelne Altdeponien i. S. d. genannten Vorschriften mit Mängel behaftet waren, denen im Zusammenhang mit der Stillegung nicht ausreichend oder langfristig abgeholfen wurde. Bei der zeitlichen Nähe dieser Vorgänge und auf Grund ggf. vorliegender Überwachungsergebnisse wird i. d. R. aber unschwer geklärt werden können, ob Anhaltspunkte für eine nicht ordnungsgemäße Abfallbehandlung, -lagerung oder -ablagerung vorliegen und ob über die nach Abfallrecht angeordneten Maßnahmen hinaus Untersuchungen durch die zuständige Bodenschutzbehörde erforderlich sind. Der Anhang zu dieser Schrift führt in Teil 2 auch Schriften mit näheren Hinweisen zum Gefährdungspotential von Altablagerungen auf. 21

(Fehlau)

2.2 Anhaltspunkte für das Vorliegen einer schädlichen Bodenveränderung

Anhaltspunkte für das Vorliegen einer schädlichen Bodenveränderung sind zunächst folgende Merkmale aus Abs. 1 Satz 1: 22

- *„... wenn auf Grundstücken über einen längeren Zeitraum oder in erheblicher Menge mit Schadstoffen umgegangen wurde ..."* und
- *„... die ... Bewirtschaftungsweise ... nicht unerhebliche Einträge solcher Stoffe in den Boden vermuten"* läßt.

BBodSchV § 3

23 Zu *„nicht unerheblichen Einträgen"* auf Grund der „Bewirtschaftungsweise" zählt z. B. die frühere langjährige Anwendung schwermetallhaltiger Pflanzenschutzmittel im Wein- oder Hopfenanbau, die zum Teil zu erheblichen Anreicherungen von Kupfer oder Arsen in den Böden dieser Sonderkulturen geführt hat.

24 In Abs. 2 werden ergänzend *„allgemeine und konkrete Hinweise"* auf schädliche Bodenveränderungen genannt. Auf Grund der Verwendung des Zusatzes *„insbesondere"* ist auch diese Aufzählung nicht abschließend. Der am Ende des Absatzes aufgeführte Hinweis auf die *„Einbeziehung von Erkenntnissen auf Grund allgemeiner Untersuchungen oder Erfahrungswerte aus Vergleichssituationen"* ist insbesondere bei schädlichen Bodenveränderungen von Bedeutung, da zu deren Belastungsursachen und zu Transferfragen bereits umfangreiche Informationen vorliegen.

2.2.1 Belastungsursachen für schädliche Bodenveränderungen

25 Abs. 2 Nr. 1 nennt verschiedene vorrangig relevante Belastungsursachen und Eintragspfade, wobei die Voraussetzungen *„längerer Zeitraum und erhebliche Mengen"* miteinander verknüpft sind und beide zutreffen müssen:

- Beim Eintrag über die Luft geht es insbesondere um von Staubniederschlägen mitgeführte Schadstoffe im Nahbereich von Emittenten, wie sie z. B. von verschiedenen Blei- oder Zinkhütten bekannt sind. Weiterhin sind im unmittelbaren Nahbereich langjährig hochfrequentierter Straßenverkehrswege entsprechende Anreicherungen zu erwarten.
- Über Gewässer können Schadstoffe mit der Schwebstofffracht bei Hochwasserereignissen in die Böden der Überschwemmungsgebiete eingetragen worden sein. So sind z. B. in den Sedimentationsbereichen von Flüssen, die Industrie- oder Erzabbaugebiete entwässern, zum Teil erhebliche Anreicherungen von Schwermetallen oder persistenten organischen Schadstoffen festgestellt worden.
- Das *„Aufbringen erheblicher Frachten an Abfällen"* betrifft Hinweise auf die unsachgemäße Aufbringung von Abfällen auf Böden, für die (noch) keine speziellen abfallrechtlichen Regelungen bestehen oder eine Aufbringung entgegen bestehenden Vorschriften (insbesondere AbfKlärV und BioAbfV). Bekannt sind etwa Bodenbelastungen auf Grund überhöhter Klärschlammaufbringungsmengen oder überhöhter Schwermetallgehalte im Klärschlamm, die schon vor Inkrafttreten der AbfKlärV entstanden sind. Ein Beispiel für Schadstoffanreicherungen durch Aufbringung mineralischer Abfälle ist der auf Spiel- und Sport-

plätzen verwendete dioxinhaltige Laugungsrückstand aus einer bestimmten Kupferproduktion, das sogenannte „Kieselrot".

- Schadstoffanreicherungen durch *„Aufbringung erheblicher Frachten an Abwässern"* sind von verschiedenen Rieselfeldern bekannt, die zwar heute meist nicht mehr betrieben werden, aber in der Vergangenheit zum Teil zu erheblichen Belastungen der Böden geführt haben.

Die in Nr. 2 angesprochenen *„naturbedingt erhöhten Gehalte an Schadstoffen in Böden"* durch hohe Schwermetallkonzentrationen der Ausgangsgesteine oder oberflächennahe Vererzungen sind allein kein Anhaltspunkt für eine schädliche Bodenveränderung. Schon der vom Gesetz vorgegebene Begriff der schädlichen Bodenveränderung setzt einen menschlichen Einfluß voraus (siehe z. B. HILGER, in: HOLZWARTH et al. 2000, Rdnr. 11 zu § 4). Dieser kann z. B. durch Einträge von Säurebildnern und dadurch verursachte erhöhte Mobilität oder durch verschiedene Bewirtschaftungsmaßnahmen erfolgt sein. Die Voraussetzung „menschlicher Einfluß" bedeutet, daß in den hier angesprochenen Fällen die Ermittlung der Schadstoff**mobilität** bereits als erster Untersuchungsschritt angezeigt ist. 26

2.2.2 Erhöhter Schadstofftransfer aus schädlichen Bodenveränderungen

Die Nrn. 3 und 4 nennen beispielhaft Merkmale, die Hinweise auf einen erhöhten Schadstofftransfer aus einer schädlichen Bodenveränderung geben. Dazu gehören Untersuchungsergebnisse von Nahrungs- und Futterpflanzen, die bei Überschreiten der entsprechenden Beurteilungskriterien aus dem Lebensmittel- und Futtermittelrecht den Verdacht auf eine schädliche Bodenveränderung nahelegen. Entscheidend ist, daß sich diese Daten dem jeweiligen Standort zuordnen lassen. Hinweise auf das *„Austreten von Wasser mit erheblichen Frachten an Schadstoffen aus Böden"* legen nahe, daß die Bodenfunktion als Filter und Speicher beeinträchtigt ist. Konkrete Hinweise der letztgenannten Art werden hier auch für Altablagerungen als Anhaltspunkte i. S. d. § 9 Abs. 1 Satz 1 BBodSchG genannt. Insoweit liegt eine Ergänzung der Regelungen in Abs. 1 vor *(→ Rdnr. 17 ff.)*. 27

Um in der Verordnung auch Anhaltspunkte für physikalische schädliche Bodenveränderungen zu nennen, sind mit der Zustimmungsmaßgabe des Bundesrates als Nr. 5 zusätzlich *„erhebliche Bodenabträge und -ablagerungen durch Wasser und Wind"* eingefügt worden. Bei den damit verbundenen Erosionsprozessen kann neben der Verlagerung von Bodenmaterial auch ein Transport darin mitgeführter schädlicher Stoffe zu benachbarten 28

Schutzgütern erfolgen. Eine Konkretisierung von Anhaltspunkten auf Bodenerosion durch Wasser findet sich in § 8 *(→ Rdnr. 7 f. zu § 8)*.

(König)

2.3 Orientierende Untersuchung

29 Liegen der zuständigen Behörde Anhaltspunkte dafür vor, daß eine schädliche Bodenveränderung oder Altlast vorliegt, so soll sie nach § 9 Abs. 1 Satz 1 BBodSchG die zur Ermittlung des Sachverhalts geeigneten Maßnahmen ergreifen. § 3 Abs. 1 und 2 BBodSchV konkretisieren, wann solche Anhaltspunkte gegeben sind.

30 § 3 Abs. 3 BBodSchV bestimmt, daß die Verdachtsfläche oder altlastverdächtige Fläche *„nach der Erfassung zunächst einer orientierenden Untersuchung unterzogen"* werden soll, wenn Anhaltspunkte nach § 3 Abs. 1 oder 2 vorliegen. Die Vorschrift trifft demnach nähere Regelungen zur Amtsermittlungspflicht nach § 9 Abs. 1 Satz 1 BBodSchG.

31 Im wesentlichen ergibt sich aus § 3 Abs. 3 folgendes.

- Die Wendung *„nach der Erfassung"* und deren Stellung in der Vorschrift deuten darauf hin, daß der Verordnungsgeber auch Erfassungsmaßnahmen als geeignete Maßnahmen im Rahmen der behördlichen Sachverhaltsermittlung ansieht *(→ Rdnr. 88 ff.)*. In der Regel wird es dabei insbesondere um eine historische Recherche (historische Erkundung, standortbezogene Erhebung) als notwendige Grundlage für eine sachgemäße und effiziente Festlegung von Art und Umfang notwendiger örtlicher Untersuchungen gehen.
- Das Wort *„zunächst"* stellt auf die in der BBodSchV angelegte Stufung in orientierende Untersuchung und Detailuntersuchung ab, die auf einen im Einzelfall angemessenen Untersuchungsaufwand abzielt *(→ Rdnr. zu § 2)*.
- Mit der Sollvorschrift bestimmt die BBodSchV, daß – außer in atypischen Fällen – bei Vorliegen von Anhaltspunkten nach § 3 Abs. 1 oder 2 zur Ermittlung des Sachverhalts (auch) orientierende Untersuchungen durchzuführen sind. Nach vorliegenden Erfahrungen kann der Verdacht einer schädlichen Bodenveränderung oder Altlast in der Regel nicht allein im Wege einer vertieften historischen Recherche erhärtet oder ausgeräumt werden. Bei welchem Stand der Ermittlungen eine orientierende Untersuchung angezeigt ist, bleibt der Entscheidung der zuständigen Behörde im Einzelfall überlassen.

Mit der übergreifenden Sollvorschrift in § 9 Abs. 1 Satz 1 BBodSchG, die 32
auf Einwände des Bundesrates zurückgeht, soll es den Behörden ermöglicht werden *„eine sachgerechte Priorisierung bei der Abarbeitung der schädlichen Bodenveränderungen und Altlasten"* vorzunehmen (BT-Drucks. 13/8182, S. 5). Entsprechend ist das *„soll"* in § 3 Abs. 3 BBodSchV zu lesen.

Der Regierungsentwurf zu Abs. 3 enthielt zusätzlich Regelungen über den 33
Zweck der orientierenden Untersuchung und über die Voraussetzungen für den Verzicht auf eine Detailuntersuchung. Auf Grund der Zustimmungsmaßgabe des Bundesrates sind beide Regelungen an dieser Stelle gestrichen worden. Die erstgenannte Regelung konnte entfallen, weil der Zweck der orientierenden Untersuchung bereits durch die Begriffsbestimmung in § 2 Nr. 3 festgelegt ist. Eine – geänderte – Regelung über den Verzicht auf eine Detailuntersuchung ist in der jetzigen Fassung des Abs. 5 enthalten *(→ Rdnr. 52).*

Nähere Ausführungen über die orientierende Untersuchung finden sich in 34
den Erläuterungen zu der Begriffsbestimmung in § 2 Nr. 3 *(→ Rdnr. 15 ff zu § 2)* und in den Anwendungshinweisen zu Anhang 1 *(→ Rdnr. 18 ff. zu Anhang 1).*

(Fehlau)

2.4 Hinreichender Verdacht für eine schädliche Bodenveränderung oder Altlast

§ 3 Abs. 4 nennt Umstände, die einen hinreichenden Verdacht für das Vor- 35
liegen einer schädlichen Bodenveränderung oder Altlast begründen und hierdurch die Voraussetzungen erfüllen, die erforderlich sind, um die als Sanierungspflichtige in Betracht kommenden Personen nach § 9 Abs. 2 Satz 1 BBodSchG zur Untersuchung von Verdachtsflächen und altlastverdächtigen Flächen heranzuziehen (vgl. im einzelnen HILGER, in: HOLZWARTH et al. 2000, Rdnr. 7 ff. zu § 9 BBodSchG).

Konkretisiert werden durch § 3 Abs. 4 zugleich die Voraussetzungen, unter 36
denen die zuständige Behörde verlangen kann, daß angeordnete Untersuchungen von Sachverständigen oder Untersuchungsstellen nach § 18 BBodSchG durchgeführt werden (§ 9 Abs. 2 Satz 2).

Nach § 3 Abs. 4 Satz 1 liegen konkrete Anhaltspunkte für einen Verdacht 37
i. S. d. § 9 Abs. 2 Satz 1 BBodSchG in der Regel vor, wenn die Untersu-

chungsergebnisse von Boden- oder Materialproben die Prüfwerte des Anhangs 2 überschreiten oder auf Grund einer Sickerwasserprognose nach § 4 Abs. 3 eine Überschreitung der Werte für den Pfad Boden – Grundwasser zu erwarten ist. Grundlage der indizierenden Wirkung, die der Überschreitung von Prüfwerten für das Vorliegen einer schädlichen Bodenveränderung oder Altlast zukommt, ist § 8 Abs. 1 Satz 2 Nr. 1 BBodSchG. Diese Vorschrift gibt eine solche Funktion von Prüfwerten ausdrücklich vor. Nach § 8 Abs. 1 Satz 2 Nr. 1 BBodSchG waren die Prüfwerte des Anhangs 2 BBodSchV von vornherein so zu konzipieren, daß bei ihrem Überschreiten eine einzelfallbezogene Prüfung der Fläche hinsichtlich des Vorliegens von schädlichen Bodenveränderungen oder Altlasten gerechtfertigt ist.

38   Die Wertung des Abs. 4 Satz 1 gilt *„in der Regel"*. In atypischen Fällen kann es also an einem hinreichenden Verdacht i. S. v. § 9 Abs. 2 Satz 1 BBodSchG fehlen. Solche atypischen Fälle kommen in Betracht, wenn auf Grund besonderer Umstände bei der Überschreitung von Prüfwerten bereits vor der Durchführung einer Einzelfallprüfung feststeht, daß von den im Boden oder in Altlasten vorhandenen Schadstoffen keine Gefahren ausgehen. Dies ist denkbar, wenn Schadstoffe auf Grund besonderer chemisch-physikalischer Bedingungen nicht mobil sind oder die tatsächliche Exposition des Menschen gegenüber den Schadstoffen wesentlich von den Annahmen abweicht, die der Berechnung der Prüfwerte zugrunde liegen *(→ Rdnr. 8 zu Anhang 2).*

39   Nach § 3 Abs. 4 Satz 2 *„soll"* bei einem hinreichenden Verdacht einer schädlichen Bodenveränderung oder Altlast eine Detailuntersuchung durchgeführt werden.; soweit atypische Fälle im vorstehend genannten Sinne vorliegen, kann auf eine Detailuntersuchung verzichtet werden. Die bei Detailuntersuchungen inhaltlich zu erfüllenden Anforderungen ergeben sich aus der Begriffsbestimmung in § 2 Nr. 4 *(siehe dort Rdnr. 25 ff)*, aus Abs. 5 *(→ Rdnr. 49 ff.)*, Anhang 1 Nr. 1.2 *(siehe dort Rdnr. 23 f.)* sowie aus § 9 BBodSchG.

40   Die geltende Fassung des Abs. 4 geht auf die Zustimmungsmaßgabe des Bundesrates zurück. Der Regierungsentwurf sah in § 3 Abs. 7 folgende Regelung vor (BR-Drucks. 780/98, S. 10):

„Konkrete Anhaltspunkte, die den hinreichenden Verdacht einer schädlichen Bodenveränderung oder Altlast begründen (§ 9 Abs. 2 Satz 1 Bundes-Bodenschutzgesetz), liegen in der Regel vor, wenn die Schadstoffgehalte des Bodens oder einer Altlast die Prüfwerte für die ausgeübte Nutzung nach Anhang 2 Nr. 1.4 oder 2.1 überschreiten. Zu

Untersuchungen des Bodens, die der Abschätzung von Gefahren für Gewässer dienen, können die in § 9 Abs. 2 Satz 1 des Bundes-Bodenschutzgesetzes genannten Personen herangezogen werden, wenn auf Dauer nicht nur geringe Schadstofffrachten und nicht nur kleinräumig erhöhte Schadstoffkonzentrationen in Gewässern zu erwarten sind."

Abs. 4 in der geltenden Fassung unterscheidet sich von dem Regierungsentwurf vor allem in folgenden Einzelheiten: 41

- Es ist generell *„von Prüfwerten"* die Rede und nicht lediglich von den Prüfwerten nach Anhang 2 Nr. 1.4 (Wirkungspfad Boden – Mensch) oder Nr. 2.1 (Wirkungspfad Boden – Pflanze).
- Satz 2 des Regierungsentwurfs, der die Anordnung von Bodenuntersuchungen zur Gefahrenabschätzung für Gewässer von allgemein umschriebenen Voraussetzungen abhängig machte, ist entfallen.
- Konkrete Anhaltspunkte i. S d. § 9 Abs. 2 Satz 1 BBodSchG werden nicht nur bei einer durch Untersuchungen festgestellte Prüfwertüberschreitung gesehen, sondern auch dann, wenn *„auf Grund einer Bewertung nach § 4 Abs. 3 eine Überschreitung von Prüfwerten zu erwarten ist."*
- Ausdrücklich ist in Satz 2 geregelt, daß ein hinreichender Verdacht nicht nur wegen einer Prüfwertüberschreitung, sonder auch *„auf Grund sonstiger Feststellungen"* bestehen kann.
- Explizit wird auch festgelegt, daß eine **Detailuntersuchung** durchgeführt werden soll, wenn ein hinreichender Verdacht einer schädlichen Bodenveränderung oder Altlast besteht.

Die allgemeine Formulierung *„eine Überschreitung von Prüfwerten"* schließt alle in Anhang 2 festgesetzten Prüfwerte ein, auch die im Regierungsentwurf nicht ausdrücklich genannten Prüfwerte nach Anhang 2 Nr. 3 (Wirkungspfad Boden – Grundwasser). Werden für die Bewertung orientierender Untersuchungen – mangels festgesetzter Prüfwerte – hilfsweise entsprechende Bodenwerte nach Maßgabe des § 4 Abs. 5 BBodSchV abgeleitet, können auch diese i. d. R. als konkrete Anhaltspunkte i. S. v. Satz 1 gewertet werden. Überschreitungen solcher Bodenwerte stellen jedenfalls begründete und nachvollziehbare „sonstige Feststellungen" nach den Methoden und Maßstäben der BBodSchV dar. 42

Soweit in Anhang 2 Nrn. 1 und 2 Maßnahmenwerte festgesetzt sind, liegen bei deren Überschreitungen nicht nur konkrete Anhaltspunkte i. S. v. Satz 1 vor. Vielmehr entsteht darüber hinaus eine Pflicht für die zuständige 43

BBodSchV § 3

Behörde, unmittelbar zu prüfen, inwieweit Maßnahmen i. S. v. § 2 Abs. 7 oder 8 BBodSchG erforderlich sind.

44 Die Anwendung der Prüfwerte für den Wirkungspfad Boden – Grundwasser wirft schwierige fachliche Fragen auf. Die Werte sind auf die Schadstoffkonzentration im Sickerwasser bezogen und gelten *„für den Übergangsbereich von der ungesättigten zur wassergesättigten Bodenzone (Ort der Beurteilung)"* (Anhang 2 Nr. 3.2). Dort können die Sickerwasserkonzentrationen i. d. R. aber nicht gemessen werden, so daß sich Prüfwertüberschreitungen regelmäßig nicht durch einen unmittelbaren Vergleich mit Meßwerten belegen lassen.

45 Für die notwendige **Abschätzung** der Sickerwasserkonzentrationen am „Ort der Beurteilung" enthält die BBodSchV aber lediglich allgemeine methodische Angaben. Insofern werden an die Begründung von Untersuchungsanordnungen, die sich auf eine prognostizierte Überschreitung der Prüfwerte nach Anhang 2 Nr. 3.1 stützen, besonders hohe Anforderungen zu stellen sein. Die Wendung *„wenn auf Grund einer Bewertung nach § 4 Abs. 3 eine Überschreitung von Prüfwerten zu erwarten ist"* erlangt insbesondere in diesem Zusammenhang Bedeutung.

46 Die Regelung in Satz 2 des Regierungsentwurfs hätte hier nicht weitergeholfen. Nach der amtlichen Begründung schloß auch diese – wenngleich unausgesprochen – eine Anwendung der Sickerwasser-Prüfwerte durchaus ein (vgl. BR-Drucks. 780/98, S. 19).

47 Satz 2 stellt klar, daß ein hinreichenden Verdacht nicht nur durch eine festgestellte oder zu erwartende Prüfwertüberschreitung, sondern auch *„auf Grund sonstiger Feststellungen"* bestehen kann. Sonstige Feststellungen in diesem Sinne können z. B. erhöhte Gehalte flüchtiger Schadstoffe in der Bodenluft sein.

48 Kerngehalt von Satz 2 ist, daß bei Vorliegen der Voraussetzungen nach § 9 Abs. 2 Satz 1 BBodSchG eine **Detailuntersuchung** durchgeführt werden soll, unbeschadet dessen, ob die vertiefte weitere Untersuchung im Wege einer Untersuchungsanordnung durchgesetzt oder von der zuständigen Behörde selbst durchgeführt werden.

(Fehlau/Hilger)

2.5 Detailuntersuchung

§ 3 Abs. 5 enthält, wie die einleitende Wendung verdeutlicht, lediglich **er-** 49
gänzende Regelungen für die Detailuntersuchung. Die Voraussetzungen, unter denen eine Detailuntersuchung angeordnet oder durchgeführt werden soll, ergeben sich aus § 9 Abs. 1 Satz 2 und Abs. 2 Satz 1 BBodSchG in Verbindung mit der Begriffsbestimmung in § 2 BBodSchV und Abs. 4 *(→ Rdnr. 39 ff.)*. Die allgemeinen inhaltlichen Anforderungen an eine Detailuntersuchung sind durch § 9 Abs. 1 Satz 2 und 3 und die Zweckbestimmung in § 2 Nr. 4 BBodSchV festgelegt.

Eine **Konkretisierung** dieser Anforderungen nimmt die BBodSchV – al- 50
lerdings nicht umfassend – in **Anhang 1** vor. Auf die Erläuterungen zu Anhang 1 wird verwiesen.

Die Regelung in Satz 1 über die **Untersuchung** und **Abgrenzung** räumlich 51
begrenzter **Anreicherungen von Schadstoffen** berücksichtigt den Umstand, daß Schadstoffe innerhalb einer altlastverdächtigen Fläche (und in ihrem Untergrund) in den meisten Fällen sehr ungleichmäßig verteilt sind. Ähnliche Gegebenheiten können auch auf Verdachtsflächen vorkommen. Im Rahmen einer Detailuntersuchung ist deshalb die räumliche Differenzierung der Schadstoffgehalte zu untersuchen und im Falle von Teilbereichen mit erhöhten oder sehr hohen Schadstoffgehalten (sog. hot spots) festzustellen, ob sich daraus Gefahren ergeben und inwieweit eine differenzierte Bewertung der untersuchten Fläche geboten ist. Sind in Teilbereichen gefahrenträchtige Belastungsschwerpunkte vorhanden, ist zu prüfen, ob und nach welchen Kriterien diese durch geeignete Untersuchungen gegenüber nicht belasteten Flächen oder geringer belasteten Flächen abzugrenzen sind. Kriterien für eine solche Abgrenzung können insbesondere Konzentrationswerte sein, deren Überschreitung Maßnahmen i. S. v. § 2 Abs. 7 oder 8 BBodSchG erfordert, oder Schadstoffarten bzw. -gehalte, die eine Differenzierung nach unterschiedlichen Maßnahmen oder Sanierungsverfahren nahelegen. Die Begründung zum Regierungsentwurf spricht in diesem Zusammenhang ausdrücklich davon, daß die Ermittlungen mit Blick auf die **Verhältnismäßigkeit** des Aufwandes vorzunehmen sind (BR-Drucks. 780/98, S. 19).

Eine Vorschrift, die wie Satz 2 die **Voraussetzungen für den Verzicht auf** 52
ein Detailuntersuchung nannte (diese Ausnahmeregelung aber auch auf § 6 der Verordnung erstreckte), war in § 7 des Regierungsentwurfs vorgesehen. Die Begründung des Regierungsentwurfs dazu lautete wie folgt (BR-Drucks. 780/98, S. 32):

> „§ 7 nimmt schädliche Bodenveränderungen und Altlasten unter bestimmten Bedingungen von den Regelungen ... zur Durchführung von Detailuntersuchungen und ... zur Sanierungsuntersuchung und den Sanierungsplan aus. Die Ausnahmeregelung dient zur Verfahrensvereinfachung und zur beschleunigten Bearbeitung in solchen Fallgestaltungen, für die zur abschließenden Feststellung und Bewertung der Gefahrenlage keine Detailuntersuchungen mehr erforderlich sind, um über Maßnahmen zur Gefahrenabwehr zu entscheiden. Des weiteren sind einfach gelagerte Fallgestaltungen denkbar, für die die geeigneten Maßnahmen zur Erfüllung der sich aus § 4 BBodSchG ergebenden Pflichten bereits feststehen bzw. für die sich keine Verfahrensalternativen aus dem Sachzusammenhang ergeben..."

> „Die Inanspruchnahme der Ausnahmeregelung ist nicht in das Belieben des Pflichtigen gestellt, sondern es ist erforderlich, daß die zuständige Behörde die Feststellung trifft, daß im vorliegenden Einzelfall Gefahren, erhebliche Nachteile oder erhebliche Belästigungen mit einfachen Mitteln abgewehrt oder sonst beseitigt werden können. Art und Umfang der 'einfachen Mittel' richtet sich nach der Kontamination und nach der Art der Gefahrenabwehrmaßnahme. Einfache Mittel können beispielsweise vorliegen, wenn im Rahmen einer ohnehin stattfindenden Baumaßnahme auch das kontaminierte Erdreich mitausgehoben werden kann und einer Entsorgung zugeführt wird."

(Fehlau)

2.6 Untersuchung der Innenraumluft auf Grund von Bodenluftuntersuchungen

53 § 3 Abs. 6 stellt klar, daß die Untersuchungen zur Gefährdungsabschätzung unter bestimmten Voraussetzungen auch auf die **Innenraumluft** von Gebäuden zu erstrecken sind. Dem liegt die Erfahrung zugrunde, daß flüchtige Schadstoffe über bestimmte Wege in Gebäude eindringen und sich in bodennahen Räumen, insbesondere in Kellerräumen, Hohlräumen u. ä., erheblich anreichern können. Dabei können Schadstoffkonzentrationen erreicht werden, die zumindest bei andauernder Exposition gesundheitlich nicht unbedenklich sind. Deponiegas (→ *Rdnr. 60 ff.*), das sich in geschlossenen Räumen ansammelt, kann Menschen und Sachgüter erheblich gefährden. In der Vergangenheit haben mehrere Unfälle durch Deponiegas zu Todesfällen geführt.

54 Abs. 6 begründet keine Pflicht zur Untersuchung der Bodenluft. Die Vorschrift setzt vielmehr voraus, daß die Maßnahmen zur Gefährdungsabschätzung nach § 9 BBodSchG auch Bodenluftuntersuchungen einschließen, wenn diese zur Ermittlung des Sachverhalts im Einzelfall notwendig und geeignet sind. Bodenluftuntersuchungen werden nicht nur durchgeführt, um zu ermitteln, ob von einer Verdachtsflächen oder altlastverdächtigen Fläche unmittelbare Einwirkungen durch flüchtige Schadstoffe hervorgerufen werden können. Sie kommen auch in Betracht, um z. B. das Vorkommen leichtflüchtiger organischer Verbindungen im Boden festzustellen, die Art dieser Stoffe zu bestimmen, die belasteten Bereiche einzugrenzen und die Größenordnung der Belastung abzuschätzen.

Eine Untersuchung der Innenraumluft soll erfolgen, soweit auf Grund der örtlichen Gegebenheiten **oder** nach den Ergebnissen von Bodenluftuntersuchungen Anhaltspunkte für die Ausbreitung von flüchtigen Schadstoffen in Gebäude bestehen. Damit stellt die Vorschrift darauf ab, daß sich entsprechende Anhaltspunkte schon dann ergeben können, wenn Ergebnisse von Bodenluftuntersuchungen (auch im Hinblick auf Deponiegas, → *Rdnr. 60*) noch nicht vorliegen. **Örtliche Gegebenheiten**, auf Grund derer sich ohne Bodenluftuntersuchungen Anhaltspunkte für die Ausbreitung von flüchtigen Schadstoffen aus einer altlastverdächtigen Fläche in Gebäude ergeben, können beispielsweise vorliegen, wenn im Einzelfall die Ablagerung von Abfällen mit erheblichen Anteilen leicht abbaubarer organischer Stoffe, unzureichende Einrichtungen zur Deponiegasfassung und -behandlung, Wegsamkeiten im Untergrund und die Nähe von Gebäuden zusammentreffen. 55

Inwieweit im Boden vorhandene flüchtige Schadstoffe Gefahren, erhebliche Nachteile oder erhebliche (Geruchs-)Belästigungen in Innenräumen hervorrufen können, hängt in jedem Fall von den **örtlichen Gegebenheiten** ab. Gegebenheiten, die eine Ausbreitung von flüchtigen Schadstoffen und deren Eindringen in Gebäude begünstigen, sind insbesondere gut gasdurchlässige Boden- und Gesteinsschichten oder Verfüllungen, künstlich geschaffene Wegsamkeiten, wie Kanäle, Drainagen und in durchlässigem Material verlegte Leitungen, sowie Öffnungen, Risse u. ä. in den betreffenden Gebäuden. 56

Bei **flüchtigen Schadstoffen**, die im Boden und Untergrund von altlastverdächtigen Altstandorten oder vergleichbaren Fallgestaltungen von Verdachtsflächen vorkommen, handelt es sich regelmäßig um leichtflüchtige organische Schadstoffe. Detaillierte Angaben über die bei Bodenluftuntersuchungen festgestellten Stoffen und Stoffgruppen, über die umweltrelevanten Eigenschaften dieser Stoffe, chemisch-physikalische Stoffdaten und das Ausbreitungsverhalten sowie sonstige fachliche Grundlagen zur Beur- 57 teilung von flüchtigen organischen Substanzen in der Bodenluft von Altstandorten können einer Schrift der Hessischen Landesanstalt für Umwelt (HLfU 1999) entnommen werden.

58 Die v. g. Schrift zeigt mittels beispielhafter **Modellrechnungen** auch die unter bestimmten Randbedingungen zu erwartenden Einzelstoffkonzentrationen in geschlossenen Räumen auf. Diese Modellrechnungen geben Anhaltspunkte für die Klärung der Frage, mit welchen immissionsbezogenen Konzentrationen in einem Einzelfall zu rechnen ist. Zur Einstufung der Ergebnisse von Bodenluft- und Raumluftuntersuchungen enthält die Schrift Informationen zu **Referenz- und Hintergrundwerten** von leichtflüchtigen organischen Schadstoffen und gibt Hinweise, inwieweit Regelwerke aus den Bereichen des Immissions- und Arbeitsschutzes bei der Gefahrenbeurteilung angewendet werden können.

59 Anhang 1 der BBodSchV unterscheidet in den Untersuchungsvorschriften für altlastverdächtige Altablagerungen zwischen **flüchtigen Schadstoffen** und **Deponiegas** (u. a. in Nr. 1.1 Abs. 2). Da in § 3 Abs. 6 ausdrücklich nur flüchtige Schadstoffe erwähnt werden, kann die Frage entstehen, ob diese Vorschrift auch auf Deponiegas anzuwenden ist.

60 **Deponiegas** bildet sich durch mikrobielle Abbauprozesse in Abfallablagerungen, in denen Abfälle mit einem höheren Anteil leicht abbaubarer organischer Stoffe, insbesondere unbehandelter Hausmüll oder vergleichbare Abfälle, verdichtet abgelagert worden sind. Hauptbestandteile typischer Deponiegase sind Methan und Kohlendioxid in einem wechselnden, von der jeweiligen Abbauphase abhängenden Verhältnis. Neben weiteren Stoffen (z. B. Schwefelwasserstoff, Ammoniak) enthält Deponiegas eine Vielzahl von Spurenstoffen, die vor allem auf schadstoffhaltige Abfälle aus Haushaltungen und die Mitablagerung von Industrie- und Gewerbeabfällen zurückgehen. Der Anteil der Spurengase liegt i. d. R. unter 1 %.

61 Deponiegas kann zu Geruchsbeeinträchtigungen, Brand- und Explosionsgefahr, Gesundheitsgefährdungen und Beeinträchtigungen des Pflanzenwachstums führen: Methan ist ein Stickgas, Gemische von Methan und Luft sind in einem bestimmten Verhältnis explosibel; Kohlendioxid ist ein physiologisch wirkendes Gas. Beide Hauptkomponenten von Deponiegas können die für Pflanzenwurzeln notwendige Bodenluft verdrängen (LAGA 1983). Von den Spurenstoffen haben die geruchsbildenden Stoffe, BTEX-Aromate (Benzol, Toluol, Ehtylbenzol, Xylol) sowie leichtflüchtige Halogenkohlenwasserstoffe und deren Abbauprodukte (u. a. Vinylchlorid) für

die Bewertung möglicher Geruchsbelästigungen oder Schadwirkungen besondere Bedeutung.

Aus dem **Gefährdungspotential von Deponiegas** und den Ermittlungs- und Sanierungspflichten des BBodSchG kann gefolgert werden, daß Abs. 6 entsprechend auf die Ergebnisse von Deponiegasuntersuchungen anzuwenden ist, auch wenn Deponiegas in der Vorschrift nicht ausdrücklich genannt ist. Die hier gegebenen Erläuterungen gelten deshalb sinngemäß auch für die Untersuchung von Innenräumen im Hinblick auf Deponiegas aus Altablagerungen. 62

Die in Abs. 6 normierte Pflicht zur Untersuchung der Innenraumluft berücksichtigt den Umstand, daß bei flüchtigen Schadstoffen und Deponiegas die im Bereich des betroffenen Schutzgutes gemessenen Immissionskonzentrationen für die abschließende Bewertung maßgeblich sind. Die o. a. Schrift der Hessischen Landesanstalt für Umwelt führt dazu folgendes aus (HLfU 1999): 63

> *„Allgemeingültige Maßnahmenwerte für die Bodenluft können nicht begründet abgeleitet und vorgeschlagen werden, da in der Praxis meistens nur unzureichende Daten zu den Standortfaktoren bekannt sind. Zusätzlich müssen bei der Messung von flüchtigen organischen Schadstoffen in der Bodenluft die Einflüsse bei der Probenahme und Analytik berücksichtigt werden. So können bereits geringfügige Abweichungen dieser Parameter zu beträchtlichen Meßwertabweichungen führen, was eine Übertragbarkeit und allgemeine Anwendung auf andere Einzelfälle nicht allgemein zuläßt. Weiterhin können auch die Ausbreitungsbedingungen nicht verallgemeinert werden. Die Gefahrenbeurteilung leichtflüchtiger organischer Schadstoffe muß deshalb einzelfallbezogen erfolgen."*

Die Untersuchungsregelung des Abs. 6 ist in ihrem **Verhältnis zu anderen Rechtsvorschriften** ebenso zu sehen, wie die Regelungen des BBodSchG und der BBodSchV im Hinblick auf Gewässerverunreinigungen. Die Pflicht, unter bestimmten Voraussetzungen zu ermitteln, ob altlastverdächtige Flächen oder Verdachtsflächen durch die Emission von flüchtigen Schadstoffen oder Deponiegas Gefahren in Innenräumen hervorrufen und insoweit ein Sanierungserfordernis besteht, folgt aus dem Bodenschutzrecht (vgl. HILGER, in: HOLZWARTH et al. 2000, § 4 Rdnr. 118 zu § 4). Die Bewertungsmaßstäbe und Sanierungsziele ergeben sich hingegen aus dem für den Arbeitsschutz (gewerbliche Räume) und Gesundheitsschutz in Innenräumen anzuwendenden Recht. Die Aufgaben und Befugnisse der dafür 64 zuständigen Behörden, so die ausdrückliche Klarstellung in Abs. 6, bleiben unberührt.

(Fehlau)

2.7 Wiederkehrende Untersuchungen

65 § 3 Abs. 3 stellt klar, daß die zuständige Behörde bei Vorliegen der Voraussetzungen nach § 9 Abs. 2 Satz 1 BBodSchG nicht nur eine Detailuntersuchung i. S. eines einmaligen Untersuchungsdurchgangs anordnen kann. Vielmehr können auch „wiederkehrende Untersuchungen" verlangt werden, d. h. bestimmte, in periodischen oder regelmäßigen Zeitabständen zu wiederholende Untersuchungen, die der Kontrolle der Schadstoffausbreitung oder der dafür maßgebenden Umstände dienen.

66 Wiederkehrende Untersuchungen können bei möglichen zeitlichen Veränderungen der Ausbreitung von Schadstoffen zum betreffenden Schutzgut erforderlich werden. Mit ihnen muß eine zuverlässige und reproduzierbare Aussage über die eingetretene oder drohende Einwirkung auf das Schutzgut sichergestellt werden. Einflußfaktoren *(„maßgebende Umstände")* für die zeitlichen Veränderungen sind z. B. Witterungseinflüsse (Niederschlag, Temperatur), Milieuveränderungen (Versauerungsprozesse, Veränderungen der Redox-Bedingungen), Änderungen der örtlichen Grundwasserverhältnisse oder jahreszeitlich bedingte Unterschiede der Schadstoffaufnahme von Pflanzen. Als Meßparameter für die Erfassung von Veränderungen der Konzentration oder Fracht von Schadstoffen kommen daher entweder die Transfermedien, wie z. B. Schadstoffgehalte in Sickerwasser oder Pflanzen, die bestimmenden Einflußfaktoren, wie z. B. Sickerwasserrate, pH-Wert oder Redox-Potential, oder das Schutzgut selbst in Betracht.

67 Die Notwendigkeit zu Wiederholungsuntersuchungen ergibt sich insbesondere bei den Wirkungspfaden Boden – Grundwasser und Boden – Pflanze. Die zeitlichen Intervalle können von kontinuierlichen Meßreihen (z. B. bei Grundwasseruntersuchungen) bis zu mehreren Jahren (z. B. bei Pflanzenuntersuchungen innerhalb einer landwirtschaftlichen Fruchtfolge) reichen.

(König)

2.8 Verbindung zu Anhang 1 der BBodSchV

68 Abs. 8 stellt bezüglich weiterer und ins einzelne gehender Untersuchungsregelungen die Verbindung zu Anhang 1 her. Dort sind insbesondere

- ergänzende Angaben zum Untersuchungsumfang
- Vorgaben zu Strategie und Technik der Probennahme
- parameter- und medienspezifische Auflistungen einzelner Untersuchungsverfahren sowie
- Grundsätze zur Qualitätssicherung bei den in der BBodSchV geregelten Untersuchungen

enthalten.

(König)

Exkurs: Das Verhältnis der Erfassung zu der Ermittlungspflicht nach § 9 Abs. 1 und den Untersuchungen i. S. d. § 8 Abs. 1 BBodSchG

Das BBodSchG enthält in § 2 Abs. 5 und 6 Begriffsbestimmungen für „Altlasten" und „altlastverdächtige Flächen" und überläßt es in § 11 den Ländern, die **Erfassung** dieser Flächen zu regeln. Das Gesetz unterscheidet außerdem in § 9 **zwei Intensitäten** des **Altlastverdachts** und knüpft daran jeweils unterschiedliche Rechtsfolgen und Verfahrensschritte:

- Der zuständigen Behörde liegen **Anhaltspunkte** dafür vor, daß eine schädliche Bodenveränderung oder Altlast vorliegt.
  Rechtsfolge: Sie soll zur Ermittlung des Sachverhalts die geeigneten Maßnahmen ergreifen (Amtsermittlungspflicht nach § 9 Abs. 1 Satz 1).
- Es besteht auf Grund **konkreter Anhaltspunkte** der **hinreichende Verdacht** einer schädlichen Bodenveränderung oder Altlast.
  Rechtsfolge: Die zuständige Behörde kann anordnen, daß ein Pflichtiger die notwendigen weiteren Untersuchungen zur Gefährdungsabschätzung durchzuführen hat (Anordnungsbefugnis nach § 9 Abs. 2 Satz 1).

§ 3 Abs. 1 BBodSchV konkretisiert die Voraussetzungen des § 9 Abs. 1 Satz 1 BBodSchG. Die dort genannten *„Anhaltspunkte für das Vorliegen einer Altlast"* entsprechen den Verdachtsmomenten, die in den Ländern bisher Anlaß waren, eine Altablagerung oder einen Altstandort im Ablauf der Erfassung als „altlastverdächtig" einzustufen. Dies wirft die Frage auf, wie die Erfassung von Altlasten und altlastverdächtigen Flächen und die in § 9 BBodSchG normierten Verfahrensschritte, insbesondere die **Amts-**

ermittlung nach § 9 Abs. 1 Satz 1, einander zuzuordnen sind. Dieser Frage soll im folgenden nachgegangen werden.

71 **Altlastverdächtige Flächen** sind nach § 2 Abs. 6 BBodSchG Altablagerungen und Altstandorte, bei denen der Verdacht schädlicher Bodenveränderungen oder sonstiger Gefahren für den einzelnen oder die Allgemeinheit besteht. Nach der amtlichen Begründung setzt der Verdacht schädlicher Bodenveränderungen tatsächliche Anhaltspunkte voraus, die das Vorliegen der in § 2 Abs. 3 BBodSchG genannten Voraussetzungen nahelegen. *„Solche Anhaltspunkte können sich insbesondere aus einer früheren Grundstücksnutzung oder auf Grund von Unglücksfällen ergeben, bei denen umweltgefährdende Stoffe freigesetzt worden sind"* (BR-Drucks. 702/96, S. 89).

72 § 11 BBodSchG enthält die Befugnis der Länder, die **Erfassung** der Altlasten und altlastverdächtigen Flächen zu regeln. *„Eine bundesrechtliche Pflicht besteht dazu nicht..."* (BECKER 1999, Rdnr. 1 zu § 11). Im BBodSchG und in der BBodSchV findet sich keine nähere Bestimmung des Begriffs „Erfassung". Aus einzelnen Vorschriften geht jedoch hervor, daß die Regelungsgeber die **Untersuchungen** i. S. d. § 2 Nrn. 3 und 4 BBodSchV von der Erfassungstätigkeit abgrenzen (§ 8 Abs. 1 Satz 1 BBodSchG) und in der Erfassung einen Teil des Verfahrens sehen, der diesen Untersuchungen grundsätzlich vorgelagert ist (Anhang 1 Nr. 1 Satz 1 und 2 BBodSchV).

73 Nach BICKEL (1999, Rdnr. 1 zu § 11) wäre es falsch, aus der Vorschrift des § 11 im Umkehrschluß zu folgern, die Länder könnten die Erfassung anderer für den Vollzug des BBodSchG relevanter Informationen nicht regeln. In diesem Sinne können z. B. auch behördliche Erhebungen über **Altablagerungen und Altstandorte** für den Zweck, die altlastverdächtigen Flächen unter diesen Grundstücken zu identifizieren, weiterhin durch Landesrecht geregelt werden. Einzelne Länder haben diese notwendige **Vorarbeit** für die schließliche Erfassung der altlastverdächtigen Flächen und Altlasten bereits vor Inkrafttreten des BBodSchG in ihren altlastenrechtlichen Vorschriften berücksichtigt (so z. B. in § 29 Abs. 1 Satz 2 LAbfG NW). SCHOENECK (in: SANDEN, SCHOENECK 1998, Rdnr. 5 zu § 11) faßt den Begriff der Erfassung entsprechend weit auf und versteht darunter auch die Auswertung von Informationen im Hinblick auf Verdachtsmomente, *„die die Grundlage für eine Einstufung als altlastverdächtigen Fläche oder Altlast darstellen können"*.

BBodSchV § 3

Die bestehenden landesrechtlichen Vorschriften über die Erfassung beinhalten regelmäßig die Durchführung von **Erhebungen** über Grundstücke i. S. d. § 2 Abs. 5 und 6 BBodSchG sowie das Führen von **Katastern** oder **Dateien** über altlastverdächtige Flächen und Altlasten (kurz: Altlastenkataster) durch die zuständigen Behörden. Die **Erhebungen** dienen der systematischen Sammlung und Auswertung der Daten, Tatsachen und Erkenntnisse über die v. g. Grundstücke, die bei verschiedenen Behörden und öffentlichen Stellen vorhanden sind, allgemein zugänglichen Quellen entnommen werden können oder auf Grund gesetzlicher Anzeigepflichten gemeldet werden müssen, soweit diese Informationen für die Aufgaben nach dem BBodSchG und den damit in Verbindung stehenden landesrechtlichen Regelungen benötigt werden. Sie gelten ungeachtet der Stellung einzelner Erhebungsvorgänge im Verfahren als Teil der Erfassung. 74

Entsprechendes gilt für die Führung der „**Altlastenkataster**", in denen nicht nur die anfänglich erhobenen Informationen dokumentiert werden, sondern in die nach Landesrecht fortlaufend auch relevante Daten aufzunehmen sind, die bei Untersuchungen und weiteren Verfahrensschritten gewonnen werden. 75

Bei der behördlichen Erfassung lassen sich unbeschadet der Einzelheiten landesrechtlicher Regelungen und des konkreten Ablaufs grundsätzlich drei Stufen unterscheiden: 76

- Systematische (Vor-)Erhebungen über Altablagerungen und Altstandorte i. S. d. § 2 Abs. 5 BBodSchG und Prüfung, welche dieser Grundstücke die gesetzliche Begriffsbestimmung für altlastverdächtige Flächen oder Altlasten erfüllen.
- Erstellung und Führung von Aufzeichnungen (Kataster, Dateien, Karten) über die im Zuständigkeitsgebiet einer Behörde gelegenen altlastverdächtigen Flächen und Altlasten und die Vervollständigung eines Grunddatenbestandes über die einzelnen Grundstücke (flächendeckende Erhebungen, Erfassung im engeren Sinne).
- Weitergehende Erhebungen im Rahmen der Einzelfallbearbeitung, insbesondere als Grundlage für Entscheidungen über Untersuchungserfordernisse oder sonst erforderliche Maßnahmen (bezeichnet als standortbezogene Erhebungen, historische Erkundung oder historische Recherche) und Fortschreibung des „Altlastenkatasters".

Die **Erfassung** der altlastverdächtigen Flächen und Altlasten ist demnach ihrerseits ein **gestuftes (Teil-)Verfahren** und nicht zu reduzieren auf die 77

BBodSchV § 3

bloße Aufnahme eines Grundstückes i. S. d. § 2 Abs. 5 oder 6 BBodSchG in ein „Altlastenkataster".

78 Für das Verhältnis der Erfassung bzw. ihrer Verfahrensschritte zu den Regelungen des § 9 BBodSchG ist von Bedeutung, was unter den **Anhaltspunkten**, die nach § 9 Abs. 1 Satz 1 die Amtsermittlungspflicht der zuständigen Behörde auslösen, im einzelnen zu verstehen ist. In einigen der vor Inkrafttreten der BBodSchV erschienenen Kommentare zum BBodSchG sind dazu Rechtsmeinungen vertreten worden, die auf Grund der § 3 Abs. 1 und 4 BBodSchV überdacht werden müssen. Das betrifft vor allem die Auffassung, daß eine Überschreitung von Prüfwerten i. S. d. § 8 Abs. 1 BBodSchG als Schwelle der Amtsermittlungspflicht zu sehen sei. Nach § 3 Abs. 4 BBodSchV liegen dann i. d. R. aber bereits **konkrete Anhaltspunkte**, die den **hinreichenden Verdacht** einer Altlast begründen, vor und damit die Voraussetzungen für **Untersuchungsanordnungen** nach § 9 Abs. 2 Satz 1 BBodSchG.

79 Nach Meinung von HILGER (in: HOLZWARTH et. al 2000, Rdnr. 2 zu § 9) sind sämtliche Maßnahmen, die bei Vorliegen der Voraussetzungen des § 9 Abs. 1 Satz 1 BBodSchG zu ergreifen sind, nicht mehr der Erfassung zuzurechnen. Er äußert sich dazu wie folgt:

„Die in § 9 Abs. 1 geregelte Sachverhaltsermittlung deckt sich mit der von § 8 Abs. 1 Satz 1 erfaßten Untersuchung und Bewertung von Verdachtsflächen und altlastverdächtigen Flächen. Die Voraussetzungen und die Art und Weise der Sachverhaltsermittlung können also durch Rechtsverordnung konkretisiert werden."

80 Die vorstehende Auffassung beinhaltet, teilweise unausgesprochen, folgende Vorbedingungen:

- Ein Verdacht i. S. d. § 2 Abs. 6 und die Anhaltspunkte i. S. d. § 9 Abs. 1 Satz 1 werden entweder in ihrer „Verdachtsintensität" unterschieden, womit zwischen der Einstufung eines Grundstücks als altlastverdächtig und dem Beginn der Amtsermittlung Raum für weiterführende Maßnahmen der Erfassung bliebe, oder ein Unterschied in der „Verdachtsintensität" wird nicht gesehen, was einer Einschränkung der Erfassung auf die bloße Registrierung der als altlastverdächtig erkannten Grundstücke gleichkäme.
- Die geeigneten Maßnahmen der zuständigen Behörde zur Sachverhaltermittlung (§ 9 Abs. 1 Satz 1 BBodSchG) werden auf die von § 8 Abs. 1 Satz 1 BBodSchG erfaßten Untersuchungen und Bewertungen

eingegrenzt. Erhebungen, die nach Art und Weise der Erfassung zuzurechnen sind (z. B. standortbezogene historische Recherchen), werden hingegen nicht als Maßnahmen i. S. d. § 9 Abs. 1 Satz 1 betrachtet.

Zu dem Verhältnis eines Verdachts i. S. d § 2 Abs. 6 und den Anhaltspunkten i. S. d. § 9 Abs. 1 Satz 1 BBodSchG führt BICKEL (1999, Rdnr. 17 zu § 2) aus: 81

> *„Das Gesetz definiert nicht den Begriff des 'Verdachts', sagt also nicht, wann die Behörde einen rechtlich relevanten Verdacht haben darf... Der einzige brauchbare Hinweis ergibt sich aus § 9 Abs. 1. Denn dort wird geregelt, welche Befugnis sich für die Behörde aus einem Verdacht ergibt. Danach muß die zuständige Behörde 'Anhaltspunkte' für eine schädliche Bodenveränderung haben."*

BICKEL hält es demnach für gerechtfertigt, in der vorausgesetzten „Verdachtsintensität" nicht zwischen einem Verdacht i. S. d. § 2 Abs. 6 und den Anhaltspunkten i. S. d. § 9 Abs. 1 Satz 1 BBodSchG zu unterscheiden. Ebenso wie BICKEL in dem vorstehenden Zitat sieht auch BECKER (1999, Rdnr. 58 zu § 2) in § 9 Abs. 1 die **Rechtsfolgenseite** eines Verdachts i. S. d. § 2 Abs. 6 BBodSchG. 82

Zu einer Klärung im vorliegenden Zusammenhang trägt die Konkretisierung der *„Anhaltspunkte für das Vorliegen einer Altlast"* in der BBodSchV entscheidend bei. Nach § 3 Abs. 1 der Verordnung bestehen solche Anhaltspunkte bei einem Altstandort insbesondere, 83

- *„wenn auf Grundstücken über einen längeren Zeitraum oder in erheblicher Menge mit Schadstoffen umgegangen wurde und die jeweilige Betriebs-, Bewirtschaftungs- oder Verfahrensweise oder Störungen des bestimmungsgemäßen Betriebs nicht unerhebliche Einträge solcher Stoffe in den Boden vermuten lassen"*

und bei Altablagerungen insbesondere dann,

- *„wenn die Art des Betriebes oder der Zeitpunkt der Stillegung den Verdacht nahelegen, daß Abfälle nicht sachgerecht behandelt, gelagert oder abgelagert wurden."*

Demnach handelt es sich nach Art und Intensität um Verdachtsmomente, wie sie auch in der amtlichen Begründung zu § 2 Abs. 4 und 6 BBodSchG (→ Rdnr. 71 zu § 2) oder in den Kommentaren zu dieser Vorschrift ge- 84 nannt werden (so z. B. auch RADTKE (in: HOLZWARTH et al. 2000, Rdnr. 32 zu § 2).

85 Als **Ergebnis** läßt sich demnach festhalten: Ein Verdacht i. S. d. § 2 Abs. 6 BBodSchG wird durch Anhaltspunkte begründet, wie sie in § 3 Abs. 1 BBodSchV genannt werden. Liegen für eine Altablagerung oder einen Altstandort entsprechende Anhaltspunkte vor, führt dies zur Aufnahme des betreffenden Grundstücks als altlastverdächtige Fläche in das „Altlastenkataster" der zuständigen Behörde. Auf Grund der vorliegenden Anhaltspunkte setzt zugleich die durch § 9 Abs. 1 BBodSchG normierte Ermittlungspflicht der zuständigen Behörde ein.

86 Das vorstehend abgeleitete Ergebnis, wonach sich die Verdachtsmomente, bei deren Vorliegen die gesetzliche Begriffsbestimmung für altlastverdächtige Flächen erfüllt ist, und die Anhaltspunkte i. S. d. § 9 Abs. 1 Satz 1 BBodSchG decken, muß sich auch mit der Art der Maßnahmen vereinbaren lassen, die nach der letztgenannten Vorschrift zu ergreifen sind.

87 Die Überschrift des § 9 BBodSchG lautet *„Gefährdungsabschätzung und Untersuchungsanordnungen"*. Aus dieser Überschrift könnte unmittelbar geschlossen werden, daß § 9 Abs. 1 Satz 1 die Voraussetzungen normiert, unter denen eine behördliche **Untersuchungspflicht** im Sinne örtlicher Beprobungen, Messungen und Beobachtungen einsetzt. Jedenfalls haben die altlastenrechtlichen Vorschriften der Länder den Begriff der „Gefährdungsabschätzung" regelmäßig in diesem Sinne verwendet. Eine solche Auslegung wird jedoch weder durch den Wortlaut der Vorschrift, noch durch die amtliche Begründung gestützt, auch nicht durch die im Laufe der Entstehungsgeschichte vorgenommenen Änderungen und deren Begründung. Durchgehend ist darin von **Ermittlungen** und nicht von Untersuchungen die Rede. Einschränkende Regelungen über diese Ermittlungen finden sich nicht. Im Gegenteil spricht die Bundesregierung in der Begründung ihrer Gegenäußerung zu § 9 Abs. 1 davon, daß mit der Befugnis die geeigneten Maßnahmen zu ergreifen, *„den Behörden hinsichtlich Art und Umfang der Maßnahmen ein weites Ermessen eingeräumt"* werde (BT-Drucks. 13/6701, S. 64).

88 In Verbindung mit der Wendung *„geeignete Maßnahmen"* beinhaltet § 9 Abs. 1 Satz 1 BBodSchG demnach die gesamte Bandbreite behördlicher Ermittlungstätigkeit, d. h. auch solche „Maßnahmen", die der Erfassung zuzurechnen sind.

Im letzteren Sinne äußert sich auch NUMBERGER (in: OERDER, NUMBERGER, 89
SCHÖNFELD 1999, Rdnr. 7 zu § 9). Danach können Maßnahmen i. S. d. § 9
Abs. 1 Satz 1 und 2 beispielsweise sein:

> „– *Historische Recherche der Grundstücksnutzungen anhand vorhandener Pläne, Luftbilder, Urkunden*
> – *Feststellung der 'Genehmigungslage' durch Beiziehung der einschlägigen Behördenakten*
> – *Erkundung der näheren Umgebung des Grundstücks und des Grundstücks selbst im Hinblick auf gefährdete Nutzungen*
> – *Grundstücksbesichtigung*
> – *Befragung von Beschäftigten der auf dem Grundstück tätigen Betriebe*
> – *Entnahme von Bodenproben, Gewässerproben; Boden-Luft-Sondierungen.*"

Aufgeführt ist damit (auch) ein nahezu vollständiger Katalog der Maß- 90
nahmen, wie sie typischerweise im Ablauf der Erfassung angewendet werden.

Die gleiche Folgerung bezüglich der Art und des Umfangs der nach § 9 91
Abs. 1 BBodSchG in Betracht kommenden Maßnahmen legt auch der
Wortlaut des § 3 Abs. 3 BBodSchV nahe, dessen Fassung auf die Zustimmungsmaßgabe des Bundesrates (BR-Drucks. 244/99 [Beschluß], S. 11)
zurückgeht. Nach dieser Vorschrift soll, wenn Anhaltspunkte nach § 3
Abs. 1 vorliegen, die „*altlastverdächtige Fläche nach der Erfassung zunächst einer orientierenden Untersuchung unterzogen werden*". Der Einschub „*nach der Erfassung*" an dieser Stelle schließt auch den Fall ein,
daß nach Vorliegen von Anhaltspunkten i. S. d. § 3 Abs. 1 und vor orientierenden Untersuchungen zunächst noch geeignete Erfassungsmaßnahmen
(z. B. zur historischen Erkundung) ausgeführt werden

Die in § 3 Abs. 1 konkretisierten Anhaltspunkte bereits als Schwelle einer 92
behördlichen Untersuchungspflicht zu sehen, ließe sich auch nicht mit der
Begriffsbestimmung für altlastverdächtige Flächen in § 2 Abs. 6 BBodSchG vereinbaren. Altlastverdächtige Flächen werden dort definiert, als
Altablagerungen und Altstandorte, „*bei denen der Verdacht schädlicher
Bodenveränderungen oder sonstiger Gefahren für den einzelnen oder die
Allgemeinheit besteht*".

Würden die Anhaltspunkte i. S. v. § 9 Abs. 1 Satz 1 als Schwelle einer be- 93
hördlichen Pflicht zu **Untersuchungen** im obigen Sinne aufgefaßt, könnte

dies zumindest in einigen Fällen dazu führen, daß die behördliche Untersuchungspflicht einsetzen soll, noch bevor eine Fläche sich als altlastverdächtig erwiesen hat. Nach Auffassung von BICKEL (1999, Rdnr. 1 zu § 9) passen die Vorschriften des § 9 BBodSchG „*nicht in das Gefüge des § 2 Abs. 4 und 6, wo von 'Verdacht schädlicher Bodenveränderungen' die Rede ist. 'Anhaltspunkte' reichen nicht in jedem Fall aus, um eine Fläche bereits zur* **Verdachtsfläche** *oder altlastverdächtigen Fläche zu machen. 'Konkrete Anhaltspunkte' bedingen immer eine Verdachtsfläche oder altlastverdächtigen Fläche* ". Ein Ergebnis, nach dem nicht etwa ein entsprechend verdichteter Verdacht orientierende Untersuchungen nach sich zöge, sondern Untersuchungen durchgeführt werden müßten, um einen Verdacht i. S. v. § 2 Abs. 6 BBodSchG überhaupt erst zu begründen, wäre jedoch abwegig.

94 Es liegt vielmehr auf der Hand, daß örtliche Untersuchungen typischerweise die Folge der durch Erfassungsmaßnahmen erlangten Kenntnisse sind. Die anfängliche und geeignete Maßnahme infolge eines Verdachts i. S. v. § 2 Abs. 6 BBodSchG ist regelmäßig, daß ein Altstandort oder eine Altablagerung als altlastverdächtige Fläche eingestuft und als solche in ein „Altlastenkataster" aufgenommen wird. Auch § 11 BBodSchG stellt einen Zusammenhang zwischen der Erfassung und dem Kriterium „altlastverdächtig" her. Noch deutlicher ist in dieser Hinsicht die amtliche Begründung (BT-Drucks. 13/6701, S. 41):

> „*Um das von Altlasten ausgehende Gefährdungspotential abschätzen zu können, ist es erforderlich, altlastverdächtige Flächen zu erfassen. Art und Umfang der Erfassung regeln die Länder.*"

95 Schließlich geht aus der Definition der orientierenden Untersuchung im Regierungsentwurf der BBodSchV hervor (BR-Drucks. 780/98, S. 7), daß der Verordnungsgeber zumindest eine „*vertiefte historische Erkundung*" als Bestandteil solcher Untersuchungen und damit als eine Maßnahme nach § 9 Abs. 1 Satz 1 BBodSchG gesehen hat. Diese Passage ist zwar auf Grund der Zustimmungsmaßgabe des Bundesrates in der geltenden Fassung geändert worden. Nach der zu Nr. 7 des BR-Beschlusses gegebenen Begründung (BR-Drucks. 244/99 [Beschluß], S. 4) war dafür aber (lediglich) die Regelungsbefugnis der Länder für die Erfassung bestimmend.

96 Die Überschrift des § 9 BBodSchG ist nach allem nicht dazu geeignet, um das Verhältnis von § 9 Abs. 1 Satz 1 zu der unter die Regelungsbefugnis der Länder fallenden Erfassung zu klären. Vielmehr sprechen die Ergebnisse der vorstehenden Betrachtung durchgehend dafür, die durch § 9 Abs. 1

Satz 1 BBodSchG begründete Pflicht der zuständigen Behörde zur Sachverhaltsermittlung nicht auf die von § 8 Abs. 1 Satz 1 erfaßte Untersuchung und Bewertung einzuengen. Zur Erfüllung dieser Pflicht kann die gesamte Bandbreite geeigneter behördlicher Ermittlungsmaßnahmen eingesetzt werden.

Im Sinne einer solchen Auslegung wären das Vorliegen der in § 3 Abs. 1 BBodSchV genannten Anhaltspunkte die Voraussetzung, unter denen eine Altablagerung oder ein Altstandort nach dem BBodSchG in jedem Fall in die Maßnahmen der Erfassung einzubeziehen ist. Bei dieser Auffassung ergibt sich kein Widerspruch zwischen der Begriffsbestimmung der altlastverdächtigen Flächen und den Anhaltspunkten, die die behördliche Ermittlungspflicht begründen. Die vorstehende Auffassung zur Bedeutung der Anhaltspunkte nach § 9 Abs. 1 Satz 1 BBodSchG in Verbindung mit § 3 Abs. 1 BBodSchV erscheint auch deshalb vertretbar, weil das BBodSchG und die BBodSchV keine ausdrückliche Regelung darüber enthalten, unter welchen Voraussetzungen die behördliche Ermittlungspflicht sich zu der Pflicht verdichtet, orientierende Untersuchungen durchzuführen. 97

Insgesamt lassen sich die vorstehenden Darlegungen wie folgt **zusammenfassen**: 98

- Die Länder können nicht nur die Erfassung von altlastverdächtigen Flächen und Altlasten regeln, sondern als **Grundlage** und für **Zwecke** einer systematischen Ermittlung dieser Flächen auch Erhebungen über Altablagerungen und Altstandorte normieren.
- § 9 Abs. 1 Satz 1 BBodSchG legt die Voraussetzungen fest, unter denen die behördliche **Ermittlungspflicht** nach diesem Gesetz einsetzt. Diese Voraussetzungen decken sich mit den Verdachtsmomenten, die einen Verdacht i. S. d. gesetzlichen Begriffsbestimmung für „altlastverdächtige Flächen" begründen. § 9 Abs. 1 Satz 1 BBodSchG ist die **Rechtsfolgenseite** eines Verdachts i. S. d. § 2 Abs. 6 BBodSchG.
- Die gesetzlich begründete Ermittlungspflicht der zuständigen Behörde umfaßt sowohl Maßnahmen, die ihrer Art nach der **Erfassung** zuzurechnen sind, als auch Maßnahmen, die der **Untersuchung** und **Bewertung** von altlastverdächtigen Flächen und Altlasten i. S. d. § 8 Abs. 1 Satz 1 BBodSchG dienen.
- Die Regelung von **Art und Umfang der Erfassung** ist den **Ländern** überlassen, auch soweit es sich um Erfassungsmaßnahmen handelt, die typischerweise im Rahmen der Amtsermittlung nach § 9 Abs. 1 BBodSchG durchgeführt oder zur fortlaufenden Vervollständigung des Altlastenkatasters vorgenommen werden. **Anforderungen** an die

Untersuchung und Bewertung von altlastverdächtigen Flächen und Altlasten legt hingegen die Bundesregierung auf Grund der Verordnungsermächtigung in § 8 BBodSchG und nach dem dort geregelten Verfahren fest, wie inzwischen durch die BBodSchV auch erfolgt.

- Bei welchem durch Erfassungsmaßnahmen erlangten Erkenntnisstand die Sachverhaltsermittlung durch eine orientierende Untersuchung fortzusetzen ist, entscheidet die zuständige Behörde im Einzelfall. Das BBodSchG und die BBodSchV enthalten keine ausdrückliche Regelung darüber, unter welchen Voraussetzungen sich die behördliche Ermittlungspflicht zu der Pflicht verdichtet, orientierende Untersuchungen durchzuführen. Hinsichtlich einer sachgerechten Priorisierung bei der Abarbeitung entsprechender Maßnahmen ist der zuständigen Behörde durch die Sollvorschrift in § 9 Abs. 1 Satz 1 BBodSchG ein *„in erster Linie behördeninternes Entschließungsermessen geöffnet"* (BECKER 1998, Rdnr. 3 zu § 9).

(Fehlau)

Literatur

BECKER, B. (1998):
Bundes-Bodenschutzgesetz: Gesetz zum Schutz von schädlichen Bodenveränderungen und zur Sanierung von Altlasten. Mit den Verordnungen des Bundes zur Durchführung des BBodSchG. Grundwerk. Starnberg: Schulz 1998

BICKEL, CH. (1999):
Bundes-Bodenschutzgesetz: Kommentar. Köln: Heymanns 1999

HLfU – Hessische Landesanstalt für Umwelt (1999):
Fachliche Grundlage zur Beurteilung von flüchtigen organischen Substanzen in der Bodenluft bei Altlasten. Umweltplanung, Arbeits- und Umweltschutz H. 263 (Bearbeiter SEEGER, K.-J.), Wiesbaden: 1999

HOLZWARTH, F., RADTKE, H., HILGER, B., BACHMANN, G. (2000):
Bundes-Bodenschutzgesetz/Bundes-Bodenschutz- und Altlastenverordnung: Handkommentar. 2.Aufl. Berlin: Erich Schmidt 2000

LAGA – Länderarbeitsgemeinschaft Abfall (1983):
Informationsschrift „Deponiegas". Mitteilung der Länderarbeitsgemeinschaft Abfall (LAGA) 6. Berlin: Erich Schmidt 1983

OERDER, M., NUMBERGER, U., SCHÖNFELD TH. (1999):
Bundes-Bodenschutzgesetz: BBodSchG; Gesetz zum Schutz von schädlichen Bodenveränderungen und zur Sanierung von Altlasten; Kommentar. Stuttgart: Boorberg 1999

RETTENBERGER, G., METZGER, H. (1992):
Der Deponiegashaushalt in Ablagerungen (Leitfaden Deponiegas). Materialien zur Altlastenbearbeitung. Ministerium für Umwelt Baden-Württemberg, Band 10. Stuttgart: 1992

SANDEN, SCHOENECK (1998):
Bundes-Bodenschutzgesetz: Kurzkommentar. Heidelberg: Müller 1998

SRU – Der Rat von Sachverständigen für Umweltfragen (1990):
Altlasten – Sondergutachten Dezember 1989. Stuttgart: Metzler-Poeschel 1990

§ 4
Bewertung

(1) Die Ergebnisse der orientierenden Untersuchungen sind nach dieser Verordnung unter Beachtung der Gegebenheiten des Einzelfalls insbesondere auch anhand von Prüfwerten zu bewerten.

(2) Liegen der Gehalt oder die Konzentration eines Schadstoffes unterhalb des jeweiligen Prüfwertes in Anhang 2, ist insoweit der Verdacht einer schädlichen Bodenveränderung oder Altlast ausgeräumt. Wird ein Prüfwert nach Anhang 2 Nr. 3 am Ort der Probennahmen überschritten, ist im Einzelfall zu ermitteln, ob die Schadstoffkonzentration im Sickerwasser am Ort der Beurteilung den Prüfwert übersteigt. Maßnahmen im Sinne des § 2 Abs. 7 oder 8 des Bundes-Bodenschutzgesetzes können bereits dann erforderlich sein, wenn im Einzelfall alle bei der Ableitung eines Prüfwertes nach Anhang 2 angenommenen ungünstigen Umstände zusammentreffen und der Gehalt oder die Konzentration eines Schadstoffes geringfügig oberhalb des jeweiligen Prüfwertes in Anhang 2 liegt.

(3) Zur Bewertung der von Verdachtsflächen oder altlastverdächtigen Flächen ausgehenden Gefahren für das Grundwasser ist eine Sickerwasserprognose zu erstellen. Wird eine Sickerwasserprognose auf Untersuchungen nach Anhang 1 Nr. 3.3 gestützt, ist im Einzelfall insbesondere abzuschätzen und zu bewerten, inwieweit zu erwarten ist, daß die Schadstoffkonzentration im Sickerwasser den Prüfwert am

Ort der Beurteilung überschreitet. Ort der Beurteilung ist der Bereich des Übergangs von der ungesättigten in die gesättigte Zone.

(4) Die Ergebnisse der Detailuntersuchung sind nach dieser Verordnung unter Beachtung der Gegebenheiten des Einzelfalls, insbesondere auch anhand von Maßnahmenwerten, daraufhin zu bewerten, inwieweit Maßnahmen nach § 2 Abs. 7 oder 8 des Bundes-Bodenschutzgesetzes erforderlich sind.

(5) Soweit in dieser Verordnung für einen Schadstoff kein Prüf- oder Maßnahmenwert festgesetzt ist, sind für die Bewertung die zur Ableitung der entsprechenden Werte in Anhang 2 herangezogenen Methoden und Maßstäbe zu beachten. Diese sind im Bundesanzeiger Nr. 161 a vom 28. August 1999 veröffentlicht.

(6) Liegt innerhalb einer Verdachtsfläche oder altlastverdächtigen Fläche auf Teilflächen eine von der vorherrschenden Nutzung abweichende empfindlichere Nutzung vor, sind diese Teilflächen nach den für ihre Nutzung jeweils festgesetzten Maßstäben zu bewerten.

(7) Liegen im Einzelfall Erkenntnisse aus Grundwasseruntersuchungen vor, sind diese bei der Bewertung im Hinblick auf Schadstoffeinträge in das Grundwasser zu berücksichtigen. Wenn erhöhte Schadstoffkonzentrationen im Sickerwasser oder andere Schadstoffausträge auf Dauer nur geringe Schadstofffrachten und nur lokal begrenzt erhöhte Schadstoffkonzentrationen in Gewässern erwarten lassen, ist dieser Sachverhalt bei der Prüfung der Verhältnismäßigkeit von Untersuchungs- und Sanierungsmaßnahmen zu berücksichtigen. Wasserrechtliche Vorschriften bleiben unberührt.

(8) Eine schädliche Bodenveränderung besteht nicht bei Böden mit naturbedingt erhöhten Gehalten an Schadstoffen allein auf Grund dieser Gehalte, soweit diese Stoffe nicht durch Einwirkungen auf den Boden in erheblichem Umfang freigesetzt wurden oder werden. Bei Böden mit großflächig siedlungsbedingt erhöhten Schadstoffgehalten kann ein Vergleich dieser Gehalte mit den im Einzelfall ermittelten Schadstoffgehalten in die Gefahrenbeurteilung einbezogen werden.

Übersicht   Rdnr.

1. Allgemeines 1
2. Erläuterungen und Anwendungshinweise 4
2.1 Bewertung der Ergebnisse der orientierenden Untersuchungen 4
2.2 Anwendung der Prüfwerte nach Anhang 2 16
2.3 Bewertung von Gefahren für das Grundwasser 22
2.3.1 Konzeptionelle Arbeiten im Vorfeld der Regelung 22
2.3.2 Bewertung im Wege einer Sickerwasserprognose
 nach BBodSchV 25
2.4 Abschließende Bewertung nach der Detailuntersuchung 28
2.5 Bewertung von Schadstoffen, für die keine Prüf- und
 Maßnahmenwerte festgesetzt sind 32
2.6 Abgrenzung von Teilflächen unterschiedlicher Nutzung 39
2.7 Berücksichtigung von Grundwasseruntersuchungen, Prüfung
 der Verhältnismäßigkeit 41
2.8 Bewertung bei naturbedingt oder großflächig siedlungsbedingt
 erhöhten Schadstoffgehalten 45

Exkurs: Anwendung der Prüf- und Maßnahmenwerte bei der
 Bauleitplanung und im Baugenehmigungsverfahren 47

Literatur

1. Allgemeines

§ 4 trifft i. V. m. Anhang 2 nähere Regelungen zur Bewertung der Ergebnisse von Untersuchungen zur Gefährdungsabschätzung. Grundlage dafür ist die Ermächtigung in § 8 Abs. 1 BBodSchG. Im einzelnen geregelt werden die Bewertungsschritte im Anschluß an die orientierende Untersuchung (Abs. 1) und an die Detailuntersuchung (Abs. 4) sowie die Anwendung der in Anhang 2 festgelegten Prüfwerte (Abs. 2). Weiterhin enthält § 4 in Abs. 2, 3 und 7 spezielle Bewertungsvorschriften für den Wirkungspfad Boden – Grundwasser. Die übrigen Absätze regeln Besonderheiten bei der Bewertung von   1

- nicht in der Verordnung geregelten Schadstoffen (Abs. 5)
- Teilflächen unterschiedlicher Nutzung (Abs. 6) und
- naturbedingt bzw. großflächig siedlungsbedingt erhöhten Schadstoffgehalten (Abs. 8).

Die Maßstäbe des BBodSchG zur Gefahrenbeurteilung werden in der Verordnung insbesondere durch die Prüf- und Maßnahmenwerte in Anhang 2 konkretisiert. Für die Anwendung der Prüfwerte enthält § 4 Abs. 1 jedoch ausdrücklich die Maßgabe, daß bei der Bewertung die Gegebenheiten des   2

Einzelfalls, d. h. vor allem auch die besonderen Expositionsbedingungen, zu beachten sind. Entsprechendes gilt für die Maßnahmenwerte.

3   Die Regelungen der Verordnung zur Bewertung des Wirkungspfades Boden – Mensch (direkter Kontakt) bauen auf humantoxikologischen Grundlagen auf und berücksichtigen die unterschiedliche Exposition über eine direkte orale, inhalative oder dermale Aufnahme von Schadstoffen aus verunreinigten Böden oder Altlasten. Beim Pfad Boden – Pflanze wird ein Bezug zu Bewertungskriterien für Nahrungs- und Futterpflanzen aus dem Bereich des Lebensmittel- und Futtermittelrechtes hergestellt. Die Besonderheiten der Bewertungsvorschriften für den Pfad Boden – Grundwasser und das Verhältnis zu den Maßstäben des Wasserrechts werden nachfolgend ausführlich behandelt *(→ Rdnr. 22 ff.)*.

(König)

2. Erläuterungen und Anwendungshinweise

2.1 Bewertung der Ergebnisse der orientierenden Untersuchungen

4   § 4 Abs. 1 schreibt vor, daß die Ergebnisse der orientierenden Untersuchungen **nach der BBodSchV** unter Beachtung der **Gegebenheiten des Einzelfalls** insbesondere auch anhand von **Prüfwerten** zu bewerten sind. Der Regierungsentwurf bestimmte zusätzlich als Zweck dieser Bewertung, die Ergebnisse der orientierenden Untersuchung seien *„daraufhin zu bewerten, ob eine schädliche Bodenveränderung vorliegt oder nicht"* (BR-Drucks. 780/98 S. 11). Diese Regelung ist auf Grund der Zustimmungsmaßgabe des Bundesrates entfallen. Sie hätte eine mit den Regelungen des § 9 BBodSchG nicht zu vereinbarende enge Auffassung der Zweckbestimmung dieses Bewertungsschrittes nahegelegt.

5   Legt man sämtliche hier zu beachtenden Regelungen des § 9 BBodSchG zugrunde, sind die Ergebnisse einer **orientierenden Untersuchung** daraufhin zu **bewerten,**

- ob auf Grund konkreter Anhaltspunkte der **hinreichende Verdacht** einer schädlichen Bodenveränderung oder Altlast **vorliegt**
- inwieweit **weitergehende Untersuchungen notwendig** sind, um die Gefährdungsabschätzung abschließen und feststellen zu können, ob eine schädliche Bodenveränderung oder Altlast vorliegt

- welche **Untersuchungen** oder sonstigen Maßnahmen (unter Beachtung von Anhang 1) im einzelnen **notwendig** und **geeignet** sind, um Art, Verteilung und Konzentration der Schadstoffe, die Möglichkeit ihrer Ausbreitung oder Verlagerung und ihrer Aufnahme durch Menschen, Tiere und Pflanzen sowie die sonstigen entscheidungserheblichen Gegebenheiten des Einzelfalls **zutreffend** zu ermitteln.

§ 4 Abs. 1 trifft eine allgemeine Regelung (lediglich) über die **Bewertung** der Ergebnisse der **orientierenden Untersuchungen**. Der Regierungsentwurf sah hier mehrere weitere Regelungen, insbesondere auch über die Bewertung der Ergebnisse der Detailuntersuchungen vor, die auf Grund der Zustimmungsmaßgabe des Bundesrates an dieser Stelle entfallen sind. Die Begründung des Bundesrates dazu lautete wie folgt (BR-Drucks. 244/99 [Beschluß] S. 15): 6

> *„Die in § 9 BBodSchG vorgesehene gestufte Untersuchung und Bewertung muß sich auch in den Regelungen über die Bewertung widerspiegeln. Absatz 1 ist deshalb auf eine Bewertung der Ergebnisse von orientierenden Untersuchungen abzustellen."*

Die Vorschrift des Abs. 1 enthält die ausdrückliche Verpflichtung, die **Ergebnisse** einer orientierenden Untersuchung **nach der BBodSchV** zu **bewerten**, mithin alle relevanten Bewertungsvorschriften der Verordnung anzuwenden, die sich auf die Ermächtigung des § 8 Abs. 1 und 3 BBodSchG stützen und nähere Regelungen zum Vollzug von § 9 des Gesetzes treffen. Bei diesen Bewertungsvorschriften handelt es sich teils um allgemeine Vorgaben (wie bei den Regelungen in den nachfolgenden Absätzen des § 4), teils um konkrete Maßgaben (wie bei den in Anhang 2 festgelegten Prüf- und Maßnahmenwerten und Anwendungsregeln). 7

Abs. 1 stellt außerdem klar, daß bei der Bewertung der Ergebnisse einer orientierenden Untersuchung (wie auch sonst bei der Bewertung von Untersuchungsergebnissen) die **Gegebenheiten des Einzelfalls zu beachten** sind. Die Begründung des Regierungsentwurfs, die diesen Zusatz wortgleich enthielt, führt dazu aus (BR-Drucks. 980/98 S. 21): 8

> *„Der Hinweis auf die Gegebenheiten des Einzelfalls ergibt sich bereits aus der grundsätzlichen Anlage des Bundes-Bodenschutzgesetzes und der Verordnung, mit seiner Wiederholung wird jedoch deutlich unterstrichen, daß es keinen Automatismus in der Bewertung geben soll. Ein solcher Automatismus wäre gegeben, wenn eine ermittelte Schadstoffkonzentration nur schematisch im Sinne eines einfachen nu-*

merischen Abgleichs mit den Werten nach Anhang 2 verglichen würde, ohne daß standörtliche und andere Bedingungen des Einzelfalls dabei berücksichtigt würden. Im Gegensatz hierzu geht die Verordnung davon aus, daß bei der Anwendung der Werte nach Anhang 2 im Rahmen der abschließenden Bewertung immer auch die gesamten Umstände des Einzelfalls einbezogen werden."

9 Letztlich folgt das Gebot, die Umstände des Einzelfalls zu beachten, aus dem Gefahrenbegriff des allgemeinen Polizei- und Ordnungsrechts, der auch den Sanierungspflichten (Gefahrenabwehrpflichten) des § 4 BBodSchG zugrunde liegt.

10 Die Bewertung der Ergebnisse der orientierenden Untersuchungen soll nach der jetzigen Fassung des Abs. 1 **insbesondere auch anhand von Prüfwerten** erfolgen. Der im Regierungsentwurf enthaltene ausdrückliche Verweis auf die *„Prüf- und Maßnahmenwerte nach Anhang 2"* ist auf Grund der Zustimmungsmaßgabe des Bundesrates entfallen. Die verallgemeinernde Fassung *„von Prüfwerten"* läßt die Verbindlichkeit der in Anhang 2 festgelegten Prüf- und Maßnahmenwerte ebenso unberührt, wie die Rechtsfolgen einer bei der orientierenden Untersuchung festgestellten Überschreitung von Maßnahmenwerten nach Anhang 2.

11 Einbezogen werden aber durch die jetzige Fassung auch **Werte mit der Funktion von Prüfwerten**, die nach Maßgabe des Abs. 5 *(→ Rdnr. 32 ff.)* abgeleitet worden sind und die von der zuständigen Behörde herangezogen werden, weil für den betreffenden Schadstoff in Anhang 2 BBodSchV (noch) kein Prüfwert festgesetzt ist.

12 Stoffliche schädliche Bodenveränderungen und Altlasten können auf eine Vielzahl unterschiedlicher Schadstoffe zurückzuführen sein. Werden Anreicherungen von Schadstoffen angetroffen, für die sich in der BBodSchV noch kein Prüf- oder Maßnahmenwert findet, müssen auch diese nach dem Stand des Wissens bewertet und – soweit erforderlich – bei der Sanierungsplanung und -durchführung berücksichtigt werden. Die in Abs. 5 verankerte Bindung an die im Bundesanzeiger (Nr. 161a vom 28. August 1999) veröffentlichten Methoden und Maßstäbe, die zur Ableitung der in der BBodSchV festgesetzten Prüfwerte herangezogen wurden, befördert dabei im Interesse der Pflichtigen die gebotene Angleichung des Vollzugs in den Ländern. Einzelheiten zur Anwendung von Prüfwerten regeln die Absätze 2 und 3 sowie Anhang 2.

Die Wendung, daß die Ergebnisse der orientierenden Untersuchungen 13
„insbesondere auch" anhand von Prüfwerten zu bewerten sind, war bereits
im Regierungsentwurf enthalten. Die amtliche Begründung zu Abs. 1 lautet
insoweit wie folgt (BR-Drucks. 980/98 S. 21):

> *„§ 4 Abs. 1 legt fest, daß die Bewertung insbesondere auch anhand
> der Prüf- und Maßnahmenwerte nach Anhang 2 erfolgt. Mit der For-
> mulierung 'insbesondere auch' werden die Bodenwerte der Verord-
> nung als hervorgehoben geeignete Bewertungsgrundlage herausge-
> stellt. Um den Erfordernissen des Einzelfalles gerecht zu werden, wird
> mit dem 'auch' eingeräumt, daß im Rahmen einer immer auch anzu-
> stellenden Beurteilung der Gesamtsituation Umstände zu bewerten
> sind, die nicht in die Ableitung der numerischen Größe eines Prüf-
> und Maßnahmenwertes eingegangen sind, aber im Einzelfall für die
> abschließende Gefahrenbeurteilung relevant sein könnten. Hierbei
> handelt es sich um Kriterien wie etwa besondere bodenchemische Be-
> dingungen, die z. B. auf eine deutlich verringerte Mobilität der Schad-
> stoffe schließen lassen sowie auch um Kriterien wie die Zu-
> gänglichkeit einer Fläche (kommt das bei der Prüfwert-Ableitung un-
> terstellte Nutzungsszenario im konkreten Fall tatsächlich vor?), oder
> unter Umständen auch besondere Nutzungsformen des Bodens."*

In der Praxis wird sich die Bewertung im Zusammenhang mit einer orien- 14
tierenden Untersuchung nicht immer in einem einzigen Bewertungsakt
vollziehen. Es kommt hier jedoch darauf an, daß dem Abs. 1 und den damit
in Verbindung stehenden Vorschriften in der Summe der einzelnen Bewertungsschritte entsprochen wird, die sich auf Ergebnisse einer orientierenden Untersuchung beziehen.

Der Adressat des Abs. 1 wird im Wortlaut der Regelung zwar nicht aus- 15
drücklich benannt. Aus § 9 BBodSchG folgt jedoch unzweifelhaft, daß die
Bewertung Sache der zuständigen Behörde ist. Stützt sie sich zur Vorbereitung ihrer Bewertung auf den Sachverstand eines Dritten, muß erkennbar
bleiben, inwieweit und warum sie dessen Beurteilung folgt.

(Fehlau)

2.2 Anwendung der Prüfwerte nach Anhang 2

§ 4 Abs. 2 enthält in Satz 1 und 3 Klarstellungen zur Bedeutung der in An- 16
hang 2 festgelegten **Prüfwerte** sowie in Satz 2 eine nähere Regelung für
deren Anwendung bei der Bewertung des Wirkungspfades Boden – Grundwasser *(→ Rdnr. 26).*

17 Satz 1 zieht den Umkehrschluß aus der Definition der Prüfwerte in § 8 Abs. 1 Nr. 1 BBodSchG. Er stellt klar, daß der **Verdacht** einer schädlichen Bodenveränderung oder Altlast **insoweit ausgeräumt** ist, wenn der Gehalt oder die Konzentration eines Schadstoffes **unterhalb** des in Anhang 2 für diesen Stoff festgesetzten **Prüfwertes** liegt.

18 Aus dem Wort *„insoweit"* geht hervor, daß sich diese Klarstellung ausschließlich auf den **Geltungsbereich des einzelnen Prüfwertes** bezieht. Sie kann auf Grund der Modalitäten bei der Prüfwertableitung nur für den jeweiligen Stoff, den jeweiligen Wirkungspfad und ggf. die jeweilige Nutzung gelten. Die Notwendigkeit, orientierende Untersuchungen nach Maßgabe der BBodSchV im betreffenden Fall auch im Hinblick auf die sonst relevanten Wirkungspfade und Schadstoffe abzuschließen und zu bewerten, bleibt uneingeschränkt bestehen.

19 Aus der Ableitung der Prüfwerte für den Pfad Boden – Mensch und den Pfad Boden – Pflanze ist ersichtlich (BAnz Nr. 161 a v. 28. August 1999), daß zwar unterhalb eines Prüfwertes nicht jegliche Wirkung oder auch Überschreitung einzelner Lebensmittelrichtwerte ausgeschlossen ist, jedoch wird die Möglichkeit eines gefahrenrelevanten Tatbestandes erst bei einer Überschreitung der entsprechenden Prüfwerte gesehen.

20 **Satz 2** trifft eine spezielle Regelung für die Anwendung der Prüfwerte nach Anhang 2 Nr. 3, d. h. der Prüfwerte für den Wirkungspfad Boden – Grundwasser. Die Regelung stellt insbesondere auf den Fall ab, daß zur Abschätzung von Schadstoffkonzentrationen im Sickerwasser eine Sickerwasserprognose auf der Grundlage der Untersuchung von Feststoffproben im Labor durchgeführt worden ist (vgl. Anhang 1 Nr. 3.3). Nähere Erläuterungen in diesem Zusammenhang finden sich unter *Rdnr. 22 f. und 25 f.*

21 Bei der Überschreitung eines oder mehrerer Prüfwerte ist nach § 8 Abs. 1 Nr. 1 BBodSchG eine weitergehende Sachverhaltsermittlung durchzuführen. Ob tatsächlich Gefahren für den einzelnen oder die Allgemeinheit hervorgerufen werden, hängt insbesondere davon ab, inwieweit die den Prüfwerten zugrunde gelegten Expositionsannahmen im Einzelfall für die tangierten Schutzgüter zutreffen. Da bei der Prüfwertableitung vom sogenannten „ungünstigsten Fall" ausgegangen wurde, kann in der Regel von einem gewissen Abstand zwischen einem Prüfwert nach Anhang 2 und der tatsächlichen Gefahrenschwelle ausgegangen werden. Gleichwohl sind auch Fallgestaltungen in Rechnung zu stellen, die auf Grund ihrer Umstände in besonderem Maße gefahrengeneigt sind. In diesem Sinne stellt **Satz 3** (vorbeugend) klar, daß im Falle des Zusammentreffens aller bei der Ablei-

tung eines Prüfwertes angenommenen ungünstigen Umstände (Expositionsannahmen) auch schon bei geringfügiger Prüfwertüberschreitung eine Gefahr gegeben sein kann, die Maßnahmen zur Gefahrenabwehr erfordert.

(Fehlau/König)

2.3 Bewertung von Gefahren für das Grundwasser

2.3.1 Konzeptionelle Arbeiten im Vorfeld der Regelung

§ 4 Abs. 3 enthält die grundsätzlichen Anforderungen an die **Bewertung** von Gefahren für das **Grundwasser**. Regelungen zur Verhältnismäßigkeit von Erkundungs- und Sanierungsmaßnahmen finden sich in § 4 Abs. 7 (→ *Rdnr. 42)*. Die Regelungen des Abs. 3 fußen auf einem Konzept, das auf eine gemeinsame Arbeitsgruppe der LAWA, LAGA und LABO zurückgeht (LEUCHS, BISTRY 1999) und die wasserrechtlichen Vorschriften zur Grundlage hat. Die Grundgedanken dieses Konzepts lauten wie folgt:

- Verunreinigtes Grundwasser ist eine Störung der öffentlichen Sicherheit.
- Die Verhinderung der Entstehung von verunreinigtem Grundwasser ist daher eine Maßnahme zur Gefahrenabwehr i. S. v. § 4 Abs. 3 BBodSchG.
- Grundwasser ist verunreinigt, wenn es Schadstoffkonzentrationen aufweist, die gegenüber natürlichen Konzentrationen als „mehr als nur geringfügig erhöht" einzustufen sind. Solche Schadstoffkonzentrationen können allgemein mit dem Überschreiten einer nach wasserrechtlichen Kriterien abzuleitenden **Geringfügigkeitsschwelle** beschrieben werden.
- Bei der Bewertung einer Grundwasserverunreinigung kommt es nicht darauf an, ob das Grundwasser für eine konkrete Nutzung bestimmt ist oder nicht. Ebensowenig kommt es bei der Entscheidung „verunreinigt oder nicht verunreinigt" darauf an, ob diese Konzentrationen im Verlauf des weiteren Fließweges durch Verdünnung oder Abbau wieder absinken werden.
- Der Schadstoffeintrag aus Böden oder Altlasten in das Grundwasser erfolgt im Geltungsbereich des BBodSchG in erster Linie mit dem Sickerwasser. Aus diesem – mitsamt den darin enthaltenen Schadstoffen – bildet sich die Grundwasseroberfläche unter einer Verdachtsfläche ständig aufs neue.
- Ist davon auszugehen, daß Sickerwasser mit Konzentrationen über der Geringfügigkeitsschwelle eine neue Grundwasseroberfläche bilden wird, besteht eine Gefahr für das Grundwasser.

- Gefahrenabwehr bedeutet, den Zutritt von Sickerwasser mit Konzentrationen über der Geringfügigkeitsschwelle zum Grundwasser zu verhindern. Dies ist aus Verhältnismäßigkeitsgründen jedoch nicht in jedem Fall oder nicht immer vollständig möglich. Daher kommt der Ermessensausübung bei der Festlegung von Maßnahmen zur (eingeschränkten) Gefahrenabwehr erhebliche Bedeutung zu *(→ Rdnr. 42)*. Hier könnte ggf. auch berücksichtigt werden, wenn Schadstoffe im Verlauf des weiteren Fließweges abgebaut werden.
- Gefahren durch Stoffeinträge, die nicht mit dem Sickerwasser erfolgen, sind sinngemäß zu bewerten.

23 Dementsprechend hat die Geringfügigkeitsschwelle unterschiedliche Bedeutung:

- Im Sickerwasser der ungesättigten Bodenzone entspricht sie in ihrer Funktion einem Prüfwert: Überschreitet dort eine prognostizierte Konzentration im Sickerwasser die Geringfügigkeitsschwelle, ist zunächst zu prüfen, wie sich diese Konzentration bis zum Ende der Sickerstrecke entwickeln wird.
- Im Übergangsbereich zur wassergesättigten Bodenzone entspricht die Geringfügigkeitsschwelle in ihrer Funktion zunächst einem Prüfwert, sodann einem „Gefahrenwert". Überschreitet eine prognostizierte Konzentration im Sickerwasser die Geringfügigkeitsschwelle, ist zu prüfen, wie sich der Sachverhalt bei einer **kleinräumigen und kurzzeitigen Mittelwertbildung** darstellt. Hierbei kann gelten: Eine Mittelwertbildung ist kleinräumig, wenn sie sich über maximal einige 100 m^2 sickerwasserbildende Geländeoberfläche erstreckt. [Beachte: Begriffliche Abgrenzung zu „lokal begrenzt" *(→ Rdnr. 42)*]. Die zeitliche Mittelwertbildung kann sich auf einen Zeitraum von ca. einem Jahr beziehen *(→ Rdnr. 33 zu § 2)*
- Ist mit hinreichender Wahrscheinlichkeit davon auszugehen, daß auch nach kleinräumiger und kurzzeitiger Mittelwertbildung die Geringfügigkeitsschwelle überschritten wird, entspricht letztere einem „Gefahrenwert".
- Im Grundwasser entspricht die Geringfügigkeitsschwelle einem „Störungswert": Grundwasser mit einer anthropogen verursachten Konzentrationen über der Geringfügigkeitsschwelle stellt eine Störung der öffentlichen Sicherheit dar.

24 Eine schädliche Bodenveränderung oder Altlast liegt nach vorstehendem Verständnis somit vor, wenn mit hinreichender Sicherheit davon auszuge-

hen ist, daß das Sickerwasser aus dieser Fläche mit Konzentrationen über der Geringfügigkeitsschwelle (kleinräumig und kurzzeitig gemittelt, s. o.) zu Grundwasser wird, also die Grundwasseroberfläche unter dieser Fläche bildet.

2.3.2 Bewertung im Wege einer Sickerwasserprognose nach BBodSchV

Die in Anhang 2, Nr. 3 festgesetzten *„Prüfwerte zur Beurteilung des Wirkungspfades Boden – Grundwasser"* haben am Ort der Beurteilung unmittelbar die in § 8 Abs. 1 Nr. 1 BBodSchG geregelte Rechtsfolge. Sie übernehmen in der Untersuchungs- und Bewertungsabfolge grundsätzlich aber auch die oben dargestellten Funktionen der wasserrechtlich begründeten Geringfügigkeitsschwelle. Die Länderarbeitsgemeinschaft Wasser hatte Vorschläge für die Höhe der Geringfügigkeitsschwelle erarbeitet. Der Verordnungsgeber hat sich allerdings nicht in jedem Falle diesen Vorschlägen angeschlossen, sondern teilweise etwas höhere Konzentrationen als Prüfwerte festgelegt. Die Werte der Bodenschutzverordnung sind dennoch wegen des oben dargestellten Zusammenhanges auch als Geringfügigkeitsschwelle zu betrachten. Ansonsten würden sich Wasserrecht und Bodenrecht widersprechen. **25**

Da es letztlich darauf ankommt, ob die nach wasserrechtlichen Maßstäben abgeleitete Geringfügigkeitsschwelle im Übergangsbereich von der ungesättigten zur wassergesättigten Zone überschritten wird oder nicht, wird in Abs. 3 diese Übergangszone als *„Ort der Beurteilung"* festgelegt. **26**

Die Sickerwasserprognose, also die Einschätzung, mit welchen Sickerwasserkonzentrationen und -frachten *(→ Rdnr. 30 ff. zu § 2)* aktuell und im weiteren Zeitverlauf zu rechnen ist, kann u. U. durch Übernahme von Erfahrungen aus vergleichbaren Fällen erfolgen. Im Regelfall dürften aber nur die in Anhang 1, Nr. 3.3 beschriebenen Untersuchungsverfahren eine sachgerechte Bearbeitung erlauben. Danach kann die Sickerwasserprognose auch auf der Grundlage von Materialuntersuchungen im Labor oder auf der Grundlage von Sickerwasseruntersuchungen oder sonstigen in situ Untersuchungen oberhalb der Grundwasseroberfläche erfolgen. Das Untersuchungsergebnis weist bei dieser Vorgehensweise aber nur aus, welche Konzentrationen das Sickerwasser im Bereich der Probenahme angenommen hat bzw. annehmen wird. Relevant ist jedoch die Konzentration am Ende der Sickerstrecke, also im Übergangsbereich von der gesättigten in die ungesättigten Zone (am Ort der Beurteilung, *→ Rdnr. 26)*, weil dort **27**

BBodSchV § 4

die Bildung der neuen Grundwasseroberfläche aus dem Sickerwasser der Verdachtsfläche unmittelbar bevorsteht.

(Ruf)

2.4 Abschließende Bewertung nach der Detailuntersuchung

28 Nach Abs. 4 sind die Ergebnisse der Detailuntersuchung durch die zuständige Behörde daraufhin zu bewerten, inwieweit Sanierungs-, Schutz- oder Beschränkungsmaßnahmen i. S. v. § 2 Abs. 7 und 8 BBodSchG erforderlich sind. Zu bewerten ist i. V. m. § 3 Abs. 7 auch, ob ein Erfordernis für wiederkehrende Untersuchungen besteht (→ *Rdnr. 61 ff. zu § 3*).

29 Die gesonderte Vorschrift für die abschließende Bewertung des Sachverhalts geht auf die Zustimmungsmaßgabe des Bundesrates zurück, die auf eine systematische Regelung der Untersuchungs- und Bewertungsschritte abzielte. Im Regierungsentwurf waren die Maßgaben für die Bewertung der Ergebnisse von orientierenden Untersuchungen und Detailuntersuchungen in § 4 Abs. 1 zusammengefaßt. Die amtliche Begründung dazu enthielt die folgende grundlegende Klarstellung, die auch für den jetzigen Abs. 4 Gültigkeit hat:

> *„§ 4 Abs. 1 legt fest, daß die Bewertung insbesondere auch anhand der Prüf- und Maßnahmenwerte nach Anhang 2 erfolgt. Mit der Formulierung 'insbesondere auch' werden die Bodenwerte der Verordnung als hervorgehoben geeignete Bewertungsgrundlage herausgestellt. Um den Erfordernissen des Einzelfalles gerecht zu werden, wird mit dem 'auch' eingeräumt, daß im Rahmen einer immer auch anzustellenden Beurteilung der Gesamtsituation Umstände zu bewerten sind, die nicht in die Ableitung der numerischen Größe eines Prüf- und Maßnahmenwertes eingegangen sind, aber im Einzelfall für die abschließende Gefahrenbeurteilung relevant sein könnten. Hierbei handelt es sich um Kriterien wie etwa besondere bodenchemische Bedingungen, die z. B. auf eine deutlich verringerte Mobilität der Schadstoffe schließen lassen, sowie auch um Kriterien wie die Zugänglichkeit einer Fläche (kommt das bei der Prüfwert-Ableitung unterstellte Nutzungsszenario im konkreten Fall tatsächlich vor?), oder unter Umständen auch besondere Nutzungsformen des Bodens."*

30 Auf die Notwendigkeit der *„Beachtung der Gegebenheiten des Einzelfalles"* wird auch in Abs. 4 der geltenden Fassung ausdrücklich hingewiesen. Für die Anwendung von Maßnahmenwerten bedeutet dies: Soweit in Anhang 2 Maßnahmenwerte festgelegt sind, sind diese für die abschließende

Gefahrenbeurteilung heranzuziehen und dienen gemäß ihrer Definition in der Regel als Grundlage für die Entscheidung über Maßnahmen zur Gefahrenabwehr. Liegen jedoch aus Untersuchungen über die Mobilität bzw. Mobilisierbarkeit der relevanten Schadstoffe, die Schadstoffausbreitung, die auf Grund der Nutzung nur möglichen Auswirkungen auf Schutzgüter etc. entgegenstehende Erkenntnisse vor, gehen diese der Regelanwendung des Maßnahmenwertes vor.

Ein entsprechendes Beispiel im Zusammenhang mit dem PCDD/F-Maßnahmenwert ist etwa der auf Spiel- und Sportplätzen verwandte Baustoff „Kieselrot", der auch in einer Fußnote zu Anhang 2 Nr. 1.2 gesondert angesprochen wird *(→ Rdnr. 12 f. zu Anhang 2)*. Bei diesem Material traten zwar zum Teil extreme Überschreitungen des Maßnahmenwertes auf. Medizinische Untersuchungen betroffener Anwohner und Sportplatzbenutzer zeigten jedoch keine erkennbaren gesundheitlichen Beeinträchtigungen, bedingt durch die außerordentlich geringe Mobilisierbarkeit der Schadstoffe. Daher wurden in diesem Fall nicht generell unmittelbare Maßnahmen zur Gefahrenabwehr (Sperrung, Überdeckung, sofortiger Materialaustausch) für erforderlich gehalten, sondern eine Sanierung von Sportplätzen erfolgt meist erst nach übergangsweiser Nutzung mittelfristig *„zum Zweck der nachhaltigen Gefahrenabwehr".*

31

(König)

2.5 Bewertung von Schadstoffen, für die keine Prüf- und Maßnahmenwerte festgesetzt sind

Schädliche Bodenveränderungen und Altlasten können auf eine Vielzahl unterschiedlicher Schadstoffe zurückzuführen sein. Werden Anreicherungen von Schadstoffen angetroffen, für die in Anhang 2 der BBodSchV noch keine Prüf- oder Maßnahmenwerte festgelegt sind, müssen auch diese nach dem Stand des Wissens bewertet und – soweit erforderlich – bei der Sanierungsplanung und -durchführung berücksichtigt werden. Abs. 5 schreibt vor, daß für die Bewertung solcher Schadstoffe *„die zur Ableitung der entsprechenden Werte in Anhang 2 herangezogenen Methoden und Maßstäbe zu beachten"* sind. Diese Bindung an die Ableitungsmodalitäten für bereits festgelegte Prüfwerte soll für eine nachvollziehbare Bewertung nach den Anforderungen des BBodSchG (→ *Rdnr. 9 f. zu Anhang 2*) und damit zugleich für eine Angleichung des Vollzugs in den Ländern sorgen.

32

Eine Beschränkung der Gefährdungsabschätzungen nur auf solche Schadstoffe, für die in der BBodSchV Prüf- oder Maßnahmenwerte festgelegt

33

sind, hätte oftmals unvollständige Sachverhaltsermittlungen und unzureichende Sanierungen zur Folge. Die Pflichtigen würden mit der Unsicherheit belastet, daß jede Ergänzung der BBodSchV um Werte für neue Schadstoffe zu Nachuntersuchungen oder Nachbesserungen von Sanierungsmaßnahmen führen könnte.

34 Schadstoffe, die bei schädlichen Bodenveränderungen oder Altlasten relevant sein können, sind in verschiedenen umfangreichen Listen *(→ Rdnr. 37 zu § 2)* zusammengestellt, die nicht in vollem Umfang in die BBodSchV übernommen wurden. Zu ausgewählten Stoffen aus diesen Listen wurden in Anhang 2 dieser Verordnung, jeweils differenziert nach Schutzgütern bzw. Wirkungspfaden, Prüf- oder Maßnahmenwerte festgelegt. Dabei handelte es sich vorrangig um solche Stoffe, die als bundesweit bedeutsam angesehen wurden und für die eine ausreichend sichere Ableitung vorgenommen werden konnte. In bestimmten Regionen, bei bestimmten Belastungsursachen oder auch im Einzelfall können darüber hinaus weitere Stoffe von Bedeutung sein. Zu nennen sind dazu insbesondere folgende Beispiele:

- **Regional bedeutsame Schadstoffe**
  Hierzu zählt z. B. Thallium, für das in Anhang 2 nur ein Prüf- und Maßnahmenwert beim Pfad Boden – Pflanze festgelegt wurde. Im Umgebungsbereich verschiedener Zementwerke und in bestimmten Bergbaugebieten können jedoch auch so starke Anreicherungen auftreten, die eine Bewertung für den Pfad Boden – Mensch oder das sogenannte „Wohngartenszenario" erforderlich machen.

- **Extreme Anreicherungen toxikologisch weniger relevanter Schwermetalle**
  Verschiedene nicht in Anhang 2 geregelte Schwermetalle, wie z. B. Antimon, Beryllium oder die Elemente der Platingruppe, können im Zusammenhang mit bestimmten Produktionsprozessen, Emissionen oder Materialablagerungen im Einzelfall in extrem hohen Konzentrationen auftreten. Dann kann auch für diese Stoffe eine Gefährdungsabschätzung erforderlich sein, obwohl sie grundsätzlich bei der Auswahl der Stoffliste für den Anhang 2 als weniger relevant eingestuft wurden (siehe z. B. VIERECK 1998).

- **Flüchtige organische Schadstoffe**
  Da für diese Stoffgruppe und das zugehörige Expositionsszenario einer Anreicherung in geschlossenen Räumen Bodenwerte als nicht geeignet angesehen wurden, wurde auf die Festlegung von Werten in der

Verordnung verzichtet. Die nachstehenden Erläuterungen nehmen diese Stoffe deshalb aus. Verwiesen sei insoweit auf die länderübergreifend erarbeiteten und von der Hessischen Landesanstalt für Umwelt veröffentlichten „Fachlichen Grundlagen zur Beurteilung von flüchtigen organischen Substanzen in der Bodenluft bei Altlasten" (HLfU 1999) und die Erläuterungen zu § 3 Abs. 6 (→ *Rdnr. 49 ff. zu § 3*).

Sollen im Einzelfall oder im Wege von Länderregelungen Schadstoff-Konzentrationswerte abgeleitet werden, denen mangels entsprechender Werte in der BBodSchV die Funktion für Prüf- oder Maßnahmenwerte zugedacht ist, sind die sich aus Abs. 5 ergebenden Anforderungen zu erfüllen Die nach der Zustimmungsmaßgabe des Bundesrates klarstellend ergänzte und als Abs. 5 gefaßte Vorschrift war im wesentlichen bereits im Regierungsentwurf enthalten (dort § 4 Abs. 1 Satz 2 und 3). Die dafür gegebene amtliche Begründung verdeutlicht die Anforderungen des jetzigen Abs. 5 u. a. wie folgt: 35

> *„Aus dem Bundes-Bodenschutzgesetz ergibt sich grundsätzlich die Anforderung, daß Prüf- und Maßnahmenwerten schutzgut- und wirkungs(pfad)bezogen abzuleiten und für den Wirkungspfad Boden-Mensch zusätzlich auch auf bestimmte Bodennutzungen zu beziehen sind. Die Werte müssen das nach den Maßstäben des § 4 BBodSchG relevante Schutzgut angeben; dies sind in der Regel Bodenfunktionen, die in ihrer Bedeutung für (a) den Menschen im direkten Kontakt mit Boden, (b) die Reinhaltung von Nahrungs- und Futterpflanzen und (c) das Bodensickerwasser auf dem Weg zum Grundwasser beurteilt werden. Ihre Ableitungsgrundsätze lassen erkennen, worin die bei ihrer Überschreitung unterstellte schädliche Wirkung dem Grunde nach besteht bzw. von welchem Risiko ausgegangen wird. Im wesentlichen erfordert dies die Angabe, durch welche Expositions-Annahmen ein für die Gefahrenverwirklichung 'ungünstiger Fall' (Prüfwerte) eines Stoffgehaltes im Boden gestützt wird. Weitere wesentliche Maßstäbe für die Ableitung der Prüf- und Maßnahmenwerte sind die Angaben zu Schadstoffgehalten oder -konzentrationen in den Schutzgütern. Zusammen wird hierdurch die hinreichende Wahrscheinlichkeit einer Gefahrenlage begründet (Gefahrenbezug)."*

Die Methoden und Maßstäbe sowie bestimmte Grundlagen für die Ableitung der in Anhang 2 festgesetzten Prüf- und Maßnahmenwerte sind durch die Bekanntmachung des Bundesministeriums für Umwelt, Naturschutz und Reaktorsicherheit vom 18. Juni 1999 (Bundesanzeiger Nr. 161 a vom 28. August 1999) allgemein zugänglich gemacht worden. Durch deren Ver- 36 ankerung in § 4 Abs. 5 der Verordnung soll eine möglichst weitgehende Vereinheitlichung der Bewertung auch für nicht in der Verordnung geregelte Stoffe erreicht werden. Trotzdem dürfte die Ableitung eines zusätzlichen Wertes nur selten schematisch vorgenommen werden können. Sie setzt vielmehr immer die Heranziehung einer für den jeweiligen Bereich sachverständigen Person voraus, da die erforderlichen Ableitungsgrundlagen nur selten vollständig sein dürften und in der Regel auch Ermessungsspielraum, insbesondere bei der abschließenden Plausibilitätsprüfung rechnerischer ermittelter Werte, verbleibt.

37 In der v. g. Bekanntmachung des Bundesumweltministeriums erfolgt nach einer einführenden Erläuterung zur Anwendung der verschiedenen Prüf- und Maßnahmenwerte und der Abgrenzung der Nutzungen eine ausführliche Darstellung der Ableitungsgrundlagen der humantoxikologischen Bewertungsmaßstäbe und der Expositionsannahmen. Die Ausführungen der Bekanntmachung sind bisher allerdings begrenzt auf die Prüf- und Maßnahmenwerte in Anhang 2 Nrn. 1 und 2 BBodSchG, obwohl die Verankerung in § 4 Abs. 5 der Verordnung durch die Zustimmungsmaßgabe des Bundesrates auf alle Prüf- und Maßnahmenwerte ausgedehnt wurde.

38 Darüber hinaus sind in einer Veröffentlichung des Umweltbundesamtes (Umweltbundesamt 1999)

- ergänzende Ableitungsmethoden und -maßstäbe für flüchtige Stoffe und
- stoffbezogene Berechnungen der Prüfwerte des Anhangs 2 Nr. 1.4 BBodSchV

dargestellt worden. Zusätzlich wurden als fachlich-wissenschaftliche Äußerung des Umweltbundesamtes weitere stoffbezogene Berechnungen *„als orientierende Hinweise auf Prüfwerte für nicht in der BBodSchV mit Prüfwerten zum Wirkungspfad Boden – Mensch geregelte Stoffe"* in diese Veröffentlichung aufgenommen.

(König)

2.6 Abgrenzung von Teilflächen unterschiedlicher Nutzung

39 Nach dem BBodSchG hat die Gefahrenbeurteilung, mit Ausnahme des Wirkungspfades Boden – Grundwasser, nutzungsbezogen zu erfolgen. Dies trägt dem Umstand Rechnung, daß unterschiedliche Nutzungsarten eines Grundstücks i. d. R. unterschiedliche Expositionsbedingungen zur Folge haben. Daraus ergibt sich grundsätzlich auch, daß unterschiedlich genutzte

Teilflächen einer Verdachtsfläche oder altlastverdächtigen Fläche entsprechend der jeweiligen Nutzung differenziert zu bewerten sind. Konkretisierungen zur Abgrenzung der Nutzungen finden sich bei den Bewertungskriterien für die Wirkungspfade Boden – Mensch und Boden – Pflanze in Anhang 2 Nr. 1.1 und 2.1.

Bestehende Nutzungen lassen sich i. d. R. diesen Nutzungsarten relativ eindeutig zuordnen. Schwieriger ist hingegen eine Zuordnung nach der *„planungsrechtlich zulässigen Nutzung"* gemäß § 4 Abs. 4 BBodSchG, da diese für einzelne Teilflächen oft nicht differenziert genug ist. So sind etwa die planungsrechtlichen Kategorien „Wohngebiet" oder „Park- und Freizeitflächen" durch sehr unterschiedliche Nutzungsstrukturen charakterisiert. Innerhalb von Wohngebieten kommen Nutzgärten oder Spielflächen vor, es sind aber auch Abstandsgrünflächen oder Verkehrsflächen zu finden. Dort ist es notwendig, die jeweiligen Teilflächen mit tatsächlicher oder möglicher empfindlicherer Nutzung auszugrenzen und diese anhand der darauf bezogenen Prüf- oder Maßnahmenwerte zu beurteilen.

40

(König)

2.7 Berücksichtigung von Grundwasseruntersuchungen, Prüfung der Verhältnismäßigkeit

§ 4 Abs. 7 Satz 1 weist darauf hin, daß Erkenntnisse aus Grundwasseruntersuchungen *(→ Rdnr. 100 zu Anhang 1)* nicht unberücksichtigt bleiben dürfen. Damit wird dem Umstand Rechnung getragen, daß alle Methoden zur Sickerwasserprognose Stärken und Schwächen haben, und daß die Größenordnung der Schadstoffeinträge nach Möglichkeit auf verschiedenen Wegen ermittelt werden sollte, um eine Plausibilitätskontrolle zu ermöglichen.

41

Abs. 7 Satz 2 gibt Rahmenvorgaben zur Berücksichtigung der Verhältnismäßigkeit bei der Anordnung von Untersuchungs- und Sanierungsmaßnahmen. Eine vollständige Abwehr von Gefahren für das Grundwasser würde bedeuten, daß kein Sickerwasser mit Konzentrationen über der Geringfügigkeitsschwelle *(→ Rdnr. 25)* zu Grundwasser werden dürfte. Die Erfahrungen bei der Altlastenbearbeitung haben aber gezeigt, daß dieses Sanierungsziel in der überwiegenden Zahl der Fälle aus Gründen der Verhältnismäßigkeit nicht erreicht werden kann. Zum einen können extrem hohe Kosten entstehen, zum anderen negative ökologische Sekundärfolgen der Sanierungsmaßnahmen. Dieses Spannungsfeld ist beim Wirkungspfad Boden – Grundwasser besonders relevant, weil hier im Gegensatz zum

42

Wirkungspfad Boden – Pflanze bzw. Boden – Mensch auf Grund der wasserrechtlichen Randbedingungen eine Gefahrenabwehr durch Nutzungsbeschränkung oder -verzicht nicht möglich ist. Die Festlegung von Sanierungszielen kann nach allgemeiner Auffassung nur im Einzelfall erfolgen. Dennoch ist es wichtig, daß die Ausübung des Ermessens zumindest nach vergleichbaren Kriterien und in ähnlich gelagerten Fällen auch mit vergleichbarem Ergebnis erfolgt. Im Hinblick auf die Rechtssicherheit, die Gleichbehandlung der Sanierungspflichtigen und die Berücksichtigung von übergeordneten Abwägungsaspekten (die im Rahmen der Abwägung aus der Sicht eines Einzelfalles nicht berücksichtigt werden können), sind ermessensleitende Regelungen hilfreich. Da bei einer solchen ermessensleitenden Regelung die regionalen hydrogeologischen Verhältnisse berücksichtigt werden müssen, gibt die BBodSchV nur Rahmenvorgaben dafür, welche Aspekte bei der Prüfung der Verhältnismäßigkeit von Sanierungsmaßnahmen, also bei der Festlegung der Sanierungsziele im Hinblick auf den Schutz des Grundwassers zu beachten sind.

43 Es bleibt den Bundesländern überlassen, ob sie im Zuge von ermessensleitenden Regelungen festlegen wollen, was als „geringe Fracht" bzw. als „lokal begrenzt erhöhte Schadstoffkonzentrationen in Gewässern (hier: Grundwasser)" gilt. Baden-Württemberg hat bereits 1993 eine entsprechende Regelung getroffen (Sozialministerium und Umweltministerium Baden-Württemberg 1998).

44 Es liegt auf der Hand, daß keine weiteren aufwendigen Untersuchungsmaßnahmen angeordnet werden sollen, sobald absehbar ist, daß aus Angemessenheitsgründen ohnehin auf eine Sanierung verzichtet werden wird.

(Ruf)

2.8 Bewertung bei naturbedingt oder großflächig siedlungsbedingt erhöhten Schadstoffgehalten

45 Wie bereits in § 3 Abs. 2 Nr. 2 bei den Anhaltspunkten für schädliche Bodenveränderungen geschehen, erfolgt auch hier bei der Bewertung die Einschränkung, daß bei „*naturbedingt erhöhten Gehalten an Schadstoffen allein auf Grund dieser Gehalte ... eine schädliche Bodenveränderung nicht besteht*". Für die Bewertung ist in solchen Fällen demnach maßgebend, daß eine Freisetzung dieser naturbedingten Schadstoffe durch (menschliche) Einwirkungen auf den Boden erfolgt oder zu erwarten ist *(→ Rdnr. 26 zu § 3)*. Entscheidend sind daher etwa in Gebieten mit oberflächennahen Vererzungen nicht die oft sehr hohen Gesamtgehalte an Schwermetallen, sondern der auf Grund einer „Freisetzung" stattfindende Übergang über einzel-

ne Wirkungspfade zu Schutzgütern. Dieser kann entweder über die mobile/mobilisierbare Fraktion im Boden, durch Untersuchungen von Transfermedien (Sickerwasser, Pflanzen) oder durch Untersuchungen beim Schutzgut selbst (z. B. Human-Biomonitoring) ermittelt werden.

Der in Satz 2 enthaltene Hinweis auf *„Böden mit großflächig siedlungsbedingt erhöhten Schadstoffgehalten"* ermöglicht einen Vergleich der zu beurteilenden Fläche mit der Umgebungssituation. Ein solcher Vergleich ist zwar generell im Hinblick auf die Abgrenzung einer Verdachtsfläche bzw. altlastverdächtigen Fläche und die Zurechenbarkeit zu einem Verursacher zu empfehlen, er soll hier aber wohl mehr auf die Verhältnismäßigkeit der zu ergreifenden Maßnahmen abzielen. So kann z. B. in einem Gebiet großflächiger Bodenbelastung die Sanierung eines einzelnen kleinen Grundstückes nur einen geringen Beitrag zur Gefahrenabwehr leisten, so daß sich dort die Einbeziehung in ein Gesamtkonzept anbietet. Letztendlich kann aber eine festgestellte Gefahr nicht durch Verweis auf die Umgebungssituation relativiert werden. Auch in der amtlichen Begründung wird hierzu ausgeführt, daß es *„keinerlei doppeltes Maß bei der Gefahrenbeurteilung geben"* kann. 46

(König)

Exkurs: Anwendung der Prüf- und Maßnahmenwerte bei der Bauleitplanung und im Baugenehmigungsverfahren

Oft stellt sich die Frage, inwieweit die auf den Zweck der Gefahrenbeurteilung vorhandener Bodenverunreinigungen und Altlasten ausgerichteten Prüf- und Maßnahmenwerte auch im Bereich der Bauleitplanung und in Baugenehmigungsverfahren anwendbar sind. In diesen Anwendungsbereichen existieren bisher keine speziell für die Beurteilung bestehender Bodenbelastungen festgesetzten Werte. Auch im BBodSchG wird kein ausdrücklicher Bezug zu diesem Anwendungsbereich hergestellt. In § 3 Abs. 2 BBodSchG sind die *„Vorschriften des Bauplanungs- und Bauordnungsrechts"* jedoch nur unter der Voraussetzung aus dem Anwendungsbereich ausgeschlossen, daß sie *„Einwirkungen auf den Boden ... regeln"*. Da dieses bei den angesprochenen Fragen nicht der Fall ist, sind die Voraussetzungen für eine analoge Anwendung der Werte der BBodSchV abzuklären. 47

Im Bauleitplanverfahren gilt sowohl für Bebauungspläne als auch für sogenannte Vorhaben- und Erschließungspläne das bauplanungsrechtliche Abwägungsgebot. Die öffentlichen und privaten Belange sind gegeneinander 48 und untereinander gerecht abzuwägen. Das bedeutet, daß bestimmte Belange stärker gewichtet werden können als andere. Das Planungsrecht verlangt aber, daß bei Neuplanungen „gesunde Wohn- und Arbeitsverhältnisse" gewahrt bleiben, so steht es in § 1 des Baugesetzbuches (BauGB). Dabei ist vom Vorsorgeprinzip und dem Grundsatz des vorsorgenden Umweltschutzes auszugehen. Vorhaben im unbeplanten Innenbereich, das sind im Zusammenhang bebaute Ortsteile ohne Bebauungsplan, müssen ebenfalls den Anforderungen an „gesunde Wohn- und Arbeitsverhältnisse" entsprechen (vgl. § 34 des Baugesetzbuches – BauGB). Im Baugenehmigungsverfahren muß daher der Bauwillige, nicht die Behörde, durch Gutachten nachweisen, daß keine gesundheitsgefährdenden Bodenverunreinigungen vorhanden sind bzw. daß von den vorhandenen Bodenverunreinigungen keine Gefahren ausgehen.

49 Da die Vorsorgewerte der BBodSchV auf die Vermeidung des Entstehens schädlicher Bodenveränderungen durch zukünftige Stoffeinträge ausgerichtet sind, kommen diese für den Anwendungsbereich der Bauleitplanung und von Baugenehmigungsverfahren nicht in Betracht. Die Maßnahmenwerte andererseits zielen vorrangig auf die Notwendigkeit von Maßnahmen zur Gefahrenabwehr ab. Die Prüfwerte als „*Gefahrenschwelle im ungünstigen Fall*" werden hingegen dem Anspruch des Baugesetzbuches nach „*gesunden Wohn- und Arbeitsverhältnissen*" am ehesten gerecht. Sie können daher als Orientierungswerte im Abwägungsprozeß herangezogen werden. Je nach Belastungssituation und zur Verfügung stehenden Alternativflächen bleibt für die Abwägung im Einzelfall eine Spannweite von allgemein vorhandenen Hintergrundgehalten bis zur tatsächlichen Gefahrenschwelle offen.

(König)

Literatur

Bekanntmachung über Methoden und Maßstäbe für die Ableitung der Prüf- und Maßnahmenwerte nach der Bundes-Bodenschutz- und Altlastenverordnung (BBodSchV). Bekanntmachung des Bundesministeriums für Umwelt, Naturschutz und Reaktorsicherheit vom 18. Juni 1999. Bundesanzeiger Nr. 161 a vom 28. August 1999

LEUCHS, W., BISTRY, TH. (1999):
Das Konzept der Gefahrenbeurteilung von Böden und Altlasten zum Schutz des Grundwassers aus der Sicht von LAWA, LABO und LAGA. In: FRANZIUS V., BACHMANN, G.: Sanierung kontaminierter Standorte und Bodenschutz 1998. Berlin: Erich Schmidt 1999

Sozialministerium und Umweltministerium Baden-Württemberg (1998):
Verwaltungsvorschrift über Orientierungswerte für die Bearbeitung von Altlasten und Schadensfällen vom 16. September 1993 i. d. F. vom 1.3.98 (GABL 1998)

Umweltbundesamt (1999):
Berechnung von Prüfwerten zur Bewertung von Altlasten. Berlin: Erich Schmidt 1999

VIERECK, L (1998):
Fortentwicklung der Bodenwerte für den Boden – Pflanze-Pfad. Abschlußbericht zum F+E-Vorhaben 10702005, Block II.1.2. Berlin: Umweltbundesamt 1998 (unveröffentlicht)

Dritter Teil
Anforderungen an die Sanierung von schädlichen Bodenveränderungen und Altlasten

§ 5
Sanierungsmaßnahmen, Schutz- und Beschränkungsmaßnahmen

(1) Dekontaminationsmaßnahmen sind zur Sanierung geeignet, wenn sie auf technisch und wirtschaftlich durchführbaren Verfahren beruhen, die ihre praktische Eignung zur umweltverträglichen Beseitigung oder Verminderung der Schadstoffe gesichert erscheinen lassen. Dabei sind auch die Folgen des Eingriffs insbesondere für Böden und Gewässer zu berücksichtigen. Nach Abschluß einer Dekontaminationsmaßnahme ist das Erreichen des Sanierungsziels gegenüber der zuständigen Behörde zu belegen.

(2) Wenn Schadstoffe nach § 4 Abs. 5 des Bundes-Bodenschutzgesetzes zu beseitigen sind und eine Vorbelastung besteht, sind vom Pflichtigen grundsätzlich die Leistungen zu verlangen, die er ohne Vorbelastung zu erbringen hätte. Die zuvor bestehenden Nutzungsmöglichkeiten des Grundstücks sollen wiederhergestellt werden.

(3) Sicherungsmaßnahmen sind zur Sanierung geeignet, wenn sie gewährleisten, daß durch die im Boden oder in Altlasten verbleibenden Schadstoffe dauerhaft keine Gefahren, erheblichen Nachteile oder erheblichen Belästigungen für den einzelnen oder die Allgemeinheit entstehen. Hierbei ist das Gefahrenpotential der im Boden verbleibenden

Schadstoffe und deren Umwandlungsprodukte zu berücksichtigen. Eine nachträgliche Wiederherstellung der Sicherungswirkung im Sinne von Satz 1 muß möglich sein. Die Wirksamkeit von Sicherungsmaßnahmen ist gegenüber der zuständigen Behörde zu belegen und dauerhaft zu überwachen.

(4) Als Sicherungsmaßnahme kommt auch eine geeignete Abdeckung schädlich veränderter Böden oder Altlasten mit einer Bodenschicht oder eine Versiegelung in Betracht.

(5) Auf land- und forstwirtschaftlich genutzten Flächen kommen bei schädlichen Bodenveränderungen oder Altlasten vor allem Schutz- und Beschränkungsmaßnahmen durch Anpassungen der Nutzung und der Bewirtschaftung von Böden sowie Veränderungen der Bodenbeschaffenheit in Betracht. Über die getroffenen Schutz- und Beschränkungsmaßnahmen sind Aufzeichnungen zu führen. Mit der zuständigen landwirtschaftlichen Fachbehörde ist Einvernehmen herbeizuführen. § 17 Abs. 3 des Bundes-Bodenschutzgesetzes bleibt unberührt.

(6) Soll abgeschobenes, ausgehobenes oder behandeltes Material im Rahmen der Sanierung im Bereich derselben schädlichen Bodenveränderung oder Altlast oder innerhalb des Gebietes eines für verbindlich erklärten Sanierungsplans wieder auf- oder eingebracht oder umgelagert werden, sind die Anforderungen nach § 4 Abs. 3 des Bundes-Bodenschutzgesetzes zu erfüllen.

<u>Übersicht</u>   Rdnr.

1.	Allgemeines	1
2.	Erläuterungen und Anwendungshinweise	6
2.1	Anforderungen an Dekontaminationsmaßnahmen	6
2.1.1	Begriff und Abgrenzung	6
2.1.2	Eignungskriterien	14
2.1.3	Erreichen des Sanierungsziels	32
2.2	Sanierungsanforderungen an nach Inkrafttreten des BBodSchG entstandene schädliche Bodenveränderungen	33
2.3	Anforderungen an Sicherungsmaßnahmen	36
2.4	Bodenüberdeckung und Versiegelung	54
2.5	Maßnahmen auf land- und forstwirtschaftlich genutzten Flächen	59
2.6	Entnehmen und Einbringen von Material im Bereich der einzelnen Sanierungsmaßnahme	66
	Literatur	

1. Allgemeines

Die Vorschriften des § 5 Abs. 1 bis 5 betreffen die *„wichtigste der drei bo-* 1 *denschutzrechtlichen Grundpflichten in § 4 BBodSchG"* (QUEITSCH 1999, Rdnr. 93), die in § 4 Abs. 3 normierte Sanierungspflicht, sowie die Sonderregelung in § 4 Abs. 5 BBodSchG über nach Inkrafttreten des Gesetzes eingetretene schädliche Bodenveränderungen und Altlasten. Außerdem werden in § 5 Abs. 6 nähere Regelungen über das Entnehmen und Einbringen von Materialien im Bereich der einzelnen Sanierungsmaßnahme getroffen.

Unter den Begriff der **Sanierung** subsummiert das BBodSchG in § 2 2 Abs. 7:

- Dekontaminationsmaßnahmen
- Sicherungsmaßnahmen
- Maßnahmen zur Beseitigung oder Verminderung schädlicher Veränderungen der physikalischen, chemischen oder biologischen Beschaffenheit des Bodens.

Das BBodSchG gibt dem Begriff der Sanierung damit einen besonderen, 3 nur gerade diesem Gesetz eigenen Sinn, der über die Wortbedeutung im allgemeinen Sprachgebrauch hinausgeht. Der Gesetzgeber wird darin durch den Sachverständigenrat für Umweltfragen gestützt, der in seinen Sondergutachten zum Problemkreis „Altlasten" einen entsprechend weitgefaßten Sanierungsbegriff gewählt und begründet hat (SRU 1990, Tz. 446 ff.; SRU 1995, Tz. 18 ff.).

Nicht zu den Sanierungsmaßnahmen i. S. d. BBodSchG zählen Schutz- und 4 Beschränkungsmaßnahmen, zu deren Durchführung auf landwirtschaftlichen Flächen § 5 Abs. 5 spezielle Regelungen enthält. **Schutz- und Beschränkungsmaßnahmen** sind nach der Definition in § 2 Abs. 8 BBodSchG *„sonstige Maßnahmen, die Gefahren, erhebliche Nachteile oder erhebliche Belästigungen für den einzelnen oder die Allgemeinheit verhindern oder vermindern, insbesondere Nutzungseinschränkungen "*.

Die Regelungen in § 5 BBodSchV stehen in enger Verbindung mit den An- 5 forderungen an die Sanierung von schädlichen Bodenveränderungen und Altlasten, die im BBodSchG selbst festgelegt sind. Solche Anforderungen ergeben sich insbesondere aus § 2 Abs. 7 und 8 (Begriffsbestimmungen), § 4 Abs. 3 bis 5 (Pflichten zur Gefahrenabwehr), § 10 Abs. 1 (Sicherheitsleistung zur Aufrechterhaltung der Sicherungs- und Überwachungsmaßnahmen) und § 15 (behördliche Überwachung, Eigenkontrolle). Wegen der zentralen Bedeutung dieser gesetzlichen Vorschriften sei ausdrücklich auch auf die Erläuterung dieser Regelungen in den vorliegenden Kommentaren zum Bundes-Bodenschutzgesetz verwiesen.

(Fehlau/Odensaß)

2. Erläuterungen und Anwendungshinweise

2.1 Anforderungen an Dekontaminationsmaßnahmen

2.1.1 Begriff und Abgrenzung

6 Dekontaminationsmaßnahmen i. S. v. § 2 Abs. 7 Nr. 1 BBodSchG sind Maßnahmen *„zur Beseitigung oder Verminderung der Schadstoffe"*. Dekontamination bezweckt die endgültige Beseitigung der **Gefahren** an der Quelle und im kontaminierten Umfeld (BT-Drucks. 13/6701, S. 30). Die in der Legaldefinition vorgenommene Unterscheidung zwischen **Beseitigung** und **Verminderung** der Schadstoffe ist in der Vollzugspraxis letztlich ohne Bedeutung: *„Die bei der Dekontamination zur Anwendung kommenden Umwandlungs- und Trennoperationen sind naturgesetzlich stets unvollständig. Daraus ergeben sich Restkonzentrationen nach durchgeführter Dekontamination, die im voraus einzukalkulieren ... sind"* (SRU 1985, Tz. 20). Entscheidend ist vielmehr, ob die Reduzierung der Schadstoffgehalte durch eine bestimmte Dekontaminationsmaßnahme im Einzelfall zur Erfüllung der Sanierungspflicht nach § 4 Abs. 3 BBodSchG führt.

7 Eine Behandlung von verunreinigtem Boden, Bodenmaterial oder sonstigem Material zur Dekontamination findet bei Altlasten (selten bei schädlichen Bodenveränderungen) gegenwärtig zumeist in externen ortsfesten Anlagen (off-site Anlagen) und nach folgenden Verfahren statt:

- Mikrobiologische Bodenbehandlung vorwiegend mit dem Mietenverfahren
- thermische Behandlung und
- Bodenwäsche.

8 Daneben werden in entsprechend gelagerten Fällen auch Verfahren angewendet, bei denen die in Boden und Untergrund befindlichen Schadstoffe ohne ein Bewegen des verunreinigten Materials auf physikalischem, chemischem oder biologischem Wege behandelt werden (in situ Maßnahmen),

um sie aus dem Boden zu entfernen oder in unschädliche Stoffe umzuwandeln.

Beispielsweise werden zur Entfernung von flüchtigen Stoffen (u. a. LCKW, BTEX) und Deponiegas (→ *Rdnr. 50 ff. zu § 3*) aus dem Untergrund häufiger aktive pneumatische Verfahren (Bodenluftabsaugung bzw. aktive Entgasung) eingesetzt. Bei der Bodenluftabsaugung werden die über die Gasphase verfügbaren Anteile leichtflüchtiger Schadstoffe aus dem Boden entfernt. Es ist jedoch schwierig, im Einzelfall vorab genauer einzuschätzen oder durch Vorversuche abzuklären, in welchem Umfang die Schadstoffe durch Bodenluftabsaugung tatsächlich entfernt werden können. Die Deponieentgasung ist i. d. R. eine lang andauernde Maßnahme, bei der das durch die Zersetzung organischer Substanz entstehende Deponiegas abgesaugt und behandelt wird. 9

Prinzipiell handelt es sich bei aktiven pneumatischen Verfahren um Dekontaminationsmaßnahmen; je nach Einsatzzweck kann diese Technik aber auch Sicherungs- oder Schutzfunktionen übernehmen. Wenn eine Bodenluftabsaugung oder Deponieentgasung nicht dazu dient, die vorhandenen Schadstoffe nachhaltig zu entfernen, sondern flüchtige Schadstoffe oder Gase lediglich an der Ausbreitung oder dem Eindringen in Gebäude hindern soll, ist sie nicht als Dekontaminationsmaßnahme, sondern als Sicherungs- oder Schutzmaßnahme einzustufen. 10

Sanierungsmaßnahmen mittels sogenannter „pump and treat-Verfahren" oder passiver Systeme, wie z. B. durchströmter Reinigungswände oder „funnel and gate-Systeme", können eine Dekontamination von Grundwasser bewirken, das durch schädliche Bodenveränderungen oder Altlasten verunreinigt ist. Neben einer solchen Dekontaminationswirkung besitzen derartige hydraulische Verfahren auch eine Sicherungswirkung, da sie einen weiteren Schadstofftransport im Grundwasserabstrom verhindern. Insofern stellt die Anwendung eines der v. g. Verfahren, bezogen auf den Boden als Emissionsquelle, i. d. R. eine Sicherungsmaßnahme dar. Im Einzelfall sollte die Charakterisierung einer Sanierungsmaßnahme, bei der Verfahren der genannten Art zur Anwendung kommen, nach dem Hauptzweck der Maßnahme erfolgen. Ob diese Verfahren im Einzelfall als Dekontaminationsmaßnahme für das Grundwasser oder als Sicherungsmaßnahme für den Boden geeignet sind *(→ Rdnr. 14 ff. und 36 ff.)*, hängt u. a. vom Sanierungsziel ab, bei dessen Festlegung auch Vorgaben zum Abstand zwischen der Kontaminationsquelle und dem Ort der Elimination der Schadstoffe im Grundwasserleiter gemacht werden sollten. Kontrovers wird gegenwärtig diskutiert, als welche Art von Maßnahme „monitored 11 natural attenuation", insbesondere ein im Grundwasserleiter stattfindender natürlicher Abbau von Schadstoffen, einzustufen ist oder ob es sich überhaupt um eine Maßnahme i. S. d. § 2 Abs. 7 oder 8 BBodSchG handelt. Nach Auffassung der Verf. handelt es sich dabei um (naturbedingte) **örtliche Gegebenheiten**, die – wie bisher schon – bei der Prognose des künftigen Geschehensablaufs und der Bewertung im Einzelfall zu beachten sind und nur auf diese Weise Eingang in die Entscheidung über geeignete, erforderliche und verhältnismäßige Gefahrenabwehrmaßnahmen finden können.

12 Wenn die Schadstoffzusammensetzung, die Bioverfügbarkeit der Schadstoffe in der Bodenmatrix und die Untergrundverhältnisse günstige Randbedingungen bilden (z. B. leichte Mineralöle, durchlässiger Boden), werden vereinzelt auch biologische in situ Maßnahmen durchgeführt. Dabei sind das Erreichen und der Nachweis des Sanierungserfolges wegen der i. d. R. inhomogenen Verteilung der Schadstoffe im Untergrund mit besonderen Schwierigkeiten verbunden.

13 Die Dekontamination einer schädlichen Bodenveränderung oder Altlast wird auch bewirkt, wenn das verunreinigte Material im erforderlichen Umfang ausgehoben und unter Erfüllung der Vorschriften des KrW-/AbfG definitiv aus dem Bereich der betroffenen Fläche entfernt wird.

(Fehlau/Odensaß)

2.1.2 Eignungskriterien

14 Nach § 8 Abs. 1 Nr. 3 Buchst. b) BBodSchG ist die Bundesregierung u. a. ermächtigt, Anforderungen an die Sanierung des Bodens und von Altlasten, insbesondere an den Umfang von Dekontaminations- und Sicherungsmaßnahmen, die langfristig eine Ausbreitung von Schadstoffen verhindern, festzulegen. Der Verordnungsgeber hielt sich zweifelsohne für berechtigt, im Rahmen dieser Ermächtigung auch nähere Regelungen über die **Eignung** von Dekontaminations- und Sicherungsmaßnahmen zu treffen.

15 Regelungen über die **Eignung** von **Dekontaminationsverfahren** finden sich in Abs. 1 Satz 1 und 2. Diese Regelungen stehen in Verbindung mit der Konkretisierung der Anforderungen an Sanierungsuntersuchungen und an den Sanierungsplan in Anhang 3. Nach Anhang 3 Ziff. 1 Satz 1 sind mit Sanierungsuntersuchungen bei Altlasten die zur Erfüllung der Pflichten nach § 4 Abs. 3 BBodSchG geeigneten, erforderlichen und angemessenen Maßnahmen zu ermitteln. Anhang 3 Ziff. 2 Nr. 2 verlangt für den Sanierungsplan neben der Darstellung der durchzuführenden Maßnahmen ausdrücklich auch den „Nachweis ihrer Eignung". Die v. g. Regelungen des

Anhangs 3 sind Ausfluß des Grundsatzes der Verhältnismäßigkeit, nach dem die zuständige Behörde vor der Anordnung von Dekontaminationsmaßnahmen oder anderen Maßnahmen zur Gefahrenabwehr generell (auch) deren Eignung zu prüfen hat. Liegen ihr als Grundlage für ihre Prüfung und Entscheidung vom Pflichtigen verlangte Sanierungsuntersuchungen oder sonst erbrachte Eignungsnachweise nicht vor, muß sie die notwendigen Ermittlungen selbst vornehmen.

Nach § 5 Abs. 1 Satz 1 sind Dekontaminationsmaßnahmen geeignet, wenn sie auf technisch und wirtschaftlich durchführbaren Verfahren beruhen, die ihre praktische Eignung zur umweltverträglichen Beseitigung oder Verminderung der Schadstoffe gesichert erscheinen lassen. Die Eignung von Dekontaminationsmaßnahmen wird mithin daran geknüpft, ob die im Einzelfall vorgesehenen **Verfahren** die in der v. g. Vorschrift genannten Anforderungen (Eignungskriterien) erfüllen. 16

Nach welchen rechtlichen Maßstäben die durch das einzelne Verfahren erreichbare Beseitigung oder Verminderung von Schadstoffen zu beurteilen ist, geht aus Abs. 1 Satz 1 nicht unmittelbar hervor. Hier ist zu unterscheiden zwischen Maßnahmen, bei denen die Dekontamination in situ erfolgt oder das gereinigte Material im Bereich derselben schädlichen Bodenveränderung bzw. Altlast wieder ein- oder aufgebracht werden soll, und Maßnahmen, bei denen vorgesehen ist, das entnommene Material nach der Behandlung an anderer Stelle zu entsorgen oder gefördertes und gereinigtes Grundwasser wieder in ein Gewässer einzuleiten. 17

Für die erstgenannte Gruppe von Maßnahmen ergeben sich die konkreten Anforderungen an die Beseitigung oder Verminderung von Schadstoffen unmittelbar aus den Maßgaben, die dem Verantwortlichen von der zuständigen Behörde zur Erfüllung der Sanierungspflicht nach § 4 BBodSchG Abs. 3 oder 5 auferlegt worden sind. Bei der zweiten Fallgruppe müssen die Schadstoffgehalte der behandelten Materialien bzw. des behandelten Wassers den Anforderungen genügen, die dafür nach den im Einzelfall anzuwendenden Rechtsvorschriften von der zuständigen Behörde an eine ordnungsgemäße und schadlose Verwertung, eine gemeinwohlverträgliche Beseitigung oder die Einleitung in ein Gewässer gestellt werden. 18

Grundvoraussetzung für die Eignung eines Dekontaminationsverfahrens ist, daß sich mit ihm die im einzelnen Anwendungsfall erforderliche Beseitigung oder Verminderung von Schadstoffen, die von der zuständigen Behörde zuvor zu konkretisieren ist, technisch überhaupt bewerkstelligen läßt. 19

BBodSchV § 5

20 Der Verordnungsgeber hat für Abs. 1 Satz 1 vermutlich nicht ohne Absicht einen Wortlaut gewählt, der eine gewisse Nähe zu der Definition des Standes der Technik in § 3 Abs. 6 BImSchG zeigt. Die gefestigte Auslegung dieser Begriffsbestimmung kann daher zum Verständnis des Eignungskriteriums „**technisch durchführbar**" beigezogen werden. Die Regelung des Abs. 1 Satz 1 spricht zwar nicht vom „*Entwicklungsstand fortschrittlicher Verfahren*", sie benennt aber ebenso wenig das früher in der Begriffsbestimmung des BImSchG enthaltene Kriterium „*im Betrieb bewährt*". Ebenso wie zur Emissionsbegrenzung nach BImSchG werden deshalb zur Dekontamination nach Bodenschutzrecht in begründeten Fällen auch noch nicht betriebserprobte Verfahren als technisch durchführbar beurteilt und ggf. durchgesetzt werden können.

21 In diesem Sinne kann ein Dekontaminationsverfahren nicht nur dann als technisch durchführbar eingestuft werden, wenn es bei vergleichbaren Fallgestaltungen zur Sanierung eingesetzt wurde und sich bewährt hat, sondern auch, wenn es unter Praxisbedingungen erprobt wurde und seine Einsetzbarkeit und Betriebssicherheit unter repräsentativen Randbedingungen bewiesen hat.

22 Als weiteres Eignungskriterium für eine Dekontaminationsmaßnahme verlangt Abs. 1 Satz 1 ein **wirtschaftlich durchführbares Verfahren**. Die Begründung des Regierungsentwurfs führt dazu aus (BR-Drucks. 780/98):

> „*Die Durchführbarkeit soll nicht nur unter technischen, sondern auch unter wirtschaftlichen Gesichtspunkten gewährleistet sein. Wirtschaftlich bedeutet in diesem Zusammenhang, daß der mit einer Dekontamination erreichbare Nutzen in einem angemessenen Verhältnis zum Aufwand stehen muß. Technische Verfahren zur Altlastensanierung ermöglichen mittlerweile in allen denkbaren Fallgestaltungen die Beseitigung oder Verminderung des Schadstoffgehaltes (Dekontamination). In vielen Fällen, insbesondere bei sanierungsbedürftigen Altablagerungen, liegen die Kosten dafür jedoch in einer Größenordnung, die das Maß der Verhältnismäßigkeit überschreiten kann. Die Verordnung berücksichtigt diese Tatsache und räumt dem Verwaltungsvollzug daher einen Ermessensspielraum ein.*"

23 Die vorstehende Begründung besagt, daß die Wendung „wirtschaftlich durchführbar" letztlich nichts anderes darstellt, als einen Verweis auf den Grundsatz der Verhältnismäßigkeit, der Verfassungsrang hat. Des Einräumens eines ohnehin bestehenden „Ermessungsspielraums" für den Verwaltungsvollzug hätte es deshalb nicht bedurft. Nützlich mag jedoch die mit

dem Verweis verbundene Klarstellung sein, daß die Verwaltung unter mehreren möglichen und zur Erreichung des Sanierungszieles geeigneten Maßnahmen nur diejenige wählen darf, die den Pflichtigen und die Allgemeinheit am wenigsten beeinträchtigt, und daß die zu erwartenden Kosten nicht in krassem Mißverhältnis zu dem erstrebten Erfolg stehen dürfen.

Die **praktische Eignung** eines Verfahren kann dann als **gesichert** erscheinen, wenn Referenzen über ähnlich gelagerte Anwendungsfälle oder übertragbare Ergebnisse von Erprobungen im Praxismaßstab vorliegen, bei denen ein Nachweis über die Eignung und Wirksamkeit erbracht wurde. Je nach Verfahren und Anwendungsfall sind zur Beurteilung der Eignung auch besondere Eignungsversuche erforderlich (z. B. Absaugversuche bei der Bodenluftabsaugung oder Vorversuche bei mikrobiologischen Verfahren). 24

Die Eignung von Dekontaminationsmaßnahmen in Abs. 1 Satz 1 steht weiterhin unter der Voraussetzung, daß mit den vorgesehenen Verfahren die Beseitigung oder Verminderung der Schadstoffe **umweltverträglich** erfolgt. Satz 2 trifft dazu die nähere Regelung, daß dabei *„auch die Folgen des Eingriffs insbesondere für Böden und Gewässer zu berücksichtigen"* sind. In der Begründung des Regierungsentwurfs wird zu diesem Kriterium u. a. ausgeführt: 25

„Jede Dekontaminationsmaßnahme hat verfahrensbedingt auch nachteilige Umwelteffekte wie Emissionen in die Umwelt sowie das Entstehen von entsorgungsbedürftigen Abwässern und Abfällen. Bei der Bewertung der Eignung sind insoweit auch die Folgen einer Dekontamination insbesondere für Boden und Gewässer zu berücksichtigen. Im Einzelfall kann deshalb eine Abwägung unter diesen Gesichtspunkten selbst bei verfügbaren, technisch und wirtschaftlich durchführbaren Dekontaminationsverfahren durchaus auch anderen Verfahren den Vorzug geben."

Die in Teilen selbst diskussionsbedürftige amtliche Begründung deutet unausgesprochen auf eine Reihe von Fragen hin, die sich aus der Einführung des Kriteriums „umweltverträglich" im vorliegenden Zusammenhang ergeben. Unzweifelhaft ist zunächst, daß es nicht um eine Umweltverträglichkeitsprüfung i. S. d. Gesetzes über die Umweltverträglichkeitsprüfung (UVPG) geht. Eine Sanierung nach dem BBodSchG als solche ist kein in der Anlage zum UVPG aufgeführtes Vorhaben. Hieraus ergeben sich auch Grenzen hinsichtlich des Umfangs und der Intensität bei der Ermittlung und Bewertung von Auswirkungen auf Menschen, Umwelt und Sachgüter. 26

BBodSchV § 5

27 Umweltverträglichkeit kann unterstellt werden, soweit der Einsatz von Dekontaminationsverfahren an Anlagen oder Maßnahmen gebunden ist, die nach anderen Gesetzen (insbesondere BImSchG, KrW-/AbfG, WHG) rechtmäßig zugelassen sind. Das gilt auch dann, wenn aus einer schädlichen Bodenveränderung oder Altlast entnommenes Material, dessen Verwertung technisch nicht möglich und wirtschaftlich nicht zumutbar ist, auf einer dafür zugelassenen Deponie abgelagert werden soll. Wird eine Zulassung im Zusammenhang mit einer Dekontaminationsmaßnahme angestrebt, findet die Bewertung der Umweltverträglichkeit insoweit nach den einschlägigen Rechtsvorschriften statt.

28 Die Beurteilung der Eignung eines Dekontaminationsverfahrens nach dem Kriterium der Umweltverträglichkeit konzentriert sich demnach in der Praxis auf diejenigen Maßnahmen, die an Ort und Stelle erforderlich werden, um das Verfahren überhaupt mit Erfolg einsetzen zu können.

29 Bei einer externen Behandlung, Verwertung oder Beseitigung schadstoffhaltiger Materialien sind vor allem die Folgen des Eingriffs in den „Boden" der einzelnen schädlichen Bodenveränderung oder Altlast zu betrachten. Zu berücksichtigen ist auch, daß eine Sanierung durch Reinigung des verunreinigten Bodens oder Materials vielfach nur durch Materialaushub und nachfolgende Behandlung erreicht werden kann. Insoweit wird der Vorrang der Abfallvermeidung nach der Pflichtenhierarchie des KrW-/AbfG relativiert.

30 Ein bedeutsames Kriterium hinsichtlich der Umweltverträglichkeit und der Akzeptanz durch betroffene Anlieger sind mögliche Auswirkungen der an Ort und Stelle notwendigen Maßnahmen (z. B. Aushub, Abtransport, Wiederverfüllung) auf die Nachbarschaft (Staub, Gerüche, Freisetzung flüchtiger Schadstoffe, Gebäudeschäden o. ä.) und die verfügbaren Mittel, solchen Auswirkungen zu begegnen.

31 Bei der Dekontamination durch in situ Verfahren muß insbesondere ausgeschlossen werden, daß zur Sanierung eingebrachte Stoffe oder sonstige Auswirkungen des Eingriffs (z. B. eine Grundwasserabsenkung) sich in unzulässiger Weise auf die Boden- oder Grundwasserbeschaffenheit auswirken. Falls sich nachteilige Auswirkungen nicht gänzlich vermeiden lassen, müssen diese mit den einschlägigen Rechtsvorschriften vereinbar sein (z. B. WHG) und in einem angemessenen Verhältnis zu den positiven Effekten der Sanierungsmaßnahme stehen.

(Fehlau/Odensaß)

2.1.3 Erreichen des Sanierungsziels

Abs. 1 Satz 3 verlangt, daß nach Abschluß einer Dekontaminationsmaß- 32
nahme das **Erreichen des Sanierungsziels** gegenüber der zuständigen Behörde zu **belegen** ist. Voraussetzung dafür ist, daß die zuständige Behörde das Sanierungsziel zuvor rechtsgültig und in geeigneter Weise festgelegt hat (→ *Rdnr. 53 zu Anhang 3 Ziff. 2).* Zu belegen ist die vollständige und erfolgreiche Ausführung der in der behördlichen Anordnung oder in einem verbindlichen Sanierungsplan konkretisierten Sanierung. Dies setzt bei Dekontaminationsmaßnahmen voraus, daß die Sanierungsziele nicht lediglich qualitativ beschrieben, sondern in meßbarer oder sonst nachprüfbarer Form niedergelegt worden sind, z. B. durch Angabe von

- Schadstoffgrenzgehalten, bis zu denen Bodenbereiche auszuheben oder in die Maßnahme einzubeziehen sind
- Schadstoffrestgehalten in Boden und Untergrund, mit denen der erfolgreiche Abschluß einer in situ Behandlung bestimmt wird (Reinigungsend- oder -zielwert)
- zulässigen Restgehalten, bezogen auf die mobilen/mobilisierbaren Anteile von Schadstoffen
- maximal zulässigen Sickerwasserkonzentrationen oder Austragsfrachten, wobei im Rahmen der behördlichen Anordnung konkrete Eluatwerte festgelegt werden können, die eine Einhaltung dieser Anforderungen sicherstellen, oder
- Reinigungszielwerten für das Grundwasser, sofern dessen Verunreinigung durch eine schädliche Bodenveränderung oder Altlast hervorgerufen wird.

(Fehlau/Odensaß)

2.2 Sanierungsanforderungen an nach Inkrafttreten des BBodSchG entstandene schädliche Bodenveränderungen

In Abs. 2 werden die Anforderungen des § 4 Abs. 5 BBodSchG an die Be- 33
seitigung schädlicher Bodenveränderungen, die erst nach dem Inkrafttreten des BBodSchG am 1. März 1999 entstanden sind, konkretisiert. In der durch die Zustimmungsmaßgabe des Bundesrates geänderten Fassung sind Anforderungen an die Art der Sanierung und an das Sanierungsziel zu unterscheiden. Zur Ermächtigungsgrundlage und zur Frage der Verhältnismäßigkeit dieser weitergehenden Anforderungen siehe auch die Ausführungen von HILGER (in: HOLZWARTH et al. 2000, § 4 Rdnr. 126 ff.).

BBodSchV § 5

34 Aus der Formulierung in Abs. 2 Satz 1 ergibt sich in bezug auf die in § 4 Abs. 5 BBodSchG genannte **Beseitigungspflicht** für nach Inkrafttreten des BBodSchG am 1. März 1999 entstandene schädliche Bodenveränderungen, daß diese Pflicht grundsätzlich auch bei Vorbelastungen des Bodens besteht. Auf die dabei erforderliche Berücksichtigung der Verhältnismäßigkeit wird bereits in § 4 Abs. 5 BBodSchG hingewiesen. Der hier angesprochene Fall gilt für Vorbelastungen oberhalb von Hintergrundwerten, aber noch unterhalb der Gefahrenschwelle und eine Zusatzbelastung nach Inkrafttreten des Gesetzes, die zu einer Überschreitung der Gefahrenschwelle führt. Aus dem Katalog der Sanierungs-, Schutz- und Beschränkungsmaßnahmen in § 2 Abs. 7 und 8 BBodSchG kommt unter den v. g. Voraussetzungen in diesen Fällen zur Gefahrenabwehr lediglich eine Beseitigung der Schadstoffe durch Dekontamination oder eine Entnahme des kontaminierten Bodenmaterials in Betracht.

35 Satz 2 enthält Anforderungen zum **Sanierungsziel** und hebt auf die *„zuvor bestehende Nutzungsmöglichkeit des Grundstücks"* ab. Die Pflicht zur Gefahrenabwehr ist nach dieser Formulierung auch hinsichtlich der nach der Sanierung verbleibenden Restbelastung weiterreichend als nach § 4 Abs. 4 BBodSchG für früher entstandene Belastungen, für die die planungsrechtlich zulässige Nutzung maßgeblich ist. Wenn also vor der nach Inkrafttreten des Gesetzes erfolgten Zusatzbelastung eine empfindlichere Nutzung des Grundstückes als die planungsrechtlich zulässige Nutzung des Grundstücks als nach planungsrechtlich zulässige Nutzung möglich war, soll nach Maßgabe von § 5 Abs. 2 Satz 2 – unter Berücksichtigung der Verhältnismäßigkeit – grundsätzlich diese Nutzungsmöglichkeit wiederhergestellt werden.

(König)

2.3 Anforderungen an Sicherungsmaßnahmen

36 Abs. 3 enthält in den Sätzen 1 bis 3 Regelungen über die Eignung von Sicherungsmaßnahmen. Sicherungsmaßnahmen sind nach § 2 Abs. 7 Nr. 2 BBodSchG Maßnahmen, *„die eine Ausbreitung der Schadstoffe langfristig verhindern oder vermindern"*. Die **langfristige** Verhinderung oder Verminderung der Schadstoffausbreitung ist danach konstituierend für eine Sicherungsmaßnahme i. S. d. BBodSchG. Maßnahmen zur Rückhaltung von Schadstoffen, die diese Eignung nicht besitzen, zählt das BBodSchG definitionsgemäß nicht zu den Sanierungsmaßnahmen.

37 Dieses konstituierende Kriterium wird in Anlehnung an die Wortwahl des § 4 Abs. 3 Satz 1 BBodSchG in § 5 Abs. 3 BBodSchV aufgenommen. Da-

nach sind Sanierungsmaßnahmen geeignet, wenn sie gewährleisten, daß **dauerhaft** keine Gefahren erhebliche Nachteile oder erhebliche Belästigungen für den einzelnen oder die Allgemeinheit entstehen. Die in § 4 Abs. 3 Satz 1 BBodSchG verankerte Grundpflicht einer **dauerhaft** wirksamen Sanierung wird von HILGER (in: HOLZWARTH et al. 2000, Rdnr. 121 zu § 4) wie folgt kommentiert: *„Aus der Definition der Sicherungsmaßnahmen in § 2 Abs. 7 Nr. 2 ergibt sich, dass mit 'dauerhaften' Sicherungsmaßnahmen langfristig wirksame gemeint sind. Es sind Maßnahmen durchzuführen, von denen zu erwarten ist, dass durch sie die Gefahrensituation möglichst endgültig bewältigt wird. Kurzfristige Nachbesserungen der Maßnahmen oder fortlaufende ergänzende Gefahrenmaßnahmen sollen vermieden werden."*

Eine nähere Bestimmung der nach obigem Verständnis gleichbedeutenden 38
Kriterien *„langfristig"* und *„dauerhaft"* ist im Gesetz oder der Verordnung nicht enthalten. RADTKE (in: HOLZWARTH et al. 2000, Rdnr. 51 zu § 2) führt dazu aus:

„Eine genaue Zeitangabe erscheint auch weder möglich noch sinnvoll. Entscheidend ist vielmehr, dass die gewählte Maßnahme nach neuen Erkenntnissen eine mehrjährige Haltbarkeit aufweist. Hierbei wird man fordern müssen, dass die Maßnahme je länger haltbar sein muss, desto schwieriger, kostenintensiver und umweltbelastender ihre Erneuerung ist. Zur Langfristigkeit wird auch gehören, dass 'technisches Versagen mit hinreichender Sicherheit ausgeschlossen werden kann (z. B. durch regelmäßige Kontrolle und erforderliche Nachbesserungen) und der Schutz des Menschen und der Umwelt zuverlässig gewährleistet ist' (so die Begründung zum Gesetzentwurf, BR-Drucks. 702/96, S. 90)."

Der vorstehenden Erläuterung ist grundsätzlich beizustimmen. Davon aus- 39
zunehmen ist jedoch die Umschreibung *„mehrjährige Haltbarkeit"*, die sich mit den Kriterien *„langfristig"* und *„dauerhaft"* nicht vereinbaren läßt. Es wäre aber auch abwegig anzunehmen, der Gesetzgeber habe hier allenfalls denkbare, auf Grund naturgesetzlich-technischer Gegebenheiten aber nicht realisierbare Anforderungen normieren wollen. Als Maß für *„langfristig"* oder *„dauerhaft"* wird deshalb die Lebensdauer (Wirksamkeitsdauer) von vergleichbaren (bau-)technischen Sicherungsmaßnahmen herangezogen werden können, die nach dem Stand der Technik zu erstellen sind und entsprechende Funktionen erfüllen müssen. Als Anwendungsfall vergleichbar kann z. B. die Oberflächenabdichtung einer Altdeponie nach den Anforderungen der TA Siedlungsabfall sein.

40 Die Sicherungswirkung muß sowohl für die Schadstoffe gegeben sein, die das Sanierungserfordernis begründen, als auch für Schadstoffe, die während und nach der Sanierung neu entstehen (Satz 2).

41 Als Sicherungsmaßnahmen i. S. v. § 2 Abs. 7 Nr. 2 BBodSchG kommen insbesondere in Betracht:

- Einschließungsverfahren (insbesondere Oberflächenabdichtung, Abdeckung, Versiegelung, vertikale Abdichtung)
- Immobilisierungsverfahren
- (passive) pneumatische Verfahren (insbesondere Bodenluft bzw. Gasdrainagen).

42 I. d. R. können aktive hydraulische Verfahren (sogenannte „pump and treat-Verfahren") und passive Verfahren (z. B. durchströmte Reinigungswände oder „funnel and gate-Systeme") bei geeigneter Anordnung zu den Sicherungsverfahren i. S. d. BBodSchG gezählt werden. Daneben geht von diesen Verfahren je nach den einzelfallspezifischen Randbedingungen eine unterschiedliche Dekontaminationswirkung für Schadstoffe im Grundwasser aus (→ *Rdnr. 11*).

43 Art, Systeme und Materialien, die zur Eignung einer Sicherungsmaßnahme führen, hängen im Einzelfall maßgeblich von den Anforderungen an die Sanierung, d. h. insbesondere vom Sanierungsziel, von den betroffenen Schutzgütern, von den relevanten Wirkungspfaden sowie von Art und Menge des zu sichernden „Schadstoffinventars" ab.

44 Falls außer den Pfaden Boden – Mensch (direkter Kontakt) oder Boden – Pflanze keine anderen Wirkungspfade zu unterbrechen sind, kann allein schon eine Abdeckung als Sanierungsmaßnahme ausreichen, deren Mächtigkeit in Abhängigkeit von der vorliegenden Nutzung festgelegt wird (siehe auch BBodSchV Anhang 1 Tab. 1). Verkehrsflächen oder überbaute Flächen können je nach Art ihrer „Versiegelung" zugleich auch eine Abdichtung gegenüber eindringendem Niederschlagswasser bewirken.

45 Amtliche Richtlinien oder Technische Regeln mit konkreten Anforderungen, anhand derer die dauerhafte (→ *Rdnr. 36 ff.*) Erfüllung der Sanierungspflicht durch Sicherungsmaßnahmen beurteilt werden könnte, liegen bisher speziell für den Anwendungsbereich des BBodSchG nicht vor.

BBodSchV § 5

Bei der Auswahl der im Einzelfall geeigneten Sicherungssysteme und Ma- 46
terialien oder der Beurteilung der Eignung wird daher sinngemäß auf
Technische Regeln, Normen, Arbeitshilfen und Qualitätsanforderungen aus
anderen Fach- und Rechtsbereichen zurückgegriffen werden müssen (z. B.
Deponietechnik). Dabei sind ggf. Unterschiede in den Rechtsgrundlagen
(z. B. Gefahrenabwehr bei Altlasten, Gefahrenvorsorge bei abfallrechtlich
zugelassenen Deponien) und die Umstände des Einzelfalls zu berücksichtigen.

Bei Oberflächenabdichtungssystemen können z. B. die TA Abfall und die 47
TA Siedlungsabfall nicht unmittelbar auf den Systemaufbau von Oberflächenabdichtungen bei Altlasten übertragen werden. Diese abfallrechtlichen
Verwaltungsvorschriften geben jedoch verwertbare Hinweise zu bestimmten Anforderungen an Dichtungs- und Drainagematerialien sowie zur Qualitätssicherung bei der technischen Eignungsprüfung und beim Einbau. Die
in der TA Siedlungsabfall enthaltenen Angaben sind insoweit auch eine
Orientierungshilfe für die Altlastensicherung bei der Beurteilung von Mindestüberdeckungsmächtigkeiten zum Schutz gegenüber Austrocknung und
Durchwurzelung bei mineralischen Oberflächenabdichtungen.

Als Vorgaben für Versiegelungen mit Asphaltbeton können die Regelun- 48
gen aus dem Straßenbau (u. a. ZTV – Asphalt) zur Orientierung herangezogen werden, ggf. ergänzt um die Anforderungen aus den Empfehlungen
für die Ausführung von Asphaltarbeiten im Wasserbau (EAAW).

Da alle (bau-)technischen Sicherungsmaßnahmen wie andere Bauwerke nur 49
eine begrenzte technische Nutzungsdauer haben, sind Sicherungsmaßnahmen nur geeignet, wenn eine **Wiederherstellung der Sicherungswirkung**
nach Funktionsverlust möglich ist.

Bei vielen Sicherungsbauwerken (z. B. Oberflächenabdichtungen mit Über- 50
deckungen, Dichtwänden) lassen sich nicht entdeckte Ausführungsfehler
und – gegen Ende der Nutzungsdauer – Fehlstellen und Schäden kaum lokalisieren. Bei einem Verlust der Funktionsfähigkeit oder Wirksamkeit
können daher in Zukunft Ersatzmaßnahmen für größere Teilflächen oder
die ganze Fläche erforderlich werden. Es ist deshalb auch zu berücksichtigen, ob solche Ersatzmaßnahmen durch die spätere Realisierung einer planungsrechtlich zulässigen Nutzung behindert werden können und inwieweit
sich die Ermöglichung von Ersatzmaßnahmen und die Nutzungsabsichten
in Einklang bringen lassen.

51 Abs. 3 Satz 3 verlangt, daß die **Wirksamkeit** von Sicherungsmaßnahmen gegenüber der zuständigen Behörde zu **belegen** und **dauerhaft** zu **überwachen** ist. Der Wortlaut und die Stellung dieser Regelung gehen auf die Änderungsmaßgabe des Bundesrates zurück. Allerdings sah auch der Regierungsentwurf (in Abs. 1) vor, daß die Wirksamkeit von Sanierungsmaßnahmen ggf. überwacht werden muß.

52 Nähere Regelungen über den Wirksamkeitsnachweis und über Anforderungen an die Überwachung enthält die BBodSchV nicht. Effektiv dürfte diese Vorschrift i. d. R. dann werden, wenn sie sich in Form konkreter Anforderungen in einer behördlichen Anordnung (z. B. gestützt auf § 15 Abs. 2 Satz 4 BBodSchG) oder konkreter Inhalte (bzw. Nebenbestimmungen) eines für verbindlich erklärten Sanierungsplans *(→ Rdnr. 69 zu Anhang 3)* niederschlägt.

53 Dies trifft insbesondere auch für die Vorschrift über die dauerhafte Überwachung zu, die ins Leere läuft, solange nicht durch rechtsgültigen Verwaltungsakt festgelegt wird, wie der Pflichtige die Überwachung nach Art, Umfang, Zeitintervallen und Dauer durchzuführen hat und in welcher Weise die Überwachungsergebnisse der zuständigen Behörde vorzulegen sind.

(Fehlau/Odensaß)

2.4 Bodenüberdeckung und Versiegelung

54 In **Abs. 4** werden als mögliche Sicherungsmaßnahmen die **Bodenüberdeckung** und die **Versiegelung** gesondert angesprochen. Damit soll auf deren Eignung zur Unterbindung bzw. Verminderung der Schadstoffausbreitung bei verschiedenen Wirkungspfaden hingewiesen werden. Im Regierungsentwurf (dort Abs. 5) war darüber hinaus als Nebensatz die Formulierung *„insbesondere um einem Abtrag von schadstoffhaltigem Bodenmaterial durch Wasser- oder Winderosion oder der Verlagerung von Schadstoffen über das Sickerwasser zu begegnen"* enthalten (BR-Drucks. 780/98, S. 13*)*. Dieser Zusatz wurde auf Grund der Zustimmungsmaßgabe des Bundesrates gestrichen, der die Streichung wie folgt begründete (BR-Drucks. 244/99 [Beschluß], S. 18/19):

> *„Die Formulierung der Vorlage legt den Fehlschluß nahe, daß eine bloße Abdeckung geeignet sei, der Verlagerung von Schadstoffen über das Sickerwasser zu begegnen. Geeignetere Anwendungsbereiche einer Abdeckung, wie eine Verhinderung des direkten Kontaktes mit verunreinigtem Boden, sind hingegen nicht ausdrücklich genannt. Um*

den Zweck der Regelungen zu erreichen, ist der erste Teilsatz ausreichend."

Außerdem ist festzustellen, daß bei flüchtigen Schadstoffen eine Bodenüberdeckung ungeeignet und eine Versiegelung i. d. R. nur in Verbindung mit einer Gasdrainage ausreichend wirksam ist. 55

Die Abdeckung eines kontaminierten Bodens auf **Kinderspielflächen** durch unbelastetes Bodenmaterial kann bei ausreichender Mächtigkeit (> 35 cm) die Zugänglichkeit für spielende Kinder unterbinden. Eine solche Maßnahme sollte möglichst in Kombination mit einer „Signalschicht" unterhalb der Abdeckung, z. B. in Form eines Geotextils, ausgeführt werden, um bei späteren Bodenarbeiten in tieferen Schichten einer Vermischung zwischen belastetem und unbelastetem Boden vorzubeugen. Als Alternative kommt für den Wirkungspfad Boden – Mensch eine Versiegelung der Fläche in Betracht, um jegliches Eindringen von Kinderspielgeräten in den Boden auszuschließen. Beide Maßnahmen verhindern gleichzeitig einen Abtrag des Bodenmaterials durch Abwehung oder Abschwemmung. 56

Auch auf **Pflanzenstandorten** kann eine Bodenüberdeckung zur Verminderung des Schadstoffübergangs geeignet sein. Es wird einerseits die Abwehung oder das Aufspritzen des belasteten Bodenmaterials verhindert und andererseits kann bei ausreichender Überdeckungsmächtigkeit die Aufnahme durch Pflanzenwurzeln auf ein tolerierbares Niveau reduziert werden. Da eine Nähr- und Schadstoffaufnahme vorrangig durch die Feinwurzeln im humosen Oberboden erfolgt, braucht die Überdeckung nicht unbedingt den gesamten Wurzelraum zu umfassen. Die maximale Wurzeltiefe kann bei bestimmten Pflanzenarten mit Pfahlwurzeln, die der Standfestigkeit dienen, bis über 10 Meter Tiefe reichen. Feldversuche (DELSCHEN 1997) haben gezeigt, daß z. B. bei Gemüseanbau in Klein- und Hausgärten eine Überdeckungsmächtigkeit von etwa 60 cm eine ausreichende Verminderung der Schadstoffaufnahme bei Schwermetallen bewirken kann. 57

Eine Versiegelung kann auch das Eindringen von Niederschlagswasser verhindern und damit längerfristig eine Verringerung der Sickerwasserrate bis zum „Austrocknen" des belasteten Oberbodens bewirken. Damit wird gleichzeitig die Fracht der mit dem Sickerwasser ausgetragenen Schadstoffe vermindert. Letztlich stellt Abs. 4 klar, welche Bandbreite die BBodSchV für die Ausgestaltung von Sicherungsmaßnahmen offen läßt, vorausgesetzt, die Eignung einer im Einzelfall vorgesehenen Maßnahme läßt sich nach den Anforderungen des Abs. 3 belegen (→ *Rdnr. 36 ff.*). 58

(König)

2.5 Maßnahmen auf land- und forstwirtschaftlich genutzten Flächen

59   In **Abs. 5** werden Schutz- und Beschränkungsmaßnahmen für land- und forstwirtschaftlich genutzte Flächen geregelt. Während in der Landwirtschaft einschließlich Gartenbau vorrangig Maßnahmen gegen einen überhöhten Transfer Boden – Pflanze zu ergreifen sind, geht es bei forstwirtschaftlichen Flächen in erster Linie um den Wirkungspfad Boden – Grundwasser. Da es sich bei beiden Nutzungen in der Regel um Belastungen mit meist großflächigem Ausmaß aber nicht extrem hohen Konzentrationen handelt, sind technische Sanierungsmaßnahmen im allgemeinen unverhältnismäßig. Ihre Anwendung ist jedoch nicht ausgeschlossen.

60   Die für landwirtschaftliche und gärtnerische Flächen auf den Pfad Boden – Pflanze bezogenen Maßnahmen zur Gefahrenabwehr lassen sich in Anlehnung an den Bericht *„Eckpunkte zur Gefahrenbeurteilung des Wirkungspfades Bodenverunreinigungen/Altlasten – Pflanze"* (LABO-ad-hoc-AG „Schwermetalltransfer Boden/Pflanze" 1998) in folgende 4 Gruppen unterteilen:

- Maßnahmen zur Verringerung der Schwermetallmobilität im Boden
- Anbau- und/oder erntetechnische Maßnahmen
- Nutzungseinschränkungen und -änderungen sowie
- technische Sanierungsmaßnahmen (Sicherungs- und Dekontaminationsverfahren)

61   Der Entscheidung über die im Einzelfall geeignete Maßnahme müssen verschiedene **Auswahlkriterien** zugrunde gelegt werden. Zunächst sind beim Wirkungspfad Boden – Pflanze die Bewertungsziele der Gefahrenbeurteilung im Zusammenhang mit den verschiedenen Nutzungen zu unterscheiden:

- Ausschluß humantoxischer Wirkungen beim Verzehr von Gemüse (und Obst) aus Privatgärten (Klein- und Hausgärten)
- Verwertbarkeit von Nahrungspflanzen aus Acker-Marktfruchtbau und Erwerbsgartenbau als Lebensmittel
- Verwertbarkeit von Futterpflanzen aus Acker-Futterbau und Grünlandnutzung als Futtermittel
- Ausschluß phytotoxischer Wirkungen auf Nahrungs- und Futterpflanzen (und wildwachsende Pflanzen).

Als weitere Kriterien für die Auswahl geeigneter Maßnahmen sind die Höhe der Belastung und die physikalisch-chemischen Eigenschaften der Schadstoffe zu beachten. Die Stoffeigenschaften sind maßgebend dafür, ob Maßnahmen gegen eine überhöhte Aufnahme über die Wurzel oder die Anlagerung mit Schmutzpartikeln an der Pflanzenoberfläche erforderlich sind. Wenn gleichzeitig Immissionsbelastungen der Pflanzen vorliegen, ist ggf. ergänzend eine Gefahrenabwehr nach Immissionsschutzrecht erforderlich. DELSCHEN und KÖNIG (1998) haben eine nach den verschiedenen Nutzungen differenzierte **Auflistung abgestufter Maßnahmen** zur Gefahrenabwehr auf landwirtschaftlich und gärtnerisch genutzten Flächen zusammengestellt.

62

Soweit bei versauerten Waldböden überhöhte Schwermetallausträge auftreten, können als Minderungsmaßnahmen **Bodenschutzkalkungen** zur pH-Wert-Regulierung und einer damit verbundenen Verringerung der Schwermetallmobilität eingesetzt werden. Kalkungen müssen jedoch nach Art und Menge standortgerecht erfolgen, um negative Folgewirkungen, wie Nitratmobilisierung oder nachteilige Veränderungen der Zusammensetzung von Flora und Fauna, auszuschließen. Wenn starke Bodenversauerungen schon länger bestehen und als Folgewirkung Schwermetallverlagerungen in tiefere Bodenschichten stattgefunden haben, reichen quellenbezogene Minderungsmaßnahmen bei den Emittenten allein nicht aus.

63

Die Forderung in Abs. 5 Satz 2 nach Aufzeichnungen über die Maßnahmen ist z. B. darin begründet, daß die Wirksamkeit von pH-Wert-Regulierungen mit der Zeit nachläßt und entsprechende Nachuntersuchungen *(→ Rdnr. 61 ff. zu § 3)* und Wiederholungen der Kalkungen erforderlich werden. Andere Maßnahmen, wie die Modifikation der Anbau- und Erntetechnik, Änderungen der anzubauenden Pflanzenarten oder eine Verschiebung von Ernteterminen sind oft nur über Aufzeichnungen überprüfbar.

64

Die Einvernehmensregelung mit der zuständigen landwirtschaftlichen Fachbehörde ist deshalb verankert worden, weil in der Regel bei diesen der erforderliche Sachverstand für die Beurteilung der Wirksamkeit von Schutz- und Beschränkungsmaßnahmen liegt. Der Hinweis auf § 17 Abs. 3 BBodSchG soll zunächst sicherstellen, daß die Möglichkeit der Beratung nach § 17 Abs. 1 und 2 BBodSchG genutzt wird. Weiterhin ist die Anwendbarkeit der in § 3 Abs. 1 BBodSchG enthaltenen Regelungen anderer Rechtsbereiche zu prüfen. Vorschriften zur Gefahrenabwehr bei stofflichen Bodenbelastungen aus diesen Regelungen sind allerdings nicht bekannt, so

65

daß die diesbezügliche Forderung in § 17 Abs. 3 BBodSchG weitgehend ins Leere gehen dürfte.

(König)

2.6 Entnehmen und Einbringen von Material im Bereich der einzelnen Sanierungsmaßnahme

66 Abs. 6 trifft Regelungen für Sanierungen, in deren Rahmen abgeschobenes, ausgehobenes oder behandeltes Material im Bereich derselben schädlichen Bodenveränderung oder Altlast oder innerhalb des Gebiets eines für verbindlich erklärten Sanierungsplans auf- oder eingebracht oder umgelagert werden soll.

67 Die Regelung des § 6 ist auf Grund der Änderungsmaßgabe des Bundesrates eingefügt worden. Die Begründung dazu lautet wie folgt (BR-Drucks. 244/[Beschluß], S. 19):

> „Mit dieser Ergänzung wird geregelt, daß Wiedereinbau und Umlagerung von kontaminiertem Boden und Altlastenmaterial zulässig ist, wenn es sich dabei um Maßnahmen handelt, die zur Einhaltung der Sanierungsziele führen. Weiterhin ist es damit möglich, dafür geeignete belastete Materialien aus verschiedenen Teilflächen einer Altlast auf einer Teilfläche zusammenzuführen und nach den Anforderungen dieser Verordnung zu sichern."

68 Fraglich ist, ob die unterschiedliche Wortwahl in § 13 Abs. 5 BBodSchG und in § 5 Abs. 6 BBodSchV als Absicht zu deuten ist, jeweils unterschiedliche Arten von „Bodenbewegungen" in die Regelungen einzubeziehen. Der Zweck beider Regelungen spricht eher dafür, daß „entnommenes Bodenmaterial" zu verstehen ist wie „abgeschobenes oder ausgehobenes Material", zumal die nachträgliche engere Begriffsbestimmung für „Bodenmaterial" in § 2 Nr. 1 BBodSchV ausweislich der Begründungen zum Regierungsentwurf (BR-Drucks. 780/98) und zur Änderungsmaßgabe des Bundesrates (BR-Drucks. 244/99 [Beschluß], S. 3) nicht mit Blick auf den § 13 Abs. 5 BBodSchG erfolgt ist.

69 Die Verwendung des nicht näher bestimmten Begriffs „**Material**" bedeutet demnach, daß die Regelungen des Abs. 6 auf alle hier in Betracht kommenden Materialien angewendet werden können. Dies trägt dem Umstand Rechnung, daß insbesondere im Bereich von Altlasten nicht nur Böden i. S. v. § 2 Abs. 1 BBodSchG oder Bodenmaterialien i. S. v. § 2 Nr. 1 BBodSchV vorkommen und ggf. bei Sanierungsmaßnahmen verlagert werden

müssen, sondern auch sonstige Materialien, wie z. B. Auffüllungen mit Schlacken oder anderen Produktionsrückständen.

Abschieben und **Ausheben** benennt unterschiedliche Formen, Material aus seinem Verbund mit dem Grundstück zu lösen. Die ausdrückliche Nennung von **behandeltem Material** besagt, daß die Vorschrift des Abs. 6 auch für behandeltes Material nur dann gilt, wenn es derselben schädlichen Bodenveränderung oder Altlast entstammt. Ein vorübergehendes Verbringen des Materials zu einer externen Behandlungsanlage steht der Anwendung des Abs. 6 nicht entgegen. 70

Abs. 6 gilt nur für Material, das **im Rahmen der Sanierung** wieder auf- oder eingebracht oder umlagert werden soll. Die Wendung „im Rahmen" der Sanierung legt den Schluß nahe, daß der Verordnungsgeber Abs. 6 nicht ausschließlich auf Maßnahmen nach § 2 Abs. 7 BBodSchG beschränken wollte. 71

Umlagern kann im engen Sinne als das Bewegen von Material (lediglich) im Bereich der einzelnen schädlichen Bodenveränderung oder Altlast verstanden werden. Indem die Vorschrift auch von „**wieder auf- oder einbringen**" spricht, schließt sie die Rückführung von ausreichend behandeltem Material zu derselben Fläche in die Ausnahmetatbestände des Abs. 6 ein. (Anmerkung: Im Lichte des § 5 Abs. 6 BBodSchV und angesichts des Zwecks des § 13 Abs. 5 BBodSchG kann das Wort „einbringen" in der v. g. Vorschrift des Gesetzes ebenso weit aufgefaßt werden, wie die ausführliche Umschreibung „auf- oder einbringen oder umlagern" in der Verordnung.) 72

Eine weitere Voraussetzung für die Anwendbarkeit des Abs. 6 ist, daß das in Betracht komme Material im Bereich **derselben** schädlichen Bodenveränderung oder Altlast oder **innerhalb** des Gebietes eines für verbindlich erklärten Sanierungsplans wieder auf- oder eingebracht oder umgelagert wird. Das Wort „innerhalb" begrenzt dabei den Anwendungsbereich der Vorschrift auch im Falle eines für verbindlich erklärten Sanierungsplans auf Material, daß in ein- und demselben Plangebiet abgeschoben oder ausgehoben und, ggf. nach Behandlung, wieder auf- oder eingebracht wird oder das in den Grenzen des Plangebietes umgelagert wird (→ *Rdnr. 61* zu Anhang 3 Ziff. 2). 73

Wird abgeschobenes oder ausgehobenes Material aus dem Bereich einer schädlichen Bodenveränderung oder Altlast oder aus dem Gebiet eines für verbindlich erklärten Sanierungsplanes an einen anderen Ort verbracht, 74 unterfällt es, soweit es nach einer Behandlung nicht wieder in das Ursprungsgebiet zurückgeführt wurde, in vollem Umfang den abfallrechtlichen Vorschriften. Im Falle der Verwertung sind dann die Anforderungen zu erfüllen, die bei dem jeweiligen Verwendungszweck an eine ordnungsgemäße und schadlose Verwertung gestellt werden.

75 § 5 Abs. 6 wirkt sich dahingehend aus, daß unter den dort genannten Voraussetzungen von den Vorschriften des § 12 BBodSchV abgewichen werden kann. Diese Ausnahmeregelung erstreckt sich, wie sich aus der Stellung des § 12 Abs. 11 ergibt, auf die Abs. 1 bis 10 des § 12. Die Inanspruchnahme dieser Ausnahmeregelung hat insbesondere auch zur Voraussetzung, daß dabei oder dadurch die Anforderungen des § 4 Abs. 3 BBodSchG erfüllt werden. Im Einzelfall müssen demnach die aus dieser Grundpflicht des Gesetzes hergeleiteten konkreten Sanierungsziele eingehalten oder gerade durch den vorgesehenen Umgang mit dem Material erreicht werden.

76 Im Zusammenhang mit Altlasten ist § 5 Abs. 6 BBodSchV auch in seinem Verhältnis zu § 13 Abs. 5 BBodSchG zu sehen. Nach dieser Regelung gilt § 27 Abs. 1 KrW-/AbfG nicht, soweit entnommenes Bodenmaterial im Bereich der von der Altlastensanierung betroffenen Fläche wieder eingebracht werden soll, wenn durch einen für verbindlich erklärten Sanierungsplan oder eine Anordnung zur Durchsetzung der Pflichten nach § 4 BBodSchG sichergestellt wird, daß das Wohl der Allgemeinheit nicht beeinträchtigt wird. Sofern die Voraussetzungen des § 13 Abs. 5 BBodSchG vorliegen, wird im Ergebnis *„damit der in § 27 Abs. 1 KrW-/AbfG geregelte Anlagenzwang für Abfälle zur Beseitigung ... aufgehoben und die – an sich erforderliche – abfallrechtliche Ausnahmeentscheidung (§ 27 Abs. 2 KrW-/AbfG, Verf.) von der bodenschutzrechtlichen Sanierungsplanung* (oder *Anordnung zur Durchsetzung der Pflichten nach § 4 BBodSchG, Verf.) überlagert. Zugleich macht das BBodSchG mit dieser Regelung deutlich, daß die Sanierung der Altlast, soweit der Boden* (und sonstiges Material, Verf.) *Abfall im Sinne des KrW-/AbfG ist, in jedem Fall den abfallrechtlichen Regelungen unterworfen ist"* (PETERSEN 1999).

77 Demnach ergibt sich aus § 13 Abs. 5 BBodSchG und dem Vorrang des Gesetzes, ebenso wie auch aus dem Wortlaut des § 5 Abs. 6 BBodSchV, daß die letztgenannte Regelung nur dann Anwendung finden kann, wenn entnommenes Bodenmaterial im Bereich der von der Altlastensanierung betroffenen einzelnen Fläche verbleibt oder wenn es – z. B. nach einer Behandlung – diese Fläche wieder erreicht.

Die Anwendung des Abs. 6 ist weiterhin durch § 13 Abs. 5 BBodSchG dahingehend eingeschränkt, daß es dafür entweder eines für verbindlich erklärten Sanierungsplans oder einer Anordnung zur Durchsetzung der Pflichten nach § 4 Abs. 3 BBodSchG bedarf. Es kommt deshalb in den Anwendungsfällen des § 5 Abs. 6 BBodSchV nicht darauf an, ob der einzelne Vorgang als Beseitigung oder Verwertung i. S. d. KrW-/AbfG eingestuft wird. Es sind in jedem Fall die Pflichten nach § 4 BBodSchG zu erfüllen, um sicherzustellen, daß das Wohl der Allgemeinheit nicht beeinträchtigt wird. 78

Sind beim Auf- oder Einbringen oder Umlagern von Material aus schädlichen Bodenveränderungen oder Altlasten, bei dem es sich um Abfall handelt, die Voraussetzungen des § 13 Abs. 5 BBodSchG und § 5 Abs. 6 BBodSchV nicht erfüllt, gelten die Vorschriften des KrW-/AbfG und – im Falle einer entsprechenden Verwertung – die Anforderungen des § 12 BBodSchV. 79

(Fehlau)

Literatur

DELSCHEN, T. (1996):
Bodenüberdeckung als Sanierungsmaßnahme für schwermetallbelastete Gärten: Ergebnisse eines Feldversuches. In: PFAFF-SCHLEY, H. (Hrsg.): Bodenschutz und Umgang mit kontaminierten Böden. S. 167 – 181, Berlin: Springer 1996

DELSCHEN, T., KÖNIG, W. (1998):
Untersuchung und Beurteilung der Schadstoffbelastung von Kulturböden im Hinblick auf den Wirkungspfad Boden – Pflanze. In: ROSENKRANZ, D., BACHMANN, G., EINSELE, G., HARRES, H.-M. [Hrsg.]: Bodenschutz. Ergänzbares Handbuch der Maßnahmen und Empfehlungen für Schutz, Pflege und Sanierung von Böden, Landschaft und Grundwasser. Kennzahl 3550, 26. Lfg./1998, Berlin: Erich Schmidt 1998

HOLZWARTH, F., RADTKE, H., HILGER, B., BACHMANN, G. (2000):
Bundes-Bodenschutzgesetz/Bundes-Bodenschutz- und Altlastenverordnung: Handkommentar. 2. Aufl. Berlin: Erich Schmidt 2000

LABO-ad-hoc-AG „Schwermetalltransfer Boden/Pflanze" (1998):
Eckpunkte zur Gefahrenbeurteilung des Wirkungspfades Bodenverunreinigungen/Altlasten – Pflanze. In: ROSENKRANZ, D., BACHMANN, G., EINSELE, G., HARRES, H.-M. [Hrsg.]: Bodenschutz. Ergänzbares Handbuch der Maßnahmen und Empfehlungen für Schutz, Pflege und Sanierung von Böden, Landschaft und Grundwasser. Kennzahl 9009, 28. Lfg./1998, Berlin: Erich Schmidt 1998

PETERSEN, F. (1999):
Rechtliche Anforderungen des Kreislaufwirtschafts- und Abfallgesetzes und Regelungsbedarf. In: FRANZIUS, V., BACHMANN, G. (Hrsg.): Sanierung kontaminierter Standorte und Bodenschutz 1999. Bodenschutz & Altlasten 6, Berlin: Erich Schmidt, S. 55 – 66

QUEITSCH, P. (1999):
Bundes-Bodenschutzgesetz. Umfassende Kommentierung des BBodSchG. 2. Aufl. Bundesanzeiger Nr. 202 a vom 26. Oktober 1999

SRU – Der Rat von Sachverständigen für Umweltfragen (1990):
Altlasten – Sondergutachten Dezember 1989. Stuttgart: Metzler-Poeschel 1990

SRU – Der Rat von Sachverständigen für Umweltfragen (1995):
Altlasten II – Sondergutachten Februar 1995. Stuttgart: Metzler-Poeschel 1995

Vierter Teil
Ergänzende Vorschriften für Altlasten

§ 6
Sanierungsuntersuchung und Sanierungsplanung

(1) Bei Sanierungsuntersuchungen ist insbesondere auch zu prüfen, mit welchen Maßnahmen eine Sanierung im Sinne des § 4 Abs. 3 des Bundes-Bodenschutzgesetzes erreicht werden kann, inwieweit Veränderungen des Bodens nach der Sanierung verbleiben und welche rechtlichen, organisatorischen und finanziellen Gegebenheiten für die Durchführung der Maßnahmen von Bedeutung sind.

(2) Bei der Erstellung eines Sanierungsplans sind die Maßnahmen nach § 13 Abs. 1 Satz 1 Nr. 3 des Bundes-Bodenschutzgesetzes textlich und zeichnerisch vollständig darzustellen. In dem Sanierungsplan ist darzulegen, daß die vorgesehenen Maßnahmen geeignet sind, dauer-

haft Gefahren, erhebliche Nachteile oder erhebliche Belästigungen für den einzelnen oder die Allgemeinheit zu vermeiden. Darzustellen sind insbesondere auch die Auswirkungen der Maßnahmen auf die Umwelt und die voraussichtlichen Kosten sowie die erforderlichen Zulassungen, auch soweit ein verbindlicher Sanierungsplan nach § 13 Abs. 6 des Bundes-Bodenschutzgesetzes diese nicht einschließen kann.

(3) Die Anforderungen an eine Sanierungsuntersuchung und an einen Sanierungsplan bestimmen sich im übrigen nach Anhang 3.

<u>Übersicht</u>   Rdnr.

1.	Allgemeines	1
1.1	Inhalt und Anwendung der Vorschrift	2
1.2	Zweck von Sanierungsuntersuchungen und Anforderungen an einen Sanierungsplan nach § 13 BBodSchG	7
2.	Erläuterungen und Anwendungshinweise	11
2.1.	Anforderungen an Sanierungsuntersuchungen	11
2.2	Anforderungen an einen Sanierungsplan nach § 6 BBodSchV	13
2.3	Verbindung mit Anhang 3	17
Literatur		

1. Allgemeines

1.1 Inhalt und Anwendung der Vorschrift

§ 13 Abs. 1 Satz 2 BBodSchG ermächtigt die Bundesregierung, durch Rechtsverordnung Vorschriften über die **Anforderungen** an Sanierungsuntersuchungen sowie den Inhalt von Sanierungsplänen zu erlassen. Von dieser Ermächtigung hat die Bundesregierung in § 6 und Anhang 3 BBodSchV Gebrauch gemacht. § 6 Abs. 1 benennt den Hauptzweck von Sanierungsuntersuchungen und führt bestimmte Prüfkriterien für diese Untersuchungen auf. Abs. 2 stellt eine spezielle Regelung für Sanierungspläne dar. Mit Abs. 3 wird die Verbindung zu der weitergehenden Konkretisierung der Anforderungen in Anhang 3 hergestellt.   1

Die **Voraussetzungen**, unter denen die zuständige Behörde von einem Pflichtigen Sanierungsuntersuchungen sowie die Vorlage eines Sanierungsplans verlangen soll, sind in § 13 Abs. 1 Satz 1 BBodSchG normiert. Danach soll die zuständige Behörde bei *„Altlasten, bei denen wegen der Verschiedenartigkeit der nach § 4 erforderlichen Maßnahmen ein abgestimmtes Vorgehen notwendig ist oder von denen auf Grund von Art, Ausbreitung*   2 *oder Menge der Schadstoffe in besonderem Maße schädliche Bodenveränderungen oder sonstige Gefahren für den einzelnen oder die Allgemeinheit ausgehen"* von einem nach § 4 BBodSchG Verpflichteten Sanierungsuntersuchungen sowie die Vorlage eines Sanierungsplans verlangen. § 14 BBodSchG regelt die Voraussetzungen der behördlichen Sanierungsplanung. Die Regelungen des § 6 und des Anhangs 3 sind bei behördlich verlangten Sanierungsplänen und bei der behördlichen Sanierungsplanung gleichermaßen anzuwenden.

3   In der Frage, ob ein Sanierungsplan auch verlangt werden kann, wenn die Voraussetzungen des § 13 Abs. 1 Satz 1 BBodSchG nicht erfüllt sind, gehen die rechtlichen Meinungen auseinander. RATHKE (in: HOLZWARTH et al. 2000, Rdnr. 2 zu § 13) sieht eine Vorlagepflicht nur dann, wenn die tatbestandlichen Voraussetzungen des Gesetzes erfüllt sind. Anders äußert sich dazu BICKEL (1999, Rdnr. 1 zu § 13). Nach dessen Auffassung besagt die Sollvorschrift des § 13 Abs. 1 Satz 1 BBodSchG nicht, daß für geringfügigere Verunreinigungen, die gleichwohl sanierungsbedürftig sind, ein Sanierungsplan nicht gefordert werden dürfe.

4   Diese Auffassungsunterschiede dürften jedoch, folgt man OERDER (in: OERDER, NUMBERGER, SCHÖNFELD 1999, Rdnr. 3 zu § 13), wenig praktische Bedeutung erlangen:

   „Die tatbestandlichen Voraussetzungen (des § 13 Abs. 1 BBodSchG, Verf.) *beinhalten* **unbestimmte Rechtsbegriffe**. *Ihr Vorliegen ist durch die Gerichte vollinhaltlich zu überprüfen. Besonders hohe Anforderungen sind hierbei nicht zu erwarten. Ein gewisses Maß an abgestimmtem Vorgehen wird bei der Sanierung nicht nur geringfügiger Altlasten regelmäßig erforderlich sein. Im Hinblick auf die Wertigkeit der durch Altlasten betroffenen Schutzgüter gehen von relevanten sanierungsbedürftigen Altlasten in den meisten Fällen auch 'in besonderem Maße' Gefahren für die in § 13 genannten Schutzgüter aus."*

5   Wenn die zuständige Behörde Sanierungsuntersuchungen oder einen Sanierungsplan **nicht verlangt**, kann es gleichwohl im wirtschaftlichen oder sonstigen Interesse des Verpflichteten liegen, solche Untersuchungen und Planungen vorzulegen (z. B. Konzentrationswirkung eines verbindlichen Plans bei in situ oder on-site Behandlung; geplante Umlagerung im Bereich der betroffenen Fläche). Hierzu führt OERDER (in: OERDER, NUMBERGER, SCHÖNFELD 1999, Rdnr. 5 zu § 13) aus:

> „Da der Gesetzgeber das Rechtsinstitut des Sanierungsplans zumindest auch als Wohltat für den Verpflichteten versteht, dürfte dieser im Zweifel einen Rechtsanspruch darauf haben. Wenn der Verpflichtete die Erstellung einer Sanierungsuntersuchung und eines Sanierungsplanes im Falle einer Inanspruchnahme nach § 10 Abs. 1 i. V. m. § 16 Abs. 2 BBodSchG anbietet, ist dies regelmäßig zu berücksichtigen."

Es liegt auf der Hand, daß Sanierungsuntersuchungen oder ein Sanierungsplan auch in den letztgenannten Fällen nur dann ihren Zweck erfüllen, wenn sie den Anforderungen des BBodSchG und der BBodSchV entsprechen. 6

(Fehlau/Odensaß)

1.2 Zweck von Sanierungsuntersuchungen und Anforderungen an einen Sanierungsplan nach § 13 BBodSchG

§ 13 Abs. Satz 1 BBodSchG faßt die bei einer sanierungsbedürftigen Altlast *„notwendigen Untersuchungen zur Entscheidung über Art und Umfang der erforderlichen Maßnahmen"* unter dem Begriff der **Sanierungsuntersuchungen** zusammen. Sanierungsuntersuchungen haben demnach die fachliche Grundlage dafür zu schaffen, daß die zuständige Behörde eine ermessensfehlerfreie Entscheidung über die Maßnahmen treffen kann, die im Einzelfall zur Erfüllung der Sanierungspflicht nach § 4 BBodSchG erforderlich, geeignet und verhältnismäßig sind. Zugleich geben Sanierungsuntersuchungen dem Verpflichteten die Gelegenheit, selbst darzulegen, auf welche Weise er seiner Sanierungspflicht nachkommen will. 7

Vorschriften über Anforderungen an Sanierungsuntersuchungen sind im BBodSchG selbst nicht enthalten. Hingegen nennt § 13 Abs. 1 Satz 1 bestimmte Anforderungen an den **Inhalt von Sanierungsplänen**. Danach soll die zuständige Behörde unter den Voraussetzungen des § 13 Abs. 1 (→ *Rdnr. 2 ff.)* 8

> „die Vorlage eines Sanierungsplans verlangen, der insbesondere
> 1. eine Zusammenfassung der Gefährdungsabschätzung und der Sanierungsuntersuchungen,
> 2. Angaben über die bisherige und künftige Nutzung der zu sanierenden Grundstücke,

3. die Darstellung des Sanierungsziels und die hierzu erforderlichen Dekontaminations-, Sicherungs-, Schutz-, Beschränkungs- und Eigenkontrollmaßnahmen sowie die zeitliche Durchführung dieser Maßnahmen

enthält."

9   Die amtliche Begründung bezeichnet diese Anforderungen als **Regelbeispiele** für die Angaben, die bei einem Sanierungsplan typischerweise erforderlich sind (BT-Drucks. 13/6701, S. 41 f.). Sie betont damit, daß die Aufzählung nicht abschließend ist. Näher erläutert werden diese und die sich sonst aus dem BBodSchG ergebenden Anforderungen an Sanierungspläne unter Nr. 2.2 (→ *Rdnr. 13 ff.*) und insbesondere im Zusammenhang mit Anhang 3 (→ *Rdnr. 39 ff. zu Anhang 3*).

10 Der Inhalt des Sanierungsplans setzt die Mitwirkung der Behörde voraus. *„Die Behörde ist allein dazu berufen, das Sanierungsziel rechtsgültig festzulegen. Sie hat dies vor Erstellung des Sanierungsplans zu tun. Denn ohne behördliches Sanierungsziel ist eine Auftragserteilung an ein Ingenieurbüro durch den Pflichtigen nicht zu formulieren"* (BICKEL 1999, Rdnr. 2 zu § 13). In entsprechender Weise hat die zuständige Behörde das zu realisierende Maßnahmenkonzept festzulegen, sofern sie **verlangt**, daß ein Sanierungsplan vorzulegen ist. Dies ergibt sich allein schon daraus, daß der entsprechende Verwaltungsakt hinreichend bestimmt sein muß.

(Fehlau/Odensaß)

2. Erläuterungen und Anwendungshinweise

2.1 Anforderungen an Sanierungsuntersuchungen

11 Die in § 6 Abs. 1 genannten Prüferfordernisse sind im Zusammenhang mit den konkreteren Anforderungen an Sanierungsuntersuchungen in Anhang 3 Ziff. 1 zu sehen. Sie werden deshalb in den Erläuterungen zu Anhang 3 wieder aufgegriffen. Bedeutsam an Abs. 1 ist, daß der Verordnungsgeber die nach der Sanierung verbleibenden Veränderungen des Bodens und die rechtlichen, organisatorischen und finanziellen Gegebenheiten für die Durchführung der Sanierungsmaßnahmen ausdrücklich in die *„notwendigen Untersuchungen zur Entscheidung über Art und Umfang der erforderlichen Maßnahmen"* (§ 13 Abs. 1 Satz 1 BBodSchG) einbezieht.

12 Für die nach § 6 Abs. 1 und Anhang 3 Ziff. 1 vorzunehmenden Prüfungen wird ein **Mindestumfang an Untersuchungsergebnissen** aus den voran-

gegangenen Untersuchungen der Gefährdungsabschätzung (orientierende Untersuchungen und Detailuntersuchung) benötigt. Insbesondere muß neben Art und Ausmaß von Boden-, Grundwasser- und Bodenluftverunreinigungen auch deren räumliche Erstreckung im einzelnen festgestellt sein, um die sanierungsbedürftigen Bereiche sicher abgrenzen sowie geeignete Maßnahmen auswählen und beurteilen zu können. Liegen diese Erkenntnisse nicht im erforderlichen Umfang vor, sind im Rahmen von Sanierungsuntersuchungen ergänzende Untersuchungen durchzuführen (→ *Rdnr. 7 zu Anhang 3*).

(Fehlau/Odensaß)

2.2 Anforderungen an einen Sanierungsplan nach § 6 BBodSchV

§ 6 Abs. 2 enthält **Formvorschriften** für Sanierungspläne und hebt bestimmte Anforderungen an den **Inhalt** eines Sanierungsplans hervor. 13

Der Wortlaut des Abs. 2 Satz 1 entspricht unverändert dem Regierungsentwurf. Danach sind in einem Sanierungsplan die zur Erreichung des Sanierungsziels erforderlichen Sanierungs-, Schutz-, Beschränkungs- und Eigenkontrollmaßnahmen **textlich und zeichnerisch vollständig darzustellen**. Dies ist nötig, damit die Behörde ihren Prüf- und Überwachungspflichten nachkommen, Zulassungs- und Beteiligungserfordernisse erkennen und den Plan ggf. für verbindlich erklären kann. Nach der amtlichen Begründung bestimmt Abs. 2, 14

> *„daß alle mit der Sanierung verbundenen Maßnahmen, d. h. sowohl die eigentlichen Maßnahmen der Sanierung wie alle damit zusammenhängenden Vor- und Nebenleistungen, wie z. B. Baustelleneinrichtung, Aushub/Erdarbeiten, Wasserhaltung, Transport, Zwischenlagerung, Vorbehandlung, Abfallentsorgung, Wiedereinbau/Renaturierung in dem Sanierungsplan in textlicher und zeichnerischer Darstellung enthalten sein müssen."*

Abs. 2 Satz 1 bedeutet auch, daß die Maßnahmen nach Art und Umfang umfassender und detaillierter darzustellen sind als in einem Abschlußbericht über vorangegangene Sanierungsuntersuchungen. Zur Darstellung können Ablaufpläne, Lagepläne, Schnitte, Systemskizzen, Anlagenpläne, Stoffstromdiagramme für Anlagen oder Darstellungen anderer Art zählen. Die Maßnahmen und ihre Auswirkungen sind im Sanierungsplan so darzustellen, daß damit alle wesentlichen Fragen für die anschließend durchzuführende Ausführungsplanung beantwortet werden können. 15

16 Die inhaltlichen Anforderungen der Sätze 2 und 3 stehen in enger Verbindung mit den ins einzelne gehenden Regelungen in Anhang 3 Ziff. 2. Sie werden dort näher erläutert.

(Fehlau/Odensaß)

2.3 Verbindung mit Anhang 3

17 Abs. 3 legt fest, daß sich die Anforderungen an eine Sanierungsuntersuchung und an einen Sanierungsplan im übrigen nach Anhang 3 bestimmen. Die Wendung „*im übrigen*" schließt ein, daß Anhang 3 sowohl die Vorschriften in Abs. 1 und 2 konkretisiert, als auch nähere Regelungen zu Anforderungen trifft, die sich darüber hinaus aus § 13 BBodSchG ergeben.

(Fehlau)

Literatur

BICKEL, CH. (1999):
Bundes-Bodenschutzgesetz: Kommentar. Köln: Heymanns 1999

HOLZWARTH, F., RADTKE, H., HILGER, B., BACHMANN, G. (2000):
Bundes-Bodenschutzgesetz/Bundes-Bodenschutz- und Altlastenverordnung: Handkommentar. 2. Aufl. Berlin: Erich Schmidt 2000

OERDER, M., NUMBERGER, U., SCHÖNFELD TH. (1999):
Bundes-Bodenschutzgesetz: BBodSchG; Gesetz zum Schutz von schädlichen Bodenveränderungen und zur Sanierung von Altlasten; Kommentar. Stuttgart: Boorberg 1999

Fünfter Teil
Ausnahmen

§ 7
Ausnahmen

Auf schädliche Bodenveränderungen und Altlasten, bei denen nach Feststellung der zuständigen Behörde Gefahren, erhebliche Nachteile oder erhebliche Belästigungen mit einfachen Mitteln abgewehrt oder sonst beseitigt werden können, findet § 6 keine Anwendung.

Übersicht

Erläuterungen und Anwendungshinweise 1
Literatur

Erläuterungen und Anwendungshinweise

Nach § 7 ist bei schädlichen Bodenveränderungen und Altlasten, die mit einfachen Mitteln saniert werden können, die Durchführung von Sanierungsuntersuchungen und die Aufstellung eines Sanierungsplans nicht erforderlich. Die Vorschrift stellt lediglich klar, was sich ohnehin aus § 13 Abs. 1 Satz 1 BBodSchG ergibt:

Aus § 13 Abs. 1 Satz 1 BBodSchG folgt zunächst, daß Sanierungsuntersuchungen und Sanierungspläne nicht bei schädlichen Bodenveränderungen i. S. v. § 2 Abs. 3 BBodSchG, sondern nur bei Altlasten verlangt werden können. Darüber hinaus setzt § 13 Abs. 1 Satz 1 BBodSchG voraus, daß auf Grund der Komplexität der zur Sanierung erforderlichen Maßnahmen die Vorbereitung dieser Maßnahmen durch entsprechende Untersuchungen bzw. einen entsprechenden Plan erforderlich ist oder daß die Altlast ein besonderes, über das übliche Maß hinausgehendes Gefährdungspotential aufweist, welches eine besondere Vorbereitung der Sanierungsmaßnahmen erfordert (vgl. RADTKE, in: HOLZWARTH et al. 2000, Rdnr. 2 zu § 13). Die in § 13 Abs. 1 Satz 1 BBodSchG genannten Voraussetzungen für Anordnungen zur Durchführung von Sanierungsuntersuchungen und zur Aufstellung von Sanierungsplänen konkretisieren wegen des besonderen Aufwands und der erheblichen Kosten, die mit solchen Maßnahmen verbunden sind, die ohnehin auf Grund des allgemeinen Verhältnismäßigkeitsgrundsatzes gebotene eingeschränkte Anwendung dieser Instrumentarien. Kann die Sanierung einer Altlast, wie von § 7 vorausgesetzt, mit einfachen Mitteln durchgeführt werden, liegen somit die Voraussetzungen von § 13 Abs. 1 Satz 1 BBodSchG nicht vor.

§ 7 stellt darauf ab, daß das Sanierungsziel mit einfachen Mitteln erreicht werden kann. In Betracht kommt insoweit etwa, daß eine Sanierungsmaßnahme einfach anzuwenden ist, weil bereits Erfahrungen bei der Sanierung vergleichbarer Altlasten gesammelt worden sind. Darüber hinaus ist denkbar, daß sich bei der zu sanierenden Fläche eine bestimmte, leicht durchführbar Sanierungsmaßnahme geradezu aufdrängt und daher keine Sanierungsuntersuchungen und kein Sanierungsplan erforderlich sind.

4 § 7 verlangt, daß die zuständige Behörde die Einfachheit des Sanierungsmittels feststellt. Auch insoweit enthält die Vorschrift keinen über § 13 Abs. 1 Satz 1 BBodSchG hinausgehenden Regelungsgehalt. Denn die Voraussetzungen, die § 13 Abs. 1 Satz 1 BBodSchG für Anordnungen zur Durchführung von Sanierungsuntersuchungen und zur Aufstellung von Sanierungsplänen verlangt, hat die zuständige Behörde nach § 24 Abs. 1 und 2 VwVfG ohnehin auf Grund ihrer Pflicht, den Sachverhalt von Amts wegen festzustellen, darzulegen und zu beweisen.

(Hilger)

Literatur

HOLZWARTH, F., RADTKE, H., HILGER, B., BACHMANN, G. (2000):
Bundes-Bodenschutzgesetz/Bundes-Bodenschutz- und Altlastenverordnung: Handkommentar. 2. Aufl. Berlin: Erich Schmidt 2000

Sechster Teil
Ergänzende Vorschriften für die Gefahrenabwehr von schädlichen Bodenveränderungen auf Grund von Bodenerosion durch Wasser

§ 8
Gefahrenabwehr von schädlichen Bodenveränderungen auf Grund von Bodenerosion durch Wasser

(1) Von dem Vorliegen einer schädlichen Bodenveränderung auf Grund von Bodenerosion durch Wasser ist insbesondere dann auszugehen, wenn

1. durch Oberflächenabfluß erhebliche Mengen Bodenmaterials aus einer Erosionsfläche geschwemmt wurden und
2. weitere Bodenabträge gemäß Nummer 1 zu erwarten sind.

(2) Anhaltspunkte für das Vorliegen einer schädlichen Bodenveränderung auf Grund von Bodenerosion durch Wasser ergeben sich insbe-

sondere, wenn außerhalb der vermeintlichen Erosionsfläche gelegene Bereiche durch abgeschwemmtes Bodenmaterial befrachtet wurden.

(3) Bestehen Anhaltspunkte nach Absatz 2, ist zu ermitteln, ob eine schädliche Bodenveränderung auf Grund von Bodenerosion durch Wasser vorliegt. Ist feststellbar, auf welche Erosionsfläche die Bodenabschwemmung zurückgeführt werden kann und daß aus dieser erhebliche Mengen Bodenmaterials abgeschwemmt wurden, so ist zu prüfen, ob die Voraussetzungen des Absatzes 1 Nr. 2 erfüllt sind.

(4) Die Bewertung der Ergebnisse der Untersuchungen erfolgt einzelfallbezogen unter Berücksichtigung der Besonderheiten des Standortes. Weitere Bodenabträge sind zu erwarten, wenn

1. in den zurückliegenden Jahren bereits mehrfach erhebliche Mengen Bodenmaterials aus derselben Erosionsfläche geschwemmt wurden oder
2. sich aus den Standortdaten und den Daten über die langjährigen Niederschlagsverhältnisse des Gebietes ergibt, daß in einem Zeitraum von zehn Jahren mit hinreichender Wahrscheinlichkeit mit dem erneuten Eintritt von Bodenabträgen gemäß Absatz 1 Nr. 1 zu rechnen ist.

(5) Die weiteren Anforderungen an die Untersuchung und Bewertung von Flächen, bei denen der Verdacht einer schädlichen Bodenveränderung auf Grund von Bodenerosion durch Wasser vorliegt, sind in Anhang 4 bestimmt.

(6) Wird die Erosionsfläche landwirtschaftlich genutzt, ist der zuständigen Beratungsstelle gemäß § 17 des Bundes-Bodenschutzgesetzes die Gelegenheit zu geben, im Rahmen der Beratung geeignete erosionsmindernde Maßnahmen für die Nutzung der Erosionsfläche zu empfehlen. Bei Anordnungen ist Einvernehmen mit der zuständigen landwirtschaftlichen Fachbehörde herbeizuführen.

Übersicht   Rdnr.

1. Zur Ermächtigungsgrundlage 1
2. Geltungsbereich 4
3. Erläuterungen und Anwendungshinweise 7
Literatur

1. Zur Ermächtigungsgrundlage

1 Mit den Anforderungen an die Gefahrenabwehr von schädlichen Bodenveränderungen auf Grund von Bodenerosion durch Wasser erstreckt sich der Anwendungsbereich gemäß § 1 Satz 1 Nrn. 1 und 2 auch auf schädliche Bodenveränderungen auf Grund physikalischer Beeinträchtigungen und füllt in dieser Hinsicht die Ermächtigungen gem. § 8 Abs. 1 Satz 1 und Satz 2 Nr. 3 Buchstabe a BBodSchG aus.

2 Der Sechste Teil ist durch die Zustimmungsmaßgaben des Bundesrats aufgenommen worden (BR-Drucks. 244/99 [Beschluß]), der Regierungsentwurf (BR-Drucks. 780/98) enthielt keine entsprechenden Regelungen. Sowohl seitens des Agrarausschusses als auch des Ausschusses für Umwelt, Naturschutz und Reaktorsicherheit des Bundesrates wurde grundsätzlich eine entsprechende Regelung empfohlen.

3 Bodenerosion durch Wasser tritt hauptsächlich auf Ackerflächen auf. Die Regelung beschränkt sich jedoch nicht nur auf diese, sondern gilt grundsätzlich für alle Erosionsflächen. Bei der landwirtschaftlichen Bodennutzung richtet sich die Erfüllung der Vorsorgepflicht gemäß § 7 Satz 5 BBodSchG nach § 17 Abs. 1 und 2. Die in § 3 Abs. 1 BBodSchG genannten Vorschriften enthalten keine Anforderungen zur Gefahrenabwehr von schädlichen Bodenveränderungen auf Grund von Bodenerosion. Diese lassen sich auch nicht aus dem in § 17 Abs. 2 Nr. 4 BBodSchG genannten Grundsatz der Vermeidung von Bodenabträgen ausreichend konkret ableiten. Diese Auffassung spiegelt sich auch in der Begründung zum Regierungsentwurf der BBodSchV wider (vgl. BR-Drucks. 780/98), wo es zu § 5 Abs. 6 heißt: „Im übrigen legt Satz 4 fest, daß die Regelungen des § 17 Abs. 3 BBodSchG unberührt bleiben. Dies ist schon dadurch begründet, daß die in Absatz 6 beschriebenen Maßnahmen der Gefahrenabwehr in der Regel über die Erfordernisse der guten fachlichen Praxis der Landbewirtschaftung hinausgehen müssen." Auch RADTKE führt in seinem Kommentar zum BBodSchG aus (in: HOLZWARTH et al. 2000): „So werden z. B. zur Verhinderung von Erosionen (vgl. § 17 Abs. 2 Nr. 4) häufig auch Maßnahmen zur Gefahrenabwehr gerechtfertigt sein. Allerdings muß im Einzelfall festgestellt werden, daß die Gefahrenschwelle tatsächlich überschritten ist." Somit gelten gem. § 17 Abs. 3 BBodSchG die übrigen Bestimmungen des Gesetzes, d. h. damit auch die Regelungen zur Gefahrenabwehr nach §§ 4 und 8 BBodSchG. Dies schließt jedoch keinesfalls aus, daß Maßnahmen der guten fachlichen Praxis nicht auch grundsätzlich zur Gefahrenabwehr geeignet sein können.

2. Geltungsbereich

Die Verordnung enthält von der v. g. Ermächtigungsgrundlage ausgehend in § 8 konkrete Anforderungen an die Gefahrenabwehr von schädlichen Bodenveränderungen auf Grund von Bodenerosion durch Wasser. Bodenerosion durch Wind ist nicht Gegenstand dieser Regelung.

Die Regelungen beschränken sich auf die Fälle, in denen Bodenmaterial in erheblicher Menge aus der Erosionsfläche geschwemmt wurde oder wird. Dies deckt im wesentlichen die Fälle ab, in denen Maßnahmen zur Gefahrenabwehr geboten erscheinen. Der so gefaßte Regelungsinhalt grenzt damit für die Bodenerosion den Bereich der Vorsorge von dem der Gefahrenabwehr ab. Vorsorgebemühungen gemäß § 17 Abs. 2 Nr. 4 werden nicht konterkariert sondern ergänzt.

Das von SANDEN auf Grund des in § 17 Abs. 3 BBodSchG konkretisierten Verhältnisses der guten fachlichen Praxis zur Gefahrenabwehr erwartete Vollzugsproblem (SANDEN, SCHÖNECK 1998, S. 279) dürfte sich mit der Regelung in § 8 BBodSchV nicht in dem Ausmaß ergeben. Die Bodenschutzbehörde hat jetzt eine bodenschutzrechtliche Grundlage für Gefahrenabwehr- oder Sanierungsverfügungen, ohne daß sie die vermutete effiziente Gefahrenabwehr durch Einhaltung der guten fachlichen Praxis widerlegen muß bzw. deren Nichteinhaltung belegen muß. Vielmehr wird die Feststellung einer schädlichen Bodenveränderung auf Grund von Bodenerosion durch Wasser ohne eine solche Vorbedingung vorgenommen und nochmals die Möglichkeit der Beratung und damit der Umsetzung der guten fachlichen Praxis und ggf. darüber hinausgehender Empfehlungen der landwirtschaftlichen Fachbehörde eingeräumt.

3. Erläuterungen und Anwendungshinweise

Abs. 1 legt fest, was unter einer schädlichen Bodenveränderung auf Grund von Bodenerosion durch Wasser verstanden wird. Die schädliche Bodenveränderung im hier betrachteten Sinne ist danach an die Ausschwemmung von Bodenmaterial in erheblicher Menge aus einer Erosionsfläche geknüpft und liegt demgemäß innerhalb der Erosionsfläche. Sie erstreckt sich nicht auf die sogenannten Off-site Schäden bei Erosionsereignissen. Allerdings kann hier als ein Kriterium für die Erheblichkeit des Bodenabtrags angesehen werden, daß die Menge geeignet erscheint, Gefahren, erhebliche Nachteile oder erhebliche Belästigungen i. S. § 2 Abs. 3 BBodSchG u. a. in Form solcher Off-site Schäden hervorzurufen. Deren tatsächliches Vorliegen hingegen muß nicht gegeben sein. Als weiteres Kriterium einer solchen schädlichen Bodenveränderung muß die Beschaffenheit – und damit indirekt die Nutzung – der Fläche weitere erhebliche Bodenabträge mit hinreichender Wahrscheinlichkeit erwarten lassen, womit klargestellt wird, daß sehr selten vorkommende – oder als solche prognostizierte – Abtragsereignisse nicht als schädliche Bodenveränderung im Sinne der Verordnung zu begreifen sind. Durch vorgenannte Kriterien wird die Beeinträchtigung der natürlichen Bodenfunktion gem. § 2 Abs. 2 Nr. 1 Buchstabe b BBodSchG charakterisiert. Die schädliche Bodenveränderung auf Grund von Bodenerosion durch Wasser selbst hat dann möglicherweise Beeinträchtigungen weiterer Bodenfunktionen, insbesondere gem. § 2 Abs. 2 Nr. 1 sowie Nr. 3 Buchstabe b und c BBodSchG zur Folge. Beeinträchtigungen außerhalb der Erosionsfläche sind nicht unmittelbar Gegenstand der Regelung, kommen jedoch in ihrer äußeren Erscheinung ggf. als Anhaltspunkte für das Vorliegen einer schädlichen Bodenveränderung auf einer Erosionsfläche sowie für die Bewertung der Erheblichkeit des Bodenaustrags in Betracht.

8   Abs. 2 nennt konsequent zu Abs. 1 die Befrachtung mit Bodenmaterial von außerhalb der vermeintlichen Erosionsfläche gelegenen Bereichen als Anhaltspunkt für einen entsprechenden Gefahrenverdacht. Dabei können dies Verkehrsflächen, Oberflächengewässer, Ackerflächen, schützenswerte Biotopen etc. sein.

9   Abs. 3 legt fest, daß bei Vorliegen von Anhaltspunkten gem. Abs. 2 zu ermitteln ist, ob eine schädliche Bodenveränderung im Sinne von Abs. 1 vorliegt. Dabei ist zunächst die Herkunftsfläche des Bodenmaterials – i. d. R. durch Untersuchung – zu ermitteln. Weiterhin ist festzustellen, ob der Bodenaustrag aus der Erosionsfläche erheblich war. Anschließend ist zu prüfen, ob weitere Bodenabträge gem. Abs. 1 zu erwarten sind.

10   Abs. 4 gibt vor, wie die Untersuchungsergebnisse zu bewerten sind. Dabei wird klargestellt, daß die Bewertung stets einzelfallbezogen zu erfolgen hat, wobei die Besonderheiten des Standorts zu berücksichtigen sind.

11   Unter Nr. 1 wird auf Grund zurückliegender Ereignisse auf derselben Erosionsfläche auf die Wahrscheinlichkeit zukünftiger Bodenabträge geschlossen. Hierbei wird unterstellt, daß zwischenzeitlich keine Änderung der Nutzung sowie der Bewirtschaftung stattgefunden hat oder stattfindet. Eine solche Änderung wäre selbstverständlich bei der Bewertung zu berücksichtigen.

Dagegen wird unter Nr. 2 dargestellt, daß bei einer Bewertung auf Grund der aktuellen Standortdaten die langjährigen Niederschlagsverhältnisse des Gebietes zu berücksichtigen sind und eine bestimmte Wiederkehrwahrscheinlichkeit vorausgesetzt wird. 12

Abs. 5 verweist bezüglich der Untersuchung und weiteren Bewertung von schädlichen Bodenveränderungen auf Grund von Bodenerosion durch Wasser auf die Anforderungen in Anhang 4. Dort sind hierzu die Grundsätze aufgeführt, jedoch werden nur wenig konkrete fachliche Vorgaben zur Ausfüllung der unbestimmten Rechtsbegriffe in den Anforderungen gemacht, so daß die sachgerechte Bearbeitung von Einzelfällen dem Sachverstand der zuständigen Behörde obliegt. Vollzugshilfen in Form von Falltypisierungen, Bearbeitungsschemata und fachtechnischen Regeln könnten hier zu einer Vollzugserleichterung beitragen. 13

Abs. 6 enthält ergänzende Regelungen zu Erosionsflächen, die landwirtschaftlich genutzt werden. Abs. 6 Satz 2 enthält die Maßgabe, daß bei Anordnungen Einvernehmen mit der landwirtschaftlichen Fachbehörde herbeizuführen ist. 14

Abs. 6 Satz 1 hebt hervor, daß der zuständigen Beratungsstelle Gelegenheit zu geben ist, im Rahmen der Beratung geeignete erosionsmindernde Maßnahmen für die (landwirtschaftliche) Nutzung zu empfehlen. Dieser Ansatz unterstreicht damit nochmals den bereits im Gesetz erkennbaren politischen Willen, Bodenschutz in Kooperation mit den Bodennutzern und Grundstückseigentümern zu betreiben. Dabei läßt die Formulierung offen, welche Erosionsfläche gemeint ist. Laut § 17 Abs. 1 BBodSchG sollen die genannten Behörden für alle Erosionsflächen, die landwirtschaftlich genutzt werden, die gute fachliche Praxis der landwirtschaftlichen Bodennutzung vermitteln, zu der auch erosionsmindernde Maßnahmen zu zählen sind. Daher sind anscheinend im Kontext eher solche Erosionsflächen gemeint, für die eine schädliche Bodenveränderung im Ergebnis der Untersuchungen festgestellt wurde bzw. hierfür der hinreichende Verdacht besteht. Allerdings bleibt dann weiterhin unklar, wann eine solche Gelegenheit einzuräumen ist. Sinnvollerweise wird dies bereits bei Vorliegen von – möglicherweise der landwirtschaftlichen Fachbehörde nicht bekannten – Anhaltspunkten, spätestens jedoch bei Vorliegen eines hinreichenden Verdachts zu geschehen haben. Ist eine schädliche Bodenveränderung bereits festgestellt, ist zu entscheiden, ob und welche Maßnahmen zur Gefahrenabwehr zu ergreifen sind. Hierbei ist § 5 Abs. 5 BBodSchV zu beachten. 15

(Seiffert)

Literatur

DVWK – Deutscher Verband für Wasserwirtschaft und Kulturbau e. V. (1996): Bodenerosion durch Wasser – Kartieranleitung zur Erfassung aktueller Erosionsformen. Merkblätter 239. Bonn

HOLZWARTH, F., RADTKE, H., HILGER, B., BACHMANN, G. (2000): Bundes-Bodenschutzgesetz/Bundes-Bodenschutz- und Altlastenverordnung: Handkommentar. 2. Aufl. Berlin: Erich Schmidt 2000

SANDEN, SCHOENECK (1998): Bundes-Bodenschutzgesetz: Kurzkommentar. Heidelberg: Müller 1998

Siebter Teil
Vorsorge gegen das Entstehen schädlicher Bodenveränderungen

§ 9
Besorgnis schädlicher Bodenveränderungen

(1) Das Entstehen schädlicher Bodenveränderungen nach § 7 des Bundes-Bodenschutzgesetzes ist in der Regel zu besorgen, wenn

1. Schadstoffgehalte im Boden gemessen werden, die die Vorsorgewerte nach Anhang 2 Nr. 4 überschreiten, oder

2. eine erhebliche Anreicherung von anderen Schadstoffen erfolgt, die auf Grund ihrer krebserzeugenden, erbgutverändernden, fortpflanzungsgefährdenden oder toxischen Eigenschaften in besonderem Maße geeignet sind, schädliche Bodenveränderungen herbeizuführen.

§ 17 Abs. 1 des Bundes-Bodenschutzgesetzes bleibt unberührt.

(2) Bei Böden mit naturbedingt erhöhten Schadstoffgehalten besteht die Besorgnis des Entstehens schädlicher Bodenveränderungen bei einer Überschreitung der Vorsorgewerte nach Anhang 2 Nr. 4 nur, wenn eine erhebliche Freisetzung von Schadstoffen oder zusätzliche Einträge

durch die nach § 7 Satz 1 des Bundes-Bodenschutzgesetzes Verpflichteten nachteilige Auswirkungen auf die Bodenfunktionen erwarten lassen.

(3) Absatz 2 gilt entsprechend bei Böden mit großflächig siedlungsbedingt erhöhten Schadstoffgehalten.

§ 10
Vorsorgeanforderungen

(1) Sind die Voraussetzungen des § 9 Abs. 1 Satz 1 Nr. 1, Abs. 2 oder 3 gegeben, hat der nach § 7 des Bundes-Bodenschutzgesetzes Verpflichtete Vorkehrungen zu treffen, um weitere durch ihn auf dem Grundstück und dessen Einwirkungsbereich verursachte Schadstoffeinträge zu vermeiden oder wirksam zu vermindern, soweit dies auch im Hinblick auf den Zweck der Nutzung des Grundstücks verhältnismäßig ist. Dazu gehören auch technische Vorkehrungen an Anlagen oder Verfahren sowie Maßnahmen zur Untersuchung und Überwachung von Böden. Für die Untersuchung gilt Anhang 1 entsprechend.

(2) Einträge von Schadstoffen im Sinne des § 9 Abs. 1 Satz 1 Nr. 2, für die keine Vorsorgewerte festgesetzt sind, sind nach Maßgabe von Absatz 1 so weit technisch möglich und wirtschaftlich vertretbar zu begrenzen. Dies gilt insbesondere für die Stoffe, die nach § 4a Abs. 1 der Gefahrstoffverordnung als krebserzeugend, erbgutverändernd oder fortpflanzungsgefährdend eingestuft sind.

§ 11
Zulässige Zusatzbelastung

(1) Werden die in Anhang 2 Nr. 4.1 festgesetzten Vorsorgewerte bei einem Schadstoff überschritten, ist insoweit eine Zusatzbelastung bis zur Höhe der in Anhang 2 Nr. 5 festgesetzten jährlichen Frachten des Schadstoffes zulässig. Dabei sind die Einwirkungen auf den Boden über Luft und Gewässer sowie durch unmittelbare Einträge zu beachten.

(2) Soweit die in Anhang 2 Nr. 5 festgesetzte zulässige Zusatzbelastung bei einem Schadstoff überschritten ist, sind die geogenen oder großflä-

chig siedlungsbedingten Vorbelastungen im Einzelfall zu berücksichtigen.

(3) Die in Anhang 2 Nr. 5 festgesetzten Frachten bestimmen nicht im Sinne des § 3 Abs. 3 Satz 2 des Bundes-Bodenschutzgesetzes, welche Zusatzbelastungen durch den Betrieb einer Anlage nicht als ursächlicher Beitrag zum Entstehen schädlicher Bodenveränderungen anzusehen sind.

Übersicht

		Rdnr.
1.	Allgemeines zum Vorsorgeteil der BBodSchV	1
2.	Konkretisierung der Besorgnis (§ 9)	6
3.	Vorsorgeanforderungen (§ 10)	10
4.	Zulässige Zusatzbelastung (§ 11)	14

1. Allgemeines zum Vorsorgeteil der BBodSchV

1 Bereits durch die Überschrift des 7. Teils wird die Vorsorge auf die Verhinderung des *„Entstehens schädlicher Bodenveränderungen"* ausgerichtet. Damit wird also der **Vorgang** des **Entstehens** einer schädlichen Bodenveränderung behandelt, der sich klar von der Bewertung des **Zustandes** einer **bestehenden** schädlichen Bodenveränderung im Hinblick auf die Gefahrenabwehr unterscheidet. Die Maßnahmenkonzepte zur Vorsorge sind auf die Vermeidung bzw. Verminderung nachteiliger **Einwirkungen** auf den Boden ausgerichtet und unterscheiden sich damit ebenfalls eindeutig von der Gefahrenabwehr der von einem belasteten Boden auf Schutzgüter ausgehenden Wirkungen. Die Vorsorge beinhaltet daher nicht die Sanierung belasteter Böden auf ein niedrigeres Niveau.

2 Im Hinblick auf den Vollzug der Vorsorgeanforderungen sind zunächst die relativ weitreichenden Restriktionen im Anwendungsbereich der Vorsorgeregelungen durch § 7 des BBodSchG zu beachten:

- Nach § 7 Satz 4 BBodSchG dürfen *„Anordnungen ... nur getroffen werden, soweit Anforderungen in einer Rechtsverordnung nach § 8 Abs. 2 festgelegt sind"*. Anders als bei der Gefahrenabwehr besteht damit eine Sperrwirkung für nicht in der Verordnung geregelte Vorsorgeanforderungen.

- Die Reichweite von Anordnungen ist begrenzt, *„soweit dies auch im Hinblick auf den Zweck der Nutzung des Grundstücks verhältnismäßig ist"* (§ 7 Satz 3 BBodSchG).

- Die „*Erfüllung der Vorsorgepflicht bei der landwirtschaftlichen Bodennutzung richtet sich nach § 17 Abs. 1 und 2*" BBodSchG (§ 7 Satz 5 BBodSchG).
- Die Vorsorge „*für die forstwirtschaftliche Bodennutzung richtet sich nach dem Zweiten Kapitel des Bundeswaldgesetzes und den Forst- und Waldgesetzen der Länder*" (§ 7 Satz 5 BBodSchG).
- Die „*Vorsorge für das Grundwasser richtet sich nach wasserrechtlichen Vorschriften*" (§ 7 Satz 6 BBodSchG).

Weitere Einschränkungen des Anwendungsbereiches ergeben sich aus § 3 Abs. 1 BBodSchG, mit dem z. B. Teile des Kreislaufwirtschafts- und Abfallrechts, das Düngemittel- und das Pflanzenschutzrecht von den Regelungen des BBodSchG ausgenommen sind, soweit diese Einwirkungen auf den Boden selbst regeln. Diese Voraussetzung trifft für die Klärschlammverordnung, die Bioabfallverordnung, die Dünge- und die Düngemittelverordnung sowie die Pflanzenschutzmittelanwendungsverordnung zu. § 3 Abs. 3 BBodSchG enthält Anwendungsvoraussetzungen im Hinblick auf immissionsschutzrechtliche Vorsorgepflichten.

3

Den Regelungen im 7. Teil der BBodSchV kommt daher in den ausgenommenen Anwendungsbereichen zunächst nur eine „**ausstrahlende Wirkung**" auf diese zu, um dort Anforderungen an die Begrenzung schädlicher Stoffeinträge in den Boden einzubringen bzw. diese mit den Anforderungen der BBodSchV zu harmonisieren. Ein erstes Beispiel dafür sind die Bodenwerte der Bioabfallverordnung, die schon aus dem Entwurf der BBodSchV übernommen wurden. Entsprechende Harmonisierungsbestrebungen zur Übernahme der Vorsorge-Bodenwerte bestehen bei den Bodenwerten der Klärschlammverordnung sowie den Bodenwerten im Anhang zur UVP-Verwaltungsvorschrift. Auch die Werte für die zulässigen Zusatzbelastungen werden von seiten des Bodenschutzes in die Diskussion um die Harmonisierung von Regelungen zur Begrenzung schädlicher Stoffeinträge in den Boden im Bereich des Immissionsschutzrechtes, des Kreislaufwirtschafts- und Abfallrechtes sowie des Düngemittelrechtes eingebracht.

4

Vorrangig **verbleibende Anwendungsbereiche** für die Vorsorgeregelungen im Vollzug der BBodSchV selbst sind damit einerseits der § 12 mit den Anforderungen an das Auf- und Einbringen von Materialien auf oder in den Boden sowie andererseits bisher nicht geregelte Anwendungsbereiche zur Begrenzung schädlicher Stoffeinträge in den Boden, wie z. B. bei der Regenwasserversickerung oder Kleinkläranlagen. Die Vorsorgeregelungen in den §§ 9, 10 und 11 stehen miteinander in engem Zusammenhang und sind ausschließlich auf die Verhinderung des Entstehens schädlicher *stofflicher*

5

Bodenveränderungen ausgerichtet. Sie werden daher nachfolgend im Zusammenhang erläutert. § 12 geht im Hinblick auf die *"Anforderungen an das Aufbringen und Einbringen von Materialien auf oder in den Boden"* über stoffliche Anforderungen hinaus und enthält auch Vorgaben zu physikalischen Einwirkungen. Er wird wegen seiner erweiterten Ausrichtung, der Komplexität der Regelungen und seiner größeren Reichweite in einem eigenen Kapitel kommentiert.

(König)

2. Konkretisierung der Besorgnis (§ 9)

6   Auf Grund der Vorgaben von § 7 BBodSchG wird in § 9 als Handlungsschwelle für die Vorsorge die *"Besorgnis des Entstehens schädlicher Bodenveränderungen"* definiert. Vorrangiger **Maßstab** für die Vorsorge sind die Vorsorgewerte in Anhang 2 Nr. 4, auf die daher in Nr. 1 Bezug genommen wird. Da die Liste dieser Werte jedoch auf nur 7 Schwermetalle und 2 persistente organische Schadstoffe begrenzt ist, werden in Nr. 2 weitere Schadstoffe mit *"krebserzeugenden, erbgutverändernden, fortpflanzungsgefährdenden oder toxischen Eigenschaften"* einbezogen. Damit wird ergänzend auf Stofflisten anderer Rechtsbereiche, wie Chemikalien-, Gefahrstoff- und Wasserrecht, Bezug genommen, ohne für diese Stoffe allerdings Bewertungsmaßstäbe vorzugeben. Auch der Begriff *"erheblich"* wird nicht näher erläutert, es ist jedoch von Stoffeinträgen, die deutlich über dem großräumig vorhandenen Niveau liegen, auszugehen. Eine eigene Kategorie "bodengefährdender" Stoffe wird nicht eingeführt.

7   Zwischen den Bewertungsanforderungen der Nrn. 1 und 2 besteht ein weiterer systematischer Unterschied in bezug auf die Art der heranzuziehenden Meßwerte:

- Nach Nr. 1 sind gemessene *"Schadstoffgehalte im Boden"* anhand der Boden-Vorsorgewerten zu beurteilen. Weitere Stoffeinträge, die mit den zulässigen Zusatzbelastungen nach Anhang 2 Nr. 5 zu vergleichen wären, sind hier nicht angesprochen.
- Demgegenüber wird in Nr. 2 nur auf die Eintragssituation Bezug genommen (*"wenn ... eine erhebliche Anreicherung ... erfolgt"*). Die Messung von Schadstoffgehalten im Boden wurde hier nicht verankert.

8   Die Absätze 2 und 3 des § 9 BBodSchV konkretisieren **Ausnahmen** entsprechend der in § 8 Abs. 2 Nr. 1 BBodSchG enthaltenen Vorgabe zur

„*Berücksichtigung von geogenen und großflächig siedlungsbedingten Schadstoffgehalten*" fest. Die Besorgnis besteht danach nur, „*wenn eine erhebliche Freisetzung von Schadstoffen oder zusätzliche Einträge ... nachteilige Auswirkungen auf die Bodenfunktionen erwarten lassen*". Im Umkehrschluß bedeuten diese beiden Vorgaben, daß Ausnahmen von den Vorsorgeanforderungen bei Überschreitung der Vorsorgewerte in folgenden Fällen möglich sind:

a) **Bei geogen bedingten Schwermetallanreicherungen, wenn**

- keine erhöhte Freisetzung (= geringe Mobilität) zu erwarten ist und
- keine zusätzlichen Einträge mit negativen Wirkungen auf Bodenfunktionen (*durch die ... Verpflichteten*) vorliegen.

Ausnahmen sind in diesen Fällen auch auf Einzelflächen – ohne Beschränkung auf großflächige Gebiete – möglich.

b) **Bei großflächig siedlungsbedingt erhöhten Gehalten, wenn**

- keine erhöhte Freisetzung (= geringe Mobilität) zu erwarten ist und
- keine zusätzlichen Einträge mit negativen Wirkungen auf Bodenfunktionen (*durch die ... Verpflichteten*) vorliegen.

Ausnahmen sind dabei auf „großflächige" Gebiete zu beschränken, in denen beide v. g. Voraussetzungen zutreffen müssen. Der Begriff „großflächig" bedarf sowohl hinsichtlich der Mindestausdehnung des Gebietes als auch möglicher Streuungen der darin ermittelten Meßwerte einer Konkretisierung. „Kleinräumig" siedlungsbedingt verursachte Schadstoffbelastungen (z. B. Straßenrandbereiche, Verwendung belasteter Baumaterialien oder Bodenverbesserungsmittel) fallen nicht unter diese Ausnahmeregelung.

(König)

3. Vorsorgeanforderungen (§ 10)

10 Die Konkretisierung der Vorsorgeanforderungen in § 10 sind vor dem Hintergrund des eingeschränkten Anwendungsbereichs der Vorsorgeregelungen von § 7 BBodSchG zu sehen. In welchen konkreten Fallgestaltungen diese tatsächlich zur Anwendung gelangen, müssen erst die praktischen Erfahrungen im Vollzug der BBodSchV zeigen.

11 In Abs. 1 Satz 1 wird zunächst der **Adressatenkreis** für die Umsetzung von Vorsorgeanforderungen benannt, der für alle Besorgnistatbestände nach § 9 gilt. Zu den *„Verpflichteten"* gehören nach § 7 Satz 1 BBodSchG *„der Grundstückseigentümer, der Inhaber der tatsächlichen Gewalt über ein Grundstück und derjenige, der Verrichtungen auf einem Grundstück durchführt oder durchführen läßt"*. Weiterhin wird ausgehend von den Vorgaben in § 7 BBodSchG klargestellt, daß Vorsorgemaßnahmen nicht nur zur Verhinderung des Entstehens schädlicher Bodenveränderungen auf dem jeweiligen Grundstück selbst zu ergreifen sind, sondern auch, wenn die Besorgnis in dessen Einwirkungsbereich (z. B. durch Abwehungen) besteht.

12 Der letzte Halbsatz von Satz 1 sowie die Sätze 2 und 3 beziehen sich dann nur auf das *Vorliegen der „Voraussetzungen des § 9 Abs. 1 Satz 1 Nr. 1, Abs. 2 oder 3"* (d. h. i. d. R. Überschreitung der Vorsorgewerte). Darin wird zunächst auf die Beachtung der **Verhältnismäßigkeit** von Maßnahmen *„im Hinblick auf den Zweck der Nutzung des Grundstückes"* hingewiesen. Satz 2 konkretisiert die **Art der Maßnahmen**. Zu den Minderungsmaßnahmen gehören auch *„technische Vorkehrungen an Anlagen"*, soweit diese nicht über die Ausnahmeregelungen im Anwendungsbereich ausgenommen sind. Satz 2 stellt weiterhin klar, daß ggf. auch Untersuchungen zur Abklärung der Notwendigkeit von Minderungsmaßnahmen oder Wiederholungsuntersuchungen zur Überwachung möglicher Veränderungen der Schadstoffeinträge, der Anreicherungen in den Böden oder der Mobilität (*„Freisetzung"*) angeordnet werden können. Bezüglich der Untersuchungsmethodik wird auch hier auf Anhang 1 verwiesen.

13 Bei Vorliegen der Voraussetzungen des § 9 Abs. 1 Satz 1 Nr. 2 wird zusätzlich die Anforderung *„soweit technisch möglich und wirtschaftlich vertretbar"* aufgestellt. Bezüglich der relevanten Schadstoffe wird die Stoffliste der Gefahrstoffverordnung besonders hervorgehoben. In der Begründung der Bundesregierung (BR-Drucks. 780/98) wird hierzu auf die *„Listen 1 bis 6 der Anlage zu Nummer 29 bis 31 des Anhangs I der Richtlinie 76/769/EWG des Rates vom 27.07.1976"* (Abl. EG Nr. L 262 S. 201) verwiesen. Die Stoffe werden vom Bundesministerium für Umwelt, Naturschutz und Reaktorsicherheit im Bundesanzeiger veröffentlicht.

(König)

4. Zulässige Zusatzbelastungen (§ 11)

§ 11 beschreibt die **Anwendung** der Werte für die *„Zulässigen zusätzlichen jährlichen Frachten an Schadstoffen über alle Wirkungspfade"* in Anhang 2 Nr. 5. Auch ihre praktische Anwendung im Vollzug dieser Verordnung dürfte begrenzt sein, da die Haupteintragspfade über Luft, Düngung und Abfallverwertung in eigenen Verordnungen geregelt sind, die daher aus dem Geltungsbereich des BBodSchG ausgenommen sind. Als konkrete Anwendungsbereiche sind die Regenwasserversickerung oder Kleinkläranlagen sowie andere unmittelbare Einträge in den Boden denkbar. 14

Auslöser für die Anwendung der Werte für die zulässige Zusatzbelastung sind nach Abs. 1 Satz 1 die Vorsorgewerte in Anhang 2 Nr. 4.1. Bei deren Überschreitung sind Maßnahmen zur Begrenzung von Einträgen der in Anhang 2 Nr. 5. genannten Schadstoffe auf die dort genannten Frachten zu ergreifen. Für diese Stoffe erfolgt somit eine Quantifizierung der in § 10 enthaltenen Vorsorgeanforderungen. 15

Im Unterschied zu den Bodengrenzwerten der Bioabfallverordnung oder der Klärschlammverordnung, bei deren Überschreitung durch Aufbringungsverbote ein Eintrag über diese Eintragspfade völlig unterbunden wird, wird hier noch ein begrenzter Eintrag zugelassen, der allerdings alle Wirkungspfade umfassen soll. Die Ausrichtung auf alle Wirkungspfade wird durch die Forderung zur Beachtung der *„Einwirkungen über Luft und Gewässer sowie durch unmittelbare Einträge"* unterstrichen. Sie dürfte allerdings im praktischen Vollzug wegen des eingeschränkten Anwendungsbereiches nur schwierig umzusetzen sein. 16

Besondere Vorgaben für *„geogene oder großflächig siedlungsbedingte Vorbelastungen"* enthält die Verordnung nicht. Diese sollen gemäß Abs. 2 im Einzelfall berücksichtigt werden. 17

Um die Abgrenzung zu immissionsschutzrechtlichen Anforderungen klarzustellen, wurde mit der Zustimmungsmaßgabe des Bundesrates (BR-Drucks. 244/99 [Beschluß]) Abs. 3 ergänzt. Darin wird auf § 3 Abs. 3 Satz 2 BBodSchG Bezug genommen, in dem vorgegeben wird, daß die in An- 18 hang 2 Nr. 5 dieser Verordnung festgelegten Werte erst zur „näheren Bestimmung der immissionsschutzrechtlichen Vorsorgepflichten ... heranzuziehen sind, sobald in einer Rechtsverordnung oder in einer Verwaltungsvorschrift des Bundes bestimmt worden ist, welche Zusatzbelastungen durch den Betrieb einer Anlage nicht als ursächlicher Beitrag zum Entstehen schädlicher Bodenveränderungen anzusehen sind."

(König)

§ 12
Anforderungen an das Aufbringen und Einbringen von Materialien auf oder in den Boden

(1) Zur Herstellung einer durchwurzelbaren Bodenschicht dürfen in und auf Böden nur Bodenmaterial sowie Baggergut nach DIN 19731 (Ausgabe 5/98) und Gemische von Bodenmaterial mit solchen Abfällen, die die stofflichen Qualitätsanforderungen der nach § 8 des Kreislaufwirtschafts- und Abfallgesetzes erlassenen Verordnungen sowie der Klärschlammverordnung erfüllen, auf- und eingebracht werden.

(2) Das Auf- und Einbringen von Materialien auf oder in eine durchwurzelbare Bodenschicht oder zur Herstellung einer durchwurzelbaren Bodenschicht im Rahmen von Rekultivierungsvorhaben einschließlich Wiedernutzbarmachung ist zulässig, wenn

– insbesondere nach Art, Menge, Schadstoffgehalten und physikalischen Eigenschaften der Materialien sowie nach den Schadstoffgehalten der Böden am Ort des Auf- oder Einbringens die Besorgnis des Entstehens schädlicher Bodenveränderungen gemäß § 7 Satz 2 des Bundes-Bodenschutzgesetzes und § 9 dieser Verordnung nicht hervorgerufen wird und
– mindestens eine der in § 2 Abs. 2 Nr. 1 und 3 Buchstabe b und c des Bundes-Bodenschutzgesetzes genannten Bodenfunktionen nachhaltig gesichert oder wiederhergestellt wird.

Die Zwischenlagerung und die Umlagerung von Bodenmaterial auf Grundstücken im Rahmen der Errichtung oder des Umbaus von baulichen und betrieblichen Anlagen unterliegen nicht den Regelungen dieses Paragraphen, wenn das Bodenmaterial am Herkunftsort wiederverwendet wird.

BBodSchV § 12

(3) Die nach § 7 des Bundes-Bodenschutzgesetzes Pflichtigen haben vor dem Auf- und Einbringen die notwendigen Untersuchungen der Materialien nach den Vorgaben in Anhang 1 durchzuführen oder zu veranlassen. Die nach § 10 Abs. 1 des Bundes-Bodenschutzgesetzes zuständige Behörde kann weitere Untersuchungen hinsichtlich der Standort- und Bodeneigenschaften anordnen, wenn das Entstehen einer schädlichen Bodenveränderung zu besorgen ist; hierbei sind die Anforderungen nach DIN 19731 (Ausgabe 5/98) zu beachten.

(4) Bei landwirtschaftlicher Folgenutzung sollen im Hinblick auf künftige unvermeidliche Schadstoffeinträge durch Bewirtschaftungsmaßnahmen oder atmosphärische Schadstoffeinträge die Schadstoffgehalte in der entstandenen durchwurzelbaren Bodenschicht 70 Prozent der Vorsorgewerte nach Anhang 2 Nr. 4 nicht überschreiten.

(5) Beim Aufbringen von Bodenmaterial auf landwirtschaftlich einschließlich gartenbaulich genutzte Böden ist deren Ertragsfähigkeit nachhaltig zu sichern oder wiederherzustellen und darf nicht dauerhaft verringert werden.

(6) Bei der Herstellung einer durchwurzelbaren Bodenschicht für eine landwirtschaftliche Folgenutzung im Rahmen von Rekultivierungsvorhaben einschließlich Wiedernutzbarmachung soll nach Art, Menge und Schadstoffgehalt geeignetes Bodenmaterial auf- oder eingebracht werden.

(7) Die Nährstoffzufuhr durch das Auf- und Einbringen von Materialien in und auf den Boden ist nach Menge und Verfügbarkeit dem Pflanzenbedarf der Folgevegetation anzupassen, um insbesondere Nährstoffeinträge in Gewässer weitestgehend zu vermeiden. DIN 18919 (Ausgabe 09/90) ist zu beachten.

(8) Von dem Auf- und Einbringen von Materialien sollen Böden, welche die Bodenfunktionen nach § 2 Abs. 2 Nr. 1 und 2 des Bundes-Bodenschutzgesetzes im besonderen Maße erfüllen, ausgeschlossen werden. Dies gilt auch für Böden im Wald, in Wasserschutzgebieten nach § 19 Abs. 1 des Wasserhaushaltsgesetzes, in nach den §§ 13, 14, 14a, 17, 18, 19b und 20c des Bundesnaturschutzgesetzes rechtsverbindlich unter Schutz gestellten Gebieten und Teilen von Natur und Landschaft sowie für die Böden der Kernzonen von Naturschutzgroßprojekten des Bundes von gesamtstaatlicher Bedeutung. Die fachlich zuständigen Behörden können hiervon Abweichungen zulassen, wenn

ein Auf- und Einbringen aus forst- oder naturschutzfachlicher Sicht oder zum Schutz des Grundwassers erforderlich ist.

(9) Beim Auf- und Einbringen von Materialien auf oder in den Boden sollen Verdichtungen, Vernässungen und sonstige nachteilige Bodenveränderungen durch geeignete technische Maßnahmen sowie durch Berücksichtigung der Menge und des Zeitpunktes des Aufbringens vermieden werden. Nach Aufbringen von Materialien mit einer Mächtigkeit von mehr als 20 Zentimetern ist auf die Sicherung oder den Aufbau eines stabilen Bodengefüges hinzuwirken. DIN 19731 (Ausgabe 5/98) ist zu beachten.

(10) In Gebieten mit erhöhten Schadstoffgehalten in Böden ist eine Verlagerung von Bodenmaterial innerhalb des Gebietes zulässig, wenn die in § 2 Abs. 2 Nr. 1 und 3 Buchstabe b und c des Bundes-Bodenschutzgesetzes genannten Bodenfunktionen nicht zusätzlich beeinträchtigt werden und insbesondere die Schadstoffsituation am Ort des Aufbringens nicht nachteilig verändert wird. Die Gebiete erhöhter Schadstoffgehalte können von der zuständigen Behörde festgelegt werden. Dabei kann die zuständige Behörde auch Abweichungen von den Absätzen 3 und 4 zulassen.

(11) § 5 Abs. 6a bleibt unberührt.

(12) Absatz 3 gilt nicht für das Auf- und Einbringen von Bodenmaterial auf die landwirtschaftliche Nutzfläche nach lokal begrenzten Erosionsereignissen oder zur Rückführung von Bodenmaterial aus der Reinigung landwirtschaftlicher Ernteprodukte.

<u>Übersicht</u> Rdnr.

1.	Allgemeines	1
2.	Erläuterungen und Anwendungshinweise	7
2.1	Der grundsätzliche Regelungsrahmen (Absätze 1 und 2)	7
2.2	Zusätzliche Verfahrensregelungen	18
2.2.1	Absatz 3 (Untersuchungsbedarf)	18
2.2.2	Absatz 7 (Nährstoffzufuhr)	24
2.2.3	Absatz 9 (bautechnische Anforderungen)	29
2.3	Ergänzende Regelungen bei landwirtschaftlicher Folgenutzung	31
2.3.1	Absatz 4 (Keine Ausschöpfung der Vorsorgewerte)	32
2.3.2	Absatz 5 (Keine dauerhafte Verringerung der Ertragsfähigkeit)	34
2.3.3	Absätze 6 und 12 (Beschränkung auf Bodenmaterial und Anforderungen an dessen Qualität)	36
2.4	Ausnahmeregelungen	42

2.4.1	Absatz 2 (Zwischen- und Umlagerung bei Baumaßnahmen)	43
2.4.2	Absatz 8 (Behandlung schutzwürdiger Böden)	48
2.4.3	Absatz 10 (Gebiete mit erhöhten Schadstoffgehalten)	51
2.4.4	Absatz 11 (Gebiete eines Sanierungsplanes)	55
2.4.5	Absatz 12 (Rückführung von Bodenmaterial)	56
Literatur		

1. Allgemeines

Aus den vielfältigen Möglichkeiten zur Definition des Bodens hat das BBodSchG im § 2 Abs. 1 eine räumliche und funktionale Begriffsbestimmung gewählt. Boden ist demnach *„die obere Schicht der Erdkruste, soweit sie Träger der in Abs. 2 genannten Bodenfunktionen ist,"* inklusive Bodenluft und Sickerwasser jedoch *„ohne Grundwasser und Gewässerbetten"*. Auch ohne das Vokabular der Bodenkunde erlaubt diese Definition gleichermaßen Regelungen in horizontaler wie in vertikaler Hinsicht. Diese Festlegung hat aber zur Folge, daß Boden im konkreten Vollzug des Gesetzes ggf. einer weiteren fachlichen Differenzierung z. B. hinsichtlich seines Ausgangssubstrates, seiner Genese oder seines Schichtenaufbaus bedarf.

Demgemäß umfaßt der Begriff Bodenmaterial des § 2 Nr. 1. BBodSchV (→ *Rdnr. 5 ff.* zu § 2) ganz unterschiedliche Ausgangssubstrate. Urban, gewerblich, industriell oder montan überprägte Böden werden dadurch genau so erfaßt wie Material aus Böden, das eine weitgehend ungestörte Bodenbildung hinter sich hat. Hierzu zählen auch Stadtböden, die aus den „Kulturrückständen" von Generationen oder aus dem Trümmerschutt des 2. Weltkriegs hervorgegangen sind. Andererseits werden durch die Definition des § 2 Abs. 1 BBodSchG einige Substrate ausgeschlossen, die hinsichtlich ihrer Herkunft eindeutig als Bodenmaterial angesehen werden müssen. Hierzu zählen u. a. die unbelasteten Sedimente aus den Oberflächengewässern (vgl. hierzu DIN 19731).

In der BBodSchV muß also eine differenzierende Regelung dergestalt geschaffen werden, daß ungeeignete Substrate, z. B. Bodenmaterial aus vielen Stadtböden, nicht ohne weiteres in landwirtschaftliche Böden oder Böden mit einem hohen Erfüllungsgrad der natürlichen Bodenfunktionen ein- oder aufgebracht werden können. Ferner kommt es darauf an, daß geeignete Substrate, z. B. unbelastete Sedimente, nicht vom Ein- und Aufbringen in und auf Böden ausgeschlossen werden.

BBodSchV § 12

4 Wenn der Bundesrat der Regierungsvorlage gefolgt wäre, hätte dies zur Folge gehabt, daß eine Verwertung von Grabenaushub oder auch die bei der Sanierung von unbelasteten Binnengewässern anfallenden Bodensubstrate auf der Grundlage der BBodSchV nicht möglich gewesen wäre. Der § 12 hat demgemäß einen Regelungsumfang angenommen, der ohne weiteres eine eigene Verordnung ausfüllen könnte. Entsprechend kompliziert und umfangreich ist die Interpretation dieses Paragraphen ausgefallen.

5 In der Begründung des Bundesrates (BR-Drucks. 244/99 [Beschluß], S. 34) wird zu den mit den Regelungen angestrebten Zielen u. a. ausgeführt:

„Das Bundes-Bodenschutzgesetz enthält in § 6 die Ermächtigungsgrundlage zur Regelung des Auf- und Einbringens von Materialien auf oder in den Boden. In der Vorlage wird diese Ermächtigungsgrundlage jedoch nicht adäquat umgesetzt. Durch die Beschränkung auf den Begriff Bodenmaterial und dessen Definition in § 2 der Vorlage wird den hier anzutreffenden Fallgestaltungen nicht hinreichend Rechnung getragen.

Insbesondere durch den Verweis auf die Begriffsbestimmung in § 2 Absatz 1 BBodSchG werden Materialien vom Ein- und Aufbringen in Böden ausgeschlossen, die sich für diesen Zweck ganz hervorragend eignen, so z. B unbelastete Sedimente aus Gewässern.

Zur Schaffung der notwendigen Differenzierungsmöglichkeiten sind deshalb neben Bodenmaterialien im Sinne von § 2 Absatz 1 BBodSchG auch Baggergut nach DIN 19731 (Ausgabe 5/98) sowie Gemische von Bodenmaterial mit Abfällen, die die stofflichen Qualitätsanforderungen der nach § 8 KrW-/AbfG erlassenen Verordnungen sowie der Klärschlammverordnung erfüllen, zum Auf- und Einbringen auf und in Böden zuzulassen und der Begriff der 'sonstigen Materialien' einzuführen. Erst durch diese Differenzierung greift die vorgesehene Beschränkung auf Bodenmaterial bei der Rekultivierung von Flächen für eine landwirtschaftliche Folgenutzung.

Mit den vorgeschlagenen Änderungen wird der Anwendungsbereich der Regelung einerseits auf den vom Gesetz vorgegebenen umfassenden Materialienbegriff erweitert, andererseits aber auf das Auf- und Einbringen in eine durchwurzelbare Bodenschicht sowie die Herstellung einer kulturfähigen Bodenschicht im Rahmen von Rekultivierungsmaßnahmen eingeschränkt.

Ferner soll sichergestellt werden, daß schadstoffhaltige Abfälle nicht in unzulässiger Weise mit dem Bodenmaterial der hergestellten Bodenschicht verdünnt werden, um auf diese Weise die materiellen Anforderungen des Abfallrechts zu umgehen. Deshalb soll eine Beschränkung auf solche Materialien erfolgen, für die entsprechende Qualitätsanforderungen bereits abfallrechtlich durch Verordnungen bestehen.

Abweichungen von den Vorsorgewerten nach Anhang 2 Nr. 4 oder im Einzelfall von den Untersuchungspflichten des Absatzes 2 sollen in Gebieten mit erhöhten Schadstoffgehalten möglich sein. Sie können durch die zuständigen Behörde ausgewiesen werden. In Gebieten mit erhöhten Schadstoffgehalten können die Vorsorgewerte überschritten sein."

Der Bundesrat hat mit der vorgeschlagenen Neufassung des § 12 BBodSchV also vor allem zwei Ziele verfolgt: Einerseits sollte der **Anwendungsbereich** dieser Regelung nicht auf Bodenmaterial beschränkt bleiben, sondern mehr in Richtung auf den vom § 6 BBodSchG vorgegebenen umfassenderen Materialienbegriff fortentwickelt werden. Andererseits sollte der Anwendungsbereich nicht den durch den § 2 Abs. 1 definierten Boden insgesamt überregeln, sondern auf eine möglichst eindeutig abzugrenzende obere Bodenschicht eingeschränkt werden, nämlich auf **die durchwurzelbare Bodenschicht** des anstehenden Bodens gem. der Definition des § 2 Abs. 1 BBodSchG sowie auf die Herstellung einer kulturfähigen, d. h. vor allem durchwurzelbaren Bodenschicht im Rahmen von Rekultivierungsmaßnahmen einschließlich Wiedernutzbarmachung. Zur definitorischen Abgrenzung des Begriffs der durchwurzelbaren Bodenschicht wird auf die Erläuterungen zu § 2 Nr. 11 verwiesen (→ Rdnr. 53 ff. zu § 2).

(Neidhart)

2. Erläuterungen und Anwendungshinweise

2.1 Der grundsätzliche Regelungsrahmen (Absätze 1 und 2)

Hier ist in erster Linie die Frage zu klären, ob durch die Absätze 1 und 2 isolierte Sachverhalte geregelt werden sollen. In der Begründung zum Änderungsvorschlag des Bundesrates zum § 12 werden hierzu zwar explizit keine Ausführungen gemacht. In beiden Absätzen wird jedoch gleichermaßen auf die **Fallgestaltung des Herstellens** sowie auf die **Fallgestaltung**

BBodSchV § 12

des **Auf- und Einbringens** Bezug genommen. Insofern liegt der Schluß nahe, daß diese Frage zumindest nach Auffassung des Bundesrates zu verneinen ist. Die materiellen Anforderungen des Absatzes 1 gelten folglich auch für den Absatz 2.

8 Die Absätze 1 und 2 stehen jedoch in einem hierarchischen Verhältnis zueinander. Der Absatz 1 legt die **übergeordnete Maßstäbe** für den Absatz 2 fest, indem er die materiellen Anforderungen an das ein- oder aufgebrachte Material definiert. Aus der oben zitierten Begründung ist zu schließen, daß der Bundesrat zumindest davon ausgegangen ist, daß die materiellen Anforderungen des Absatzes 1 an die einzusetzenden Substrate auch für den Absatz 2 gelten. Dabei wird auch deutlich, daß die hergestellte Bodenschicht z. B. nicht ausschließlich aus Klärschlamm oder Biokompost bestehen darf. Deren maximaler Anteil ergibt sich jedoch nur indirekt, nämlich durch die zu fordernde Einhaltung der Vorsorgewerte des Anhangs 2 Nr. 4 BBodSchV und durch die weitergehende Begrenzung der Nährstoffzufuhr auf den Bedarf der Folgevegetation im § 12 Abs. 7 BBodSchV.

9 Von den Abfällen, die zur **Herstellung eines Gemisches** mit Bodenmaterial eingesetzt werden sollen, wird gefordert, daß sie die *"stofflichen Qualitätsanforderungen der nach § 8 des Kreislaufwirtschafts- und Abfallgesetzes erlassenen Verordnungen sowie der Klärschlammverordnung erfüllen".* Diese Vorgabe ist restriktiv zu handhaben.

10 Der Begriff der stofflichen Qualität darf keinesfalls auf die Wertefestelegungen in diesen Verordnungen beschränkt werden. **Die stoffliche Qualität** umfaßt auch andere Substrateigenschaften, die sich aus dem Herstellungsprozeß dieser Substrate und der Auswahl der geeigneten Materialien zwangsläufig ergeben. Die Mehrzahl der mineralische Abfälle, wie sie u. a. in der Technischen Regeln der LAGA (1994) beschrieben werden, wären demgemäß hiervon auszunehmen, weil sie diese umfassenderen Anforderungen nicht erfüllen.

11 Der **Einsatz von Klärschlämmen und Bioabfällen** in der Landwirtschaft wird durch die Klärschlamm- und die Bioabfallverordnung selbst hinreichend geregelt. Durch die Regelung des § 12 Abs. 1 wird vor allem die Möglichkeit eröffnet, diese Substrate auch im Landschaftsbau unter geeigneten Rahmenbedingungen einzusetzen. Haupteinsatzorte sind u. a. Rekultivierungsvorhaben oder der Bau von Lärmschutzwällen. Die Möglichkeit zur Verwertung von Abfällen in Gemischen mit Bodenmaterial auf der landwirtschaftlichen Nutzfläche unterliegt durch den § 12 Abs. 6 insofern einer Beschränkung, da auf diesen Flächen nur *"nach Art, Menge und*

Schadstoffgehalt geeignetes Bodenmaterial" eingesetzt werden darf. Der Begriff der landwirtschaftlichen Nutzfläche umfaßt dabei, wie der Vergleich mit Abs. 5 zeigt, auch gartenbauliche Flächen. Sinngemäß ist dies auch für Flächen zu fordern, für die eine landwirtschaftliche Folgenutzung geplant ist.

Der Absatz 2 beschreibt darüber hinaus im ersten Anstrich noch die **material- und bodenbezogenen Anforderungen** mit Blick auf den Einbauort bzw. den Ort des Aufbringens. Hierbei ist klarzustellen, daß sich die Beurteilung der Schadstoffgehalte der Böden am Ort des Auf- und Einbringens auf die Situation nach Vollzug der Maßnahme bezieht. Geschieht dies nicht, wird bei Schadstoffgehalten zwischen Vorsorgewerten und Gefahrenschwelle jede Verbesserung der Situation durch Überdeckung mit sauberem Bodenmaterial unterbunden. Der Absatz 2 verbindet diese Anforderungen im zweiten Anstrich noch mit einer ergänzenden Bestimmung zur Frage der Nützlichkeit. Zur fachlichen Präzisierungen dieser Anforderungen wird u. a. verwiesen auf die DIN 19731 „Verwertung von Bodenmaterial" und auf KOHL et al. (1998) „Anforderungen an die Verwertung von kultivierbarem Bodenmaterial – Empfehlungen zu Technischen Regeln aus der Arbeit der Bund-/Länderarbeitsgemeinschaft Bodenschutz". 12

Ziel einer Maßnahme nach § 12 Abs. 2 BBodSchV muß es in jedem Fall sein, wenigstens eine der natürlichen Bodenfunktionen (§ 2 Abs. 2 Nr. 1 BBodSchG) oder eine der Nutzungsfunktionen wie Land- oder Forstwirtschaft (§2 Abs. 2 Nr. 3 b BBodSchG) bzw. Siedlung und Erholung (§ 2 Abs. 2 Nr. 3 c BBodSchG) nachhaltig zu sichern oder wiederherzustellen. 13

Aus dieser Zielvorgabe des Absatzes 2 lassen sich auch bestimmte Begleitforderungen ableiten, wenn es darum geht, im Rahmen solcher Maßnahmen **Verfüllungen des Untergrundes** oder Geländemodellierungen vorzunehmen. 14

Soll z. B. durch die **Ausfüllung einer Geländehohlform** unterhalb der zukünftigen durchwurzelbaren Bodenschicht die Sickerwasserstrecke zum Grundwasser verlängert werden, dann macht es kaum Sinn, wenn hier eine Sperrschicht aus anderen Materialien eingebaut würde. Kommt es mehr darauf an, den Baugrund für den Auftrag einer durchwurzelbaren Bodenschicht vorzubereiten, was insbesondere bei steilen Halden und Abgrabungen notwendig sein kann, dann besteht hier grundsätzlich auch die Möglichkeit unterhalb dieser Schicht andere Substrate einzubauen. Dabei sind zumindest die Anforderungen des Abfallrechts an die Schadlosigkeit der Verwertung zu erfüllen (§ 5 KrW-/AbfG). In beiden Fällen sind grundsätz- 15 lich auch die Anforderungen des vorsorgenden Grundwasserschutzes zu beachten.

16 Aus dem vorstehend Dargestellten lassen sich folgende Aussagen zur **Anwendbarkeit** des § 12 ableiten:

a) Der § 12 ist unmittelbar anzuwenden

- bei der **Herstellung einer durchwurzelbaren Schicht** auch oberhalb künstlicher Trennschichten (z. B. bei der Sanierung von Altlasten) oder Schüttkörpern (z. B. aus statischen Erwägungen zur Gründung von Bauwerken),
- beim **Ein- und Aufbringen von Materialien** in oder auf eine Schicht, die auch ohne zusätzliche Maßnahmen durchwurzelbar ist, und zwar auch dann, wenn damit eine Geländehohlform verfüllt werden soll.

b) Der § 12 ist dagegen nicht unmittelbar anzuwenden

- bei der Auffüllung von Geländehohlformen, wenn die an deren Grunde anstehende Schicht nicht durchwurzelbar ist,
- bei Geländemodellierungen, die zwingend erforderlich sind, um eine durchwurzelbare Bodenschicht überhaupt aufbringen zu können (z. B. Stabilisierung des Bodenaufbaus bei starker Neigung des Geländes).

17 Im Falle von b) ist der § 12 erst dann anzuwenden, wenn als oberste Deckschicht eine durchwurzelbare Schicht aufgebracht werden soll. Auf die im Absatz 2 enthaltene Ausnahmeregelung bezüglich Zwischen- und Umlagerung von Bodenmaterial wird unter der Ziffer 2.4 Bezug genommen.

2.2 Zusätzliche Verfahrensregelungen

2.2.1 Absatz 3 (Untersuchungsbedarf)

18 Der Absatz 3 stellt klar, daß die nach § 7 BBodSchG zur Vorsorge Verpflichteten, nämlich die Grundstückseigentümer, die Inhaber der tatsächlichen Gewalt (z. B. Pächter) und diejenigen, die Verrichtungen auf dem Grundstück durchführen oder durchführen lassen (z. B. Bauunternehmer), bereits vor dem Auf- und Einbringen die **notwendigen Untersuchungen** der durch den Absatz 1 benannten Materialien durchzuführen oder zu veranlassen haben. Damit soll vermieden werden, daß ungeeignete Materialien

aufgebracht werden, die dann ggf. wieder kostenträchtig entfernt werden müssen.

Die **Notwendigkeit für Untersuchungen** wird sich immer dann ergeben, wenn die Herkunft der eingesetzten Materialien nicht eindeutig zurückverfolgt werden kann. Für Biokompost und Klärschlamm dürfte das durch die entsprechenden Verordnungen vorgegebene Qualitätssicherungsinstrumentarium auch die Anforderungen des Bodenschutzes erfüllen. Bei dem eingesetzten Bodenmaterial wird es vor allem darauf ankommen, den Herkunftsort zu benennen. Wird Bodenmaterial z. B. von Flächen eingesetzt, die bisher landwirtschaftlich genutzt worden sind und die nicht in Gebieten mit geogen oder anthropogen erhöhten Bodenwerten liegen, so ist in der Regel davon auszugehen, daß keine Notwendigkeit für weitere Untersuchungen besteht. 19

Grundsätzlich wäre aber auch die Möglichkeit gegeben, die zur Herstellung einer durchwurzelbaren Bodenschicht oder die zum Auf- und Einbringen in diese vorgesehene Materialien vorab einer **Qualitätskontrolle** zu unterziehen. Eine Zertifizierung solcher Materialien könnte den zur Vorsorge Verpflichteten zusätzliche Sicherheit bieten. Interessant könnte dieses Verfahren für Firmen des Garten- und Landschaftsbaus sein, die an unterschiedlichen Orten nur jeweils kleinere Mengen ein- oder aufbringen. Die ursprünglich für die Fallgestaltungen Landschaftsbau/Eigenheimbau vorgesehene Bagatellklausel hat im Bundesratsverfahren leider keinen Bestand gehabt. Zu hoffen ist, daß sich auf dem freien Markt sachgerechte Strukturen für diesen Einsatzbereich entwickeln. 20

Der § 12 BBodSchV enthält wie viele andere Paragraphen der Verordnung keine explizite Festlegung der **Anordnungsbefugnis** der zuständigen Behörde. Dennoch besteht eine solche grundsätzliche Anordnungsbefugnis auf der Grundlage des § 10 BBodSchG (Sonstige Anordnungen). Danach gilt, daß die zuständige Behörde zur Erfüllung der sich auf der Grundlage u. a. des § 6 erlassenen Rechtsverordnungen ergebenden Pflichten die notwendigen Maßnahmen treffen kann. 21

Die zuständige Behörde hat also auch hier eine Anordnungsbefugnis zur Untersuchung der stofflichen Qualität der eingesetzten Materialien. Ferner kann sie **Untersuchungen** hinsichtlich der Bodeneigenschaften am Standort anordnen, wenn das Entstehen einer schädlichen Bodenveränderung zu besorgen ist. Dies könnte z. B. auch dann gegeben sein, wenn Bodenmaterial vermischt mit Bauschutt o.ä., wie es bei Stadtböden häufig anfällt, auf gewachsenen Böden ein oder aufgebracht werden soll. 22

23 Die Anordnung setzt allerdings voraus, daß die zuständige Behörde von einer solchen Maßnahme unterrichtet wird. Bei der derzeitigen Rechtslage ist das nicht in jedem Fall gewährleistet. Voraussetzung wäre, daß landesrechtlich eine entsprechende **Mitteilungs- oder Anzeigepflicht** geschaffen würde. Für Gebiete, in denen flächenhaft schädliche Bodenveränderungen auftreten oder zu erwarten sind (vgl. § 21 Abs. 3 BBodSchG) ist diese unverzichtbar. Geeignete Instrumentarien wären u. a. Bodenbörsen oder Bodenmanagementkonzepte mit Beteiligung der zuständigen Behörden.

2.2.2 Absatz 7 (Nährstoffzufuhr)

24 Der Absatz 7 enthält eine Verpflichtung zur **Anpassung der Nährstoffzufuhr** an den Pflanzenbedarf der Folgevegetation hinsichtlich Menge und Verfügbarkeit, insbesondere mit Blick auf die Reinhaltung der Gewässer. Durch diese Regelung ist die landwirtschaftliche Nutzfläche nicht betroffen, da hier gem. § 3 Abs. 1 Nummer 4 BBodSchG das Düngemittelrecht bereits eindeutig als vorrangiges Rechtsgebiet anzusehen ist. Der Geltungsbereich beschränkt sich im Rahmen des Landschaftsbaus und der Rekultivierung (ohne landwirtschaftliche Folgenutzung) auf solche Materialien, die nicht unmittelbar dem Geltungsbereich des Düngemittelrechts unterliegen. Dennoch ist davon auszugehen, daß der § 1 a des Düngemittelgesetzes auch bei diesen Maßnahmen zu beachten ist.

25 Erforderlich ist eine solche einschränkende Regelung vor allem mit Blick auf die Mobilisierung von Kalium, Phosphat und organisch gebundenem Stickstoff z. B. aus Sedimenten, aus Bodenmaterial mit hohen organischen Anteilen (Niedermoortorfen) oder aus Gemischen von Bodenmaterial mit Bioabfällen oder Klärschlamm.

26 Häufig wird der **Stickstoffbedarf der Folgevegetation** maßlos überschätzt, vor allem dann, wenn es sich um extensive Nutzungsformen z. B. durch Ziergehölze, Bäume oder Grünflächen handelt. Zur Abdeckung des Stickstoffbedarfs genügt in der Regel der atmosphärische Stickstoffeintrag, wenn kein Stickstoffentzug durch die Abfuhr von Biomasse erfolgt (UMK-AG Stickstoffminderungsprogramm 1997). Ausführliche zahlenmäßige Ableitungen befinden sich hierzu für die Nährstoffe N und P im Bericht der LABO/LAGA-AG „Abfallverwertung auf devastierten Flächen" (1995) und bei DELSCHEN et al. (1996).

27 Bei der Berechnung der **zulässigen Stickstofffracht** bei einmaliger Anwendung sind neben der Art der Folgenutzung auch die bodenkundlichen Verhältnisse zu berücksichtigen. Als Maßstab für die Bewertung des

Standortes hinsichtlich des zu erwartenden Nitrataustragsrisikos in das Grundwasser eignet sich die Austauschhäufigkeit des Bodenwassers bei Feldkapazität im effektiven Wurzelraum. Diese Größe beschreibt, wie häufig im Verlaufe eines Jahres die Bodenlösung im effektiven Wurzelraum im Zuge der Sickerwasserverlagerung ausgetauscht wird. Die Obergrenze dürfte bei den oben genannten extensiven Nutzungsformen und je nach den gegebenen bodenkundlichen Verhältnissen am Standort bei 35 – 70 kg/ha verfügbaren Stickstoffs zu ziehen sein. Es ist anzunehmen, daß im ersten Jahr nach dem Auf- bzw. Einbringen von Gemischen mit Klärschlamm ca. 5 – 20 % und bei Gemischen mit Kompost ca. 5 – 15 % des organisch gebundenen Stickstoffs mineralisiert werden.

Bei **Anwendung der DIN 18919** wird verschiedentlich auf ein Problem hingewiesen, daß bei Kalium die hier genannte Obergrenze von 160 kg/ha bereits mit dem aufgebrachten Bodenmaterial überschritten werden kann. Mit dem Ein- und Aufbringen einer Schicht von 30 cm der Bodenart sandiger Lehm soll demnach bereits eine Zufuhr von Kalium bis zu 450 kg/ha verbunden sein. Als Ausweg bietet sich die Reduzierung der aufgebrachten Menge an Bodenmaterial an. Toleriert werden könnte eine solche Nährstofffracht jedoch auch dann, wenn es bei Beachtung des pH-Wertes und der Kaliumsättigung zu keiner nachteiligen Veränderung der Nährstoffsituation am jeweiligen Standort kommen kann (Verschlechterungsverbot). In diesem Fall wären zusätzliche Nährstoffeinträge durch Zugabe von Biokompost oder Klärschlamm zu vermeiden. 28

2.2.3 Absatz 9 (bautechnische Anforderungen)

Im Absatz 9 werden zusätzliche Anforderungen u. a. an die Vermeidung von **Verdichtungen und Vernässungen** gestellt, denen mit geeigneten technischen Maßnahmen begegnet werden kann. 29

Von zentraler Bedeutung sind die Verarbeitung der Materialien bei trockener Witterung und auf trockenem Boden sowie die Reduzierung der Anzahl der Arbeitsgänge und Überfahrten und die Begrenzung des Kontaktflächendrucks der Baufahrzeuge möglichst unter 15 kPa. Zum Aufbau und zur Sicherung eines stabilen Bodengefüges sind vor allem Kalkgaben und der Anbau intensiv und tief wurzelnder Pflanzen über längere Zeiträume geeignet. Detaillierte Ausführungen hierzu würden den Rahmen dieser Handreichung sprengen. Wertvolle Hinweise finden sich in der DIN 19731 und im Kapitel 10 der Veröffentlichung von KOHL et al. (Bundesverband Boden 1998). 30

2.3 Ergänzende Regelungen bei landwirtschaftlicher Folgenutzung

31 Für das Auf- und Einbringen von Materialien in und auf Böden und die Herstellung einer durchwurzelbaren Bodenschicht für eine landwirtschaftliche Folgenutzung werden über die vorgenannten Verfahrensregelungen hinaus in den Absätzen 4, 5, 6, 10 und 12 folgende zusätzlichen Anforderungen gestellt.

2.3.1 Absatz 4 (Keine Ausschöpfung der Vorsorgewerte)

32 Die Vorsorgewerte des Anhangs 2 Ziffer 4 BBodSchV dürfen nur zu 70 % ausgeschöpft werden. Dies gilt für die Herstellung einer durchwurzelbaren Bodenschicht im Verlaufe einer Rekultivierungsmaßnahme mit landwirtschaftlicher (und demgemäß auch gartenbaulicher) Folgenutzung. Die Anforderung gilt nicht nur für das aufzubringende Material, sondern ist von der gesamten durchwurzelbaren Bodenschicht auch dann einzuhalten, wenn zur Herstellung dieser Schicht durch geeignete Maßnahmen (Pflügen, Wenden, Lockern) auch die darunterliegende Bodenschicht mit eingearbeitet wird.

33 In diesem Zusammenhang wird auf die Ausnahmeregelung des § 12 Abs. 10 BBodSchV verwiesen, die es den zuständigen Behörden erlaubt, in **Gebieten mit erhöhten Schadstoffgehalten** auch Abweichungen von diesen Anforderungen zuzulassen. Hierbei ist jedoch ein sehr strenger Maßstab anzulegen. Keinesfalls dürfen diese Abweichungen dazu führen, daß erhöhte Schadstoffkonzentrationen in Lebens- und Futtermitteln oder bei Weidetieren auftreten. Die Obergrenze ist deshalb dort zu ziehen, wo Überschreitungen der Prüf- und Maßnahmenwerte für den Wirkungspfad Boden – Pflanze gemäß Anhang 2 Ziffer 2 zu erwarten sind.

2.3.2 Absatz 5 (Keine dauerhafte Verringerung der Ertragsfähigkeit)

34 Durch den Bodenauftrag lassen sich die Wasserhaltekapazität und der verfügbare Wurzelraum vergrößern. Damit verbunden ist eine Erhöhung der potentiellen Ertragsfähigkeit und -sicherheit. Auf geringmächtigen Grenzertragsböden (z. B. Ranker, Rendzinen) kann durch Auftrag von Bodenmaterial die Möglichkeit der Bodenbearbeitung und damit der Ertrag gesteigert werden. Dennoch zeigen die Erfahrungen, daß in einem Zeitraum bis zu 6 Jahren nach einer solchen Maßnahme durchaus noch mit Ertragsdepressionen gerechnet werden muß, bis sich die Bodenstruktur stabilisiert hat.

Der Absatz ist mehr als Hinweis auf diesen Sachverhalt zu verstehen. Konkrete Vollzugserfordernisse leiten sich nur insofern davon ab, daß beim Auf- und Einbringen von Bodenmaterial die Anforderungen des § 12 Ziffer 9 gerade bei landwirtschaftlich genutzten Böden sorgfältigst zu beachten sind.

2.3.3 Absätze 6 und 12 (Beschränkung auf Bodenmaterial und Anforderungen an dessen Qualität)

Wesentlich ist, daß zur Herstellung einer durchwurzelbaren Bodenschicht für eine landwirtschaftliche Folgenutzung im Rahmen der Rekultivierung/der Wiedernutzbarmachung nur Bodenmaterial eingesetzt werden darf, also keine Gemische von Bodenmaterial mit Abfällen gem. § 12 Abs. 1. Zusätzlich werden Anforderungen an die Art des Bodenmaterials (denkbar wäre z. B. der Ausschluß von Fremdkörpern, Bestimmung der Substrateigenschaften, Vorgaben für die Kombinierbarkeit des aufgebrachten Bodenmaterials mit dem anstehenden Boden), die Menge (mit Ertragsdepressionen ist z. B. schon bei der Aufbringung einer Schicht > 20 cm zu rechnen) und den Schadstoffgehalt gestellt.

Diese letzte Forderung ist schon durch § 12 Abs. 4 abgedeckt, als es sich um die Einhaltung von 70 % der Vorsorgewerte handelt. Denkbar ist aber auch eine Belastung des ein- oder aufzubringenden Bodenmaterials mit Schadstoffen (z. B. Mineralölkohlenwasserstoffen, Dioxinen, PAK), für die es keine Vorsorgewerte in der BBodSchV gibt, und die dennoch den Boden nicht für eine landwirtschaftliche Folgenutzung als geeignet erscheinen lassen. Übergangsweise empfiehlt sich hier eine Orientierung an den regional vorhandenen, ubiquitären Grundgehalten für landwirtschaftlich genutzte Böden.

Die BBodSchV liefert zur Ausfüllung der oben dargestellten Forderungen derzeit keine konkreten fachlichen Vorgaben. Gleiches gilt hinsichtlich der möglichen Festlegung bezüglich Art und Menge des auf- oder eingebrachten Bodenmaterials.

Zu beachten ist in diesem Zusammenhang auch, daß der § 12 Abs. 12 letztlich das Auf- und Einbringen von Bodenmaterial auf die landwirtschaftliche Nutzfläche nach lokal begrenzten Erosionsereignissen oder zur Rückführung von Bodenmaterial aus der Reinigung landwirtschaftlicher Ernteprodukte auch ohne eine Qualitätskontrolle gemäß § 12 Abs. 3 im Sinne einer Bagatellklausel erlaubt.

BBodSchV § 12

40 In der Begründung des Bundesrates (BR-Drucks. 244/99 [Beschluß], S. 35) wird zu den mit dieser Regelung angestrebten Zielen ausgeführt:

> *„Eine Bagatellklausel ist in Absatz 12 nur für solche Maßnahmen vorgesehen, bei denen wegen der anfallenden geringen Mengen oder wegen der unstrittigen Herkunft des Materials nach bisherigem Kenntnisstand in der Regel auf eine weitergehende Untersuchung verzichtet werden kann, ohne daß schädliche Bodenveränderungen befürchtet werden müssen. Eine weitergehende Freistellung widerspricht den besonderen Sorgfaltspflichten des § 4 (Gefahrenabwehr) und des § 7 (Vorsorge) BBodSchG und ist gesetzestechnisch in einer Verordnung nicht möglich."*

41 Die sachgerechte Ausfüllung dieser Forderungen obliegt also weiterhin dem Sachverstand der zuständigen Behörden. Es könnte durchaus sinnvoll sein, die Entscheidungskompetenz auf die landwirtschaftlichen Fachbehörden zu übertragen. Sinnvoll wäre eine bundeseinheitliche Harmonisierung solcher weitergehenden Anforderungen durch eine entsprechende technische Regel oder ggf. durch Ergänzung der Regeln der guten fachlichen Praxis auf der Grundlage des § 17 BBodSchG.

2.4 Ausnahmeregelungen

42 Der § 12 BBodSchV enthält über diese grundsätzlichen Regelungsvorgaben hinaus eine ganze Reihe von **Ausnahmeregelungen**, die z. T. erst im Bundesratsverfahren mit dem Ziel eingefügt worden sind, die Bedenken anderer Ausschüsse auszuräumen. Auf die Ausnahmeregelungen ist z. T. bereits bei den jeweiligen Regelungsvorgaben eingegangen worden (vgl. Rdnr. 32 ff.). Die ursprünglich klare Struktur des § 12 BBodSchV ist durch diese Ausnahmeregelungen leider etwas beeinträchtigt worden. Aus Gründen der besseren Übersichtlichkeit erfolgt an dieser Stelle noch einmal eine zusammenfassende Behandlung.

2.4.1 Absatz 2 (Zwischen- und Umlagerung bei Baumaßnahmen)

43 Die Zwischenlagerung und die Umlagerung von Bodenmaterial auf Grundstücken im Rahmen der Errichtung oder des Umbaus von baulichen und betrieblichen Anlagen unterliegt den Vorgaben des § 12 Abs. 2 BBodSchV nur dann nicht, wenn das Bodenmaterial am **Herkunftsort** wiederverwendet wird.

44 Der Herkunftsort sollte so interpretiert werden, daß damit grundsätzlich das jeweilige **Baugrundstück** gemeint ist. Ist das Baugrundstück sehr weit-

räumig, z. B. beim Straßenbau, dann ist der Begriff eingrenzend dahin auszulegen, daß damit abgrenzbare Teilgrundstücke mit gleichartigen/-wertigen Böden erfaßt werden.

Die mit dieser Regelung verbundene Freistellung ist insofern möglich gewesen, als davon ausgegangen werden muß, daß die Böden an diesen Orten zumindest die nutzungsbezogenen Vorgaben für Prüf- und Maßnahmenwerte des Anhangs 2 BBodSchV und die Prüfwerte für den Wirkungspfad Boden – Grundwasser gemäß Anhang 2 Ziffer 3 einhalten. Ansonsten besteht zumindest ein Prüfbedarf, ob nicht der Verdacht einer schädlichen Bodenveränderung gegeben ist. 45

Zu Problemen mit dieser Freistellungsklausel kann es jedoch speziell an der **Schnittstelle zu einer sensibleren Nutzung** und bei streifenförmigen Bauwerken (z. B. Straßen) kommen, wenn sich das Bauwerk über verschiedene Bodenlandschaften erstreckt oder z. B. Gebiete mit erhöhten Schadstoffgehalten durchschnitten oder berührt werden. 46

In diesen Fällen ist davon auszugehen, daß der weitergehende Anspruch des BBodSchG hinsichtlich Vorsorge und Gefahrenabwehr in angemessener Weise berücksichtigt werden muß. Auch die weitergehenden **Anforderungen des Baurechts** an den schonenden Umgang mit Böden im § 1a Abs. 1 BauGB werden mit dem § 12 nicht außer Kraft gesetzt. 47

2.4.2 Absatz 8 (Behandlung schutzwürdiger Böden)

Vor dem Hintergrund der **Anforderung an die Nützlichkeit** des Auf- und Einbringens von Materialien in Böden ist die Frage zu stellen, ob es Böden gibt, für die der Nutzen einer solchen Maßnahme grundsätzlich auszuschließen ist. Der Verordnungsgeber macht die Entscheidung vom Erfüllungsgrad der natürlichen Bodenfunktionen (§ 2 Abs. 2 Nr. 1 BBodSchG) und an der Archivfunktion des Bodens (§ 2 Abs. 2 Nr. 2 BBodSchG) fest. Er verbindet dies mit einer Regelannahme bezüglich der Waldböden, der Böden in Wasserschutzgebieten und bestimmten Schutzgebietskategorien des Naturschutzes. Landschaftsschutzgebiete bleiben davon ausgenommen. 48

Abweichungen von diesen Vorgaben werden in das **Ermessen der jeweils fachlich zuständigen Behörde** gestellt, wenn das Ein- oder Aufbringen aus forst- oder naturschutzfachlicher Sicht oder zum Schutz des Grundwassers erforderlich ist. Von dieser Regelung wird z. B. bei der Anlage von Dämmen im Zuge einer Wiedervernässung von Feuchtgebieten Gebrauch gemacht werden müssen. 49

50 Zu Problemen mit dieser Regelung kann es kommen, wenn durch die **Schutzgebietsausweisung** z. B. auch Siedlungsbereiche erfaßt werden. Dies ist bei der Ausweisung von Wasserschutzgebieten gar nicht selten der Fall. Allerdings dürfte davon auszugehen sein, daß siedlungsbedingte Aktivitäten wie Baumaßnahmen, und hierzu wären ggf. auch Maßnahmen des Auf- und Einbringens von Materialien zu rechnen, auch weiterhin möglich sind. Ziel und Folge der Ausweisung des Wasserschutzgebietes war nicht die Unterbindung solcher siedlungsbedingten Tätigkeiten, denn sonst hätte auch die Ausweisung des jeweiligen Schutzgebietes den Siedlungsbereich bereits ausklammern müssen. Unscharf ist auch die räumliche Abgrenzung der Kernzonen von Naturschutzgroßprojekten von gesamtstaatlicher Bedeutung des Bundes.

2.4.3 Absatz 10 (Gebiete mit erhöhten Schadstoffgehalten)

51 Für Gebiete mit erhöhten Schadstoffgehalten werden weitergehende Freistellungsklauseln geschaffen. Die zuständige Behörde kann insbesondere Abweichungen von den Untersuchungspflichten nach § 12 Abs. 3 BBodSchV und von den Anforderungen an den Schadstoffgehalt der Bodenmaterialien für eine landwirtschaftliche Bodennutzung (§ 12 Abs. 4 BBodSchV) zulassen.

52 Wesentliche Kriterien sind dabei, daß die natürlichen Bodenfunktionen nach § 2 Abs. 2 Nr. 1 BBodSchG und die Nutzungsfunktionen nach § 2 Abs. 2 Nr. 3 b (Siedlung und Erholung) und 3 c (Standort für land- und forstwirtschaftliche Nutzung) nicht zusätzlich beeinträchtigt werden. Dies wird immer dann anzunehmen sein, wenn die Schadstoffsituation am Ort des Auf- und Einbringens nicht nachteilig verändert wird.

53 Auf die **Untersuchungspflicht** kann im Einzelfall insbesondere dann verzichtet werden, wenn solche Gebiete mit erhöhten Schadstoffgehalten ausgewiesen sind oder wenn hinreichende Kenntnisse über die statistisch gesicherte Schadstoffverteilung in diesen Gebieten z. B. aus Untersuchungsprogrammen vorliegen. Die Schadstoffsituation am Ort des Auf- und Einbringens kann dann als eingehalten gelten, wenn der Schadstoffgehalt des auf- oder eingebrachte Bodenmaterials mit den statistischen Kenngrößen übereinstimmt. Praktikabel wäre eine Orientierung am 90er Percentil. Nicht zielführend wäre es, die Schadstoffsituation am Ort des Auf- und Einbringens jeweils an einzelnen Parametern festzumachen.

54 Problematisch ist der Umgang mit Bodenmaterial in Gebieten, in denen es zu Prüfwertüberschreitungen kommt. Hier sind die Freistellungsklauseln

nur dann sinngemäß anzuwenden, wenn zusätzlich der Nachweis geführt werden kann, daß von diesen Schadstoffen z. B. wegen geringer Verfügbarkeit im Sinne von § 2 Abs. 3 BBodSchG keine Gefahren, erheblichen Nachteile oder erhebliche Belästigungen für den einzelnen oder die Allgemeinheit ausgehen können.

2.4.4 Absatz 11 (Gebiete eines Sanierungsplans)

In diesem Absatz wird noch einmal klargestellt, daß die Regelungen des § 12 nicht für das Umlagern, das Auf- und Einbringen von Bodenmaterial oder auch behandelten Materialien anzuwenden ist, wenn dies im Rahmen einer Sanierung und zusätzlich im Bereich eines für verbindlich erklärten Sanierungsplanes erfolgt. Hierfür gilt der § 5 Abs. 6 der BBodSchV weiterhin uneingeschränkt. Auf die Rdnr. 66 ff. zu § 5 wird verwiesen. 55

2.4.5 Absatz 12 (Rückführung von Bodenmaterial)

Der § 12 Abs. 12 stellt das Auf- und Einbringen von Bodenmaterial auf die landwirtschaftliche Nutzfläche nach lokal begrenzten Erosionsereignissen oder zur Rückführung von Bodenmaterial aus der Reinigung landwirtschaftlicher Ernteprodukte von den Untersuchungsanforderungen des § 12 Abs. 3 frei. Dies ist im Sinne einer **Bagatellklausel** zu verstehen, da angenommen werden kann, daß wegen der anfallenden geringen Mengen und wegen der unstrittigen Herkunft des Materials in der Regel keine schädlichen Bodenveränderungen zu erwarten sind. 56

(Neidhart)

Literatur

Bundesverband Boden (BVB) (1997):
  Anforderungen an die Verwertung von kultivierbarem Bodenmaterial – Empfehlungen zu Technischen Regeln aus der Arbeit der Bund-/Länder-Arbeitsgemeinschaft Bodenschutz. Bearbeiter: RAIMUND KOHL, DR. HARRY MEYER-STEINBRENNER UND DR. CLAUS G. BANNICK; BVB-Materialien, Band 1; Erich Schmidt Verlag Berlin 1998 oder auch Bodenschutz – Ergänzbares Handbuch, 24. Lfg. IX/97. Hrsg.: ROSENKRANZ, EINSELE, HARREß. Berlin: Erich Schmidt 1997

Bundesrat (1999):
  Drucksache 244/99 (Beschluß) (Grunddrs. 780/98) vom 30.04.1999. Bonn: 1999

DELSCHEN, T., KÖNIG, W., LEUCHS, W., BANNICK, C. (1996):
Begrenzung von Nährstoffeinträgen bei der Anwendung von Bioabfällen in Landschaftsbau und Rekultivierung. In: Entsorgungspraxis, Heft 12, 1996, S. 19-24

DIN Deutsches Institut für Normung e. V. (1998):
DIN 19731. Verwertung von Bodenmaterial. Berlin: Beuth 1998

DIN Deutsches Institut für Normung e. V. (1990):
DIN 18919. Vegetationstechnik im Landschaftsbau; Entwicklungs- und Unterhaltspflege von Grünflächen. Berlin: Beuth 1990

LABO – Bund-/Länderarbeitsgemeinschaft Bodenschutz (1995):
Bericht der LABO/LAGA-AG „Abfallverwertung auf devastierten Flächen"
– Anforderungen an den Einsatz von Biokompost und Klärschlamm bei der Rekultivierung von langjährig devastierten Flächen in den neuen Bundesländern; LABO Bodenschutz, Heft 5, 1995

LAGA – Länderarbeitsgemeinschaft Abfall (1994):
Anforderungen an die stoffliche Verwertung von mineralischen Reststoffen / Abfällen; Hamburg 1994; erschienen als Mitteilungen der Länderarbeitsgemeinschaft Abfall (LAGA) 20/1 und 20/2. Berlin: Erich Schmidt 1994

UMK-AG „Stickstoffminderungsprogramm" (1997):
Stickstoffminderungsprogramm; Bericht der Arbeitsgruppe aus Vertretern der Umwelt- und der Agrarministerkonferenz; erschienen in NNA-Berichte 4/97, Alfred Toepfer Akademie für Naturschutz, Schneverdingen 1997

Achter Teil
Schlußbestimmungen

§ 13
Zugänglichkeit von technischen Regeln und Normblättern

(2) Technische Regeln und Normblätter, auf die in dieser Verordnung verwiesen wird, sind beim Deutschen Patentamt archivmäßig gesichert hinterlegt. Die Bezugsquellen sind in Anhang 1 Nr. 6.2 aufgeführt.

(3) Verweisungen auf Entwürfe von technischen Normen in den Anhängen beziehen sich jeweils auf die Fassung, die zu dem in der Verweisung angegebenen Zeitpunkt veröffentlicht ist.

Die auf Grund des Rechtsstaatsprinzips gebotene Publizität und Zugänglichkeit der technischen Regelwerke, auf die in der Bundes-Bodenschutz- und Altlastenverordnung verwiesen wird, wird durch § 13 BBodSchV und die archivmäßig gesicherte Hinterlegung der Regelwerke beim Deutschen Patentamt gewährleistet.

(Hilger)

§ 14
Inkrafttreten

Diese Verordnung tritt am Tage nach der Verkündung in Kraft.

Die Verkündung der Bundes-Bodenschutz- und Altlastenverordnung erfolgte am 16. Juli 1999 im Bundesgesetzblatt (BGBl. I S. 1554). Nach § 14 trat die Verordnung somit am 17. Juli 1999 in Kraft.

(Hilger)

Anhang 1
Anforderungen an Probennahme, Analytik und Qualitätssicherung bei der Untersuchung

Dieser Anhang findet Anwendung bei der Untersuchung von Böden, Bodenmaterialien und sonstigen Materialien, die im Boden oder auf den Böden von Verdachtsflächen oder altlastverdächtigen Flächen vorkommen, oder zum Auf- und Einbringen vorgesehen sind, sowie von Bodenluft.

Bei altlastverdächtigen Altablagerungen richten sich der Untersuchungsumfang und die Probennahme, insbesondere hinsichtlich der Untersuchungen auf Deponiegas, leichtflüchtige Schadstoffe, abgelagerte Abfälle und des Übergangs von Schadstoffen in das Grundwasser, nach den Erfordernissen des Einzelfalles.

Im Sinne dieses Anhangs ist der Stand von Verfahren und Methoden der Entwicklungsstand fortschrittlicher Verfahren und Methoden, der ihre praktische Eignung zu den vorstehend genannten Untersuchungen gesichert erscheinen läßt. Erkenntnisse über solche Verfahren und Methoden und über ihre Anwendung werden durch einen ausgewählten Kreis von Fachleuten aus Bund und Ländern sowie der Betroffenen im Benehmen mit den Ländern zusammengestellt, der vom Bundesministerium für Umwelt, Naturschutz und Reaktorsicherheit einberufen wird.

1. Untersuchungsumfang und erforderlicher Kenntnisstand

Die Untersuchungen nach § 3 dieser Verordnung beziehen sich auf die Wirkungspfade, für die sich auf Grund der im Einzelfall vorliegenden Informationen der Verdacht einer Gefahr ergibt. Bei der Festlegung des Untersuchungsumfangs sind die Ergebnisse der Erfassung, insbesondere die Kenntnisse oder begründeten Vermutungen über das Vorkommen bestimmter Schadstoffe und deren Verteilung, die gegenwärtige Nutzung und die Nutzung gemäß § 4 Abs. 4 des Bundes-Bodenschutzgesetzes und die sich daraus ergebenden Schutzbedürfnisse sowie die sonstigen beurteilungserheblichen örtlichen Gegebenheiten zu berücksichtigen. Die E DIN ISO 10381-3: 02.96 ist zu beachten. Zum Arbeitsschutz wird auf die ZH 1/ 183: 04.97 hingewiesen.

Anhang 1

Bei der Untersuchung zum Wirkungspfad Boden – Mensch sind als Nutzungen

- Kinderspielflächen
- Wohngebiete
- Park- und Freizeitanlagen
- Industrie- und Gewerbegrundstücke

und bei der Untersuchung zum Wirkungspfad Boden – Nutzpflanze die Nutzungen

- Ackerbau, Nutzgarten
- Grünland

zu unterscheiden.

Bei Untersuchungen zum Wirkungspfad Boden – Grundwasser ist nicht nach der Art der Bodennutzung zu unterscheiden.

1.1 Orientierende Untersuchung

Orientierende Untersuchungen von Verdachtsflächen und altlastverdächtigen Altstandorten sollen insbesondere auch auf die Feststellung und die Einschätzung des Umfangs von Teilbereichen mit unterschiedlich hohen Schadstoffgehalten ausgerichtet werden.

Bei altlastverdächtigen Altablagerungen sind in der Regel Untersuchungen von Deponiegas und auf leichtflüchtige Schadstoffe sowie Untersuchungen insbesondere auch hinsichtlich des Übergangs von Schadstoffen in das Grundwasser durchzuführen.

Sind bei Verdachtsflächen oder altlastverdächtigen Flächen auf Verlangen der dafür zuständigen Behörde Untersuchungen des Grund- oder Oberflächenwassers durchzuführen, ist dies bei der Festlegung von Umfang und Ablauf der orientierenden Untersuchung für Boden- oder Sickerwasseruntersuchungen zu berücksichtigen.

Kann bei Verdachtsflächen nicht auf vorhandene Bodenkartierungen zurückgegriffen werden oder liegen keine geeigneten bodenbezogenen Informationen vor, soll im Rahmen der orientierenden Untersuchung eine bodenkundliche Kartierung oder Bodenansprache am Ort der Probennahme auf der Grundlage der Bodenkundlichen Kartieranleitung, 4. Auflage, berichtigter Nachdruck 1996, in dem Umfange durchgeführt werden, der für die Gefahrenbeurteilung erforderlich ist.

Die Untersuchungsvorschriften für Böden und Bodenmaterialien gelten für die §§ 9, 10 und 12 entsprechend.

1.2 Detailuntersuchung

Bei der Detailuntersuchung sollen neben den unter § 3 Abs. 5 und 6 dieser Verordnung genannten Sachverhalten auch die für die Wirkungspfade maßgeblichen Expositionsbedingungen, insbesondere die für die verschiedenen Wirkungspfade bedeutsamen mobilen oder mobilisierbaren Anteile der Schadstoffgehalte, geklärt werden. Es soll auch festgestellt werden, ob sich aus räumlich begrenzten Anreicherungen von Schadstoffen innerhalb einer Verdachtsfläche oder altlastverdächtigen Fläche Gefahren ergeben und ob und wie eine Abgrenzung von nicht belasteten Flächen geboten ist.

Übersicht　Rdnr.

1.	Allgemeines und einleitende Regelungen (vor Nr. 1)	1
2.	Erläuterungen und Anwendungshinweise zu den einzelnen Vorschriften	9
2.1	Untersuchungsumfang und erforderlicher Kenntnisstand	9
2.1.1	Orientierende Untersuchung	18
2.1.2	Detailuntersuchung	23

1. Allgemeines und einleitende Regelungen (vor Nr. 1)

1　Anhang 1 enthält, gestützt auf die Ermächtigung in § 8 Abs. 1 BBodSchG, Anforderungen an die Untersuchung von Verdachtsflächen, schädlichen Bodenveränderungen, altlastverdächtigen Flächen und Altlasten. Die Regelungen erstrecken sich auf Untersuchungen, die sich auf die Wirkungspfade Boden – Mensch, Boden – Nutzpflanze und Boden – Grundwasser beziehen. Der Verordnungsgeber hat damit die Ermächtigung des § 8 Abs. 1 nur teilweise ausgeschöpft; Regelungen für weitere Wirkungspfade bleiben ihm vorbehalten.

2　In Anhang 1 finden sich Grundsätze für die Festlegung des Untersuchungsumfangs und Hinweise auf den dafür erforderlichen Kenntnisstand sowie nähere Regelungen über die Probennahme, über Untersuchungsverfahren und über die Qualitätssicherung, ergänzt durch ein Verzeichnis der „Nor-

Anhang 1

men, Technischen Regeln und sonstigen Methoden", auf die in Anhang 1 verwiesen wird. Nach Satz 1 der einleitenden Regelungen ist dieser Anhang bei der Untersuchung von Böden, Bodenmaterialien und sonstigen Materialien sowie von Bodenluft anzuwenden. Da die Begriffsbestimmung für „Boden" in § 2 Abs. 1 BBodSchG ausdrücklich auch flüssige Bestandteile bzw. die Bodenlösung einschließt, ist durch diesen Wortlaut auch die Untersuchung von Sickerwasser inbegriffen. Damit sind alle Matrizes erfaßt, die im Boden oder auf den Böden von Verdachtsflächen/schädlichen Bodenveränderungen und altlastverdächtigen Flächen/Altlasten vorkommen, die zum Auf- und Einbringen vorgesehen sind oder deren Untersuchung im Hinblick auf die Prüfwerte in Anhang 2 in Betracht kommt.

Die Regelungen differenzieren vielfach zwischen der Untersuchung von Verdachtsflächen/schädlichen Bodenveränderungen und altlastverdächtigen Flächen/Altlasten. Damit wird den unterschiedlichen Fallgestaltungen von Bodenveränderungen, die überwiegend auf flächenhaften Schadstoffeinträgen beruhen, und von engräumigen Belastungen mit ausgeprägt heterogener Schadstoffverteilung, wie sie für Abfallablagerungen und Schadstoffeinträge auf Gewerbegrundstücken typisch sind, Rechnung getragen. Schädliche Bodenveränderungen auf Grundstücken noch betriebener Anlagen werden i. d. R. nach den Vorschriften für altlastverdächtige Flächen zu untersuchen sein. Die Untersuchungsvorschriften für Böden und Bodenmaterialien gelten nach dem Schlußsatz von Anhang 1 Nr. 1.1 darüber hinaus für die §§ 9, 10 und 12 entsprechend, deren Regelungen sich auf Untersuchungen im Zusammenhang mit der Vorsorge gegen das Entstehen schädlicher Bodenveränderungen beziehen. 3

Die Vorschriften des Anhang 1 zeigen auch in ihrer Bestimmtheit deutliche Unterschiede. Dies liegt vornehmlich in der Natur der Regelungsgegenstände begründet. Der Verordnungsgeber hatte einerseits den Umstand zu berücksichtigen, daß sich die Untersuchungen, vor allem bei altlastverdächtigen Flächen, nur bedingt verallgemeinern und schematisieren lassen. Andererseits war es erforderlich, z. B. im Hinblick auf die Bodenwerte in Anhang 2, normierte oder in vergleichbarer Form niedergelegte Untersuchungsverfahren festzulegen. 4

Satz 2 der einleitenden Regelungen nimmt altlastverdächtige Altablagerungen und unausgesprochen auch darauf beruhende Altlasten von den Regelungen des Anhangs 1 über den Untersuchungsumfang und über die Probennahme, nicht jedoch von den übrigen Regelungen aus. Der Abfallkörper von Altablagerungen stellt regelmäßig ein heterogenes, in seiner inneren Struktur nicht rekonstruierbares Gemisch von unterschiedlichen Abfällen 5

Anhang 1

und Abfallbestandteilen dar. Eine repräsentative Beprobung des Abfallkörpers einer Altablagerung ist faktisch nicht möglich. Die Untersuchung im Hinblick auf Emissionen, auf die Beschaffenheit des Untergrundes, auf ggf. vorhandene bautechnische Sicherungsvorkehrungen usw. erfordert ein auf die Umstände des Einzelfalls abgestelltes Untersuchungsprogramm unter sinngemäßer Anwendung der in Anhang 1 verankerten Grundsätze und Regeln.

6 Einwirkungen auf das Grundwasser durch eine Altablagerung werden vielfach auch nur durch die Untersuchung des Grundwassers im An- und Abstrombereich der betreffenden Fläche geklärt werden können. Regelungen für entsprechende Grundwasseruntersuchungen werden in der jetzigen Fassung des Anhang 1 jedoch nicht getroffen. Spezielle Vorschriften für Grundwasseruntersuchungen im Einwirkungsbereich von Grundstücken nach § 2 Abs. 3 bis 6 BBodSchG sind künftig aber nicht ausgeschlossen.

7 Ausgenommen von mehreren einzelnen Vorschriften des Anhangs 1 sind auch altlastverdächtige Altstandorte mit besonders heterogener Schadstoffverteilung. Obwohl dies nicht ausdrücklich so geregelt ist, werden diese Ausnahmeregelungen auch für vergleichbare Fallgestaltungen von schädlichen Bodenveränderungen in Anspruch genommen werden können.

8 Satz 3 der einleitenden Regelungen definiert den Stand von „Verfahren und Methoden", wie er in Anhang 1 verwendet wird. Die Begriffsbestimmung ist eng an die Definition des Standes der Technik in § 3 Abs. 6 BImSchG angelehnt und entsprechend auszulegen. Der nach Satz 4 vom Bundesministerium für Umwelt, Naturschutz und Reaktorsicherheit einberufene „Kreis von Fachleuten" wird neben Erläuterungen und **Hinweisen** zu den in Anhang 1 festgelegten Verfahren und Methoden vor allem **Vorarbeiten** für eine Änderung oder Erweiterung des Anhangs 1 beitragen können. Eine Änderung der in Anhang 1 festgelegten Verfahren und Methoden oder eine Ergänzung des Anhangs 1 um weitere Verfahren kann nur im Wege einer Änderung der BBodSchV erfolgen.

(Fehlau/König)

Anhang 1

2. Erläuterungen und Anwendungshinweise zu den einzelnen Vorschriften

2.1 Untersuchungsumfang und erforderlicher Kenntnisstand

Anhang 1 Nr. 1 Absatz 1 stellt klar, daß die Untersuchungen nach § 3 BBodSchV auf **alle** im Einzelfall **relevanten Wirkungspfade** zu erstrecken sind, daß für die Festlegung des Untersuchungsumfangs eine **gezielte Auswertung der Erfassungsergebnisse** erforderlich ist und daß bei der Untersuchungsplanung auch die sonstigen beurteilungserheblichen **örtlichen Gegebenheiten** berücksichtigt werden müssen. Weiterhin wird die Beachtung bestimmter **Sicherheitsanleitungen** bei der Probenahme vorgeschrieben (E DIN ISO 103811-3: 022.96) und auf die einschlägigen Regelungen zum **Arbeitsschutz** hingewiesen. 9

Ein wesentlicher Schritt zur Abklärung des Untersuchungsumfangs ist die Ermittlung der im jeweiligen Einzelfall bedeutsamen **Wirkungspfade** in Verbindung mit den möglicherweise betroffenen **Schutzgütern**. Dabei stehen die Wirkungspfade Boden – Mensch, Boden – Pflanze und Boden – Grundwasser im Vordergrund, für die in Anhang 1 und 2 konkrete Regelungen getroffen werden. Generell ist jedoch zunächst auch die Relevanz eines Schadstoffübergangs auf weiteren, in der Verordnung noch nicht näher berücksichtigten Wirkungspfaden (z. B. Schadstoffverlagerung durch Abschwemmung) abzuklären. Da für sonst in Betracht kommende Wirkungspfade bisher keine näheren Regelungen in der Verordnung enthalten sind, ist der erforderliche Untersuchungsumfang hierzu im Einzelfall auf der Grundlage spezieller Leitfäden oder Arbeitshilfen (siehe Teil 3 des Anhangs zu dieser Schrift) festzulegen. 10

Um zutreffende und aussagefähige Untersuchungsergebnisse mit angemessenem Aufwand zu erzielen, sind Inhalt und Umfang notwendiger Untersuchungen auf Grund der Erfassungsergebnisse für die einzelne Verdachtsfläche oder altlastverdächtige Fläche und deren verständiger Auswertung festzulegen. In diesem Sinne regelt Satz 2 ausdrücklich, daß bei der Festlegung des Untersuchungsumfangs die **Ergebnisse der Erfassung**, insbesondere die Kenntnisse oder begründeten Vermutungen über das **Vorkommen bestimmter Schadstoffe** und deren **Verteilung**, die gegenwärtige und die planungsrechtlich zulässige **Nutzung** der betreffenden Flächen und die sich daraus ergebenden **Schutzbedürfnisse** sowie die sonstigen beurteilungserheblichen **örtlichen Gegebenheiten** zu berücksichtigen sind. Diese Regelung unterstellt einen typischen und regelgerechten Arbeits- und Ver- 11

Anhang 1

fahrensablauf, bei dem sich die Untersuchungsplanung auf umfassend und sachkundig ermittelte und ausgewertete Erfassungsergebnisse stützen kann. Liegen solche Ergebnisse und Auswertungen nicht oder nur teilweise vor, ist es erforderlich, die Erfassung nach den Anforderungen des Landesrechts vor der Festlegung von Inhalt und Umfang von Untersuchungen nach § 3 BBodSchV zu vervollständigen.

12   Kenntnisse oder begründete Vermutungen über das Vorkommen bestimmter **Schadstoffe** und deren **Verteilung** ergeben sich im Rahmen der Erfassung i. d. R. durch umfassende und gezielte einzelfallbezogene Erhebungen, die als „standortbezogene Erhebungen", „historische Recherche" oder „historische Erkundung" bezeichnet werden, sowie aus allgemeinen Informationsquellen über brachen- bzw. nutzungstypische Kontaminationspotentiale. Dabei sollen durch eine differenzierte Rekonstruktion der Nutzungsgeschichte des einzelnen Standorts genügend Daten, Tatsachen und Erkenntnisse gewonnen werden, um die in Betracht kommenden Schadstoffe zu benennen und zu klassifizieren sowie innerhalb der zu untersuchenden Fläche potentiell kontaminierte Teilbereiche möglichst vollständig und genau zu lokalisieren und in ihrer Entstehungszeit zu datieren. In Teil 2 des Anhangs zu dieser Schrift findet sich eine Übersicht über Arbeitsanleitungen und Informationsquellen für die sachgerechte Durchführung einer einzelfallbezogenen Erfassung, vor allem auch detaillierte Angaben über die Kontaminationspotentiale einzelner Wirtschaftszweige und Flächennutzungen.

13   Die **Schutzgüter**, die im Einzelfall betroffen sein können, und die sich daraus ergebenden **Schutzbedürfnisse** werden mit Ausnahme des generell geschützten Grundwassers *(→ Rdnr. 17)* in erster Linie durch die bestehende und planungsrechtlich zulässige Nutzung bestimmt. Die besondere Erwähnung der gegenwärtigen Nutzung neben dem Verweis auf die umfassende Formulierung des § 4 Abs. 3 BBodSchG macht deutlich, daß nicht nur die **planungsrechtliche Nutzungskategorie** sondern auch die **reale Flächennutzung** zu berücksichtigen ist. Dies steht in Verbindung mit der Regelung des § 4 Abs. 6, nach der Teilflächen mit einer von der vorherrschenden Nutzung abweichenden empfindlicheren Nutzung nach den für diese Nutzung jeweils festgesetzten Maßstäben zu bewerten sind *(→ Rdnr. 39 f. zu § 4).*

14   Mit der Auffangklausel der „sonstigen beurteilungserheblichen örtlichen Gegebenheiten" weist der Verordnungsgeber zunächst generell darauf hin, daß neben den allgemein anzuwendenden Regelungen und Bodenwerten der Verordnung stets auch die besonderen Umstände des Einzelfalls zu be-

rücksichtigen sind. Zu den beurteilungsrelevanten **örtlichen Gegebenheiten** zählen vor allem auch die natürlichen und vom Menschen geschaffenen Merkmale und Eigenarten des Standortes (Untergrundverhältnisse, naturbedingte Prozesse im Untergrund, Bewuchs, Überbauung, Versiegelung etc.), die maßgeblichen Einfluß auf die Freisetzung und die Ausbreitung bzw. den Transfer von Schadstoffen sowie die Exposition von Schutzgütern haben. Eine abschließende Identifikation der in Betracht kommenden Wirkungspfade und eine erste Risikoeinschätzung bedarf einer von Fachleuten vorgenommenen Zusammenschau aller zu berücksichtigenden Ergebnisse aus der Erfassung.

Für die Wirkungspfade „Boden – Mensch" und „Boden – Pflanze" werden die erforderlichen Differenzierungen nach **Nutzungen** vorgegeben. Die Untergliederung entspricht der Systematik der Prüf- und Maßnahmenwerte in Anhang 2 Nr. 1 und 2. Auf die dortigen Ausführungen zur Abgrenzung der Nutzungen ist daher Bezug zu nehmen. Im Einzelfall können weitere Nutzungen oder Übergänge zwischen diesen auftreten, die ggf. einer gesonderten Probennahmestrategie und Beurteilung bedürfen. Beispiele dafür sind Bolzplätze, die sich nicht generell den vorgegebenen Nutzungen für den Direktpfad zuordnen lassen, oder verschiedene landwirtschaftliche und gärtnerische Sonderkulturen, die wegen ihrer geringen Flächenrepräsentanz nicht alle in der Verordnung gesondert ausgewiesen werden konnten. Beim Wirkungspfad Boden – Grundwasser wird nicht nach der Bodennutzung unterschieden. Diese sich aus Anhang 2 Nr. 3 ergebende für die Bewertung wichtige Vorgabe wird daher im Schlußsatz zu Anhang 1 Nr. 1 aufgegriffen und klargestellt. **15**

Die Auswahl der jeweils relevanten **Schadstoffe** ergibt sich einerseits aus den Ergebnissen der Erfassung und andererseits aus den zu berücksichtigenden Wirkungspfaden bzw. Schutzgütern und Nutzungen. Die Listen der Stoffe, für die in Anhang 2 Prüf- oder Maßnahmenwerte festgelegt sind, können insbesondere bei Verdachtsflächen mit ungeklärten Belastungsursachen als erste Orientierung herangezogen werden; sie sind aber nicht schematisch als Regel-Liste anzuwenden. Auf Grund der Erfassungsergebnisse kann auf als nicht relevant anzusehende Stoffe dieser Listen verzichtet werden. Dagegen müssen Schadstoffe, die auf der Verdachtsfläche zusätzlich in erhöhten Konzentrationen zu erwarten sind, in die Untersuchung einbezogen werden. Auf erweiterte Listen boden- bzw. altlastrelevanter Schadstoffe wurde in den Erläuterungen zur Begriffsbestimmung für „Schadstoffe" hingewiesen *(→ Rdnr. 37 zu § 2)*. Die Gründe, die zur Bestimmung der im Einzelfall relevanten Schadstoffe geführt haben, sollten schriftlich und nachvollziehbar niedergelegt werden. **16**

Anhang 1

17 Nr. 1 Absatz 3 hebt auf den im Wasserrecht verankerten flächendeckenden Schutz des Grundwassers ab. Die Klarstellung an dieser Stelle betrifft den Regelungsbereich des Anhangs 1 und bezieht sich insoweit ausschließlich auf **Untersuchungen** zum Wirkungspfad Boden – Grundwasser. Anders zu sehen sind behördliche Entscheidungen über Dringlichkeit und Verhältnismäßigkeit notwendiger Sanierungsmaßnahmen zum Schutz des Grundwassers, bei denen auch zu berücksichtigen ist, ob und in welcher Weise das Grundwasser im Einflußbereich einer schädlichen Bodenveränderung oder Altlast genutzt wird *(→ Rdnr. 42 zu § 4).*

(Fehlau/König)

2.1.1 Orientierende Untersuchung

18 Anhang 1 Nr. 1.1 enthält vier spezielle Regelungen zum Inhalt von orientierenden Untersuchungen. Nach **Satz 1** soll bereits die orientierende Untersuchung von **Verdachtsflächen** und **altlastverdächtigen Flächen** darauf ausgerichtet werden, Teilbereiche mit unterschiedlich hohen Schadstoffgehalten festzustellen und deren Umfang einzuschätzen. Neben näheren Anhaltspunkten über das Vorhandensein und das Ausmaß von Belastungsschwerpunkten können auf diese Weise auch Ergebnisse gewonnen werden, die für die Festlegung effizienter Detailuntersuchungen benötigt werden und ein Übermaß bei der Anordnung solcher Maßnahmen vermeiden helfen.

19 **Satz 2** verlangt, daß eine orientierende Untersuchung von altlastverdächtigen **Altablagerungen** regelmäßig auch Untersuchungen auf Deponiegas und leichtflüchtige Schadstoffe beinhalten soll. Diese Regelung stellt darauf ab, daß es über lange Zeit üblich war, Siedlungsabfälle mit leicht zersetzlichen organischen Anteilen und produktionsspezifische Abfälle miteinander auf einer Deponie abzulagern. Auf orientierende Untersuchungen dieser Art kann nur dann verzichtet werden, wenn auf Grund der Erfassungsergebnisse feststeht, daß gasbildende oder ausgasende Abfälle nicht abgelagert wurden, oder wenn auf Grund der planungsrechtlich zulässigen und tatsächlichen Nutzung eine Schutzgutgefährdung sicher ausgeschlossen werden kann. Befinden sich im Einwirkungsbereich einer altlastverdächtigen Altablagerung Gebäude oder andere Bauwerke, in denen sich Deponiegas ansammeln kann, legt die erhöhte Gefahrengeneigtheit entsprechende Untersuchungen generell nahe.

20 **Satz 3** weist auf die Berücksichtigung von Grund- und Oberflächenwasseruntersuchungen hin, die von einer Behörde aus anderem Anlaß und auf Grund anderen Rechts im Einwirkungsbereich von **Verdachtsflächen** und

altlastverdächtigen Flächen verlangt werden. Dieser Hinweis trifft sich mit dem Interesse der zuständigen Bodenschutzbehörde an einer Minderung des Untersuchungsaufwandes.

Satz 4 regelt speziell für **Verdachtsflächen**, unter welchen Voraussetzungen und nach welcher Methodik im Rahmen der orientierenden Untersuchung eine bodenkundliche Kartierung oder Bodenansprache für Zwecke der Gefahrenbeurteilung durchgeführt werden soll.

Nach **Satz 5** gelten die **Untersuchungsvorschriften für Böden und Bodenmaterialien** in Anhang 1 für die §§ 9, 10 und 12 entsprechend. Hier handelt es sich ungeachtet dessen, daß Satz 5 den Regelungen über die orientierende Untersuchung angefügt worden ist, um eine **allgemeine Vorschrift**. Dies folgt allein schon daraus, daß die BBodSchV bei Untersuchungen nach den §§ 9, 10 und 12 nicht zwischen orientierender Untersuchung und Detailuntersuchung unterscheidet.

(Fehlau)

2.1.2 Detailuntersuchung

In **Nr. 1.2 Satz 1** wird ein Fragenkreis besonders herausgestellt, dessen Klärung bei Detailuntersuchungen für eine **zutreffende Feststellung des Sachverhalts** von wesentlicher Bedeutung ist. Damit die Sachverhaltsfeststellung der Wirklichkeit hinreichend entspricht, muß vor allem auch ermittelt werden, zu welchen Anteilen die in einer schädlichen Bodenveränderung oder Altlast vorhandenen Schadstoffe mobil (verlagerungsfähig, verfügbar) oder mobiliserbar sind und welche Einwirkungen auf rechtlich geschützte Güter über die relevanten Wirkungspfade auf Grund der konkreten Expositionsbedingungen dadurch hervorgerufen werden oder zu erwarten sind.

Satz 2 schließt an Nr. 1.1 Satz 1 an. Verlangt ist dem Sinne nach, die Detailgenauigkeit der Untersuchungen nach vorliegenden Erkenntnissen gezielt zu erhöhen, um womöglich von belasteten Teilbereichen oder „hot spots" ausgehende Gefahren erkennen sowie sanierungsbedürftige Teilflächen von nicht belasteten Flächen und nötigenfalls auch voneinander abgrenzen zu können.

(Fehlau)

Anhang 1
Anforderungen an Probennahme, Analytik und Qualitätssicherung bei der Untersuchung (Forts.)

2. Probennahme

Das Vorgehen bei der Probennahme richtet sich insbesondere nach den im Einzelfall berührten Wirkungspfaden, der Flächengröße, der auf Grund der Erfassungsergebnisse vermuteten vertikalen und horizontalen Schadstoffverteilung sowie der gegenwärtigen, der planungsrechtlich zulässigen und der früheren Nutzung. Dabei sind die unter den Nummern 2.1 bis 2.3 genannten Anforderungen zu beachten. Das Vorgehen bei der Probennahme ist zu begründen und zu dokumentieren. Die Anforderungen des Arbeitsschutzes sind zu beachten.

Untersuchungsflächen sollen für die Probennahme in geeignete Teilflächen gegliedert werden. Die Teilung soll auf Grund eines unterschiedlichen Gefahrenverdachts, einer unterschiedlichen Bodennutzung, der Geländeform oder der Bodenbeschaffenheit sowie von Auffälligkeiten, wie z. B. einer unterschiedlichen Vegetationsentwicklung, oder anhand von Erkenntnissen aus der Erfassung erfolgen.

2.1 Probennahmeplanung für Bodenuntersuchungen
– Festlegung der Probennahmestellen und Beprobungstiefen

Soll die räumliche Verteilung der Schadstoffe ermittelt werden, ist die zu untersuchende Fläche oder Teilfläche grundsätzlich unter Zuhilfenahme eines Rasters repräsentativ zu beproben. Soweit aus Vorkenntnissen, bei altlastverdächtigen Altstandorten insbesondere nach den Ergebnissen der Erfassung, eine Hypothese über die räumliche Verteilung der Schadstoffe abgeleitet werden kann, ist diese bei der Festlegung der Probennahmestellen und des Rasters zu berücksichtigen. Für die Festlegung von Probennahmestellen können auch Ergebnisse aus einer geeigneten Vor-Ort-Analytik herangezogen werden.

Vermutete Schadstoffanreicherungen sind gezielt zu beproben. Die Beprobung ist, insbesondere hinsichtlich Zahl und räumlicher Anordnung der Probennahmestellen, so vorzunehmen, daß der Gefahrenverdacht geklärt, eine mögliche Gefahr bewertet werden und eine räumliche Abgrenzung von Schadstoffanreicherungen erfolgen kann.

Anhang 1

Bei der Festlegung der Beprobungstiefen für die Wirkungspfade Boden – Mensch und Boden – Nutzpflanze sollen für die Untersuchung auf anorganische und schwerflüchtige organische Schadstoffe die in Tabelle 1 genannten Beprobungstiefen zugrundegelegt werden.

Tabelle 1: Nutzungsorientierte Beprobungstiefe bei Untersuchungen zu den Wirkungspfaden Boden – Mensch und Boden – Nutzpflanze

Wirkungspfad	Nutzung	Beprobungstiefe
Boden – Mensch	Kinderspielfläche, Wohngebiet	0-10 cm [1] 10-35 cm [2]
	Park- und Freizeitanlage	0-10 cm [1]
	Industrie- und Gewerbegrundstücke	0-10 cm [1]
Boden – Nutzpflanze	Ackerbau, Nutzgarten	0-30 cm [3] 30-60 cm
	Grünland	0-10 cm [4] 10-30 cm

[1] Kontaktbereich für orale und dermale Schadstoffaufnahme, zusätzlich 0-2 cm bei Relevanz des inhalativen Aufnahmepfades
[2] 0-35 cm: durchschnittliche Mächtigkeit aufgebrachter Bodenschichten; zugleich max. von Kindern erreichbare Tiefe
[3] Bearbeitungshorizont
[4] Hauptwurzelbereich

Böden sind möglichst horizontweise zu beproben. Grundlage für die Ermittlung der Horizontabfolge ist die Bodenkundliche Kartieranleitung der Geologischen Landesämter (AG Bodenkunde, 4. Auflage, 1994). Bis in den Unterboden gestörte Böden sind lagenweise zu beproben (siehe Tabelle 1). Die Lagen- oder Horizontmächtigkeit, die durch Entnahme einer Probe repräsentiert werden kann, beträgt in der Regel 30 cm. Mächtigere Horizonte oder Lagen sind gegebenenfalls zu unterteilen. Ergänzend zur Tabelle 1 ist die Beprobungstiefe zu berücksichtigen, für die bei der nach § 4 Abs. 4 des Bundes-Bodenschutzgesetzes zu berücksichtigenden Nutzung besondere Vorkehrungen getroffen werden müssen. Die Gründe für abweichende Beprobungstiefen sind zu dokumentieren.

Bei der Probennahme ist hinsichtlich der Wirkungspfade folgendes zu beachten:

Anhang 1

2.1.1 Wirkungspfad Boden – Mensch

Im Rahmen der Festlegung der Probennahmestellen und der Beprobungstiefe sollen auch Ermittlungen zu den im Einzelfall vorliegenden Expositionsbedingungen vorgenommen werden, insbesondere über

- die tatsächliche Nutzung der Fläche (Art, Häufigkeit, Dauer),
- die Zugänglichkeit der Fläche,
- die Versiegelung der Fläche und über den Aufwuchs,
- die Möglichkeit der inhalativen Aufnahme von Bodenpartikeln,
- die Relevanz weiterer Wirkungspfade.

Für die Beurteilung der Gefahren durch die inhalative Aufnahme von Bodenpartikeln sind die obersten zwei Zentimeter des Bodens maßgebend. Inhalativ bedeutsam sind solche Schadstoffe, für die sich der inhalative Pfad nach den Ableitungsmaßstäben gemäß § 4 Abs. 5 dieser Verordnung als ausschlaggebend für die Festlegung des Prüfwertes erwiesen hat. Durch Rückstellproben ist sicherzustellen, daß der Schadstoffgehalt in der für die Staubbildung relevanten Feinkornfraktion bis 63 µm gegebenenfalls getrennt analysiert werden kann.

Ist auf Grund vorliegender Erkenntnisse davon auszugehen, daß die Schadstoffe in der beurteilungsrelevanten Bodenschicht annähernd gleichmäßig über eine Fläche verteilt sind, kann auf Flächen bis 10 000 m^2 für jeweils 1000 m^2, mindestens aber von 3 Teilflächen, eine Mischprobe entnommen werden. Die Mischprobe soll aus 15 bis 25 Einzelproben einer Beprobungstiefe gewonnen werden. Bei Flächen unter 500 m^2 sowie in Hausgärten oder sonstigen Gärten entsprechender Nutzung kann auf eine Teilung verzichtet werden. Für Flächen über 10000 m^2 sollen mindestens jedoch 10 Teilflächen beprobt werden.

2.1.2 Wirkungspfad Boden – Nutzpflanze

Bei landwirtschaftlich einschließlich gartenbaulich genutzten Böden mit annähernd gleichmäßiger Bodenbeschaffenheit und Schadstoffverteilung soll auf Flächen bis 10 Hektar in der Regel für jeweils 1 Hektar, mindestens aber von 3 Teilflächen eine Mischprobe entsprechend den Beprobungstiefen entnommen werden. Bei Flächen unter 5000 m² kann auf eine Teilung verzichtet werden. Für Flächen größer 10 Hektar sollen mindestens jedoch 10 Teilflächen beprobt werden. Die Probennahme erfolgt nach den Regeln der Probennahme auf landwirtschaftlich genutzten Böden (E DIN ISO 10381-1: 02.96, E DIN ISO 10381-4: 02.96) durch 15 bis 25 Einzeleinstiche je Teilfläche, die zu jeweils einer Mischprobe vereinigt werden.

In Nutzgärten erfolgt die Probennahme in der Regel durch Entnahme einer grundstücksbezogenen Mischprobe für jede Beprobungstiefe und im übrigen in Anlehnung an die Regeln der Probennahme auf Ackerflächen.

Für die Eignung von Geräten zur Probennahme ist E DIN ISO 10381-2: 02.96 maßgebend.

2.1.3 Wirkungspfad Boden – Grundwasser

Beim Wirkungspfad Boden – Grundwasser ist zur Feststellung der vertikalen Schadstoffverteilung die ungesättigte Bodenzone bis unterhalb einer mutmaßlichen Schadstoffanreicherung oder eines auffälligen Bodenkörpers zu beproben. Die Beprobung erfolgt horizont- oder schichtspezifisch. Im Untergrund dürfen Proben aus Tiefenintervallen bis max. 1 m entnommen werden. In begründeten Fällen ist die Zusammenfassung engräumiger Bodenhorizonte bzw. -schichten bis max. 1 m Tiefenintervall zulässig. Auffälligkeiten sind zu beurteilen und gegebenenfalls gesondert zu beproben. Die Beprobungstiefe soll reduziert werden, wenn erkennbar wird, daß bei Durchbohrung von wasserstauenden Schichten im Untergrund eine hierdurch entstehende Verunreinigung des Grundwassers zu besorgen ist. Ist das Durchbohren von wasserstauenden Schichten erforderlich, sind besondere Sicherungsmaßnahmen zu ergreifen. Für die Eignung von Geräten zur Probennahme ist DIN 4021: 10.90 maßgebend.

2.2 Probennahmeplanung Bodenluft

Die Probennahme erfolgt nach VDI-Richtlinie 3865, Blatt 1 und 2.

2.3 Probennahmeplanung bei abgeschobenem und ausgehobenem Bodenmaterial

Die Probennahme erfolgt in Anlehnung an DIN 52101: 03.88 oder nach DIN EN 932-1: 11.96.

Anhang 1

2.4 Probengewinnung
2.4.1 Böden, Bodenmaterial und sonstige Materialien

Die notwendige Probemenge richtet sich gemäß DIN 18123: 11.96 nach dem Größtkorn und muß ausreichen, um nach sachgerechter Probenvorbehandlung die Laboruntersuchung sowie gegebenenfalls die Bereitstellung von Rückstellproben zu gewährleisten. Eine Abstimmung mit der Untersuchungsstelle sollte erfolgen.

Grobmaterialien (Materialien > 2 mm) und Fremdmaterialien, die möglicherweise Schadstoffe enthalten oder denen diese anhaften können, sind aus der gesamten Probemenge zu entnehmen und gesondert der Laboruntersuchung zuzuführen. Ihr Massenanteil an dem beprobten Bodenhorizont bzw. der Schichteinheit ist zu ermitteln und zu dokumentieren.

Zur Entnahme von Boden, Bodenmaterial und sonstigen Materialien sind Verfahren anzuwenden, die in der DIN 4021: 10.90 und E DIN ISO 10381-2: 02.96 aufgeführt sind. Bei der Verfahrensauswahl sind über die in der Norm enthaltenen Angaben hinaus die erforderliche Probenmenge und der Aufbau des Untergrundes zu berücksichtigen.

2.4.2 Bodenluft

Für die Entnahme von Bodenluftproben gilt VDI-Richtlinie 3865, Blatt 2.

2.5 Probenkonservierung, -transport und -lagerung

Für die Auswahl von Probengefäßen sowie für Probenkonservierung, -transport und -lagerung sind die entsprechenden Regelungen in den Untersuchungsvorschriften nach Nummer 3.1.3, Tabelle 3 bis 7 einzuhalten. Fehlen derartige Regelungen, sind E DIN ISO 10381-1: 02.96 und DIN EN ISO 5667-3: 04.96 zu beachten.

Der Transport der Bodenproben für die Untersuchung organischer Schadstoffe sowie ihre Lagerung erfolgt gemäß E DIN ISO 14507: 02.96.

Anhang 1

<u>Übersicht</u>   Rdnr.

1.	Allgemeines	25
2.	Erläuterungen und Anwendungshinweise aus fachlicher Sicht	28
2.1	Probennahmeplanung für Bodenuntersuchungen	32
2.1.1	Wirkungspfad Boden – Mensch	43
2.1.2	Wirkungspfad Boden – Nutzpflanze	50
2.1.3	Wirkungspfad Boden – Grundwasser	56
2.2	Probennahmeplanung Bodenluft	60
2.3	Probennahmeplanung bei abgeschobenem und ausgehobenem Bodenmaterial	63
2.4	Probengewinnung bei Böden, Bodenmaterial und sonstigen Materialien	65
2.5	Probengewinnung bei Bodenluft	73
2.6	Probenkonservierung, -transport und -lagerung	76
Literatur		

1. Allgemeines

Im gesamten Ablauf der Untersuchung und Bewertung von Verdachtsflä- **25** chen und altlastverdächtigen Flächen kommt der **sachgerechten Entnahme möglichst repräsentativer Proben** der zu untersuchender Materialien (Boden, Bodenluft etc.) große Bedeutung zu. Denn bekanntermaßen ist der überwiegende Teil des jeder Bodenuntersuchung anhaftenden Gesamtfehlers dem Bereich der Probennahme zuzurechnen. Deshalb und weil überdies die Anwendbarkeit der Beurteilungsmaßstäbe des Anhanges 2 der Verordnung auf den Einzelfall z. T. die Einhaltung bestimmter Probennahmebedingungen voraussetzt (beispielsweise hinsichtlich der beprobten Bodentiefen, u. a. → Rdnr. 64 ff. zu Anhang 2), sind in Anhang 1 Nr. 2 entsprechende Vorgaben zur Probennahme enthalten.

Inhaltlich gliedern sich die **Regelungsinhalte** des Anhanges 1 Nr. 2 in die **26** Bereiche

- **Probennahmeplanung**
  (Boden, Bodenluft, abgeschobenes und ausgehobenes Bodenmaterial)
- **Probengewinnung** und
- **Probenkonservierung, -transport und -lagerung**.

Der **Detaillierungsgrad** und die **Verbindlichkeit** der getroffenen Rege- **27** lungen sind dabei sehr unterschiedlich. Wegen der Vielzahl der in der Praxis vorkommenden Fallgestaltungen, die oftmals eine weitgehend auf die Besonderheiten des Einzelfalles abgestimmte Vorgehensweise bei der Pro-

Anhang 1

bennahme erfordert, beschränkt sich die Verordnung in weiten Teilen des Anhanges 1 Nr. 2 lediglich auf die Formulierung eher allgemeiner Vorgaben und zu berücksichtigender Gesichtspunkte. Die konkrete inhaltliche Ausgestaltung bleibt dann zur Erhaltung der notwendigen Flexibilität dem Einzelfall überlassen. Wo erforderlich wie z. B. bei den Vorgaben zu den nutzungsorientierten Beprobungstiefen in Tabelle 1 sind die getroffenen Regelungen dagegen detailgenau und durch Festlegung von „Soll"-Vorschriften verbindlich. Dennoch wird dadurch in diesen Fällen die fachlich zweifellos notwendige Möglichkeit eröffnet, im Einzelfall **begründet** davon abzuweichen.

(Delschen)

2. Erläuterungen und Anwendungshinweise aus fachlicher Sicht

28 Bereits einleitend wird in Anhang 1 Nr. 2 darauf hingewiesen, daß sich das **Vorgehen bei der Probennahme** *„insbesondere"* nach den **im Einzelfall** vorliegenden Verhältnissen richten muß. Durch explizite Nennung werden dabei

- die berührten Wirkungspfade
- die Flächengröße
- die vermutete vertikale und horizontale Schadstoffverteilung sowie
- die gegenwärtige, die planungsrechtlich zulässige und die frühere Nutzung

als wesentliche, das Vorgehen bei der Probennahme bestimmende Einflußgrößen hervorgehoben. Durch Verweis auf die Nr. 2.1 bis 2.3 des Anhanges 1 (→ Rdnr. 32 ff.) werden dabei weitere zu berücksichtigende Anforderungen eingeführt.

29 Die durch Satz 1 eröffnete Flexibilität bei der Probennahme im Einzelfall wird allerdings in Satz 3 mit der Auflage verbunden, daß *„das Vorgehen bei der Probennahme zu begründen und zu dokumentieren"* ist. Die **Verantwortlichkeit** des Durchführenden im Einzelfall wird dadurch deutlich hervorgehoben, was selbstverständlich auch im Hinblick auf zu beachtende Anforderungen des Arbeitsschutzes bei der Probennahme gilt (Anhang 1 Nr. 2 Satz 4).

Anhang 1

Sofern im Einzelfall eine begründete Abweichung nicht erforderlich oder nicht sinnvoll ist, ist bei der Probennahme auf der Untersuchungsfläche eine „*geeignete*" **Teilflächenbildung** vorzunehmen. Dadurch sollen letztlich im Hinblick auf die vermutete Bodenbelastung und/oder den Gefahrenverdacht als unterschiedlich anzusehende Teilflächen abgegrenzt und im weiteren Verlauf der Gefährdungsabschätzung separat beurteilt werden. Als für die Abgrenzung von Teilflächen zugrunde zu legende Kriterien nennt die Verordnung

- **Unterschiede im Gefahrenverdacht**, die sich z. B. aus den bekannten oder vermuteten Belastungsursachen ergeben
- **unterschiedliche Bodennutzungen**, die auf Grund von spezifischen Belastungsursachen zu unterschiedlichen Stoffkonzentrationen insbesondere im Oberboden geführt haben können
- die **Geländeform**, die Anlaß zur Annahme einer Verlagerung von eingetragenen Schadstoffen innerhalb der Gesamtfläche geben kann
- **Unterschiede in der Bodenbeschaffenheit**, die sich insbesondere auf die Mobilität oder Verfügbarkeit von Schadstoffen auswirken können,
- **Auffälligkeiten**, die z. B. im Falle von sichtbaren Unterschieden in der Vegetationsentwicklung auf Schwerpunkte einer Schadstoffbelastung hinweisen können, und schließlich
- **Erkenntnisse aus der Erfassung** der Verdachtsfläche.

Besonders wichtig erscheint die Teilflächenbildung auf Verdachtsflächen und altlastverdächtigen Flächen mit sehr heterogener Schadstoffbelastung (z. B. auf Altstandorten), da anderenfalls bei der Herstellung von Mischproben auf Grund von Verdünnungseffekten in Teilbereichen vorliegende Gefahrensituationen u. U. nicht erkannt werden.

(Delschen)

2.1 Probennahmeplanung für Bodenuntersuchungen

In Anhang 1 Nr. 2.1 sind die Festlegungen der Verordnung zur Probennahmeplanung für Bodenuntersuchungen – mit Ausnahme abgeschobener und ausgehobener Böden, für die gesonderte Regelungen bestehen (→ Rdnr. 63 f.) – enthalten.

Dabei wird zunächst die **horizontale Verteilung der Probennahmestellen** auf der Untersuchungsfläche angesprochen. Grundsätzlich sollen diese unter Verwendung von **Rastern** auf der zu untersuchenden Fläche oder Teilfläche angeordnet werden, allerdings nur, sofern die **räumliche Verteilung** der **Schadstoffe** ermittelt werden soll. Da es aber nach § 3 Abs. 5 Satz 1 (→ Rdnr. 47 zu § 3) eine Aufgabe von Detailuntersuchungen ist festzustellen, „*ob sich aus räumlich begrenzten Anreicherungen von Schadstoffen innerhalb der Verdachtsfläche oder altlastverdächtigen Fläche Gefahren ergeben und ob und wie eine Abgrenzung von nicht belasteten Flächen geboten ist*" dürfte im Regelfall eine Erfassung der räumlichen Verteilung der Schadstoffe mittels Rasterbeprobung erforderlich sein. Begründete Ausnahmen davon sind beispielsweise Fälle, bei denen a priori von einer annähernd gleichmäßigen Schadstoffverteilung auf der Fläche ausgegangen werden kann (→ Rdnr. 46, 50 und 54) oder bei denen die vorhandene Heterogenität der Schadstoffverteilung im Boden im Hinblick auf die Gefahrenbeurteilung unbeachtlich ist. Letzteres trifft z. B. auf landwirtschaftliche Ackerflächen hinsichtlich des Schadstoffüberganges Boden/Nahrungspflanzen zu, da in diesem Fall wegen einer Vermischung des (unterschiedlich belasteten) Erntegutes bei der Ernte eher der Mittelwert der flächenhaften Bodenbelastung prägend für die Schutzgutgefährdung ist.

34 Die Wahl des im Einzelfall anzuwendenden Rasters (**Rastertyp, Rasterabstände**) überläßt die Verordnung der Einzelfallentscheidung, weil sinnvollerweise Vorkenntnisse über die zu erwartende räumliche Verteilung der Schadstoffe dabei zu berücksichtigen sind. Unabhängig davon wird in den Sätzen 4 und 5 jedoch die besondere Berücksichtigung vermuteter Schadstoffanreicherungen bei der Beprobung verlangt.

35 Die bei der Bodenprobennahme zu den Wirkungspfaden Boden – Mensch und Boden – Nutzpflanze zugrunde zu legenden **Beprobungstiefen** sind nutzungsdifferenziert in Nr. 2.1 Tabelle 1 vorgegeben. Beim **Wirkungspfad Boden – Mensch** ist dies generell die Bodentiefe 0 bis 10 cm als Kontaktbereich für eine orale und dermale Schadstoffaufnahme. Auf Kinderspielflächen und in Wohngebieten ist darüber hinaus zusätzlich die Bodentiefe 10 bis 35 cm zu beproben, weil damit als Gesamtbeprobungstiefe von 0 bis 35 cm die durchschnittliche Mächtigkeit aufgebrachter Bodenschichten sowie zugleich die von Kindern maximal erreichbare Bodentiefe erfaßt wird (Tabelle 1 Fußnote 2).

36 Über die genannten Beprobungstiefen hinaus ist bei allen Bodennutzungen die Bodentiefe 0 bis 2 cm dann zusätzlich zu beproben, wenn der inhalative Aufnahmepfad relevant ist. Dies ist gemäß Nr. 2.1.1 Satz 3 aber nur bei bestimmten Schadstoffen der Fall (→ Rdnr. 44).

37 Beim **Wirkungspfad Boden – Nutzpflanze** erstreckt sich die Beprobungstiefe auf Ackerbauflächen und in Nutzgärten auf den **Bearbeitungshori-**

Anhang 1

zont (0 bis 30 cm; bodenkundlich A_p-Horizont) und bei Grünlandflächen auf den **Hauptwurzelbereich** (0 – 10 cm; A_h-Horizont). Zusätzlich ist jeweils der sich anschließende **Unterboden** in der Tiefe von 30 bis 60 cm bzw. von 10 bis 30 cm zu beproben, weil auch Schadstoffbelastungen des Unterbodens für den Transfer Boden/Pflanze eine gewisse Rolle spielen (→ Rdnr. 68 zu Anhang 2).

Da mit der Berücksichtigung der Abfolge der erkennbaren Bodenhorizonte bei der Bodenprobennahme Zusatzinformationen über die vertikale Schadstoffverteilung im Bodenprofil gewonnen werden können, empfiehlt der Verordnungsgeber, Böden **möglichst horizontweise** zu beproben. Dadurch entsteht allerdings insbesondere bei stark horizontierten Bodenprofilen ein nicht unerheblicher Mehraufwand sowohl bei der Probennahme als auch bei der nachfolgenden Analytik, dessen Erfordernis im Einzelfall sorgfältig gegen den zu erwartenden Nutzen abzuwägen ist. Erscheint die horizontweise Probennahme danach als unverzichtbar, so ist zur Abgrenzung der einzelnen Horizonte nach der Bodenkundlichen Kartieranleitung (AG Bodenkunde 1994) zu verfahren. 38

Anderenfalls sowie bei Vorliegen gestörter Bodenprofile (= Bodenprofile mit nicht natürlicher Horizontzierung) erfolgt die Bodenprobennahme **lagenweise**, d. h. unter Zugrundelegung der in Nr. 2.1 Tabelle 1 genannten Beprobungstiefen. 39

In den Fällen, in denen die **Nutzung gemäß § 4 Abs. 4 des Bundes-Bodenschutzgesetzes** (planungsrechtlich zulässige Nutzung) von der zum Zeitpunkt der Probennahme vorherrschenden Nutzung abweicht, sind die Beprobungstiefen zu berücksichtigen, die sich aus der planungsrechtlich zulässigen Nutzung ergeben. 40

Werden im Einzelfall bei der Probennahme von den Vorgaben der Verordnung **abweichende Beprobungstiefen** gewählt, so ist dies zu begründen und zu dokumentieren. 41

Über diese allgemein gültigen Vorgaben der Verordnung zur Probennahme hinaus sind noch **weitere pfadspezifische Anforderungen** zu berücksichtigen, die in den im Anhang 1 Nr. 2.1 enthaltenen Nr. 2.1.1 bis 2.1.3 der Verordnung ausgeführt sind. 42

(Delschen)

Anhang 1

2.1.1 Wirkungspfad Boden – Mensch

43 Bei notwendigen weitergehenden Sachverhaltsermittlungen nach der Überschreitung von Prüfwerten für den Wirkungspfad Boden – Mensch kommt dem Abgleich der im Einzelfall vorliegenden **Expositionsbedingungen** mit den der Prüfwertfestlegung zugrunde gelegten Expositionsannahmen große Bedeutung zu (→ Rdnr. 2 und 9 ff. zu Anhang 2). Insofern sollen bereits bei der Bodenprobennahme dafür wesentliche Sachverhalte ebenfalls ermittelt werden. Der Verordnungstext nennt die dabei im einzelnen insbesondere zu klärenden Fragen.

44 Im Hinblick auf eine Gefahrenbeurteilung durch **inhalative Aufnahme** von Bodenschadstoffen wird darauf hingewiesen, daß dafür die **Beprobungstiefe von 0 bis 2 cm** beurteilungsrelevant ist. Dies ist zu berücksichtigen bei Schadstoffen, *„für die sich der inhalative Pfad nach den Ableitungsmaßstäben gemäß § 4 Abs. 5 dieser Verordnung als ausschlaggebend für die Festlegung des Prüfwertes erwiesen hat"*. Nach den Ableitungsmaßstäben (Bundesanzeiger 1999, Nr. 161a) trifft dies von den in Anhang 2 Nr. 1 geregelten Stoffen lediglich für **Chrom** und **Nickel** zu.

45 Da in diesen Fällen bei der Gefahrenbeurteilung u. U. einer Analyse der für die Staubbildung besonders relevanten Feinkornfraktion des Bodens von < 63 µm Bedeutung zukommen kann, ist die Möglichkeit zur Durchführung einer solchen Analyse durch **Rückstellproben** zu gewährleisten.

46 In Ergänzung der unter Nr. 2.1 grundsätzlich geforderten Probennahme in Rastern (→ Rdnr. 33) sind in Nr. 2.1.1 Satz 5ff Handlungsanleitungen enthalten für die Fälle, in denen begründet auf eine Rasterbeprobung verzichtet werden und statt dessen die **Entnahme von flächenbezogenen Mischproben** erfolgen kann. Voraussetzung dafür ist die begründete Annahme, *„daß die Schadstoffe in der beurteilungsrelevanten Bodenschicht annähernd gleichmäßig über eine Fläche verteilt sind"*. Bei altlastverdächtigen Flächen dürfte diese Voraussetzung i. d. R. nicht gegeben sein.

47 Die **Zahl der zu entnehmenden Mischproben** richtet sich vornehmlich nach der Größe der Beurteilungsfläche und soll betragen

- bei Flächen < 500 m² sowie in Haus- und sonstigen Gärten 1 Mischprobe

Anhang 1

- bei Flächen bis zu 10 000 m² in der Regel je 1 Mischprobe für jeweils 1000 m², mindestens aber Mischproben von 3 Teilflächen (d. h. 3 bis 10 Mischproben) und
- bei Flächen > 10 000 m² Mischproben von mindestens 10 Teilflächen (d. h. mindestens 10 Mischproben).

Es ist hervorzuheben, daß gemäß Verordnung im Falle der Entnahme mehrerer Mischproben diese von **Teilflächen** zu gewinnen sind, was sich daraus begründet, daß auf diese Weise auch Aussagen zur Flächenheterogenität zu erhalten sind. Die Entnahme von mehreren Mischproben durch wiederholte Beprobung der gleichen Fläche erfüllt diese Intention nicht und wäre insofern nicht verordnungskonform. 48

Um die **Repräsentativität einer Mischprobe** zu gewährleisten, sind diese durch **Zusammenfassung von 15 bis 25 Einzelproben** einheitlicher Beprobungstiefe herzustellen. 49

(Delschen)

2.1.2 Wirkungspfad Boden – Nutzpflanze

Bei Probennahmen zum Wirkungspfad Boden – Nutzpflanze sieht die Verordnung unter Nr. 2.1.2 Satz 1 bei annähernd gleichmäßiger Bodenbeschaffenheit **als Regelfall** vor, daß auf landwirtschaftlich und gartenbaulich genutzten Böden **flächenbezogene Mischproben** für die einzelnen Beprobungstiefen entnommen werden. 50

Als Vorgaben für die **Anzahl der zu entnehmenden Mischproben** sind in Abhängigkeit von der Größe der Untersuchungsfläche genannt 51

- bei Flächen unter 5 000 m² 1 Mischprobe
- bei Flächen bis zu 10 Hektar in der Regel je 1 Mischprobe für jeweils 1 Hektar, mindestens aber Mischproben von 3 Teilflächen (d. h. 3 bis 10 Mischproben) und
- bei Flächen größer 10 Hektar Mischproben von mindestens 10 Teilflächen (d. h. mindestens 10 Mischproben).

Grundsätzlich sind die Mischproben durch „*15 bis 25 Einzeleinstiche je Teilfläche*" zu gewinnen. Dies bedeutet, daß eine entsprechende Zahl von Einzelproben (= z. B. Bohrstockeinstiche) zur Herstellung einer Mischprobe zu vereinigen sind. 52

Anhang 1

53 Im übrigen verweist die Verordnung zu weiteren Regeln der Probennahme auf landwirtschaftlich genutzte Böden auf einschlägige DIN/ISO-Normen.

54 In Nutzgärten sieht die Verordnung **als Regelfall** die Entnahme *einer* **grundstücksbezogenen Mischprobe** für jede Beprobungstiefe vor. Damit ist die getrennte Beprobung z. B. verschiedener Anbaubeete in Gärten im allgemeinen nicht erforderlich, es sei denn, vorliegende Erkenntnisse über beurteilungsrelevante Unterschiede in der Schadstoffverteilung begründen ein abweichendes Vorgehen.

55 Hinsichtlich der **Eignung verschiedener Probennahmegeräte** erklärt der Verordnungsgeber eine einschlägige DIN/ISO-Norm als maßgebend. Nach Praxiserfahrungen haben sich insbesondere sog. Rillenbohrer (z. B. „Pürckhauerbohrstock") für Probennahmen auf landwirtschaftlich und gärtnerisch genutzten Flächen bewährt.

(Delschen)

2.1.3 Wirkungspfad Boden – Grundwasser

56 Bei Untersuchungen zum Wirkungspfad Boden – Grundwasser erstreckt sich die **zu untersuchende Bodentiefe** auf die gesamte ungesättigte Bodenzone bis unterhalb der mutmaßlichen Schadstoffanreicherung oder eines auffälligen Bodenkörpers. Eine mutmaßliche Schadstoffanreicherung oder ein auffälliger Bodenkörper sind dabei an Hand organoleptischer Befunde, wie Farbe, Aussehen und Geruch zu ermitteln.

57 Zur Feststellung der vertikalen Schadstoffverteilung muß eine **horizont- oder schichtspezifische Beprobung** erfolgen, wobei im Untergrund Proben aus Tiefenintervallen bis maximal 1 m entnommen werden können. Die Zusammenfassung auch engräumiger Bodenhorizonte bzw. -schichten ist bezogen auf den Einzelfall zu begründen. In organoleptisch auffälligen Bereichen, bei der Untersuchung auf leichtflüchtige Schadstoffe, in der Grundwasserwechselzone und in Bereichen oberhalb dichtender Bodenschichten sind jedoch aus fachlicher Sicht immer horizont- oder schichtspezifische Einzelproben zu entnehmen, um eine Verdünnung der Kontaminanten zu vermeiden.

58 Steht im Rahmen der Probennahme das **Durchbohren von wasserstauenden Schichten** im Untergrund an, das u. U. zum Entstehen einer Grundwasserverunreinigung führen kann, ist zunächst die tatsächliche Notwendigkeit zu prüfen. Ggf. ist die Beprobungstiefe zu reduzieren. Ist das Durchbohren einer wasserstauenden Schicht zur Ermittlung der Schadstoff-

Anhang 1

ausbreitung notwendig, ist z. B. durch die Verwendung einer Schutzverrohrung die Verlagerung der Schadstoffe in tiefere Bereiche zu minimieren. Im Anschluß an die Probennahme ist die dichtende Schicht durch Einbringung von geeignetem Material wie z. B. Quellton wiederherzustellen.

Zur **Eignung von Probennahmegeräten** verweist die Verordnung auf DIN 4021: 10.90. Von den dort genannten Geräten zur Probennahme sind erfahrungsgemäß Kleinrammbohrungen, Rammkernbohrungen oder Rotationsbohrungen ohne Spülung mit einem Außendurchmesser von mindestens 50 mm besonders geeignet. Bei der Auswahl des Probennahmegerätes ist auch zu beachten, daß die erforderliche Probenmenge für chemische Untersuchungen mindestens 2 kg beträgt.   59

(Eckhoff)

2.2 Probennahmeplanung Bodenluft

Die in der Verordnung genannten **VDI-Richtlinien 3865 Blatt 1 und 2** beschreiben die Probennahme bei Bodenluftuntersuchungen. Im Verlauf der Bearbeitung der Richtlinie ist die in Blatt 1 genannten Bodenanalytik mittels head-space-Technik zurückgezogen worden. Die Angaben zur Probennahmeplanung sind deshalb nur unter Berücksichtigung von Blatt 2 zu verwenden. Der beschriebene direkte Zusammenhang zwischen Meßergebnissen der Bodenluft und Kontaminationen im Grundwasser ist nur bei gasdurchlässigem Bodenaufbau anwendbar. Die Beispiele für die Ausgestaltung von Rastern können als erster Anhaltspunkt herangezogen werden. Eine Anpassung an den Einzelfall ist durchzuführen.   60

Die VDI-Richtlinie 3865, Blatt 2 beinhaltet eine Zusammenstellung unterschiedlicher **Probennahmeverfahren**, deren Anwendbarkeit im Einzelfall zu prüfen ist. Die Bestimmungsgrenze und ggf. auftretende Querempfindlichkeiten sind besonders zu beachten. Die Auswahl sollte durch einen Sachverständigen in enger Absprache mit der Untersuchungsstelle erfolgen. Bei allen beschriebenen Verfahren handelt es sich um Relativmethoden, deren Ergebnisse keine Absolutwerte sondern ausschließlich untereinander vergleichbare Daten liefert. Die **Vergleichbarkeit** ist nur dann gewährleistet, wenn mit gleichen Probennahmeverfahren, unter identischen äußeren Bedingungen auf einer Fläche Untersuchungen durchgeführt werden.   61

Vor der Untersuchung ist ein für die Fragestellung geeigneter **Meßstellenausbau** auszuwählen. Bei der Untersuchung von altlastverdächtigen Flä-   62

Anhang 1

chen und Altlasten ist der Ausbau von Permanentmeßstellen zur Sicherstellung von Wiederholungsuntersuchungen vorzuziehen.

(Eckhoff)

2.3 Probennahmeplanung bei abgeschobenem und ausgehobenem Bodenmaterial

63 Zur Probennahmeplanung bei abgeschobenem und ausgehobenem Bodenmaterial verweist Anhang 1 Nr. 2.3 auf zwei DIN-Normen, nach denen („*in Anlehnung*") zu verfahren ist. Es ist dabei zu empfehlen, sich an DIN EN 932-1: 11.96 zu orientieren, da diese eine ergänzte Überarbeitung der DIN 52101: 03.88 darstellt.

64 Neben Hinweisen zur **Mindestprobenmenge** und zu **Probennahmegeräten** enthält DIN EN 932-1: 11.96 insbesondere detaillierte Anleitungen zur **Probennahme aus Aufschüttungen** sowie aus **Lastwagen**, die für die Probennahmeplanung bei abgeschobenem und ausgehobenem Bodenmaterial besonders relevant sind. Hervorzuheben ist, daß im Hinblick auf eine repräsentative Beprobung die Anordnung und Anzahl der entnommenen Einzelproben Aufbau und Form der Aufschüttung sowie die Möglichkeit der Entmischung innerhalb der Aufschüttung berücksichtigen muß (vgl. dazu Anhang C der DIN EN 932-1: 11.96).

(Delschen)

2.4 Probengewinnung bei Böden, Bodenmaterial und sonstigen Materialien

65 In Anhang 1 Nr. 2.4.1 der Verordnung wird festgelegt, daß die **Probenmenge** am Größtkorn des zu beprobenden Materials auszurichten ist. Mit steigender Korngröße ist dementsprechend die Probenmenge zu erhöhen.

66 Die in der DIN 18123: 11.96 genannten Massen können allerdings für kleine Korngrößen zu gering sein. Die sachgerechte Probenvorbehandlung kann z. B. einen Trocknungsschritt beinhalten. In diesem Fall ist der Wassergehalt der Probe zu berücksichtigen. Bei den Probenmengen für die Laboruntersuchung ist mindestens von einer Doppelbestimmung auszugehen.

67 Bei der Festlegung der notwendigen Probenmenge ist neben der Korngröße, der Probenvorbehandlung und der Laboruntersuchung auch die Inhomogenität des zu beprobenden Materials einzubeziehen. Die einzelnen

Anhang 1

Untersuchungsschritte, die im Anschluß an die Probennahme ggf. durchzuführen sind, sollten mit der Untersuchungsstelle abgestimmt werden.

Rückstellproben sollten in jedem Fall bereitgestellt und mindestens bis zum Abschluß der Untersuchung aufbewahrt werden. Ausnahmen bilden die Proben zur Untersuchung auf leichtflüchtige Schadstoffe, deren Veränderung während der Lagerung eine Aufbewahrung nicht sinnvoll machen. Eine Abstimmung mit der Untersuchungsstelle ist erforderlich um eine qualifizierte Analytik zu ermöglichen. 68

In der Praxis hat sich eine **Mindestprobenmenge von 2 kg** für chemische Untersuchungen bewährt. 69

Nach den Ausführungen der Verordnung sind **Materialien mit Korngrößen über 2 mm** nur dann zu beproben, wenn sie Kontaminationen enthalten können oder wenn diese an der Oberfläche anhaften. Der Anteil an Grobmaterialien sollte ansonsten aussortiert, ihr Anteil aber ermittelt und dokumentiert werden. Lassen sich oberflächlich anhaftende Schadstoffe bei der Probennahme abtragen, sind diese einzeln zu beproben. 70

Bei der Auswahl von geeigneten **Probennahmeverfahren** und **Probennahmegeräten** sind die zu erzielende Teufe, die Probenmenge und der Untergrundaufbau Auswahlkriterien. 71
Von den in DIN 4021: 10.90 genannten Geräten zur Probennahme sollten Kleinrammbohrung, Rammkernbohrung, Rotationsbohrung ohne Spülung mit einem Außendurchmesser von mindestens 50 mm vorrangig eingesetzt werden. Der Entwurf zur Norm DIN ISO 10381-2: 02.96 enthält in Tabelle 1 eine Aufzählung von Probennahmeverfahren von denen die nachfolgenden Verfahren verwendet werden sollten:

1. Drehbohrung
2. Schlagbohrung mit Gestänge
3. Bohrung mit Hohlbohrschnecke

Neben der Probenmenge und dem Aufbau des Untergrundes ist die **Arbeitssicherheit** ein nicht zu vernachlässigendes Auswahlkriterium für das Probennahmeverfahren. Aus diesem Grund sollte z. B. das Anlegen von Schürfen bei der Untersuchung von Altlasten nicht durchgeführt werden. 72

(Eckhoff)

Anhang 1

2.5 Probengewinnung bei Bodenluft

73 Die Probengewinnung von Bodenluftproben ist nach Anhang 1 Nr. 2.4.2 der Verordnung gemäß VDI-Richtlinie 3865, Blatt 2 durchzuführen.
Diese Richtlinie beinhaltet eine Zusammenstellung unterschiedlicher **Probennahmeverfahren**, deren Anwendbarkeit im Einzelfall zu prüfen ist. Wichtige Kriterien sind das Erfassungsvolumen, die Erfassungsgrenze, der dynamische Konzentrationsbereich sowie die Selektivität. Die Auswahl sollte durch einen Sachverständigen in enger Absprache mit der Untersuchungsstelle erfolgen.

74 Bei allen in der VDI-Richtlinie beschriebenen Verfahren handelt es sich um Relativmethoden, deren Ergebnisse keine Absolutwerte sondern ausschließlich untereinander vergleichbare Daten liefern. Die Vergleichbarkeit ist nur dann gewährleistet wenn mit gleichen Probennahmeverfahren, unter gleichen äußeren Bedingungen auf einer Fläche Untersuchungen durchgeführt werden.

75 Vor der Untersuchung ist ein für die Fragestellung geeigneter **Meßstellenausbau** auszuwählen. Bei der Untersuchung von Altlasten ist der Ausbau von Permanentmeßstellen zu Sicherstellung von Wiederholungsuntersuchungen vorzuziehen

(Eckhoff)

2.6 Probenkonservierung, -transport, -lagerung

76 Für die Auswahl von Probengefäßen, den Probentransport, die -konservierung und -lagerung verweist Nr. 2.5 der Verordnung auf die Normen E DIN ISO 10381-1: 02.96, DIN EN ISO 5667-3: 04.96 und E DIN ISO 14507: 02.96. Aus den angegebenen Normen ist für jede Matrix eine geeignete Methode auszuwählen.

77 **Bodenluftproben** sollen grundsätzlich bei Umgebungstemperatur transportiert, um Kondensationen bei gekühlter Lagerung zu vermeiden.

(Eckhoff)

Anhang 1

Literatur

Bekanntmachung über Methoden und Maßstäbe für die Ableitung der Prüf- und Maßnahmenwerte nach der Bundes-Bodenschutz- und Altlastenverordnung (BBodSchV). Bekanntmachung des Bundesministeriums für Umwelt, Naturschutz und Reaktorsicherheit vom 18. Juni 1999. Bundesanzeiger Nr. 161 a vom 28. August 1999

Anhang 1
Anforderungen an Probennahme, Analytik und Qualitätssicherung bei der Untersuchung (Forts.)

3. Untersuchungsverfahren

3.1 Untersuchungsverfahren für Böden, Bodenmaterial und sonstige Materialien

3.1.1 Probenauswahl und -vorbehandlung

Im Falle gestufter Untersuchungen ist für den Einzelfall zu entscheiden, in welcher Abfolge im Feld gewonnene Proben zu analysieren sind, und ob ggf. auch eine Zusammenfassung mehrerer Proben zweckmäßig ist. Die Entscheidung und ihre Gründe sind zu dokumentieren.

Die Probenvorbehandlung, einschließlich der Trocknung des Probenmaterials, erfolgt für die Bestimmung physikalisch-chemischer Eigenschaften (Nummer 3.1.3, Tabelle 3) und die Bestimmung anorganischer Schadstoffe (Nummer 3.1.3, Tabelle 4) nach DIN ISO 11 464: 12.96. Für organische Schadstoffe ist E DIN ISO 14 507: 02.96 anzuwenden.

Ist bei Böden, Bodenmaterial und sonstigen Materialien (insbesondere Schlacken und Bauschutt) eine Auftrennung in Grob- und Feinanteil erforderlich, hat dies über ein Sieb mit einer Maschenweite von 2 mm in die Fraktionen ≤ 2 mm (Feinanteil) und > 2 mm (Grobanteil) Korndurchmesser zu erfolgen. Verklumpungen sind zu zerkleinern, wobei aber geringstabile Aggregate (z. B. Carbonat-, Eisen-Konkretionen, Bims) möglichst nicht zerbrochen werden sollten. Beide Fraktionen sind zu wägen, zu beschreiben und zu dokumentieren, und deren Tro-

Anhang 1

ckenmasseanteil ist zu bestimmen. Der Feinanteil ist zu homogenisieren und zu untersuchen. Bestehen Anhaltspunkte für einen erhöhten Schadstoffgehalt der Fraktion > 2 mm, ist diese Fraktion zu gewinnen und nach Vorzerkleinerung und Homogenisierung ebenfalls zu untersuchen. Im Probenmaterial enthaltene Fremdmaterialien sind erforderlichenfalls getrennt zu untersuchen und bei der Bewertung zu berücksichtigen.

Repräsentative Teile der im Feld entnommenen Proben sind als Rückstellproben aufzubewahren. Art und Umfang der Rückstellung sind nach den Erfordernissen des Einzelfalls zu vereinbaren.

3.1.2 Extraktion, Elution

Königswasserextrakt
Die Bestimmung des Gehaltes an anorganischen Schadstoffen zum Vergleich der Schadstoffaufnahme auf dem Wirkungspfad Boden – Mensch mit den Werten nach Anhang 2 Nummer 1 mit Ausnahme der Cyanide, für den Wirkungspfad Boden – Nutzpflanze auf Ackerbauflächen und in Nutzgärten bezüglich Arsen und Quecksilber nach Anhang 2 Nummer 2.2 und für den Wirkungspfad Boden – Nutzpflanze auf Grünland nach Anhang 2 Nummer 2.3 sowie hinsichtlich der Vorsorgewerte nach Anhang 2 Nummer 4.1 erfolgt aus dem Königswasserextrakt nach DIN ISO 11466: 06.97 aus aufgemahlenen Proben (Korngröße < 150 µm).

Ammoniumnitratextraktion
Der Ammoniumnitratextrakt nach DIN 19730: 06.97 ist zur Ermittlung der Gehalte anorganischer Schadstoffe für die Bewertung der Schadstoffe im Wirkungspfad Boden – Nutzpflanze auf Ackerbauflächen und in Nutzgärten im Hinblick auf die Pflanzenqualität bezüglich Cadmium, Blei und Thallium nach Anhang 2 Nummer 2.2 sowie auf Ackerbauflächen im Hinblick auf Wachstumsbeeinträchtigungen bei Kulturpflanzen nach Anhang 2 Nummer 2.4 anzuwenden und kann zur Abschätzung von anorganischen Schadstoffkonzentrationen im Sickerwasser nach Nummer 3.3 dieses Anhangs eingesetzt werden.

Extraktion organischer Schadstoffe
Die Bestimmung des Gehaltes an organischen Schadstoffen zum Vergleich der Schadstoffaufnahme auf dem Wirkungspfad Boden – Mensch mit den Werten nach Anhang 2 Nummer 1.2 sowie hinsichtlich der Vorsorgewerte nach Anhang 2 Nummer 4.2 erfolgt aus den in

Anhang 1

Nummer 3.1.3, Tabelle 5 angegebenen Bodenextrakten. Sollen andere Verfahren angewendet werden, ist dies zu begründen und nachzuweisen, daß deren Ergebnisse mit den Ergebnissen der oben angegebenen Verfahren gleichwertig oder vergleichbar sind.

Elution mit Wasser
Für die Herstellung von Eluaten mit Wasser zur Abschätzung von Schadstoffkonzentrationen im Sickerwasser nach Nummer 3.3 dieses Anhangs sind die in Tabelle 2 angegebenen Verfahren anzuwenden.

Tabelle 2: Verfahren zur Herstellung von Eluaten mit Wasser

Verfahren	Verfahrenshinweise	Methode
anorganische Stoffe		
Bodensättigungsextrakt	Verfahren siehe (1)	
Elution mit Wasser	- Probenmasse unter Berücksichtigung der Trockenmasse nach DIN 38414-2: 11.85 bzw. nach DIN ISO 11465: 12.96 - Filtration siehe (2)	DIN 38414 - 4: 10.84
organische Stoffe		
Säulen- oder Lysimeterversuch	Die zu erwartende Geschwindigkeit, mit der sich stoffspezifisch die Gleichgewichtskonzentration einstellt, ist zu beachten.	

(1) <u>Gewinnung des Bodensättigungsextraktes:</u>
Zur Vorbereitung wird der Bodenprobe in einem Polyethylen-Gefäß langsam soviel bidestilliertes Wasser zugegeben, daß sie vollständig durchfeuchtet ist. Die benötigte Menge an Wasser zur Vorbefeuchtung ist bodenartabhängig und sollte ungefähr der Feldkapazität entsprechen. Bei sandigen Proben wird von ca. 25 %, bei lehmig/schluffigen Proben von ca. 35 % und bei tonigen Proben von ca. 40 % der Einwaage lufttrockenen Bodens ausgegangen. Die zugegebene Wassermenge ist gravimetrisch zu erfassen und zu notieren. Die Probe wird gut vermischt und unter Verdunstungsschutz 24 h bei 5 °C stehengelassen.
Zur Herstellung des Bodensättigungsextrakts wird das vorbefeuchtete Bodenmaterial in Zentrifugenbecher überführt. Bidestilliertes Wasser wird unter ständigem Rühren langsam zugegeben, bis die Fließgrenze erreicht ist (Bildung einer glänzenden Oberfläche und Zerfließen einer Spachtelkerbe). Bei tonigen Proben muß

Anhang 1

15 min bis zum Abschluß der Quellung gewartet und gegebenenfalls Wasser nachgegeben werden. Die zugegebene Wassermenge wird gravimetrisch erfaßt und die Bodenpaste mit einem Glasstab verrührt. Die Bodenpaste ist zur Gleichgewichtseinstellung 24 h im Kühlschrank oder -raum bei 5 °C unter Verdunstungsschutz aufzubewahren.

Aus der Einwaage lufttrockenen Bodens und zweimaliger Wasserzugabe wird das Boden/ Wasser- Verhältnis berechnet. Dabei ist der Wassergehalt der lufttrockenen Probe an einem Aliquot separat zu erfassen (Trocknung bei 105 °C bis zur Gewichtskonstanz) und rechnerisch zu berücksichtigen.

Zur Gewinnung der Gleichgewichtsbodenlösung erfolgt die Zentrifugation in einer Kühlzentrifuge für 30 min. Die überstehende Lösung wird dekantiert und zur Abtrennung suspendierter Partikel in zuvor gewogene Polyethylen-Weithalsflaschen mittels Unterdruck membranfiltriert. Die Filtratmenge ist gravimetrisch zu bestimmen. Die Lösungen sind durch Zugabe von 10 Volumenanteilen Salpetersäure (c= 5 mol/ l) zu stabilisieren, wobei die Säurezugabe bei der Auswertung von Meßergebnissen und der Erstellung von Kalibrierlösungen zu berücksichtigen ist.

(2) <u>Filtrationsschritt:</u>

Verwendet wird eine Druckfiltrationseinheit für Membranfilter (142 mm Durchmesser, medienführende Teile aus PTFE) mit einem Membranfilter mit 0,45 µm Porenweite. Bei Nutzung abweichender Geräte ist das zu filtrierende Volumen entsprechend der Filterfläche zu verändern; das Verhältnis von filtrierendem Volumen und Filterfläche ist einzuhalten.

Nach dem Schütteln ist die Suspension ca. 15 min zur Sedimentation der gröberen Partikel stehenzulassen. Die überstehende Flüssigkeit ist im Zentrifugenbecher weitestgehend zu dekantieren. Die Zentrifugation erfolgt für 30 min mit 2000 g. Danach erfolgt das weitestgehend vollständige Dekantieren der überstehenden Flüssigkeit in die Membrandruckfiltrationsapparatur. Nach 5 min druckloser Filtration wird zur Beschleunigung der Filtration ein Druck von 1 bar angelegt. Haben nach 15 min weniger als zwei Drittel des Eluats das Filter passiert, wird der Druck auf 2 bar erhöht. Falls erforderlich, wird der Druck nach weiteren 30 min auf 3,5 bar erhöht. Die Filtration wird solange fortgesetzt, bis der gesamte Überstand der Zentrifugation das Filter passiert hat. Ist die Filtration nach 120 min noch unvollständig, wird sie abgebrochen und mit dem unvollständigen Filtrat weitergearbeitet.

3.1.3 Analysenverfahren

Böden, Bodenmaterial und sonstige Materialien
Die Analyse von Böden, Bodenmaterial und gegebenenfalls von sonstigen Materialien ist nach den in den Tabellen 3 bis 5 aufgeführten Untersuchungsverfahren auszuführen.

Anhang 1

Sollen unter Nennung der Gründe andere Verfahren angewendet werden, ist nachzuweisen und zu dokumentieren, daß deren Ergebnisse mit den Ergebnissen der in den Tabellen 3 bis 5 angegebenen Verfahren gleichwertig oder vergleichbar sind. Inwieweit einzelne Verfahren insbesondere auch unter den unter Nummer 4.2 genannten Gesichtspunkten anwendbar sind, ist im Einzelfall zu prüfen. Die Schadstoffgehalte sind auf Trockenmasse (105 °C) zu beziehen. Sie müssen in der gleichen Einheit wie die entsprechenden Prüf-, Maßnahmen- und Vorsorgewerte in Anhang 2 angegeben werden.

Tabelle 3: Analyse physikalisch-chemischer Eigenschaften

Untersuchungsparameter	Verfahrenshinweise	Methode
Bestimmung der Trockenmasse	feldfrische oder luftgetrocknete Bodenproben	DIN ISO 11 465: 12.96
Organischer Kohlenstoff und Gesamtkohlenstoff nach trockener Verbrennung	luftgetrocknete Bodenproben	DIN ISO 10 694: 08.96
pH-Wert ($CaCl_2$)	Suspension der feldfrischen oder luftgetrockneten Bodenprobe in $CaCl_2$-Lösung; $c(CaCl_2)$: 0,01 mol/l	DIN ISO 10 390: 05.97
Korngrößenverteilung	1) „Fingerprobe" im Gelände*)	Bodenkundliche Kartieranleitung, 4.Auflage, 1994; DIN 19682-2: 04.97
	2) Siebung, Dispergierung, Pipett-Analyse*)	E DIN ISO 11 277: 06.94 DIN 19683-2: 04.97
	3) Siebung, Dispergierung, Aräometermethode	DIN 18 123: 11.96 E DIN ISO 11277: 06.94
Rohdichte	Trocknung einer volumengerecht entnommenen Bodenprobe bei 105 °C, rückwiegen	E DIN ISO 11 272: 01.94 DIN 19683-12: 04.73

*) Empfohlene Methoden

Anhang 1

Tabelle 4: Analyse anorganischer Schadstoffgehalte

Untersuchungsparameter	Verfahrenshinweise	Methode
Cd, Cr, Cu, Ni, Pb, Tl, Zn	AAS	E DIN ISO 11 047: 06.95
As, Cd, Cr, Cu, Ni, Pb, Tl, Zn	ICP-AES (ICP-MS möglich) Berücksichtigung von spektralen Störungen bei hohen Matrixkonzentrationen erforderlich	DIN EN ISO 11885: 04.98
Arsen (As)	ET-AAS	In Analogie zu E DIN ISO 11 047: 06.95
	Hydrid-AAS	DIN EN ISO 11 969: 11.96
Quecksilber (Hg)	AAS-Kaltdampftechnik Bei der Probenvorbehandlung darf die Trocknungstemperatur 40 °C nicht überschreiten.	DIN EN 1483: 08.97 Reduktion mit Zinn(II)-chlorid oder NaBH4
Chrom (VI)	1. Extraktion mit phosphatgepufferter Aluminiumsulfatlösung 2. Elution mit Wasser, Abtrennung von Cr(III), Bestimmung von löslichem Cr(VI) in Böden	Spektralphotometrie DIN 19 734: 01.99 DIN 38 405 - 24: 05.87
Cyanide		E DIN ISO 11262: 06.94

Tabelle 5: Analyse organischer Schadstoffgehalte

Untersuchungsparameter	Verfahrenshinweise	Methode
Polycyclische aromatische Kohlenwasserstoffe (PAK): 16 PAK (EPA) Benzo(a)pyren	1) Soxhlet-Extraktion mit Toluol, chromatographisches Clean-up; Quantifizierung mittels GC-MS*	Merkblatt Nr. 1 des LUA-NRW, 1994*
	2) Extraktion mit Tetrahydrofuran oder Acetonitril; Quantifizierung mittels HPLC-UV/DAD/F*	Merkblatt Nr. 1 des LUA-NRW, 1994*

Anhang 1

Untersuchungsparameter	Verfahrenshinweise	Methode
	3) Extraktion mit Aceton, Zugeben von Petrolether, Entfernung des Acetons, chromatographische Reinigung des Petroletherextraktes, Aufnahme in Acetonitril; Quantifizierung mittels HPLC-UV/DAD/F	E DIN ISO 13877: 06.95
	4) Extraktion mit einem Wasser/Aceton/ Petrolether-Gemisch in Gegenwart von NaCl; Quantifizierung mittels GC-MS oder HPLC-UV/DAD/F	VDLUFA-Methodenbuch, Band VII; Handbuch Altlasten Bd. 7, LfU HE
Hexachlorbenzol	Extraktion mit Aceton/Cyclohexan-Gemisch oder Aceton/Petrolether, ggf. chromatographische Reinigung nach Entfernen des Acetons; Quantifizierung mittels GC-ECD oder GC-MS	E DIN ISO 10382: 02.98
Pentachlorphenol	Soxhlet-Extraktion mit Heptan oder Aceton/Heptan (50:50); Derivatisierung mit Essigsäureanhydrid; Quantifizierung mittels GC-ECD oder GC-MS	E DIN ISO 14154: 10.97
Aldrin, DDT, HCH-Gemisch	1) Extraktion mit Petrolether oder Aceton/Petrolether-Gemisch, chromatographische Reinigung; Quantifizierung mittels GC-ECD oder GC-MS*)	E DIN ISO 10382: 02.98*
	2) Extraktion mit Wasser/Aceton/ Petrolether-Gemisch; Quantifizierung mittels GC-ECD oder GC-MS	VDLUFA-Methodenbuch, Band VII

Anhang 1

Untersuchungsparameter	Verfahrenshinweise	Methode
Polychlorierte Biphenyle (PCB): 6 PCB-Kongenere (Nr. 28, 52, 101,138, 153, 180 nach Ballschmiter)	1) Extraktion mit Heptan oder Aceton/Petrolether, chromatographische Reinigung; Quantifizierung mittels GC-ECD (GC-MS möglich)	E DIN ISO 10382: 02.98
	2) Soxhlet-Extraktion mit Heptan, Hexan oder Pentan, chromatographische Reinigung an $AgNO_3$/ Kieselgelsäule; Quantifizierung mittels GC-ECD (GC-MS möglich)	DIN 38414-20: 01.96
	3) Extraktion mit einem Wasser/Aceton/ Petrolether-Gemisch in Gegenwart von NaCl; Quantifizierung mittels GC-ECD (GC-MS möglich)	VDLUFA-Methodenbuch, Band VII
Polychlorierte Dibenzodioxine und Dibenzofurane	Soxhlet-Extraktion gefriergetrockneter Proben mit Toluol, chromatographische Reinigung; Quantifizierung mittels GC-MS	nach Klärschlammverordnung unter Beachtung von DIN 384141-24: 04.98, VDI-Richtlinie 3499, Blatt 1: 03.90

*) Empfohlene Methoden

Eluate und Sickerwasser
Die analytische Bestimmung der anorganischen Stoffkonzentrationen in Eluaten und Sickerwasser ist nach den in Tabelle 6 aufgeführten Analyseverfahren durchzuführen, die Bestimmung der organischen Stoffkonzentrationen im Sickerwasser erfolgt nach den in Tabelle 7 genannten Methoden.

Sollen unter Nennung der Gründe andere Verfahren angewendet werden, ist nachzuweisen, daß deren Ergebnisse mit den Ergebnissen der in Tabelle 6 und 7 angegebenen Verfahren gleichwertig oder vergleichbar sind.

Anhang 1

Tabelle 6: Bestimmung der Konzentration anorganischer Schadstoffe in Eluaten und Sickerwasser

Untersuchungsparameter	Verfahrenshinweise	Methode
As, Cd, Cr, Co, Cu, Mo, Ni, Pb, Sb, Se, Sn, Tl, Zn	ICP-AES (ICP-MS möglich)	Auf der Grundlage DIN EN ISO 11885: 04.98[1]
Arsen (As), Antimon (Sb)	Hydrid-AAS	DIN EN ISO 11969: 11.96
Blei (Pb)	AAS	DIN 38406-6: 07.98
Cadmium (Cd)	AAS	DIN EN ISO 5961: 05.95
Chrom (Cr), gesamt	AAS	DIN EN 1233: 08.96
Chrom (Cr VI)	Spektralphotometrie	DIN 38405-24: 05.87
	Ionenchromatographie	DIN EN ISO 10304-3: 11.97
Cobalt (Co)	AAS	DIN 38406-24: 03.93
Kupfer (Cu)	AAS	DIN 38406-7: 09.91
Nickel (Ni)	AAS	DIN 38406-11: 09.91
Quecksilber (Hg)	AAS-Kaltdampftechnik	DIN EN 1483: 08.97
Selen (Se)	AAS	DIN 38405-23: 10.94
Zink (Zn)	AAS	DIN 38406-8: 10.80
Cyanid (CN-), gesamt	Spektralphotometrie	DIN 38405-13: 02.81 E DIN EN ISO 14403: 05.98
Cyanid (CN-), leicht freisetzbar	Spektralphotometrie	DIN 38405-13: 02.81
Fluorid (F-)	Fluoridsensitive Elektrode	DIN 38405-4: 07.85
	Ionenchromatographie	DIN EN ISO 10304-1: 04.95

[1] Durch geeignete Maßnahmen oder eine geeignete gerätetechnische Ausstattung ist die Bestimmungsgrenze dem Untersuchungsziel anzupassen.

Tabelle 7: Bestimmung der Konzentration organischer Schadstoffe im Bodensickerwasser

Untersuchungsparameter	Verfahrenshinweise	Methode
Benzol	GC-FID	DIN 38407-9: 05.91*)
BTEX	GC-FID Matrixbelastung beachten	DIN 38407-9: 05.91

Anhang 1

Untersuchungsparameter	Verfahrenshinweise	Methode
Leichtflüchtige Halogen-kohlenwasserstoffe (LHKW)	GC-ECD	DIN EN ISO 10301: 08.97
Aldrin	GC-ECD (GC-MS möglich)	DIN 38407-2: 02.93
DDT	GC-ECD (GC-MS möglich)	DIN 38407-2: 02.93
Phenole	GC-ECD	ISO/ DIS 8165-2: 01.97
Chlorphenole	GC-ECD oder GC-MS	ISO/ DIS 8165-2: 01.97
Chlorbenzole	GC-ECD (GC-MS möglich)	DIN 38407-2: 02.93
PCB, gesamt	GC-ECD GC-ECD oder GC-MS	DIN EN ISO 6468: 02.97 DIN 51527-1: 05.87 DIN 38407-3: 07.98
PAK, gesamt	HPLC-F	DIN 38407-8: 10.95
Naphthalin	GC-FID oder GC-MS	DIN 38407-9: 05.91
Mineralölkohlenwasser-stoffe	Extraktion mit Petrol-ether, gaschromatogra-phische Quantifizierung	nach ISO/TR 11046: 06.94

*) Anpassung der Bestimmungsgrenze erforderlich

3.2 Untersuchung von Bodenluft

Die Untersuchung von Bodenluft erfolgt nach VDI-Richtlinie 3865 Blatt 2 und 3.

3.3 Verfahren zur Abschätzung des Stoffeintrags aus Verdachtsflächen oder altlastverdächtigen Flächen in das Grundwasser

Die Stoffkonzentrationen und -frachten im Sickerwasser und der Schadstoffeintrag in das Grundwasser im Übergangsbereich von der ungesättigten zur wassergesättigten Bodenzone (Ort der Beurteilung) können abgeschätzt werden, es sei denn, günstige Umstände ermöglichen eine repräsentative Beprobung von Sickerwasser am Ort der Beurteilung.

Diese Abschätzung kann annäherungsweise

- durch Rückschlüsse oder Rückrechnungen aus Untersuchungen im Grundwasserabstrom unter Berücksichtigung der Stoffkon-

Anhang 1

zentration im Grundwasseranstrom, der Verdünnung, des Schadstoffverhaltens in der ungesättigten und gesättigten Bodenzone sowie des Schadstoffinventars im Boden,
- auf der Grundlage von In-situ-Untersuchungen oder
- auf der Grundlage von Materialuntersuchungen im Labor (Elution, Extraktion), bei anorganischen Stoffen insbesondere der Elution mit Wasser, gemäß Tabelle 2

auch unter Anwendung von Stofftransportmodellen erfolgen.

Die Stoffkonzentrationen im Sickerwasser können am Ort der Probennahme

- für anorganische Schadstoffe mit den Ergebnissen des Bodensättigungsextraktes ansatzweise gleichgesetzt werden; Abschätzungen unter Heranziehung von Analysenergebnissen nach Tabelle 6 und anderer Elutionsverfahren (z. B. DIN 19730 oder DIN 38414-4) sind zulässig, wenn die Gleichwertigkeit der Ergebnisse insbesondere durch Bezug dieser Ergebnisse auf den Bodensättigungsextrakt sichergestellt ist; Ergebnisse nach DIN 38414-4:10.84 können nur verwendet werden, wenn die Filtration nach Nummer 3.1.2 dieser Verordnung durchgeführt wurde;
- für organische Stoffe aus Säulenversuchen der entnommenen Proben unter Beachtung der Standortbedingungen am Entnahmeort, insbesondere im Hinblick auf die Kontaktzeit, mit Verfahren nach Tabelle 7 ermittelt werden.

Die Analysenergebnisse der Untersuchung von Sickerwasser, Grundwasser, Extrakten und Eluaten sowie von Bodenproben sind mit dem jeweiligen Untersuchungsverfahren anzugeben. Die darauf beruhende Abschätzung der Sickerwasserbeschaffenheit und -frachten für den Übergangsbereich von der ungesättigten zur wassergesättigten Zone ist im einzelnen darzulegen und zu begründen.

Für die Abschätzung sind insbesondere Verfahren heranzuziehen, die mit Erfolg bei praktischen Fragestellungen angewendet worden sind. Hierzu sind im Einzelfall gutachterliche Feststellungen zu treffen.

Ergänzend sind folgende Anwendungshinweise zu beachten:

Wenn im Einzelfall einer schädlichen Bodenveränderung oder Altlast ein Zutritt von sauren Sickerwässern, ein Zutritt von Lösevermittlern

Anhang 1

bzw. eine Änderung des Redoxpotentials zu erwarten ist, sollten entsprechende weitere Extraktionsverfahren angewendet werden.

Bei der Abschätzung des Schadstoffeintrags im Übergangsbereich von der ungesättigten zur gesättigten Zone ist insbesondere die Abbau- und Rückhaltewirkung der ungesättigten Zone zu berücksichtigen. Hierbei sind vor allem folgende Kriterien maßgebend:

- Grundwasserflurabstand,
- Bodenart,
- Gehalt an organischer Substanz (Humusgehalt),
- pH-Wert,
- Grundwasserneubildungsrate/Sickerwasserrate,
- Mobilität und Abbaubarkeit der Stoffe.

Der Einfluß dieser Faktoren auf die Stoffrückhaltung in der ungesättigten Zone wird auf Grund allgemein vorliegender wissenschaftlicher Erkenntnisse und Erfahrungen für den jeweiligen Standort abgeschätzt. Auch der Einsatz von Stofftransportmodellen kann zweckmäßig sein.

Bei direkter Beprobung und Untersuchung von Sickerwasser ist bei der Bewertung der gemessenen Stoffkonzentrationen deren witterungsbedingte Dynamik zu berücksichtigen.

Übersicht

		Rdnr.
1.	Allgemeines	78
2.	Erläuterungen und Anwendungshinweise aus fachlicher Sicht	79
2.1	Untersuchungsverfahren für Böden, Bodenmaterial und sonstige Materialien	79
2.1.1	Probenauswahl und -vorbehandlung	79
2.1.2	Extraktion, Elution	85
2.1.3	Analysenverfahren	88
2.2	Untersuchung von Bodenluft	96
2.3	Verfahren zur Abschätzung des Stoffeintrags aus Verdachtsflächen und altlastverdächtigen Flächen in das Grundwasser	99
2.3.1	Einschränkungen bei der Sickerwasserprobennahme	99
2.3.2	Sickerwasserprognose auf der Grundlage von Abstromuntersuchungen im Grundwasser	100
2.3.3	Sickerwasserprognose auf der Grundlage von in situ Untersuchungen	103

2.3.4	Sickerwasserprognose auf der Grundlage von Materialuntersuchungen im Labor 104
2.3.5	Veränderung der Sickerwasserkonzentration im Verlauf der Sickerstrecke 107
Literatur	

1. Allgemeines

Anhang 1 Nr. 3 der BBodSchV beinhaltet die im Geltungsbereich der Verordnung anzuwendenden **Untersuchungsverfahren** für Böden, Bodenmaterial, Bodenluft und sonstige Materialien, sowie eine Beschreibung des Verfahrens zur Abschätzung des Stoffeintrages aus Böden in das Grundwasser („**Sickerwasserprognose**"). Damit hat der Verordnungsgeber der entsprechenden Vorgabe in § 8 Abs. 3 BBodSchG Rechnung getragen, nach der mit der Aufstellung von Bewertungsmaßstäben für Bodenbelastungen (Vorsorge-, Prüf- und Maßnahmenwerte) gleichzeitig auch die entsprechenden Untersuchungsverfahren in der Verordnung festzulegen sind.

(Delschen)

2. Erläuterungen und Anwendungshinweise aus fachlicher Sicht

2.1 Untersuchungsverfahren für Böden, Bodenmaterial und sonstige Materialien

2.1.1 Probenauswahl und -vorbehandlung

Insbesondere bei großen und hinsichtlich der Bodenverhältnisse sehr heterogenen Verdachtsflächen oder altlastenverdächtigen Flächen ist es in der Praxis unter Kostengesichtspunkten oftmals zweckmäßig, nicht alle der im Rahmen einer umfassenden Probennahme gewonnenen Bodenproben in *einem* Untersuchungsschritt zu analysieren. Unter bestimmten Voraussetzungen bietet sich vielmehr eine **gestufte Untersuchungsstrategie** an, bei der schrittweise und systematisch nur jeweils ein Teil der im Feld gewonnenen Proben untersucht wird. Inwieweit es im Rahmen einer Untersuchung vertreten werden kann, den Untersuchungsaufwand durch laborseitige **Herstellung von Mischproben** zu minimieren, wie es z. B. Bunge, Bunge (1997) oder Barkowski et al. (1998) vorschlagen, ist nach sachkundigem Urteil zu entscheiden. Eine solche Vorgehensweise läßt die BBodSchV durch Anhang 1 Nr. 3.1.1 Satz 1 jedenfalls zu und überläßt –

Anhang 1

unter Begründungs- und Dokumentationspflicht – die Einzelheiten des Vorgehens zweckmäßigerweise dem Einzelfall.

(Delschen)

80 Im Hinblick auf eine **Probenvorbehandlung** verweist die Verordnung für Proben zur Bestimmung physikalischer Eigenschaften und zur Bestimmung anorganischer Schadstoffe auf DIN ISO 11464: 12.96, zur Bestimmung organischer Kontaminationen auf E DIN ISO 14507: 02.96. Die genannten Normen zur Trocknung und Probenvorbehandlung enthalten eine Aufzählung unterschiedlicher Verfahren, von denen für die Untersuchung im Einzelfall das am besten geeignete auszuwählen ist. Eine ausreichende Probenmenge ist sicherzustellen.

81 Vor der Probenvorbehandlung ist mit Ausnahme der Homogenisierung ein Trocknungsschritt durchzuführen. Die Auswahl der bei der Probenvorbehandlung verwendeten Geräte ist an den zu untersuchenden Parametern auszurichten. Die Materialwahl ist so vorzunehmen, daß keine Beeinträchtigung der Probe durch Konzentrationsveränderung eintritt.
Bei der Analytik leichtflüchtiger Bestandteile ist eine Probenvorbereitung nicht sinnvoll, da ein Ausgasen der Substanzen zu Minderbefunden führt.

82 Bei Proben mit Grobanteilen (> 2mm), insbesondere Bauschutt und Schlacken, sind diese durch **Siebung über ein 2 mm Sieb** abzutrennen. Die Zerkleinerung zusammengeklumpter Bestandteile, wie sie häufig bei feuchten Bodenproben auftreten, sollte dabei möglichst schonend (d. h. i. d. R. von Hand) erfolgen, damit geringstabile Bodenaggregate nicht zerstört werden.
Im Hinblick auf spätere Umrechnungen von Analysenergebnissen sind die gewonnenen Siebfraktionen (≤ 2 mm = Feinanteil und > 2 mm = Grobanteil) zu wägen, zu beschreiben und zu dokumentieren, und deren Trockenmasseanteil zu bestimmen.

83 Der **Feinanteil** der Proben ist nach Homogenisierung in jedem Fall zu analysieren. Die Untersuchung des **Grobanteiles** ist nur dann durchzuführen, wenn organoleptische Befunde auf eine Kontamination hinweisen oder Vorinformationen (z. B. aus der Erfassung) Hinweise auf das Vorhandensein beurteilungsrelevanter Stoffe geben. Im Einzelfall kann dabei u. U. eine weitergehende Fraktionierung des Grobanteiles vor nachfolgenden Analytikschritten sinnvoll sein (z. B. separate Untersuchung abgetrennter oberflächlicher Verunreinigungen bei kontaminiertem Bauschutt). Der Grobanteil ist vor einer notwendigen Analyse zu zerkleinern und zu homogenisieren. Im Probenmaterial vorhandene **Fremdmaterialien** sind gleich-

falls getrennt zu untersuchen, falls deren Bewertungsrelevanz nicht im vorhinein sicher ausgeschlossen werden kann.

Ein repräsentativer Teil der Originalproben ist als **Rückstellproben** aufzubewahren, die durch eingehende Homogenisierung und qualifizierte Probenteilung zu erstellen sind. Weitere Anforderungen richten sich nach den Vorgaben der zu untersuchenden Parameter. Die Proben sind mindestens bis zum Abschluß der Untersuchung unter geeigneten Bedingungen aufzubewahren. Eine Ausnahme bilden Proben zur Untersuchung auf leichtflüchtige Verbindungen, da der Verlust an den Kontaminanten zu groß ist. 84

(Eckhoff)

2.1.2 Extraktion, Elution

Die Bestimmung der Schadstoffkonzentrationen in Böden, Bodenmaterial und sonstigen Materialien erfordert in aller Regel eine vorangehende **Extraktion oder Elution** der zu untersuchenden Proben. Da die Wahl des Extraktions-/Elutionsverfahrens entscheidend die Höhe der ermittelten Stoffkonzentrationen (bezogen auf die Probenmatrix) bestimmt, setzt insbesondere der Vergleich mit den in Anhang 2 BBodSchV festgelegten Vorsorge-, Prüf- und Maßnahmenwerten die Anwendung definierter Verfahren voraus. Diese legt Anhang 1 Nr. 3.1.2 fest. 85

Bezüglich der Anwendung der Verfahren zur **Extraktion organischer Schadstoffe** ist in Ergänzung zum Text der Verordnung darauf hinzuweisen, daß die in Anhang 1 Nr. 3.1.3 Tabelle 5 genannten Verfahren für Benzo(a)pyren und PCB auch anzuwenden sind bei der Gefahrenbeurteilung im Hinblick auf den Wirkungspfad Boden – Nutzpflanze auf Ackerflächen und in Nutzgärten (Benzo(a)pyren) bzw. auf Grünland (PCB) zum Vergleich mit den Prüfwerten nach Anhang 2 Nr. 2.2 bzw. Nr. 2.3 (→ Rdnr. 41 und 53 zu Anhang 2). 86

Bei den Verfahren für die Gewinnung von **wässrigen Eluaten** zur Abschätzung der Schadstoffkonzentrationen im Sickerwasser sind bezüglich **anorganischer Stoffe** nach Anhang 1 Nr. 3.1.2 Tabelle 2 der – mangels zitierbarer Norm – in der Verordnung detailliert beschriebene Bodensättigungsextrakt oder das sogenannte „S 4-Eluat" nach DIN 38414-4: 10.84, modifiziert durch einen präzisierten Filtrationsschritt zugelassen. Dabei sind allerdings die in den genannten Eluaten ermittelten Stoffkonzentrationen keinesfalls unmittelbar den zu erwartenden Sickerwasserkonzentrationen gleichzusetzen (→ Rdnr. 106). Bezüglich **organischer Stoffe** gibt die Verordnung lediglich vor, daß Säulen- oder Lysimeterversuche anzuwen- 87

Anhang 1

den sind, ohne Nennung einer konkreten Verfahrensvorschrift, so daß im Einzelfall geeignete Verfahren nach wissenschaftlichem Erkenntnisstand zu wählen sind (vgl. u. a. DIN V 19736; GRATHWOHL 1997; PFEIFER 1998; PFEIFER et al. 1999). Dabei ist aber in jedem Fall der in Anhang 1 Nr. 3.1.2 Tabelle 2 diesbezüglich enthaltene Verfahrenshinweis zu berücksichtigen. Bei der Lösung von lipophilen organischen Schadstoffen kann es sich nämlich um einen diffusionslimitierten Prozeß handeln, bei dem sich die Gleichgewichtskonzentration nur sehr langsam einstellt. Dadurch können sich bei entsprechend kurzen Kontaktzeiten des kontaminierten Materials mit Wasser Konzentrationen im Wasser einstellen, die **unter** den Gleichgewichtskonzentrationen liegen. Dies kann in situ, bei Lysimeterversuchen, insbesondere aber bei Säulenversuchen auftreten. Daher ist bei der prognostischen Abschätzung der zu erwartenden Sickerwasserkonzentrationen auf der Grundlage von Säulen- oder Lysimeterversuchen zu prüfen, ob bzw. welche Auswirkungen die ggf. unterschiedlichen Kontaktzeiten im Versuch und in situ auf die Sickerwasserkonzentrationen haben (vgl. DIN V 19736; PFEIFER et al. 1999).

(Delschen)

2.1.3 Analysenverfahren

88 In Anhang 1 Nr. 3.1.3 der Verordnung sind die bei der Untersuchung von Böden, Bodenmaterialien und sonstigen Materialien sowie von Eluaten und Sickerwasser anzuwendenden **Analysenverfahren** festgelegt. Dabei läßt die BBodSchV allerdings auch andere als die darin explizit genannten Verfahren zu, wenn dies begründet und die Gleichwertigkeit oder Vergleichbarkeit nachgewiesen wird.

89 Die Analysenergebnisse von Feststoffuntersuchungen sind generell auf die Trockenmasse zu beziehen, die ggf. an einer Parallelprobe bei 105 °C zu ermitteln ist. Außerdem sind die Ergebnisse der Analytik in den gleichen Einheiten anzugeben, in denen die im Anhang 2 enthaltenen Prüf-, Maßnahmen- und Vorsorgewerte angegeben sind.

90 Bei Untersuchungen im Rahmen der BBodSchV sind Stoffkonzentrationen zu untersuchen, die sich über einen sehr großen Konzentrationsbereich erstrecken. Da sich nicht alle Methoden insbesondere unter dem Gesichtspunkt der Nachweis- und Bestimmungsgrenzen gleich gut für unterschiedliche Schadstoffkonzentrationen eignen, sind in Anhang 1 Nr. 3.1.3 oftmals für gleiche Analysenparameter verschiedene Verfahren zugelassen. Insoweit ist im Einzelfall die Eignung der anzuwendenden Untersuchungsverfahren zu prüfen. Dabei ist zu empfehlen, im Zweifelsfall erfahrene Sach-

Anhang 1

verständige zu beteiligen und in jedem Fall eine Entscheidung in Absprache mit der Untersuchungsstelle zu treffen.

Zu den in den Tabellen 3 bis 7 des Anhanges 1 Nr. 3.1.3 angegebenen Analysenverfahren erscheinen aus fachlicher Sicht im einzelnen folgende Anmerkungen notwendig:

Bei der Ermittlung der Korngrößenverteilung durch die **„Fingerprobe im Gelände"** (Tabelle 3) ist zu beachten, daß gegen eine Anwendung bei stark kontaminierten Proben z. B. im Bereich von Altlastenuntersuchungen Bedenken aus Gründen der Arbeitssicherheit bestehen. Im Zweifelsfall sollte diese Methode daher nicht angewendet werden. 91

Die **Bestimmung von Chrom (VI)** nach dem in Tabelle 4 genannten Verfahren 1) kann bei hohen Eisengehalte zu erheblichen Minderbefunden führen. Der praktische Anwendungsbereich dieses Verfahrens wird derzeit noch in verschiedenen Untersuchungen näher bestimmt. 92
Das Verfahren 2) kann aus heutiger analytischer Sicht nicht empfohlen werden.

Für die **Analyse organischer Schadstoffgehalte** (Tabelle 5) gilt die Forderung nach Berücksichtigung des erwarteten Konzentrationsbereiches bei der Auswahl des Untersuchungsverfahrens im Einzelfall in besonderer Weise (→ Rdnr. 90). Des weiteren sind Matrixeinflüsse besonders zu beachten. 93

Zu den in Tabelle 6 genannten Methoden zur **Bestimmung der Konzentration anorganischer Schadstoffe in Eluaten und Sickerwasser** ist nochmals darauf hinzuweisen, daß in Eluaten ermittelte Stoffkonzentrationen nicht direkt mit zu erwartenden Sickerwasserkonzentrationen gleichzusetzen sind (→ Rdnr. 87). 94

Die in Tabelle 7 angegebenen Untersuchungsverfahren zur **Bestimmung der Konzentration organischer Schadstoffe** gelten für die Untersuchung von Bodensickerwasser, auch z. B. aus Lysimeterversuchen. Eine Übertragung auf die Analytik von Eluaten wird dann praktische Bedeutung erlangen, wenn ein anerkanntes und validiertes Elutionsverfahren zur Verfügung steht. 95

(Eckhoff)

Anhang 1

2.2 Untersuchung von Bodenluft

96 Die Untersuchung der Bodenluft ist in besonderen Maß abhängig vom angewandten Probennahmeverfahren und vom Ausbau der Meßstellen. Bei allen in der VDI-Richtlinie 3865 beschriebenen Verfahren handelt es sich um Relativmethoden, deren Ergebnisse keine Absolutwerte sondern ausschließlich untereinander vergleichbare Daten liefern. Die Vergleichbarkeit ist nur dann gewährleistet wenn mit gleichen Probennahmeverfahren, unter gleichen äußeren Bedingungen auf einer Fläche Untersuchungen durchgeführt werden.

97 In der VDI-Richtlinie 3865 Blatt 2 werden Vor-Ort-Meßverfahren beschrieben, deren Charakteristika große Unterschiede aufweisen. Eine generelle Anwendungsempfehlung ist nicht möglich. Vor- und Nachteile einzelner Verfahren sind für die Fragestellung im Einzelfall vom Sachverständigen abzuwägen. Das erfaßte Volumen, die Erfassungsgrenze und der dynamische Konzentrationsbereich sowie die Selektivität sind besonders zu beachten. Bei der Untersuchung von altlastverdächtigen Flächen und Altlasten weist die Messung mit direktanzeigenden Prüfröhrchen die meisten Einschränkungen auf. Bei der Durchführung von Vor-Ort-Untersuchungen entfällt die Veränderung der Proben durch Lagerung und Transport zur Untersuchungsstelle.

98 Im Entwurf der VDI-Richtlinie 3865 Blatt 3: 11.96 wird die analytische Bestimmung leichtflüchtiger organischer Verbindungen in der Bodenluft nach Anreicherung auf Aktivkohle oder XAD-4-Harz, Desorption und Extraktion oder Elution mit einem organischen Lösungsmittel und anschließender gaschromatographischer Analyse des Extraktes bzw. Eluats beschrieben. Bei diesen Verfahren sind die Bedingungen des Probentransportes von der Meßstelle zur Untersuchungsstelle besonders zu beachten.

(Eckhoff)

2.3 Verfahren zur Abschätzung des Stoffeintrags aus Verdachtsflächen und altlastverdächtigen Flächen in das Grundwasser

2.3.1 Einschränkungen bei der Sickerwasserprobennahme

99 Die Sickerwasserprognose *(→ Rdnr. 30 zu § 2)* kann, wenn die erforderlichen Voraussetzungen gegeben sein sollten, durch die Untersuchung von repräsentativen Sickerwasserproben erfolgen. In der Regel ist aber eine repräsentative Entnahme von Sickerwasserproben im Übergangsbereich von

Anhang 1

der ungesättigten zur wassergesättigten Bodenzone (Ort der Beurteilung) wegen der witterungsbedingten Dynamik nicht möglich. Hinzu kommen erhebliche technische Schwierigkeiten bei der Entnahme von Sickerwasserproben. Des weiteren ist auf der alleinigen Grundlage von Sickerwasseruntersuchungen nicht abschätzbar, wie sich die Sickerwasserkonzentrationen im Verlauf der überschaubaren weiteren Zukunft (→ Rdnr. 33 zu § 2), entwickeln werden. Soweit die Stoffrachten in das Grundwasser entscheidungsrelevant sind, muß neben den Schadstoffkonzentrationen auch der zugehörige Volumenstrom des Sickerwassers abgeschätzt werden. Zur Anwendung werden deshalb vor allem die in Anhang 1 Nr. 3.3 beschriebenen indirekten Abschätzverfahren kommen.

2.3.2 Sickerwasserprognose auf der Grundlage von Abstromuntersuchungen im Grundwasser

Bei dieser Vorgehensweise muß folgendes beachtet werden: 100

- Am Ort der Grundwasser-Probenahme muß sich bereits ein stationärer Zustand eingestellt haben, d. h. die Schadstofffront muß das Grundwasser bereits erreicht und im Grundwasser die Meßstelle bereits passiert haben. Ferner dürfen die Schadstoffkonzentrationen an der Probennahmestelle nicht mehr ansteigen. Dies ist insbesondere bei Stoffen relevant, die stark retardiert werden. Bei solchen Stoffen (z. B. PAK oder PCB) erfolgt der Stofftransport mit dem Sickerwasser bzw. im Grundwasser sehr langsam. Hinter der Schadstofffront kann die ungesättigte und auch die gesättigte Bodenzone große Schadstoffmengen aus dem Sickerwasser bzw. Grundwasser durch Adsorption binden, aber später auch wieder abgeben. Dies kann dazu führen, daß diese Böden selbst zu (Sekundär-) Schadstoffquellen werden.
- Die hydraulischen Verhältnisse im Abstrom müssen genau bekannt sein. Nur dann kann die Probenahme auch tatsächlich in der Schadstofffahne erfolgen.
- Eine lokale Differenzierung in unterschiedlich belastete Bereiche, wie dies z. B. für eine Sanierungsplanung erforderlich ist, ist bei einer Sickerwasserprognose auf der Grundlage von Grundwasseruntersuchungen nur sehr eingeschränkt möglich.

Wird eine Grundwasserprobe im Abstrom gewonnen, so enthält sie in aller 101 Regel neben dem zu Grundwasser gewordenen Sickerwasser aus der Bodenverunreinigung/Altlast auch Grundwasser aus dem Anstrom. Anhand des abgeschätzten Mischungsverhältnisses „anströmendes Grundwasser/ Sickerwasser" aus der Bodenverunreinigung/Altlast in der entnommenen

Anhang 1

Grundwasserprobe und der Stoffkonzentration im Grundwasseranstrom muß die bewertungsrelevante Konzentration im Sickerwasser am Ende der Sickerstrecke (also am Ort der Beurteilung) ermittelt werden.

102 Am Probenahmeort im Abstrom kann zusätzlich der Fall eintreten, daß die Konzentrationen des – aus dem Sickerwasser der Bodenverunreinigung/Altlast – neu gebildeten Grundwassers durch Vermischung mit seitlich beigezogenem Grundwasser verändert ist. Anhand des abgeschätzten Mischungsverhältnisses „Grundwasser aus dem Anstrom/seitliche beigezogenes Grundwasser/Sickerwasser aus der Bodenverunreinigung/Altlast" und den Konzentrationen im Anstrom bzw. im seitlichen Zustrom muß die bewertungsrelevante Konzentration im Sickerwasser am Ende der Sickerstrecke (also am Ort der Beurteilung) ermittelt werden.

2.3.3 Sickerwasserprognose auf der Grundlage von in situ Untersuchungen

103 Für eine Sickerwasserprognose auf der Grundlage von in situ Untersuchungen kommen in Frage:

- Sickerwasseruntersuchungen, die nicht am Ort der Beurteilung vorgenommen werden, ergänzt durch die Abschätzung der Veränderung der Sickerwasserkonzentrationen im weiteren Verlauf der Sickerstrecke (soweit dies überhaupt relevant scheint)
- Bodenluftuntersuchungen und Umrechnung der Bodenluftkonzentrationen in Sickerwasserkonzentrationen. Dieses Verfahren kann nur bei leichtflüchtigen Schadstoffen angewandt werden. Besonderes Augenmerk ist dabei auf die Probennahmestrategie zu legen. Baden-Württemberg setzt dieses Verfahren standardmäßig bei der Altlastenbearbeitung ein, soweit es um leichtflüchtige Schadstoffe geht und Grundwassermessungen nicht repräsentativ möglich sind.

2.3.4 Sickerwasserprognose auf der Grundlage von Materialuntersuchungen im Labor

104 Zur Materialuntersuchung kommen die Verfahren nach Anhang 1 Tab. 2 in Frage.

105 Bei anorganischen Stoffen wird dem Verfahren nach DIN 38414 – 4 ein gewisser Vorrang eingeräumt. Davon kann zugunsten des Bodensättigungsextraktes oder des Verfahrens nach DIN 19730 (Ammoniumnitratextraktion) abgewichen werden. Bei organischen Schadstoffen kommen Säulen- und Lysimeterversuche in Betracht.

Anhang 1

Bei der Sickerwasserprognose auf der Grundlage von Materialuntersuchungen ist die Herstellung und Analyse von Eluaten (auch: Säuleneluaten), Extrakten oder Sickerwasser (in Lysimeteranlagen) nur der erste (grundlegende) Schritt. Unverzichtbar ist der zweite Schritt, nämlich die Umrechnung in eine anzunehmende Sickerwasserkonzentration:

- Soll die Sickerwasserprognose auf der Grundlage von Untersuchungsverfahren nach DIN 19730 oder DIN 38414 – 1 durchgeführt werden, sind die Analysenergebnisse zunächst über entsprechende Korrelationen in Bodensättigungsextraktwerte umzurechnen. Diese können dann den Sickerwasserwerten gleichgesetzt werden. In DIN V-19735 sind die bisherigen Erkenntnisse über die Korrelationen des Bodensättigungsextraktes zu den Analysenergebnisse nach DIN 19730 und DIN 38414 – 1 dargestellt.
- Bei der Lösung von lipophilen organischen Schadstoffen kann es sich um einen diffusionslimitierten Prozess handeln, bei dem sich die Gleichgewichtskonzentration nur sehr langsam einstellt. Dadurch können sich bei entsprechend kurzen Kontaktzeiten des kontaminierten Materials mit Wasser Konzentrationen im Wasser einstellen, die unter den Gleichgewichtskonzentrationen liegen. Dies kann in situ, bei Lysimeterversuchen, insbesondere aber bei Säulenversuchen auftreten. Daher ist bei der prognostischen Abschätzung der zu erwartenden Sickerwasserkonzentrationen auf der Grundlage von Säulen- oder Lysimeterversuchen zu prüfen, ob bzw. welche Auswirkungen die ggf. unterschiedlichen Kontaktzeiten im Versuch und in situ auf die Sickerwasserkonzentrationen haben. Nähere Hinweise enthalten die DIN V 19736 und ein diese Vornorm modifizierendes Merkblatt des Landesumweltamtes NRW (LUA 2000 a).

2.3.5 Veränderung der Sickerwasserkonzentration im Verlauf der Sickerstrecke

Eine Sickerwasserprognose auf der Grundlage von Materialuntersuchungen kann nur abschätzen, welche Sickerwasserkonzentrationen in diesem Material entstehen können. Die Aussage gilt also nur für den Ort, von dem die Probe stammt. Entsprechendes gilt für eine Sickerwasserprognose auf der Grundlage von Bodenluftuntersuchungen oder für die Untersuchung von Sickerwasser, das oberhalb des Ortes der Beurteilung *(→ Rdnr. 26 zu § 4)* gewonnen wurde. Soweit relevante Veränderungen dieser Konzentrationen auf dem Sickerweg zu erwarten sind, ist in einem weiteren Bearbeitungsschritt die Wirkung der Sickerstrecke abzuschätzen. Für die Abschätzung der Konzentrationsverringerung ist neben anderem die Länge der

Anhang 1

Sickerstrecke maßgeblich. Dabei ist i. d. R. der höchste zu erwartende Grundwasserstand zu berücksichtigen. Treten ungünstige Fälle nur selten und kurzzeitig auf, kann dies im Rahmen der kurzzeitigen Mittelwertbildung *(→ Rdnr. 33 zu § 2 und 23 zu § 4)* berücksichtigt werden. Oft reicht dazu das Einbringen von Erfahrungen von Fällen an vergleichbaren Standorten aus. Dies gilt vor allem für Standorte ohne relevante Abbauwirkung der Sickerstrecke.

108 Ist eine relevante Abbau- bzw. nachhaltige Rückhaltewirkung zu erwarten und liegen keine Erfahrungen aus vergleichbaren Fällen vor, kann der Einsatz von Stofftransportmodellen zweckmäßig sein.

(Ruf)

Literatur

BARKOWSKI, D., BLEIER, M., MITTAG, P., NAEVE, P., WOLF, H. P., BRÜNNINGK, B. (1998):
Entwicklung und Verifizierung einer Untersuchungsstrategie zur Kostenreduzierung bei der Analyse und Bewertung großer (kontaminierter) Flächen. Endbericht des FuE-Vorhabens 1481039, Bundesministerium für Bildung, Wissenschaft, Forschung und Technologie, Projektträger Abfallwirtschaft und Altlasten beim Umweltbundesamt, März 1998 (unveröffentlicht)

BUNGE, R., BUNGE, K. (1997):
Mischprobenkonzept zur Verringerung der Kosten bei der Analytik von Bodenproben. altlasten spektrum, H. 6, S. 285–291

DIN V 19736 (1998):
Bodenbeschaffenheit. Ableitung von Konzentrationen organischer Stoffe im Bodenwasser. Ausgabe Oktober 1998

DIN V 19735 (1999):
Bodenbeschaffenheit. Ableitung von Konzentrationen im Bodenwasser aus ammoniumextrahierbaren Gehalten oder Eluatgehalten. Ausgabe Februar 1999

GRATHWOHL, P. (1997):
Gefährdung des Grundwassers durch Freisetzung organischer Schadstoffe: Methoden zur Berechnung der in-situ-Schadstoffkonzentrationen. Grundwasser, H. 4, S. 157–166

LUA – Landesumweltamt NRW (2000 a):
 Empfehlungen für die Durchführung und Auswertung von Säulenversuchen gemäß Bundes-Bodenschutz- und Altlastenverordnung (BBodSchV). Merkblatt 20. Essen: LUA 2000

PFEIFER, F. (1998):
 Versuche mit PAK-belasteten Böden in 4 Großlysimetern zur Beurteilung der Grundwassergefährdung sowie Vergleich mit Elutionsmethoden. Materialien zur Altlastensanierung und zum Bodenschutz, Bd. 6. Essen: LUA (Hrsg.) 1998

PFEIFER, F., ODENSAß, M., SCHROERS, S. (1999):
 Abschätzung des Stoffeintrages in das Grundwasser nach Bodenschutz- und Altlastenverordnung – Ergebnisse von Säulenversuchen und anderen Verfahren. altlasten spektrum, H. 8, 3, S. 144-154

Anhang 1
Anforderungen an Probennahme, Analytik und Qualitätssicherung bei der Untersuchung (Forts.)

4. Qualitätssicherung

4.1 Probennahme und Probenlagerung

Die Festlegung der Probennahmestellen und der Beprobungstiefen sowie die Probennahme sind durch hierfür qualifiziertes Personal durchzuführen.

Probennahme, Probentransport und Probenlagerung haben so zu erfolgen, daß eine Beeinflussung der chemischen, physikalischen und biologischen Beschaffenheit des Probenmaterials durch Arbeitsverfahren und/oder -materialien sowie aus Lagerungsbedingungen so weit wie möglich ausgeschlossen wird.

Die Probennahme ist zu dokumentieren. Die Dokumentation soll alle für die Laboruntersuchung und die Auswertung der Untersuchungsergebnisse relevanten Informationen enthalten, insbesondere Angaben zu
- Probennahmezeitpunkt, Probennehmer,
- der Lage der Untersuchungsfläche und der Probennahmepunkte,
- Flächenbezeichnung,
- Beprobungstiefe,

Anhang 1

- Bodenhorizonten, gemäß Bodenkundlicher Kartieranleitung, 4. Auflage, berichtigter Nachdruck 1996,
- Schichtenverzeichnis,
- Entnahmeverfahren,
- ehemaliger und gegenwärtiger Flächennutzung, Vorkenntnissen zu Kontaminationen.

Bestehende Normen, Regelungen der Länder und fachliche Regeln zur Qualitätssicherung sind zu beachten.

4.2 Probenvorbehandlung und Analytik

Es sind geeignete interne und externe Qualitätssicherungsmaßnahmen, insbesondere hinsichtlich der Reproduzierbarkeit (Präzision) und Richtigkeit der Untersuchungsergebnisse, durchzuführen, zu überwachen und zu dokumentieren.

Interne Qualitätssicherungsmaßnahmen sind insbesondere:
- die Durchführung von unabhängigen Mehrfachbestimmungen,
- die Kalibrierung von Meß- und Prüfmitteln,
- der Einsatz zertifizierter und/oder laborinterner Referenzmaterialien zur Qualitätskontrolle von Reproduzierbarkeit und Richtigkeit,
- Plausibilitätskontrolle der Untersuchungsergebnisse.

Externe Qualitätssicherungsmaßnahmen sind insbesondere:
- die erfolgreiche Teilnahme an Vergleichsprüfungen, insbesondere Ringversuche,
- Kompetenzbestätigung gemäß DIN EN 45001: 05.90.

Für die angewendeten Untersuchungsverfahren sind die Nachweis- und Bestimmungsgrenzen nach DIN 32645: 05.94 anzugeben. Das Bestimmungsverfahren ist so auszuwählen, daß auf Grund der Bestimmungsgrenze die Über- und Unterschreitung der entsprechenden Prüf-, Maßnahmen- und Vorsorgewerte nach Anhang 2 sicher beurteilt werden kann. Die angewendeten Bestimmungsverfahren sind zu dokumentieren.

Für das Analysenergebnis ist eine Meßunsicherheit gemäß DIN 1319-3: 05.96 und/oder DIN 1319-4: 12.85 anzugeben.

Anhang 1

5. Abkürzungsverzeichnis
5.1 Maßeinheiten
5.2 Instrumentelle Analytik
5.3 Sonstige Abkürzungen
(Wortlaut siehe Verordnungstext)

6. Normen, technische Regeln und sonstige Methoden, Bezugsquellen
6.1 Normen, Technische Regeln und sonstige Methoden
6.2 Bezugsquellen
(Wortlaut siehe Verordnungstext)

Übersicht	Rdnr.
Erläuterungen zu Anhang 1 Nr. 4	109
1 Allgemeines	109
2. Erläuterungen und Hinweise aus fachlicher Sicht	110
Erläuterungen zu Anhang 1 Nr. 6	112

Erläuterungen zu Anhang 1 Nr. 4

1. Allgemeines

Die von der Untersuchungsstelle vorgenommene Qualitätssicherung durch interne und externe Maßnahmen kann durch Kontrollen des Auftraggebers ergänzt werden. Die Vergabe von Kontrollproben an eine andere Untersuchungsstelle und die Auditierung des analysierenden Labors während der Untersuchung sind Beispiele für geeignete Überprüfungen zur Sicherung der Qualität. **109**

2. Erläuterungen und Hinweise aus fachlicher Sicht

Die Probenvorbehandlung ist an der Gesamtprobe durchzuführen, während die Probenvorbereitung parameterspezifisch erfolgt. Mit Ausnahme der Proben zur Untersuchung auf leichtflüchtige Kontaminationen ist immer eine Homogenisierung und Teilung der Proben vorzunehmen, um repräsentative Teilproben untersuchen zu können. Neben dieser grundlegenden Vorbehandlung können weitere Probenvorbehandlungsschritte durch die Fragestellung der Untersuchung notwendig werden. **110**

Anhang 1

111 Die Probenvorbereitung ist in der Regel Bestandteil der Untersuchungsnorm. Eine qualitätsgesicherte Analytik erfordert die Durchführung von Mehrfachbestimmungen. Eine sichere Unterschreitung der Prüf-, Maßnahmen- und Vorsorgewerte ist dann gegeben wenn die Bestimmungsgrenze halb so groß ist wie die Konzentration des zu bestimmenden Wertes. Die angewendeten Bestimmungsverfahren sind neben dem Zahlenwert und der Einheit Bestandteil des Ergebnisses.

(Eckhoff)

Erläuterungen zu Anhang 1 Nr. 6

112 Nr. 6 führt die Normen, Technischen Regeln und sonstigen Methoden sowie die Bezugsquellen auf, welche in den Nrn. 1 bis 4 des Anhangs 1 zitiert werden. Anhang 1 konkretisiert insoweit die Verfahren und Methoden, die bei der Gefährdungsabschätzung anzuwenden sind. Die genannten Normen etc. wurden zwar in der Regel von privaten Organisationen erlassen. Soweit Anhang 1 der BBodSchV die Beachtung dieser Standards jedoch verlangt, nehmen diese Regelwerke an der generellen Verbindlichkeit der Rechtsverordnung teil.

113 Soweit die aufgeführten Regelwerke nach Anhang 1 dagegen lediglich *„in der Regel"* maßgebend sind (vgl. etwa Nr. 2. 1. 2.) oder Abweichungen von Methoden und Verfahren ausdrücklich zugelassen werden (vgl. z. B. Nr. 3. 1. 2. Abs. 3 und Nr. 3. 1. 3 Abs. 2), sind nach Anhang 1 Abs. 3 (vor Nr. 1) fortschrittliche Verfahren und Methoden anzuwenden, die für die vorgesehenen Untersuchungen praktisch geeignet erscheinen. Solche Verfahren und Methoden können nach Anhang 1 Abs. 3 Satz 2 (vor Nr. 1) von Fachleuten zusammengestellt werden, die hierdurch einen Beitrag zur Fortentwicklung der BBodSchV leisten.

(Hilger)

Anhang 2
Maßnahmen-, Prüf- und Vorsorgewerte

1. Wirkungspfad Boden – Mensch (direkter Kontakt)

1.1 Abgrenzung der Nutzungen

a) Kinderspielflächen
   Aufenthaltsbereiche für Kinder, die ortsüblich zum Spielen genutzt werden, ohne den Spielsand von Sandkästen. Amtlich ausgewiesene Kinderspielplätze sind ggf. nach Maßstäben des öffentlichen Gesundheitswesens zu bewerten.

b) Wohngebiete
   Dem Wohnen dienende Gebiete einschließlich Hausgärten oder sonstige Gärten entsprechender Nutzung, auch soweit sie nicht im Sinne der Baunutzungsverordnung planungsrechtlich dargestellt oder festgesetzt sind, ausgenommen Park- und Freizeitanlagen, Kinderspielflächen sowie befestigte Verkehrsflächen.

c) Park- und Freizeitanlagen
   Anlagen für soziale, gesundheitliche und sportliche Zwecke, insbesondere öffentliche und private Grünanlagen sowie unbefestigte Flächen, die regelmäßig zugänglich sind und vergleichbar genutzt werden.

d) Industrie- und Gewerbegrundstücke
   Unbefestigte Flächen von Arbeits- und Produktionsstätten, die nur während der Arbeitszeit genutzt werden.

1.2 Maßnahmenwerte nach § 8 Abs. 1 Satz 2 Nr. 2 des Bundes-Bodenschutzgesetzes für die direkte Aufnahme von Dioxinen/Furanen auf Kinderspielflächen, in Wohngebieten, Park- und Freizeitanlagen und Industrie- und Gewerbegrundstücken (in ng/kg Trockenmasse, Feinboden, Analytik nach Anhang 1)

Anhang 2

Stoff	Maßnahmenwerte [ng I-TEq/kg TM][1]			
	Kinderspiel-flächen	Wohn-gebiete	Park- u. Freizeit-anlagen	Industrie- und Gewerbegrund-stücke
Dioxine/ Furane (PCDD/F)	100	1.000	1.000	10.000

[1] Summe der 2, 3, 7, 8 - TCDD-Toxizitätsäquivalente (nach NATO/CCMS)

1.3 Anwendung der Maßnahmenwerte

Bei Vorliegen dioxinhaltiger Laugenrückstände aus Kupferschiefer („Kieselrot") erfolgt eine Anwendung der Maßnahmenwerte auf Grund der geringen Resorption im menschlichen Organismus nicht unmittelbar zum Schutz der menschlichen Gesundheit als vielmehr zum Zweck der nachhaltigen Gefahrenabwehr.

1.4 Prüfwerte nach § 8 Abs. 1 Satz 2 Nr. 1 des Bundes-Bodenschutzgesetzes für die direkte Aufnahme von Schadstoffen auf Kinderspielflächen, in Wohngebieten, Park- und Freizeitanlagen und Industrie- und Gewerbegrundstücken (in mg/kg Trockenmasse, Feinboden, Analytik nach Anhang 1).

Prüfwerte [mg/kg TM]				
Stoff	Kinderspiel-flächen	Wohn-gebiete	Park- und Freizeit-anlagen	Industrie- und Gewerbe-grundstücke
Arsen	25	50	125	140
Blei	200	400	1.000	2.000
Cadmium	10[1]	20[1]	50	60
Cyanide	50	50	50	100
Chrom	200	400	1.000	1.000
Nickel	70	140	350	900
Quecksilber	10	20	50	80
Aldrin	2	4	10	-

Anhang 2

Prüfwerte [mg/kg TM]				
Stoff	Kinderspielflächen	Wohngebiete	Park- und Freizeitanlagen	Industrie- und Gewerbegrundstücke
Benzo(a)pyren	2	4	10	12
DDT	40	80	200	-
Hexachlorbenzol	4	8	20	200
Hexachlorcyclohexan (HCH-Gemisch oder β-HCH)	5	10	25	400
Pentachlorphenol	50	100	250	250
Polychlorierte Biphenyle (PCB6) [2]	0,4	0,8	2	40

1) In Haus- und Kleingärten, die sowohl als Aufenthaltsbereiche für Kinder als auch für den Anbau von Nahrungspflanzen genutzt werden, ist für Cadmium der Wert von 2,0 mg/kg TM als Prüfwert anzuwenden.
2) Soweit PCB-Gesamtgehalte bestimmt werden, sind die ermittelten Meßwerte durch den Faktor 5 zu dividieren.

<u>Übersicht</u>   Rdnr.

1.   Allgemeines 1
2.   Erläuterungen und Anwendungshinweise 4
2.1 Nutzungsabgrenzung 4
2.2 Ableitungsgrundlagen der Werte für den Direktpfad 8
2.3 Nutzungsbezogene Werteabstufung 10
2.4 PCDD/F-Maßnahmenwerte 12
2.5 Prüfwerte 14
2.6 Wohngartenszenario 17
Literatur

1. Allgemeines

Anhang 2 Nr. 1 enthält die Bewertungskriterien für den sog. „Direktpfad" 1 und konkretisiert damit die Vorgaben in § 4 der Verordnung. Der Punkt gliedert sich wie folgt:

- Abgrenzung der Nutzungen
- Maßnahmenwerte-Tabelle für PCDD/F

Anhang 2

- Anwendungshinweise zu den Maßnahmenwerten
- Prüfwerte-Tabelle für 14 weitere Stoffe/Stoffgruppen

2 Besondere Bedeutung hat bei diesem Wirkungspfad die Abgrenzung der **Nutzungen**, da die Exposition des Menschen im sehr starkem Maße hiervon abhängig ist. Dieses gilt insbesondere für die Aufenthaltsdauer und die Alterstruktur der sich auf den jeweiligen Flächen aufhaltenden Personen sowie die Zugänglichkeit des Bodens. In der Regel besteht eine Abstufung der Exposition von Kinderspielflächen, über sonstige Flächen in Wohngebieten, Park- und Freizeitanlagen zu unbefestigten Flächen auf Industrie- und Gewerbegrundstücken. Da für die Bewertung sowohl die reale als auch die planungsrechtlich zulässige Nutzung maßgebend sind (→ Rdnr. 39 f. zu § 4), ist so weit wie möglich der Bezug zu planungsrechtlichen Nutzungskategorien herzustellen.

3 Zwischen den Nutzungen bestehen Übergänge und Überschneidungen; so können z. B. Spielflächen als abgegrenzte Teilbereiche innerhalb der anderen Nutzungskategorien auftreten. Um auch die Unterschiede in Größe und Abgrenzbarkeit deutlich zu machen, werden die Begriffe „Fläche", „Gebiet", „Anlage" und „Grundstück" verwandt. Für diesen Wirkungspfad wurden für die einzelnen Stoffe alternativ Prüf- **oder** Maßnahmenwerte angegeben. Zur Begründung der PCDD/F-Maßnahmenwerte wird einerseits der oft unverhältnismäßig hohe Prüfaufwand für diese Stoffgruppe geltend gemacht und andererseits auf die in der Praxis meist entsprechend angewandten Richtwerte der Bund/Länder-Arbeitsgruppe „Dioxine" (BUND/-LÄNDER-ARBEITSGRUPPE „DIOXINE" 1993) als Vorläufer hingewiesen. Der Verzicht auf die Festlegung von Maßnahmenwerten für die übrigen Stoffe wird mit dem Fehlen einer geeigneten Methode zur Ermittlung der resorptionsverfügbaren Anteile begründet. Es wird hingegen nicht von der Möglichkeit zur Festlegung von nach Höhe oder Untersuchungsmethodik abgestuften Prüf- und Maßnahmenwerten für einzelne Stoffe gebraucht gemacht.

(König)

2. Erläuterungen und Anwendungshinweise

2.1 Nutzungsabgrenzung

4 Für die Nutzung „*Aufenthaltsbereiche für Kinder, die ortsüblich zum Spielen genutzt werden*", wurde bewußt die Bezeichnung „**Kinderspielflä-**

che" gewählt, die über den Begriff „Kinderspiel*platz*" hinausgeht. Entscheidend für die Einstufung einer Fläche in dieser empfindlichsten Nutzungskategorie ist der regelmäßige Aufenthalt und die ortsübliche Nutzung durch Kleinkinder. Dazu zählen sowohl Kinderspielplätze im engeren Sinne, als auch Spielbereiche in Wohngärten innerhalb von Wohngebieten und auch ein eindeutig abgegrenzter Spielbereich etwa einer Hausmeisterwohnung innerhalb eines Gewerbegebietes. Ausgenommen ist der „*Spielsand von Sandkästen*", da dieser üblicherweise aus mikrobiologisch-hygienischen Gründen in Zeiträumen von wenigen Jahren ausgetauscht wird. Auf weitergehende „*Maßstäbe des öffentlichen Gesundheitswesens*" für „*amtlich ausgewiesene Kinderspielplätze*" wird ergänzend hingewiesen. Hierfür liegen in verschiedenen Bundesländern strengere – unter Vorsorgegesichtspunkte abgeleitete – Maßstäbe vor, die sich allerdings in erster Linie auf die Neuanlage oder die in regelmäßigen Abständen erfolgende Renovierung von Spielplätzen beziehen.

Die Nutzungskategorie „**Wohngebiet**" lehnt sich an die Definition in der 5
Baunutzungsverordnung an. Hierzu zählen Abstandsgrünflächen, Wege, Plätze sowie nicht speziell ausgewiesene Verkehrsflächen und Gärten, soweit sie dem Aufenthalt von Menschen dienen. Gartenflächen sind dann ausgenommen, wenn sie ausschließlich zum Anbau von Nahrungspflanzen dienen und/oder planungsrechtlich anders, z. B. als Kleingartenanlage, ausgewiesen sind. Flächen in Mischgebieten nach § 6 der Baunutzungsverordnung, die überwiegend dem Wohnen dienen, sind ebenfalls als Wohngebiet zu bewerten.

Park- und Freizeitanlagen werden wegen ihrer geringeren Nutzungsfre- 6
quenz von Wohngebieten unterschieden. Hierzu gehören insbesondere öffentliche und größere private Grünflächen sowie Sportanlagen. Auch sonstige zugängliche unbefestigte Flächen, die nur sporadisch aufgesucht werden, sind dieser Nutzungskategorie zuzuordnen. Für Bolzplätze wird keine eigene Nutzungskategorie ausgewiesen, da sie keine einheitliche Nutzungsstruktur aufweisen und für diese keine einheitliche Definition besteht. Sie müssen daher im Einzelfall je nach Nutzungsfrequenz und Altersgruppe der Nutzer den Kategorien Kinderspielfläche, Wohngebiet oder Park- und Freizeitanlage zugeordnet werden.

Bei einer Nutzung als **Industrie- und Gewerbegrundstück** werden exakt 7
abgegrenzte unbefestigte Flächen in Industrie- und Gewerbegebieten angesprochen, von denen kontaminiertes Bodenmaterial abgewebt und inhaliert werden kann. Es wird davon ausgegangen, daß diese Flächen nur während der Arbeitszeit von erwachsenen Personen regelmäßig aufgesucht werden

Anhang 2

und kein Zugang für Kinder besteht. Befestigte Flächen werden nicht erfaßt, da dort der Boden unzugänglich ist. Verunreinigungen auf befestigten Flächen sind ggf. von seiten des Arbeits- und Immissionsschutzes zu beurteilen.

(König)

2.2 Ableitungsgrundlagen der Werte für den Direktpfad

8   Die Konzeption für die Werteableitung wurde in einer Arbeitsgruppe der Bund/Länder-Arbeitsgemeinschaft „Bodenschutz" (LABO) und der Länder-Arbeitsgemeinschaft „Abfall" (LAGA) (LABO/LAGA-AG 1996) erarbeitet und vom Umweltbundesamt im Rahmen der Beratungen zur Bodenschutzverordnung weiterentwickelt. Die Ableitungsmethoden und –maßstäbe sind ausführlich im Bundesanzeiger Nr. 161a vom 28.08.1999 sowie einer ergänzenden Veröffentlichung des Umweltbundesamtes (Umweltbundesamt 1999) dargestellt.

9   Als Datengrundlage für die Ableitung der Prüfwerte werden **toxikologische Stoffdaten** und die Quantifizierung der Exposition herangezogen. Zum Zwecke der Nachvollziehbarkeit der Ableitung von Prüfwerten unterscheidet der Bericht der LABO/LAGA-AG vier **Arbeitsschritte**:

- Ableitung gefahrenbezogener Körperdosen als toxikologische Datenbasis
- Aufstellung von nutzungsdifferenzierten Expositionsannahmen zu Bodenaufnahme, Aufenthaltsdauer, Körpergewicht, Staubkonzentration und Arbeitszeit (orientiert an „ungünstigen Bedingungen", jedoch nicht an einem theoretisch denkbaren „worst case")
- Berechnung von Datenbasis und Exposition und Plausibilitätsprüfung sowie
- Vorschlag von Prüfwerten auf der Basis von Gesamtgehalten (mit Gefahrenbezug im ungünstigen Fall – differenziert nach Nutzungen und jeweils pro Stoff und Exposition nach Relevanz bezogen auf orale und/oder inhalative Aufnahme).

(König)

2.3 Nutzungsbezogene Werteabstufung

10 Der Ableitung der Werte für den Direktpfad liegt ein sog. „Spielplatzszenario" zu Grunde, bei dem von einer regelmäßigen oralen Bodenaufnahme spielender Kinder durch Hand-zu-Mund-Kontakt ausgegangen wurde. Bei Stoffen, die über die inhalative Aufnahme gesundheitsschädliche Wirkun-

gen auslösen können, wurde zusätzlich ein „Inhalationsszenario" berechnet. Weiterhin wird auch der dermale Bodenkontakt, d. h. die Möglichkeit der Resorption durch die Haut, – insbesondere bei Pentachlorphenol – berücksichtigt. Schließlich sind bei den Cyaniden als Stoffgruppe mit akuter Toxizität einmalig hohe Aufnahmemengen der Wertefestlegung zu Grunde gelegt.

Ausgehend von den für Kinderspielflächen abgeleiteten Werten wurden die Werte für die weiteren weniger empfindlichen Nutzungen (Wohngebiete/Park- und Freizeitanlagen) durch die Faktoren 2 bzw. 5 errechnet. Für Industrie- und Gewerbegrundstücke wurde eine eigenständige Ableitung auf Grund eines „Inhalationsszenario" für Erwachsene durchgeführt, so daß das Verhältnis zu den anderen Nutzungen hier variiert. 11

(König)

2.4 PCDD/F-Maßnahmenwerte

Die Maßnahmenwerte für die Stoffgruppe der polychlorierten Dibenzodioxine und -furane (PCDD/F) weichen von der v. g. Nutzungsabstufung ab, da sie unverändert aus dem Bericht der Bund/Länder-Arbeitsgruppe „Dioxine" übernommen wurden und die dortige Abstufung beibehalten wurde. Sie sind – wie bei dieser Stoffgruppe mit sehr unterschiedlich toxischen Einzelverbindungen heute allgemein üblich – in Form eines gewichteten Summenwertes, den sog. internationalen Toxizitätsäquivalenten (I-TE nach NATO/CCMS), angegeben. Neben den Werten für die Toxiziätsäquivalente kann die Verteilung der Einzelkongenere Hinweise auf die Herkunft oder Belastungsursache geben. Nach der im Anhang 1 angegebenen Untersuchungsmethodik handelt es sich um annähernde Gesamtgehalte, die keinen Bezug zur Resorptionsverfügbarkeit dieser Stoffgruppe aufweisen. 12

Die Anwendung der Werte ist grundsätzlich in der Zweckbestimmung der Maßnahmenwerte in § 8 Abs. 1 Nr. 2 BBodSchG sowie in § 4 Abs. 4 – 6 BBodSchV vorgegeben. In Anhang 2 Nr. 1.3 wird davon abweichend ein Anwendungshinweis *„bei Vorliegen dioxinhaltiger Laugenrückstände aus Kupferschiefer ('Kieselrot')"* gegeben, da für dieses Material in medizinischen Untersuchungen auch bei erheblichen Überschreitungen der Maßnahmenwerte eine nur geringe Resorptionsverfügbarkeit im menschlichen Organismus nachgewiesen wurde. Der hier dargestellte Zweck der *„nachhaltigen Gefahrenabwehr"* kann so interpretiert werden, daß eine Sanierung Kieselrot-verunreinigter Flächen erst mittelfristig, z. B. im Zusammenhang mit einer Renovierung eines Sportplatzes, erfolgen soll. Insoweit 13

Anhang 2

kann hier von der Regelanwendung des Maßnahmenwertes abgewichen werden.

(König)

2.5 Prüfwerte

14 Prüfwerte werden für 8 anorganische Stoffe und 6 organische Stoffe/Stoffgruppen angegeben. Auch hier handelt es sich um annähernde Gesamtgehalte; Fragen der Resorptionsverfügbarkeit sind im Rahmen der weiteren Sachverhaltsermittlung abzuklären. Neben der bereits erwähnten Darstellung der Ableitungsgrundlagen im Bundesanzeiger Nr. 161a vom 28.08.1999 ist vom Umweltbundesamt eine ergänzende Veröffentlichung mit ausführlicher Ableitung und Begründung der Werte für die einzelnen Stoffe erfolgt (Umweltbundesamt 1999).

15 Für die Anwendung der Prüfwerte und die Durchführung von weiteren Sachverhaltsermittlungen bei Prüfwertüberschreitungen sind insbesondere folgende Unterscheidungen hinsichtlich des **Ableitungsweges** der einzelnen Stoffe von Bedeutung:

1. Stoffe/Stoffgruppen, für die das rechnerische Ergebnis der Ableitung (ggf. mit Rundung) übernommen wurde: *Benzo(a)pyren, Cadmium, Chrom, HCB, HCH, Nickel, PCB, PCP und DDT*
2. Stoffe/Stoffgruppen, für die auf Grund der Plausibilitätsprüfung vom rechnerischen Ergebnis der Ableitung abgewichen wurde: *Aldrin, Arsen, Cyanid und Quecksilber*
3. Stoff, dessen Prüfwert ausschließlich aus epidemiologischen Untersuchungen abgeleitet wurde: *Blei*

16 Der maßgebliche Aufnahmepfad für die Ableitung der Prüfwerte von Chrom und Nickel war die inhalative Aufnahme, für den Pentachlorphenol-Prüfwert die orale und perkutane Aufnahme. Bei allen übrigen Stoffen/Stoffgruppen hat die orale Aufnahme ausschließliche bzw. vorherrschende Bedeutung.

(König)

2.6 Wohngarteszenario

17 In Haus- und Kleingärten ist – abgesehen vom Wirkungspfad Boden – Grundwasser – regelmäßig sowohl der Direktpfad wie auch der Pfad „Boden – Nutzpflanze [– Mensch]" zu beurteilen, da in Gärten ein Schadstoffübergang vom Boden zum Menschen insbesondere bei Kleinkindern

gleichzeitig über eine orale Bodenaufnahme **und** den Verzehr von selbsterzeugtem Obst und Gemüse erfolgen kann. Ergibt nun im konkreten Fall die Bewertung anhand der Einzelpfad-bezogenen Prüfwerte für den Wirkungspfad Boden – Mensch sowie den Wirkungspfad Boden – Nutzpflanze eine Unterschreitung der Prüfwerte, so kann daraus jedoch nicht sicher geschlossen werden, daß auch bei gleichzeitiger, also pfadübergreifender Betrachtung eine Gefahrensituation im Sinne des BBodSchG auszuschließen ist. Bei der fachlichen Ableitung der Prüfwerte für den Wirkungspfad Boden – Mensch wurde dieser Fall nämlich ausdrücklich **nicht** betrachtet (vgl. LABO/LAGA-AG 1996) und auch bei der Ableitung der Beurteilungswerte für den Pfad Boden – Nutzpflanze wurde eine gleichzeitige Einwirkung über den Wirkungspfad Boden – Mensch nicht berücksichtigt (vgl. LABO-ad-hoc-AG „Schwermetalltransfer Boden/Pflanze" 1998; DELSCHEN, LEISNER-SAABER 1998).

Für die Flächennutzung „Wohnen mit Garten (Klein-/Hausgarten)" – kurz: „Wohngarten" – wurde deshalb ein gesondertes Expositionsszenario entwickelt, das sowohl den Wirkungspfad Boden – Mensch als auch den Wirkungspfad Boden – Nutzpflanze berücksichtigt (DELSCHEN 1998). Die Anwendung dieses Expositionsszenarios für verschiedene Stoffe hat gezeigt, daß die pfadübergreifende Bewertung besondere Bedeutung bei Cadmium hat, das sowohl hinsichtlich des Wirkungspfades Boden – Mensch als auch des Wirkungspfades Boden – Nutzpflanze Relevanz besitzt, und das bei vergleichsweise niedrigen Gesamtgehalten im Boden einen hohen Transfer in Nahrungspflanzen zeigt. Unter diesen Gesichtspunkten dürfte nach ersten Abschätzungen (DELSCHEN 1997) auch z. B. für Thallium ein pfadübergreifender Prüfwert für Haus- und Kleingärten sinnvoll und erforderlich sein. Allerdings stellte sich dabei das Problem, daß sowohl die toxikologische Datengrundlage wie auch die verfügbaren Daten zur Abschätzung des Transfers Boden – Pflanze für die Ableitung eines allgemein anwendbaren, pfadübergreifenden Thallium-Prüfwertes als nicht ausreichend erschien. 18

Bei anderen Stoffen, bei denen im Konzentrationsbereich unterhalb der Prüfwerte für den Wirkungspfad Boden – Mensch auf Kinderspielflächen der Wirkungspfad Boden – Nutzpflanze als nur von untergeordneter Bedeutung einzuschätzen ist (z. B. Arsen, Blei) ist in der Orientierungsphase eine erste Gefahrenbeurteilung anhand der Prüfwerte für den Wirkungspfad Boden – Mensch auf Kinderspielflächen ausreichend. Bei Prüfwertüberschreitungen sollte dann ggf. der Wirkungspfad Boden – Nutzpflanze bei den weiteren Sachverhaltsermittlungen mit einbezogen werden. Bei Quecksilber und Benzo(a)pyren, bei denen die Prüfwerte für den Wirkungspfad 19

Anhang 2

Boden – Nutzpflanze niedriger sind als die Prüfwerte für den Wirkungspfad Boden – Mensch, gilt das oben Gesagte entsprechend umgekehrt.

(Delschen)

Literatur

Bekanntmachung über Methoden und Maßstäbe für die Ableitung der Prüf- und Maßnahmenwerte nach der Bundes-Bodenschutz- und Altlastenverordnung (BBodSchV). Bekanntmachung des Bundesministeriums für Umwelt, Naturschutz und Reaktorsicherheit vom 18. Juni 1999, Bundesanzeiger Nr. 161 a vom 28. August 1999

Bund/Länder-Arbeitsgruppe „Dioxine":
2. Bericht, in: Reihe „Umweltpolitik" des Bundesministeriums für Umwelt, Naturschutz und Reaktorsicherheit, 1993

DELSCHEN, T. (1997):
Fallstudie Thallium am Beispiel Lengerich: Beurteilung ohne Prüfwert, Anwendung der Ableitungsmethodik. Vortrag bei der Expertenanhörung „Prüfwertvorschläge für Bodenbelastungen und Altlasten nach Bundesbodenschutzgesetz" des Ministeriums für Umwelt, Raumordnung und Landwirtschaft NRW, 09./10.07.1997, Düsseldorf (unveröffentlicht)

DELSCHEN, T. (1998):
Pfadintegrierende Bewertung von Bodenbelastungen in Haus- und Kleingärten. Teil 2: Prüfwerte für das Nutzungsszenario „Wohngärten". altlasten spektrum 7, 6, S. 336-342

DELSCHEN, T., LEISNER-SAABER, J. (1998):
Selbstversorgung mit Gemüse aus schwermetallbelasteten Gärten: Eine Gefährdungsabschätzung auf toxikologischer Basis. Bodenschutz, 3, 1, S. 17-20

LABO/LAGA-AG „Direktpfad" (1996):
Eckpunkte zur Gefahrenbeurteilung des Wirkungspfades Bodenverunreinigungen/Altlasten – Mensch (Direkter Übergang), (unveröffentlicht)

LABO-ad-hoc-AG „Schwermetalltransfer Boden/Pflanze" (1998):
Eckpunkte zur Gefahrenbeurteilung des Wirkungspfades Bodenverunreinigungen/Altlasten - Pflanze. In: ROSENKRANZ, D., BACHMANN, G., EINSELE, G., HARREß, H.-M.: Bodenschutz. Ergänzbares Handbuch der Maßnahmen und Empfehlungen für Schutz, Pflege und Sanierung von Böden, Landschaft und Grundwasser. Kennzahl 9009, 28. Lfg. 12/98, Berlin: Erich-Schmidt 1998

Umweltbundesamt (1999):
Berechnung von Prüfwerten zur Bewertung von Altlasten. Berlin: Erich Schmidt. 1999

Anhang 2
Maßnahmen-, Prüf- und Vorsorgewerte (Forts.)

2. Wirkungspfad Boden – Nutzpflanze
2.1 Abgrenzung der Nutzungen

a) Ackerbau
   Flächen zum Anbau wechselnder Ackerkulturen einschließlich Gemüse und Feldfutter, hierzu zählen auch erwerbsgärtnerisch genutzte Flächen.
b) Nutzgarten
   Hausgarten-, Kleingarten- und sonstige Gartenflächen, die zum Anbau von Nahrungspflanzen genutzt werden
c) Grünland
   Flächen unter Dauergrünland

2.2 Prüf- und Maßnahmenwerte nach § 8 Abs. 1 Satz 2 Nr. 1 und 2 des Bundes-Bodenschutzgesetzes für den Schadstoffübergang Boden – Nutzpflanze auf Ackerbauflächen und in Nutzgärten im Hinblick auf die Pflanzenqualität (in mg/kg Trockenmasse, Feinboden, Analytik nach Anhang 1)

Stoff	Ackerbau, Nutzgarten		
	Methode[1]	Prüfwert	Maßnahmenwert
Arsen	KW	200[2]	---
Cadmium	AN	---	0,04 / 0,1[3]
Blei	AN	0,1	---
Quecksilber	KW	5	---
Thallium	AN	0,1	---
Benzo(a)pyren	---	1	---

[1] Extraktionsverfahren für Arsen und Schwermetalle: AN=Ammoniumnitrat, KW=Königswasser
[2] Bei Böden mit zeitweise reduzierenden Verhältnissen gilt ein Prüfwert von 50 mg/kg Trockenmasse
[3] Auf Flächen mit Brotweizenanbau oder Anbau stark Cadmium-anreichernder Gemüsearten gilt als Maßnahmenwert 0,04 mg/kg Trockenmasse; ansonsten gilt als Maßnahmenwert 0,1 mg/kg Trockenmasse

2.3 Maßnahmenwerte nach § 8 Abs. 1 Satz 2 Nr. 2 des Bundes-Bodenschutzgesetzes für den Schadstoffübergang Boden – Nutzpflanze auf Grünlandflächen im Hinblick auf die Pflanzenqualität (in

Anhang 2

mg/kg Trockenmasse, Feinboden, Arsen und Schwermetalle im Königswasser-Extrakt, Analytik nach Anhang 1)

Stoff	Grünland Maßnahmenwert
Arsen	50
Blei	1200
Cadmium	20
Kupfer	1300[1]
Nickel	1900
Quecksilber	2
Thallium	15
Polychlorierte Biphenyle (PCB$_6$)	0,2

[1] Bei Grünlandnutzung durch Schafe gilt als Maßnahmenwert 200 mg/kg Trockenmasse

2.4 Prüfwerte nach § 8 Abs. 1 Satz 2 Nr. 1 des Bundes-Bodenschutzgesetzes für den Schadstoffübergang Boden – Pflanze auf Ackerbauflächen im Hinblick auf Wachstumsbeeinträchtigungen bei Kulturpflanzen (in mg/kg Trockenmasse, Feinboden, im Ammoniumnitrat-Extrakt, Analytik nach Anhang 1)

Stoff	Ackerbau Maßnahmenwert
Arsen	0,4
Kupfer	1
Nickel	1,5
Zink	2

2.5 Anwendung der Prüf- und Maßnahmenwerte
Die Prüf- und Maßnahmenwerte gelten für die Beurteilung der Schadstoffgehalte in der Bodentiefe von 0 bis 30 cm bei Ackerbauflächen und in Nutzgärten sowie in der Bodentiefe von 0 bis 10 cm bei Grünland entsprechend Anhang 1 Nr. 2.1 Tabelle 1. Für die in Anhang 1 Nr. 2.1 Tabelle 1 genannten größeren Bodentiefen gelten die 1,5-fachen Werte.

Anhang 2

Übersicht   Rdnr.

1. Allgemeines 20
1.1 Entstehungsgeschichte 20
1.2 Regelungsumfang und -differenzierung 24
2. Erläuterungen und Anwendungshinweise aus fachlicher Sicht 33
2.1 Abgrenzung der Nutzungen 33
2.2 Prüf- und Maßnahmenwerte für Ackerbauflächen und
    Nutzgärten im Hinblick auf die Pflanzenqualität 38
2.3 Maßnahmenwerte für Grünlandflächen im Hinblick
    auf die Pflanzenqualität 49
2.4 Prüfwerte für Ackerbauflächen im Hinblick auf
    Wachstumsbeeinträchtigungen bei Kulturpflanzen 58
2.5 Anwendung der Prüf- und Maßnahmenwerte 64
Literatur

1. Allgemeines

1.1 Entstehungsgeschichte

Die textliche Fassung einschließlich Wertelisten von Anhang 2 Nr. 2 der   20
BBodSchV wurde auf Grund der Zustimmungsmaßgabe des Bundesrates in
seiner jetzigen Form in die BBodSchV aufgenommen. Zwar enthielt bereits
die Regierungsvorlage entsprechende Regelungen, die jedoch lediglich
Prüfwerte für die Elemente Cadmium und Blei hinsichtlich der Nutzungsarten Ackerbau/Gartenbau/Nutzgarten sowie Grünland umfaßten (vgl. BR-
Drucks. 780/98, S. 49). Der Bundesrat hielt diese vorgeschlagenen Regelungen für nicht ausreichend, weil die Regierungsvorlage

> „... weder dem geregelten Stoffumfang nach, noch bezüglich der Dif-
> ferenzierung nach Prüf- und Maßnahmenwerten dem fachlichen Sach-
> stand (entspricht), wie er von der ad-hoc-AG 'Schwermetalltransfer
> Boden/Pflanze' der Bund/Länder-Arbeitsgemeinschaft Bodenschutz
> (LABO) im Bericht 'Eckpunkte zur Gefahrenbeurteilung des Wir-
> kungspfades Bodenverunreinigungen/Altlasten – Pflanze' vom August
> 1997 dargestellt worden ist. Auch der Höhe nach entsprechen die
> Prüfwerte nicht diesem Bericht (BR-Druck. 244/99 [Beschluß],
> S. 60)."

Die durch die Zustimmungsmaßgabe der Bundesrates in die BBodSchV   21
aufgenommene Fassung des Anhanges 2 Nr. 2 basiert hinsichtlich der
Schwermetallregelungen dagegen weitestgehend auf den Vorschlägen, die

Anhang 2

von der LABO-ad-hoc-AG „Schwermetalltransfer Boden/Pflanze" erarbeitet und in ihrem o. g. Bericht (LABO-ad-hoc-AG „Schwermetalltransfer Boden/Pflanze" 1998) ausführlich begründet worden waren. Lediglich bezüglich der Abgrenzung der Nutzungen wurden vom Bundesrat einige vereinfachende Änderungen vorgenommen.

22 Wesentliche Grundlage für die in ihrem Bericht enthaltenen Vorschläge der LABO-ad-hoc-AG waren umfangreiche regressionsanalytische Auswertungen der beim Umweltbundesamt geführten Datenbank „TRANSFER" mit insgesamt etwa 300.000 Datenpaaren zur Schwermetallbelastung von Böden und Pflanzen (KNOCHE et al. 1999). Der ausgewertete Datenbestand umfaßte insbesondere Böden von Acker-, Grünland- und Gartenflächen mit verschiedenen Bodeneigenschaften und unterschiedlichen Belastungen. Unter konventioneller Festlegung höchst zulässiger Schwermetallkonzentrationen in Pflanzen wurden aus den ermittelten quantitativen Transferbeziehungen Boden/Pflanze Bodenkonzentrationen abgeleitet, bei deren Überschreitung mit vorgegebener Wahrscheinlichkeit mit einer Überschreitung der als zulässig definierten Pflanzenkonzentrationen zu rechnen ist. Aus den rechnerisch ermittelten Bodenkonzentrationen wurden dann nach einer Plausibilitätsbetrachtung Vorschläge für Prüf- bzw. Maßnahmenwerte abgeleitet.

23 Ergänzend zu den Vorschlägen der LABO-ad-hoc-AG „Schwermetalltransfer Boden/Pflanze", die sich auftragsgemäß ausschließlich mit Schwermetallen befaßt hatte, und früheren Forderungen der LABO sowie einzelner Bundesländer folgend, hielt der Bundesrat eine Erweiterung der Prüfwertliste bezüglich der Beurteilung der Pflanzenqualität um die Parameter Benzo(a)pyren (Ackerbau/Nutzgarten) und PCB (Grünland) für erforderlich.

(Delschen)

1.2 Regelungsumfang und -differenzierung

24 Die in der BBodSchV getroffenen Regelungen zur Gefahrenbeurteilung beim Wirkungspfad Boden – Nutzpflanze beschränken sich ausschließlich auf eine Beurteilung der Auswirkungen schädlicher Bodenveränderungen auf Nutzpflanzen von landwirtschaftlich oder gärtnerisch genutzten Böden (vgl. Bundesanzeiger 1999, Nr. 161 a). Dieser **eingeschränkte Regelungsumfang** schließt daher eine Anwendung der festgelegten Prüf- und Maßnahmenwerte für andere als landwirtschaftlich oder gärtnerisch genutzten Flächen (z. B. Forstflächen) und/oder andere als Nutzpflanzen aus.

Anhang 2

Unter dieser Einschränkung sind nach der LABO-ad-hoc-AG „Schwermetalltransfer Boden/Pflanze" (1998) im Hinblick auf eine Gefahrenbeurteilung beim Pfad Boden – Pflanze bodennutzungsabhängig folgende **Fallgestaltungen** zu unterscheiden:

a) Vermarktung von Nahrungspflanzen aus Ackerbau und Erwerbsgemüsebau
b) Vermarktung/Verwertung von Futterpflanzen aus Acker-Futterbau und Grünlandnutzung
c) Verzehr von Obst und Gemüse aus Eigenanbau in Privatgärten (Haus- oder Kleingärten, sonstige Gärten) und
d) phytotoxische Wirkungen auf Pflanzen.

Diesen Fallgestaltungen lassen sich als primär zu betrachtende **Schutzgüter** zuordnen:

- die Vermarktungsfähigkeit/Verwertbarkeit von Lebens- bzw. Futtermitteln (Fallgestaltung a und b)
- die menschliche Gesundheit (Fallgestaltung c; mittelbar auch bei den Fallgestaltungen a und b) sowie
- die Pflanzengesundheit (Fallgestaltung d).

Grundsätzlich führen Auswirkungen einer schädlichen Bodenveränderung im Hinblick auf den Wirkungspfad Boden – Nutzpflanze immer dazu, daß in Pflanzen erhöhte Schadstoffkonzentrationen zu erwarten sind. Unter Berücksichtigung der o. g. Fall- und Schutzgutdifferenzierungen sind diese jedoch nach **unterschiedlichen Bewertungsmaßstäben** zu beurteilen.

Während für die Vermarktungsfähigkeit/Verwertbarkeit von Nahrungs- und Futterpflanzen einschlägige Beurteilungsvorgaben aus dem Bereich der Lebensmittelüberwachung (insbesondere die Lebensmittelrichtwerte des BgVV [1998]) bzw. der Futtermittelverordnung (BGBl. I 1997, S. 2715) zu berücksichtigen sind, sind zur Beurteilung phytotoxischer Wirkungen empirisch ermittelte Grenzkonzentrationen im Pflanzenmaterial heranzuziehen. Im Hinblick auf den Verzehr von selbsterzeugtem Obst und Gemüse in Privatgärten kann eine Beurteilung schließlich nur unter Berücksichtigung von Verzehrsmengen anhand tolerierbarer Schadstoffzufuhren zum Menschen erfolgen.

Die beschriebene Schutzgutdifferenzierung ist auch für das relevante **Parameterspektrum** von Bedeutung. Dieses muß hinsichtlich der Vermarktungsfähigkeit von **Nahrungspflanzen** sowie des Verzehrs von selbster-

Anhang 2

zeugtem Obst und Gemüse in Privatgärten Stoffe mit vorrangig humantoxikologischer Bedeutung umfassen, die sich in Nahrungspflanzen in relevantem Umfang anzureichern vermögen. Dazu sind in jedem Fall die Stoffe zu rechnen, für die aus eben diesem Grunde Lebensmittelrichtwerte (BgVV 1998) existieren.

30 Bei **Futtermitteln** trifft dies unter dem Gesichtspunkt des Verzehrs tierischer Produkte sinngemäß ebenfalls zu. Zusätzlich sind jedoch auch Stoffe zu betrachten, die primär die Gesundheit und Leistungsfähigkeit von (empfindlichen) Nutztieren beeinträchtigen können, für den Menschen selbst jedoch nur in Ausnahmefällen Relevanz besitzen (z. B. Empfindlichkeit von Schafen gegenüber Kupferintoxikationen). In der Futtermittelverordnung (BGBl. I 1997, S. 2715) reglementierte „unerwünschte Stoffe" sowie in anderen einschlägigen Regelwerken zur Futterqualität (z. B. VDI-Richtlinien) genannte Schadstoffe gehören daher ebenfalls zum relevanten Stoffspektrum.

31 Zu den **primär phytotoxisch wirksamen Stoffen** sind in diesem Zusammenhang u. a. jene zu betrachten, die weit eher Wachstums- und Ertragsbeeinträchtigungen bei Kulturpflanzen hervorrufen, als daß sie in Konzentrationen in der Pflanze auftreten, die ihre Vermarktung/Verwertung als Nahrungs- oder Futterpflanze in Frage stellen.

32 Entsprechend den vorgenannten Randbedingungen wurden die im Anhang 2 Nr. 2 enthaltenen Prüf- und Maßnahmenwerte zur Beurteilung des Schadstoffüberganges Boden – Nutzpflanze differenziert nach

- solchen im Hinblick auf die **Pflanzenqualität** auf Ackerbauflächen und in Nutzgärten (Anhang 2 Nr. 2.2) bzw. auf Grünlandflächen (Anhang 2 Nr. 2.3) und
- jenen im Hinblick auf **Wachstumsbeeinträchtigungen bei Kulturpflanzen** auf Ackerbauflächen (Anhangs 2 Nr. 2.4).

(Delschen)

2. Erläuterungen und Anwendungshinweise aus fachlicher Sicht

2.1 Abgrenzung der Nutzungen

Die sachgerechte Anwendung der in Anhang 2 Nr. 2.2 bis 2.4 enthaltenen Prüf- und Maßnahmenwerte für den Wirkungspfad Boden – Nutzpflanze erfordert zunächst, die hinsichtlich des Vorliegens einer schädlichen Bodenveränderung zu beurteilende Fläche der „richtigen" Nutzungskategorie zuzuordnen. Den Prüf- und Maßnahmenwerten vorangestellt ist daher in Anhang 2 Nr. 2.1 eine Abgrenzung der Nutzungen, die einerseits die o. g. **eindeutige Flächenzuordnung** ermöglichen soll, andererseits jedoch auch den **Geltungsbereich** der nachfolgenden Regelungen umreißt. 33

In der Nutzungskategorie *„Ackerbau"* zusammengefaßt sind neben den zum Anbau von Marktfrüchten und Futterfrüchten dienenden landwirtschaftlichen Ackerbauflächen im engeren Sinne auch solche Flächen, die *„erwerbsgärtnerisch genutzt"* werden. Dabei ergibt sich aus dem Kontext, daß aus dem Bereich des Erwerbsgartenbaus nur Flächen einbezogen sind, die für den Anbau von Gemüsekulturen genutzt werden (Erwerbsgemüsebau). Flächen anderer Produktionszweige des Erwerbsgartenbaus (z. B. Zierpflanzenbau, Baumschulen, Obstbau) sind danach nicht nach den Bewertungsvorgaben des Anhanges 2 Nr. 2 zu beurteilen. 34

Die Kategorie *„Nutzgarten"* beinhaltet solche Flächen von Gärten, die zum (privaten) Anbau von Nahrungspflanzen genutzt werden. Typischerweise sind dies entsprechende Flächen in Haus- oder Kleingärten, wobei der Verordnungsgeber aber durch den Zusatz *„und sonstige Gartenflächen"* auch z. B. Grabeländer oder betrieblich zur Nutzung überlassene Gärten hier mit einbezogen hat. 35
Werden Haus- und Kleingärten sowohl zum Anbau von Nutzpflanzen für den Eigenverzehr als auch als Aufenthaltsbereiche für spielende Kleinkinder genutzt, so ist zu beachten, daß in diesem Fall insbesondere bei Cadmium gesonderte Beurteilungswerte heranzuziehen sind, die eine pfadintegrierende Bewertung erlauben (vgl. Rdnr. 17 ff.).

Unter die Nutzung *„Grünland"* sind Flächen einzuordnen, wenn sie als *„Dauergrünland"* anzusehen sind. Davon ist nach allgemeiner Auffassung auszugehen, sofern solche Flächen dauerhaft, mindestens aber 5 Jahre als Grünland genutzt werden. 36

Anhang 2

37 Für andere Flächennutzungen mit Nutzpflanzenanbau, die sich nicht in die in Anhang 2 Nr. 2.1 genannten Nutzungskategorien einordnen lassen (insbesondere Dauerkulturflächen wie z. B. im Weinbau), sind die in Nr. 2.2 bis Nr. 2.4 folgenden Bewertungsvorgaben nicht unmittelbar anwendbar. Eine Bewertung im Hinblick auf das Vorliegen einer schädlichen Bodenveränderung ist bei diesen Flächen daher im Sinne von § 4 Abs. 1 BBodSchV im Einzelfall gesondert vorzunehmen. Dabei sind insbesondere die speziellen Transferverhältnisse zu berücksichtigen.

(Delschen)

2.2 Prüf- und Maßnahmenwerte für Ackerbauflächen und Nutzgärten im Hinblick auf die Pflanzenqualität

38 Anhang 2 Nr. 2.2 enthält zur Beurteilung schädlicher Bodenveränderungen im Hinblick auf die Pflanzenqualität **einheitliche** Prüf- und Maßnahmenwerte für Ackerbauflächen **und** Nutzgärten. Wenn auch im Hinblick auf die betroffenen primären Schutzgüter (Vermarktungsfähigkeit/Verwertbarkeit von Nahrungs- und Futterpflanzen bei Ackerbauflächen, Schutz der menschlichen Gesundheit durch Ausschluß humantoxikologisch relevanter Schadstoffzufuhren beim Verzehr von selbsterzeugtem Obst und Gemüse in Nutzgärten; vgl. Rdnr. 25 ff.) unterschiedliche Bewertungsmaßstäbe denkbar wären, so geschah die Vereinheitlichung und Zusammenfassung *„insbesondere auch aus Gründen der Nachvollziehbarkeit für die Bodennutzer"* (Bundesanzeiger 1999, Nr. 161 a).

39 Beurteilungswerte sind für ein **Stoffspektrum** von insgesamt sechs Stoffen enthalten, die für diese Fallgestaltung als vorrangig relevant angesehen werden. Es handelt sich um humantoxikologisch besonders bedeutsame Stoffe, die im Falle von Bodenbelastungen tatsächlich in nennenswertem Umfang einen Übergang vom Boden in Kulturpflanzen aufweisen. Letzteres trifft beispielsweise im allgemeinen nicht zu für die Stoffgruppe der PCDD/F, für die deshalb für den Wirkungspfad Boden/Pflanze folgerichtig auch kein Prüf- oder Maßnahmenwert festgelegt wurde.

40 Für die Stoffe Arsen, Blei, Quecksilber, Thallium und Benzo(a)pyren enthält Anhang 2 Nr. 2.2 jeweils **Prüfwerte**, während für Cadmium ein (geteilter) **Maßnahmenwert** festgelegt wurde. Dies begründet sich daraus, daß lediglich bei Cadmium die vorliegenden Erkenntnisse zum Transfer Boden/Pflanze als so umfangreich und gesichert angesehen wurden, daß ohne weitere Sachverhaltsermittlung im Einzelfall über das Vorliegen einer schädlichen Bodenveränderung oder Altlast anhand eines Maßnahmenwertes entschieden werden kann. Bei den übrigen Stoffen erschien dagegen

Anhang 2

eine Einzelfallprüfung vor der abschließenden Gefahrenbeurteilung als unverzichtbar (vgl. LABO-ad-hoc-AG „Schwermetalltransfer Boden/Pflanze" 1998, DELSCHEN et al. 1999).

Für die geregelten anorganischen Stoffe ist wesentlich, daß sich die Beurteilungswerte bei Arsen und Quecksilber auf das **Bodenuntersuchungsverfahren** mittels Königswasserextrakt (DIN ISO 11466: 06.97), bei Cadmium, Blei und Thallium dagegen mittels Ammoniumnitratextrakt (DIN 19730: 06.97) beziehen. Für die Bodenanalyse auf Benzo(a)pyren ist sinnvollerweise nach Anhang 1 Nr. 3.1.2 Abschnitt *„Extraktion organischer Schadstoffe"* zu verfahren, auch wenn dort eine ausdrückliche Nennung des Benzo(a)pyren-Prüfwertes in Anhang 2 Nr. 2.2 nicht zu finden ist (→ Rdnr. 86 zu Anhang 1). **41**

Ableitungsgrundlage für die festgelegten Prüf- und Maßnahmenwerte waren bei den **anorganischen Stoffen** (Bundesanzeiger 1999, Nr. 161 a); LABO-ad-hoc-AG „Schwermetalltransfer Boden/Pflanze" 1998) die geltenden Lebensmittelrichtwerte für Blei, Cadmium, Quecksilber und Thallium (BgVV 1998) sowie der ursprünglich ebenfalls für Arsen festgelegte, später aber aus analytischen Gründen zurückgezogene Lebensmittelrichtwert für Arsen (BGA 1976). Der Praxis der Lebensmittelüberwachung folgend, nach der erst das Überschreiten der doppelten Lebensmittelrichtwerte als „echte" Überschreitung gewertet wird, wurden dabei die doppelten Lebensmittelrichtwerte als höchst zulässige Pflanzenkonzentration zugrunde gelegt. Dabei wurde vereinfachend davon ausgegangen, *„daß bei Unterschreitung der aus den Lebensmittelrichtwerten abgeleiteten maximal zulässigen Pflanzenkonzentrationen auch unter toxikologischen Gesichtspunkten der Eigenverzehr von in privaten Nutzgärten angebautem Obst und Gemüse unbedenklich ist"* (Bundesanzeiger 1999, Nr. 161 a). **42**

Aus diesen wurde dann unter Verwendung von Regressionsgleichungen zur quantitativen Beschreibung des Schadstoffüberganges Boden/Pflanze bei besonders anreichernden Pflanzenarten sowie nach Plausibilitätsbetrachtungen die Prüf- und Maßnahmenwerte des Anhanges 2 Nr. 2.2 abgeleitet (Einzelheiten siehe LABO-ad-hoc-AG „Schwermetalltransfer Boden/Pflanze" 1998). **43**

Der festgelegte Prüfwert für **Benzo(a)pyren** geht auf einen Vorschlag von Nordrhein-Westfalen zurück und leitet sich aus Untersuchungen zum Benzo(a)pyren-Transfer Boden/Nutzpflanze (DELSCHEN et al. 1999) ab. **44**

Anhang 2

45 Bei der **Anwendung** der in Anhang 2 Nr. 2.2 enthaltenen Prüf- und Maßnahmenwerte im Rahmen der Gefahrenbeurteilung auf Ackerflächen und in Nutzgärten mit Verdacht auf schädliche Bodenveränderung bedeutet nach § 8 BBodSchG in Verbindung mit § 3 Abs. 4 sowie § 4 Abs. 2 BBodSchV

- die **Überschreitung der Prüfwerte**, daß auf der zu beurteilenden Fläche eine weitergehende Einzelfallprüfung zur Feststellung über das tatsächliche Vorliegen einer schädlichen Bodenveränderung oder Altlast durchzuführen ist
- die **Überschreitung des Maßnahmenwertes für Cadmium**, daß in der Regel eine schädliche Bodenveränderung oder Altlast vorliegt und Maßnahmen zur Gefahrenabwehr erforderlich sind
- die **Unterschreitung der Prüfwerte** damit im Umkehrschluß, daß keine schädliche Bodenveränderung oder Altlast vorliegt und der Gefahrenverdacht insoweit ausgeräumt ist
- die **Unterschreitung des Maßnahmenwertes für Cadmium** in sinngemäßer Auslegung des § 4 Abs. 2 Satz 1, daß insoweit keine schädliche Bodenveränderung oder Altlast vorliegt, die regelhaft Maßnahmen zur Gefahrenabwehr erfordern würde.

46 Eine **Unterschreitung der Prüf- bzw. Maßnahmenwerte** bedeutet allerdings nicht, daß damit im Einzelfall immer Überschreitungen z. B. der zugrunde gelegten (doppelten) Lebensmittelrichtwerte gänzlich auszuschließen wären. Gemäß der Ableitung der Prüf- und Maßnahmenwerte ist damit bei deren Unterschreitung im allgemeinen jedoch nur mit relativ geringer Häufigkeit bzw. Wahrscheinlichkeit zu rechnen, die als nicht hinreichend für die Bestätigung eines Gefahrenverdachtes bzw. für das Ergreifen von Maßnahmen zur Gefahrenabwehr anzusehen sind (vgl. Rdnr. 19 zu § 4). Unberührt davon bleibt, daß gemäß § 4 Abs. 1 und Abs. 4 bei einer abschließenden Gefahrenbeurteilung *„die Gegebenheiten des Einzelfalls"* zu beachten sind, d. h. daß **neben** den Prüf- und Maßnahmenwerten auch alle sonstigen vorliegenden Tatsachen und Erkenntnisse heranzuziehen sind (vgl. Rdnr. 8 ff. und 30 zu § 4).

47 Bei **Prüfwertüberschreitungen** sind in der **Konsequenz** zunächst im Rahmen von Detailuntersuchungen weitergehende Sachverhaltsermittlungen durchzuführen, die eine abschließende Beurteilung über bestehende Schutzgutgefährdungen ermöglichen. Dabei kommen nach LABO-ad-hoc-AG „Schwermetalltransfer Boden/Pflanze" (1998) insbesondere weitergehende Bodenuntersuchungen (u. a. zum Schadstoffgesamtgehalt bzw. zur Schadstoffmobilität und zu Mobilitäts-beeinflussenden Bodenparametern wie z. B. pH-Wert), Pflanzenuntersuchungen sowie insbesondere in Nutz-

gärten Expositionsabschätzungen unter Berücksichtigung von Anbau- und Verzehrsmengen (vgl. dazu DELSCHEN, LEISNER-SAABER 1998) in Frage.

Eine **Maßnahmenwertüberschreitung bei Cadmium** erfordert im Einzelfall eine Entscheidung über zu ergreifende Maßnahmen. Diese müssen geeignet sein, die von der festgestellten schädlichen Bodenveränderung oder Altlast ausgehenden Gefahren, erheblichen Nachteile oder erheblichen Belästigungen wirksam zu unterbinden. Dabei sind im hier betrachteten Kontext grundsätzlich in Betracht zu ziehen (LABO-ad-hoc-AG „Schwermetalltransfer Boden/Pflanze" 1998):

- Maßnahmen zur Verringerung der Cadmiummobilität im Boden
  (z. B. pH-Wert-Anhebung durch regelmäßige Kalkung)
- Nutzungseinschränkungen
  (z. B. Beschränkung/Verbot des Anbaues stark Cadmium-anreichernder Pflanzenarten; Beschränkung der Vermarktung von Weizen als Brotweizen; generelle Beschränkung des Nutzpflanzenanbaues in Gärten)
- Technische Sanierungsmaßnahmen
  (z. B. Bodenüberdeckung in Gärten, vgl. DELSCHEN 1996)

(Delschen)

2.3 Maßnahmenwerte für Grünlandflächen im Hinblick auf die Pflanzenqualität

Zur Beurteilung des Schadstoffüberganges Boden/Nutzpflanze auf Grünlandflächen enthält die BBodSchV in Anhang 2 Nr. 2.3 für sieben anorganische Einzelstoffe sowie die Stoffgruppe der Polycyclischen Biphenyle (PCB) ausschließlich Maßnahmenwerte. Die Auswahl des **geregelten Stoffspektrums** ist begründet durch ihre humantoxikologische Relevanz bzw. – insbesondere bei Kupfer und Nickel – ihr Gefährdungspotential im Hinblick auf die Gesundheit und Leistungsfähigkeit von Nutztieren (LABO-ad-hoc-AG „Schwermetalltransfer Boden/Pflanze" 1998; VDI 1995; HECHT 1993).

Ausgangspunkt für die **Ableitung** der Maßnahmenwerte für Grünlandflächen (Bundesanzeiger 1999, Nr. 161 a; LABO-ad-hoc-AG „Schwermetalltransfer Boden/Pflanze" 1998) waren bei den **anorganischen Stoffen** als höchst zulässig vorgegebene Pflanzenkonzentrationen im Grünlandaufwuchs, für die die geltenden Grenzwerte der Futtermittelverordnung (BGBl. I 1997, S. 2715) bzw. im Falle von Nickel und Thallium hilfsweise

Anhang 2

entsprechende VDI-Richtwerte (VDI 1991 und 1992) herangezogen wurden.

51 Im zweiten Ableitungsschritt wurden durch Auswertungen der UBA-Datenbank „TRANSFER" ermittelte Regressionsgleichungen zur Quantifizierung des Schadstofftransfers Boden/Pflanze auf Grünlandstandorten (KNOCHE et al. 1999) herangezogen, um diejenigen Bodenkonzentrationen zu berechnen, bei deren Überschreitung die zuvor als höchst zulässig festgelegten Pflanzenkonzentrationen ebenfalls überschritten werden. Hervorzuheben ist, daß bei diesen Ableitungen eine in der landwirtschaftlichen Praxis als unvermeidbar anzusehende **Futterverschmutzung mit schadstoffhaltigen Bodenpartikeln** in Höhe von 3 % in der Futtertrockenmasse rechnerisch berücksichtigt wurde.

52 Im Rahmen der o. g. Auswertungen der Datenbank „TRANSFER" erwies sich zur Beschreibung des Schadstofftransfers Boden/Grünlandaufwuchs die Königswasser-Extraktion gegenüber der Ammoniumnitrat-Bodenextraktion als überlegen. Da zudem die anzunehmende Futterverschmutzung (bzw. Bodenaufnahme der Tiere bei Beweidung) oftmals bestimmender für die Schadstoffaufnahme der Tiere ist, als die Schadstoffkonzentrationen im eigentlichen Aufwuchs, wurde als **Analysenverfahren** die **Königswasserextraktion** den Bodenbeurteilungswerten für Grünland zugrunde gelegt (Bundesanzeiger 1999, Nr. 161 a; LABO-ad-hoc-AG „Schwermetalltransfer Boden/Pflanze" 1998).

53 Der festgelegte Maßnahmenwert für **PCB** geht auf einen Vorschlag Nordrhein-Westfalens zurück, bei dessen Ableitung von den sogen. MID [Maximale Immissions Dosis]-Werten für PCB in Milchkuhfutter gemäß VDI-Richtlinie 2310 (VDI 1995) ausgegangen wurde, die ihrerseits Vorgaben der Schadstoff-Höchstmengen-Verordnung (BGBl. I 1988, S. 422) berücksichtigen. Aus den MID-Werten wurden für die einzelnen PCB-Kongenere unter Einrechnung der zu unterstellenden Futterverschmutzung von 3 % entsprechende PCB-Höchstkonzentrationen für Böden errechnet. Der sich auf diese Weise für die „kritischsten" Einzelkongenere ergebende Bodenwert von rd. 0,2 mg/kg TM wurde schließlich auf Basis von Praktikabilitäts- und Plausibilitätsüberlegungen als Maßnahmenwert bezogen auf die Summe der 6 PCB-Einzelkongenere 28, 52, 101, 138, 152 und 180 vorgeschlagen.

54 Als **Begründung der ausschließlichen Festlegung von Maßnahmenwerten** ist anzusehen, daß sich die zu beurteilende Schutzgutgefährdung im Einzelfall hinreichend genau aus dem Bodenuntersuchungsergebnis ab-

Anhang 2

schätzen läßt, da dafür die zu unterstellende Futterverschmutzung zumeist ausschlaggebend ist. Zudem ist es – zumindest mit vertretbarem Aufwand – in einer Einzelfallprüfung nicht möglich, das tatsächlich gegebene Ausmaß der Futterverschmutzung zutreffender zu charakterisieren. Schließlich sind die an eine Überschreitung der Maßnahmenwerte primär zu knüpfenden Maßnahmen zur Gefahrenabwehr vergleichsweise einfach (→ Rdnr. 56), so daß im Sinne von § 3 Abs. 5 Satz 2 aufwendige Detailuntersuchungen, die nach der Überschreitung von Prüfwerten ggf. durchzuführen wären, nicht angemessen erscheinen.

Werden bei der **Anwendung** der Werte des Anhanges 2 Nr. 2.3 auf Grünlandflächen **Maßnahmenwertüberschreitungen** festgestellt, ist in der Regel vom Vorliegen einer schädlichen Bodenveränderung bzw. Altlast auszugehen. Es sind folglich geeignete Maßnahmen zur Gefahrenabwehr zu ergreifen. 55

Bei der **Abwägung in Betracht zu ziehender Maßnahmen** ist wichtig zu berücksichtigen, daß entsprechend der Ableitungsmodalitäten der Maßnahmenwerte (→ Rdnr. 50 f.) vor allem Einschränkungen der Flächennutzung bzw. der Nutzung des Grünlandaufwuchses in Frage kommen wie z. B. 56

- Beschränkung der Verwertung des Grünlandaufwuchses auf den eigenen landwirtschaftlichen Betrieb bei Verschneidung mit weniger belasteten Futtermitteln (in diesem Fall läßt die Futtermittelverordnung nämlich eine Überschreitung der Futtermittelgrenzwerte bis zum 2,5-fachen zu)
- Wiesen- statt Weidenutzung bei gleichzeitiger Anwendung besonders schmutzarmer Ernteverfahren (zur Reduktion der Bodenaufnahme durch Weidetiere)
- Einschränkung der Nutzung Kupfer-belasteter Flächen durch Schafe.

Bei der **Unterschreitung der Maßnahmenwerte** kann in sinngemäßer Auslegung von § 4 Abs. 2 Satz 1 davon ausgegangen werden, daß insoweit keine solche schädliche Bodenveränderung oder Altlast vorliegt, die regelhaft Maßnahmen zur Gefahrenabwehr erfordern würde. 57

(Delschen)

Anhang 2

2.4 Prüfwerte für Ackerbauflächen im Hinblick auf Wachstumsbeeinträchtigungen bei Kulturpflanzen

58 Die in Anhang 2 Nr. 2.4 enthaltenen Prüfwerte für die Stoffe Arsen, Kupfer, Nickel und Zink sind zur Gefahrenbeurteilung im Hinblick auf Wachstumsbeeinträchtigungen bei Kulturpflanzen auf Ackerbauflächen heranzuziehen. Nach der LABO-ad-hoc-AG „Schwermetalltransfer Boden/Pflanze" (1998), auf deren Vorschläge diese Regelungen zurückgehen, umfaßt das **geregelte Stoffspektrum** damit diejenigen Schwermetalle, *„bei denen einerseits unter Feldbedingungen im Bundesgebiet in hinreichender Anzahl Fälle mit Wachstumsbeeinträchtigungen bei landwirtschaftlichen oder gärtnerischen Kulturen tatsächlich auftreten bzw. aufgetreten sind, und bei denen andererseits Ertragsminderungen weit eher auftreten, als daß die Pflanzenqualität beeinträchtigt ist".*

59 Daraus wird gleichzeitig deutlich, daß der **Anwendungsbereich** dieser Prüfwerte sich ausschließlich auf eine Beurteilung der Auswirkungen schädlicher Bodenveränderungen oder von Altlasten auf die **Produktionsfunktion** der Böden von Ackerbauflächen beschränkt.

60 Voraussetzung für negative Wirkungen von Bodenschadstoffen auf die Gesundheit oder den Ertrag von Kulturpflanzen ist deren systemische Aufnahme durch die Pflanze, weil nur dann eine Wirksamkeit im pflanzlichen Stoffwechsel gegeben ist. Aus diesem Grund basieren die Prüfwerte des Anhanges 2 Nr. 2.4 auf der **Bodenuntersuchungsmethode** des **Ammoniumnitrat-Extraktes**, mit dem eine Schwermetallfraktion im Boden erfaßt wird, die *„eine Abschätzung des Schwermetalltransfers Boden/Pflanze (systemische Aufnahme über Wurzeln) eher ermöglicht als beispielsweise die mittels Königswasser erfaßten Schwermetallgehalte"* (LABO-ad-hoc-AG „Schwermetalltransfer Boden/Pflanze" 1998).

61 Literaturangaben zu ertragsbezogenen Grenzkonzentrationen für Schwermetalle in Pflanzen, bei deren Überschreitung Ertragsdepressionen in landwirtschaftlichen Kulturpflanzen auftreten können, bildeten den Ausgangspunkt für die **Ableitung** der Prüfwerte in Anhang 2 Nr. 2.4. Daraus wurden unter Anwendung ermittelter Regressionsgleichungen für den Schwermetallübergang vom Boden in als empfindlich anzusehende Kulturpflanzen korrespondierende Bodenkonzentrationen ermittelt. Die festgelegten Prüfwerte sind dabei diejenigen Bodenkonzentrationen, oberhalb derer mit einer Wahrscheinlichkeit von mehr als 20 % Überschreitungen der im Hinblick auf den Pflanzenertrag als kritisch anzusehenden Schwermetallkon-

zentrationen im Pflanzenmaterial zu erwarten sind (LABO-ad-hoc-AG „Schwermetalltransfer Boden/Pflanze" 1998).

Gemäß den o. g. Erläuterungen sowie unter Bezug auf § 4 Abs. 2 Satz 1 der Verordnung kann für die **Anwendung** der Prüfwerte gefolgert werden, daß bei **Prüfwertunterschreitungen** der Verdacht auf das Vorliegen einer schädlichen Bodenveränderung oder Altlast im Hinblick auf Ertragsdepressionen bei Kulturpflanzen ausgeräumt ist. Als Bestätigung des Verdachts sind dagegen **Prüfwertüberschreitungen** zu werten, die vor einer abschließenden Beurteilung allerdings zunächst noch weitergehende Sachverhaltsermittlungen im Rahmen von Detailuntersuchungen erfordern.

In der **Konsequenz** sollten sich die weiteren Sachverhaltsermittlungen bei Überschreitungen der Prüfwerte nach Anhang 2 Nr. 2.4 darauf konzentrieren, das Vorliegen und ggf. das Ausmaß von auf der zu beurteilenden Fläche tatsächlich vorliegenden Ertragsdepressionen festzustellen. Dazu kommen insbesondere differenzierte Ertragsfeststellungen in Betracht, die die Flächenvariabilität der vorliegenden Bodenbelastung berücksichtigen. Daneben sind auch Untersuchungen der Schwermetallgehalte in den Pflanzen und ihr Vergleich mit „Normalgehalten" in Erwägung zu ziehen.

(Delschen)

2.5 Anwendung der Prüf- und Maßnahmenwerte

Entgegen der Erwartung, die die Überschrift von Anhang 2 Nr. 2.5 weckt, enthält die BBodSchV an dieser Stelle keine umfassenden Anwendungshinweise für die den Wirkungspfad Boden – Pflanze betreffenden Prüf- und Maßnahmenwerte. Vielmehr beziehen sich die dortigen Anwendungshinweise lediglich auf eine Klarstellung zur **Anwendung der Prüf- und Maßnahmenwerte auf verschiedene Bodentiefen**.

So wird unter Bezug auf die Vorschriften in Anhang 1 Nr. 2.1 Tabelle 1 zu den Beprobungstiefen für den Wirkungspfad Boden – Nutzpflanze (→ Rdnr. 37 zu Anhang 1) zunächst klargestellt, daß

- die Prüf- und Maßnahmenwerte des Anhanges 2 Nr. 2.2 und 2.4, die für die Beurteilung von **Ackerbauflächen** bzw. auch von **Nutzgärten** heranzuziehen sind, für die **Bodentiefe von 0 bis 30 cm** und
- die Maßnahmenwerte des Anhanges 2 Nr. 2.3 für **Grünland** für die **Bodentiefe 0 bis 10 cm** gelten.

Anhang 2

66   Damit erstreckt sich die unmittelbare Anwendung der Prüf- und Maßnahmenwerte bei Ackerbauflächen und in Nutzgärten auf den **Bearbeitungshorizont** (bodenkundlich A_p-Horizont) und bei Grünlandflächen auf den **Hauptwurzelbereich** (A_h-Horizont).

67   Für die nach Anhang 1 Nr. 2.1 Tabelle 1 ebenfalls zu beprobenden und zu untersuchenden **größeren Bodentiefen** von 30 bis 60 cm (Ackerbauflächen, Nutzgärten) bzw. 10 bis 30 cm (Grünlandflächen) ist bei der Beurteilung dagegen das **1,5-fache der Prüf- und Maßnahmenwerte** anzulegen.

68   Die tiefendifferenzierte Anwendung der Prüf- und Maßnahmenwerte hat ihre fachliche **Begründung** darin (vgl. LABO-ad-hoc-AG „Schwermetalltransfer Boden/Pflanze" 1998), daß einerseits die ihrer Ableitung zugrunde liegenden Bodendaten ausschließlich aus Oberböden stammen, eine direkte Übertragbarkeit auf Unterböden damit nicht unmittelbar gegeben ist. Andererseits ist aus verschiedenen Feldversuchen (BARTELS, SCHEFFER 1993; DELSCHEN 1996; DELSCHEN et al., 1999) bekannt, daß Schadstoffbelastungen von Unterböden gegenüber solchen in Oberböden eine deutlich geringere Bedeutung haben.

(Delschen)

Literatur

Verordnung über Höchstmengen an Schadstoffen in Lebensmitteln (Schadstoff-Höchstmengenverordnung – SHmV –) vom 23. März 1988. BGBl. I, S. 422, 1998

Futtermittelverordnung. BGBl. I S. 2715, (1997):

Bekanntmachung über Methoden und Maßstäbe für die Ableitung der Prüf- und Maßnahmenwerte nach der Bundes-Bodenschutz- und Altlastenverordnung (BBodSchV). Bekanntmachung des Bundesministeriums für Umwelt, Naturschutz und Reaktorsicherheit vom 18. Juni 1999. Bundesanzeiger Nr. 161 a vom 28. August 1999

BARTELS, R., SCHEFFER, B. (1993):
   Reduzierung der Schwermetallaufnahme von Pflanzen aus kontaminierten Substraten durch Abdeckung mit unbelastetem Boden. Z. f. Kulturtechnik und Landentwicklung, 34, S. 303-310

Anhang 2

Bundesinstitut für gesundheitlichen Verbraucherschutz und Veterinärmedizin – BgVV – (Hrsg.) (1997):
Richtwerte für Schadstoffe in Lebensmitteln. Bundesgesundheitsblatt 40, S. 182-184

DELSCHEN, T. (1996):
Bodenüberdeckung als Sanierungsmaßnahme für schwermetallbelastete Gärten: Ergebnisse eines Feldversuches. In: PFAFF-SCHLEY, H. (Hrsg.): Bodenschutz und Umgang mit kontaminierten Böden. S. 167-181, Berlin: Springer 1996

DELSCHEN, T., LEISNER-SAABER, J. (1998):
Selbstversorgung mit Gemüse aus schwermetallbelasteten Gärten: Eine Gefährdungsabschätzung auf toxikologischer Basis. Bodenschutz, 3, 1, S. 17-20

DELSCHEN, T., HEMBROCK-HEGER, A., LEISNER-SAABER, J., SOPCZAK, D. (1999):
Verhalten von PAK im System Boden/Pflanze: PAK-Belastung von Kulturpflanzen über den Luft-/Bodenpfad. UWSF-Z. Umweltchem. Ökotox. 11 (2), S. 79-87

HECHT, H. [Red.] (1993):
Zum Carry over von Polychlorierten Biphenylen (PCB). PCB-Kontamination von Futtermitteln und Auswirkungen auf die tierische Erzeugung. Schriftenreihe des Bundesministers für Ernährung, Landwirtschaft und Forsten, Reihe A, Heft 418, Münster: Landwirtschaftsverlag 1993

KNOCHE, H., BRANDT, P., VIERECK-GÖTTE, L., BÖKEN, H. (1999):
Schwermetalltransfer Boden - Pflanze. Ergebnisse der Auswertungen hinsichtlich der Königswasser- und Ammoniumnitrat-Extraktion anhand der Datenbank TRANSFER. UBA-Texte 11/99, Berlin

LABO-ad-hoc-AG „Schwermetalltransfer Boden/Pflanze" (1998):
Eckpunkte zur Gefahrenbeurteilung des Wirkungspfades Bodenverunreinigungen/Altlasten – Pflanze. In: ROSENKRANZ, D., BACHMANN, G., EINSELE, G., HARREß, H.-M.: Bodenschutz. Ergänzbares Handbuch der Maßnahmen und Empfehlungen für Schutz, Pflege und Sanierung von Böden, Landschaft und Grundwasser. Kennzahl 9009, 28. Lfg. 12/98, Berlin: Erich Schmidt 1998

Verein Deutscher Ingenieure –VDI – (1991):
Maximale Immissions-Werte für Nickel zum Schutz der landwirtschaftlichen Nutztiere. VDI Richtlinie Nr. 2310 Bl. 30, Ausgabe 07/91, VDI/DIN-Handbuch Reinhaltung der Luft, Band 1A

Verein Deutscher Ingenieure – VDI – (1992):
Maximale Immissions-Werte für Thallium zum Schutz der landwirtschaftlichen Nutztiere. VDI Richtlinie Nr. 2310 Bl. 29 E, Ausgabe 01/92, VDI/DIN-Handbuch Reinhaltung der Luft, Band 1A

Anhang 2

Verein Deutscher Ingenieure – VDI – (1995):
Maximale Immissions-Werte für PCB zum Schutz der landwirtschaftlichen Nutztiere. VDI-Richtlinie 2310 Bl. 32, Ausgabe 11/95, VDI/DIN-Handbuch Reinhaltung der Luft, Band 1A

Anhang 2
Maßnahmen-, Prüf- und Vorsorgewerte (Forts.)

3. Wirkungspfad Boden – Grundwasser

3.1 Prüfwerte zur Beurteilung des Wirkungspfads Boden – Grundwasser nach § 8 Abs. 1 Satz 2 Nr. 1 des Bundes-Bodenschutzgesetzes (in µg/l, Analytik nach Anhang 1)

Anorganische Stoffe	Prüfwert [µg/l]
Antimon	10
Arsen	10
Blei	25
Cadmium	5
Chrom, gesamt	50
Chromat	8
Kobalt	50
Kupfer	50
Molybdän	50
Nickel	50
Quecksilber	1
Selen	10
Zink	500
Zinn	40
Cyanid, gesamt	50
Cyanid, leicht freisetzbar	10
Fluorid	750

Organische Stoffe	Prüfwert [µg/l]
Mineralölkohlenwasserstoffe [1]	200
BTEX [2]	20
Benzol	1
LHKW [3]	10
Aldrin	0,1
DDT	0,1

Anhang 2

Organische Stoffe	Prüfwert [µg/l]
Phenole	20
PCB, gesamt [4]	0,05
PAK, gesamt [5]	0,20
Naphthalin	2

[1] n-Alkane (C 10C39), Isoalkane, Cycloalkane und aromatische Kohlenwasserstoffe.

[2] Leichtflüchtige aromatische Kohlenwasserstoffe (Benzol, Toluol, Xylole, Ethylbenzol, Styrol, Cumol).

[3] Leichtflüchtige Halogenkohlenwasserstoffe (Summe der halogenierten C1- und C2-Kohlenwasserstoffe).

[4] PCB, gesamt: Summe der polychlorierten Biphenyle; in der Regel Bestimmung über die 6 Kongeneren nach Ballschmiter gemäß Altöl-VO (DIN 51527) multipliziert mit 5; ggf. z.B. bei bekanntem Stoffspektrum einfache Summenbildung aller relevanten Einzelstoffe (DIN 38407-3-2 bzw. -3-3).

[5] PAK, gesamt: Summe der polycyclischen aromatischen Kohlenwasserstoffe ohne Naphthalin und Methylnaphthaline; in der Regel Bestimmung über die Summe von 15 Einzelsubstanzen gemäß Liste der US Environmental Protection Agency (EPA) ohne Naphthalin; ggf. unter Berücksichtigung weiterer relevanter PAK (z. B. Chinoline).

3.2 Anwendung der Prüfwerte

a) Die Prüfwerte gelten für den Übergangsbereich von der ungesättigten zur wassergesättigten Bodenzone (Ort der Beurteilung). Der Ort der Bodenprobennahme stimmt nicht notwendigerweise mit dem Ort der Beurteilung für das Grundwasser überein.

b) Bei der Bewertung, ob es zu erwarten ist, daß die Prüfwerte für das Sickerwasser am Ort der Beurteilung überschritten werden, sind die Veränderungen der Schadstoffkonzentrationen im Sickerwasser beim Durchgang durch die ungesättigte Bodenzone sowie die Grundwasserflurabstände und deren Schwankungen zu berücksichtigen.

c) Bei Altablagerungen ist die Abschätzung der Schadstoffkonzentrationen im Sickerwasser durch Materialuntersuchungen auf Grund von Inhomogenitäten der abgelagerten Abfälle in der Regel nicht zweckmäßig. Entsprechendes gilt für Altstandorte mit besonders ungleichmäßiger Schadstoffverteilung. In diesen Fällen kann durch Rückschlüsse oder Rückrechnung aus Abstrommessungen im Grundwasser unter Berücksichtigung insbesondere auch der Stoffkonzentration im Anstrom eine Abschätzung der Schadstoffkonzentrationen im Sickerwasser erfolgen.

Anhang 2

   d) Soweit die Schadstoffkonzentrationen im Sickerwasser direkt gemessen werden können, soll die Probennahme nach Möglichkeit am Ort der Beurteilung für das Grundwasser durchgeführt werden.
   e) Soweit schädliche Bodenveränderungen und Altlasten in der wassergesättigten Bodenzone liegen, werden sie hinsichtlich einer Gefahr für das Grundwasser nach wasserrechtlichen Vorschriften bewertet.
   f) Die geogen bedingte Hintergrundsituation der jeweiligen Grundwasserregion ist bei der Anwendung der Prüfwerte zu berücksichtigen.

Übersicht Rdnr.

1. Allgemeines 68
2. Erläuterungen zu einzelnen Regelungen 69
2.1 Schädliche Bodenveränderungen und Altlasten im Grundwasser 69
2.2 Geogen bedingte Hintergrundsituation 73
Literatur

1. Allgemeines

68 In Anhang 2 Nr. 3 werden *„Prüfwerte zur Beurteilung des Wirkungspfades Boden – Grundwasser nach § 8 Abs. 1 Satz 1 BBodSchG"* festgesetzt und Regelungen über deren Anwendung getroffen. Da Nr. 3 in engem Zusammenhang mit anderen Vorschriften der BBodSchV steht, kann weitgehend auf die dort gegebenen Erläuterungen verwiesen werden:

- Zur Ableitung der Prüfwerte → *Rdnr. 22, 23 und 25 zu § 4*
- zum Ort der Beurteilung → *Rdnr. 26 zu § 4*
- zum Ort der Probennahme → *Rdnr. 27 zu § 4*
- zur Entnahme repräsentativer Sickerwasserproben → *Rdnr. 99 zu Anhang 1*
- zur Veränderung der Konzentrationen auf dem Sickerweg → *Rdnr. 107 zu Anhang 1.*

(Ruf)

2. Erläuterungen zu einzelnen Regelungen

2.1 Schädliche Bodenveränderungen und Altlasten im Grundwasser

Im Zusammenhang mit dem Grundwasser umfasst der Gewässerbegriff nur das (Grund-)Wasser selbst, nicht jedoch den Grundwasserleiter. Unter Grundwasserleiter ist der Boden oder sonstiges Material, der bzw. das vom Grundwasser durchströmt wird, zu verstehen. Daher gelten das BBodSchG und entsprechend die BBodSchV auch für schädlich veränderte Böden und Altlasten, soweit diese im Grundwasser gelegen sind. Lediglich die Anforderungen an die Sanierung des verunreinigten Grundwassers (also der sogenannten Abstromfahne) bestimmen sich nach dem Wasserrecht (§ 4 Abs. 4 Satz 3 BBodSchG). 69

Die BBodSchV verweist dann allerdings bezüglich der Bewertung von schädlichen Bodenveränderungen und Altlasten, die im Grundwasser liegen, wieder auf wasserrechtlichen Vorschriften zurück. Zur Bewertung von schädlichen Bodenveränderungen und Altlasten, die im Grundwasser liegen, bietet das Wasserrecht aber nur die sogenannte „materiellen Grundentscheidungen des Wasserhaushaltsgesetzes", die ihrerseits gerade durch die BBodSchV (Sickerwasserprüfwerte, Ort der Beurteilung, ermessensleitende Regelungen) konkretisiert werden. Mit dem Verweis auf wasserrechtliche Vorschriften verweist die BBodSchV also auf sich selbst, da nur in der BBodSchV selbst die Konkretisierung der wasserrechtlichen Grundentscheidung enthalten sind. Allerdings sind diese Konkretisierungen nur sinngemäß auf schädlich veränderte Böden und Altlasten **im Grundwasser** anwendbar! 70

Im sogenannten GBG-Papier (GBG 98) sind die wasserrechtlichen Gegebenheiten sowohl für schädlich veränderte Böden und Altlasten in der ungesättigten Zone als auch für solche in der gesättigten Zone, also im Grundwasser, aufgearbeitet. Dementsprechend ändert sich bei einer sinngemäßen Anwendung der BBodSchV auf schädlich veränderte Böden und Altlasten **im Grundwasser** lediglich der Ort der Beurteilung. Der Ort der Beurteilung ist dann das Grundwasser im unmittelbaren Kontaktbereich mit dem schädlich veränderten Boden bzw. dem Altlastenmaterial (kurz: Kontaktgrundwasser). 71

Anhang 2

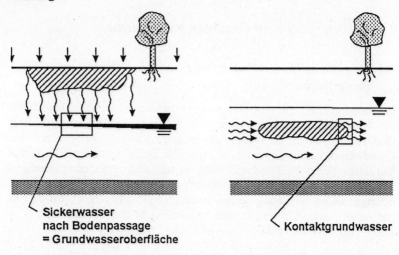

Abb. 1: Ort der Beurteilung; aus (GBG 1998)

72 Die kleinräumige Mittelwertbildung *(→ Rdnr. 23 zu § 4)* bezieht sich dann nicht auf die sickerwasserbildende Geländeoberfläche, sondern auf eine Schichtdicke von maximal einigen Dezimetern im Grundwasser. Die ermessensleitenden Regelungen des § 4 Abs. 7 BBodSchV *(→ Rdnr. 42 zu § 4)* sind uneingeschränkt auch auf schädlich veränderte Böden und Altlasten im Grundwasser anwendbar.

2.2 Geogen bedingte Hintergrundsituation

73 Eine aus Sickerwasser gebildete Grundwasseroberfläche, deren Stoffgehalte der geogen bedingten Hintergrundsituation entsprechen, ist als „nicht verunreinigt" einzustufen. Daher stellt Sickerwasser mit entsprechenden Stoffgehalten auch keine Gefahr für das Grundwasser dar. Für Grundwasserregionen mit geogen bedingten Hintergrundgehalten, die über der Prüfwertkonzentration liegen, sind von der zuständigen Behörde entsprechend höhere Sickerwasserprüfwerte festzulegen.

Literatur

GBG – Gemeinsame LAWA/LAGA/LABO-Arbeitsgruppe „Gefahrenbeurteilung Boden/Grundwasser" (1998):
   Gefahrenbeurteilung von Bodenverunreinigungen/Altlasten als Gefahrenquelle für das Grundwasser (Stand 17. Juni 1998, unveröff.)

Anhang 2
Maßnahmen-, Prüf- und Vorsorgewerte (Forts.)

4. **Vorsorgewerte für Böden** nach § 8 Abs. 2 Nr. 1 des Bundes-Bodenschutzgesetzes (Analytik nach Anhang 1)

4.1 Vorsorgewerte für Metalle
(in mg/kg Trockenmasse, Feinboden, Königswasseraufschluß)

Böden	Cadmium	Blei	Chrom	Kupfer	Quecksilber	Nickel	Zink
Bodenart Ton	1,5	100	100	60	1	70	200
Bodenart Lehm/Schluff	1	70	60	40	0,5	50	150
Bodenart Sand	0,4	40	30	20	0,1	15	60
Böden mit naturbedingt und großflächig siedlungsbedingt erhöhten Hintergrundgehalten	unbedenklich, soweit eine Freisetzung der Schadstoffe oder zusätzliche Einträge nach § 9 Abs. 2 und 3 dieser Verordnung keine nachteiligen Auswirkungen auf die Bodenfunktionen erwarten lassen						

4.2 Vorsorgewerte für organische Stoffe
(in mg/kg Trockenmasse, Feinboden)

Böden	Polychlorierte Biphenyle (PCB$_6$)	Benzo(a)pyren	Polycycl. Aromatische Kohlenwasserstoffe (PAK$_{16}$)
Humusgehalt > 8 %	0,1	1	10
Humusgehalt ≤ 8 %	0,05	0,3	3

4.3 Anwendung der Vorsorgewerte

Die Vorsorgewerte werden nach den Hauptbodenarten gemäß Bodenkundlicher Kartieranleitung, 4. Auflage, berichtigter Nachdruck 1996, unterschieden; sie berücksichtigen den vorsorgenden Schutz der Bodenfunktionen bei empfindlichen Nutzungen. Für die landwirtschaftliche Bodennutzung gilt § 17 Abs. 1 des Bundes-Bodenschutzgesetzes.

Anhang 2

b) Stark schluffige Sande sind entsprechend der Bodenart Lehm/Schluff zu bewerten.

c) Bei den Vorsorgewerten der Tabelle 4.1 ist der Säuregrad der Böden wie folgt zu berücksichtigen:

– Bei Böden der Bodenart Ton mit einem pH-Wert von <6,0 gelten für Cadmium, Nickel und Zink die Vorsorgewerte der Bodenart Lehm/Schluff.

– Bei Böden der Bodenart Lehm/Schluff mit einem pH-Wert von < 6,0 gelten für Cadmium, Nickel und Zink die Vorsorgewerte der Bodenart Sand. § 4 Abs. 8 Satz 2 der Klärschlammverordnung vom 15.04.1992 (BGBl. I S. 912), zuletzt geändert durch Verordnung vom 06.03.1997 (BGBl. I S. 446), bleibt unberührt.

– Bei Böden mit einem pH-Wert von < 5,0 sind die Vorsorgewerte für Blei entsprechend den ersten beiden Anstrichen herabzusetzen.

d) Die Vorsorgewerte der Tabelle 4.1 finden für Böden und Bodenhorizonte mit einem Humusgehalt von mehr als 8 Prozent keine Anwendung. Für diese Böden können die zuständigen Behörden ggf. gebietsbezogene Festsetzungen treffen.

5. Zulässige zusätzliche jährliche Frachten an Schadstoffen über alle Wirkungspfade nach § 8 Abs. 2 Nr. 2 des Bundes-Bodenschutzgesetzes (in Gramm je Hektar)

Element	Fracht [g/ha · a]
Blei	400
Cadmium	6
Chrom	300
Kupfer	360
Nickel	100
Quecksilber	1,5
Zink	1.200

Anhang 2

<u>Übersicht</u> Rdnr.

1. Systematik der Vorsorgewerte 74
2. Anwendungshinweise zu den Vorsorge-Bodenwerten 78
3. Zulässige zusätzliche Frachten 81
Literatur

1. Systematik der Vorsorgewerte

Zu den Vorsorgeregelungen in der BBodSchV sind zwei **Wertekategorien** 74
zu unterscheiden:

- Die auf der Ermächtigung des § 8 Abs. 2 Nr. 1 BBodSchG basierenden **Vorsorge-Bodenwerte** in Anhang 2 Nr. 4 sind die Bewertungsgrundlage für die Besorgnis des Entstehens schädlicher Bodenveränderungen in § 9 Abs. 1 Nr. 1 BBodSchV. Diese Werte werden gleichzeitig als Maßstab für die Herstellung einer durch wurzelbaren Bodenschicht nach § 12 BBodSchV herangezogen.
- Mit den in Anhang 2 Nr. 5 enthaltenen Werten für die **zulässigen zusätzlichen Frachten** wird die Ermächtigung des § 8 Abs. 2 Nr. 1 BBodSchG ausgefüllt, sie dienen als Maßstäbe für die Regelungen des § 11 BBodSchV.

Die Ableitung beider Wertekategorien ist bei BACHMANN et al. (1997) be- 75
schrieben. Die Werte sind entsprechend der Nutzungsunabhängigkeit der
Vorsorgeregelungen nicht nach Nutzungen differenziert. Folgende Systematik liegt ihnen zugrunde:

Vorsorge-Bodenwerte in Anhang 2 Nr. 4
- 7 anorg. Stoffe (Gesamtgehalte, diff. nach Bodenart/pH-Wert)
- 2 organ. Stoffgruppen (Gesamtgehalte, diff. nach Humusgehalt)
- Ausnahmeregelung für Böden mit naturbedingt und großflächig siedlungsbedingt erhöhten Gehalten.

Zulässige zusätzliche Frachten in Anhang 2 Nr. 5
- Frachten für 7 Schwermetalle pro Fläche und Zeiteinheit (g/ha und Jahr).

Bei den Vorberatungen zur Festlegung von Vorsorge-Bodenwerten in der 76
Bodenschutzverordnung war bereits deutlich geworden, daß einerseits die
Hintergrundgehalte an persistenten Schadstoffen in Böden innerhalb der

Anhang 2

Bundesrepublik Deutschland sehr stark schwanken und andererseits von einer sehr unterschiedlichen Bioverfügbarkeit auszugehen ist. Bei den Vorsorgewerten, die als Gesamtgehalte festgelegt wurden, erfolgte daher eine Differenzierung bei Schwermetallen nach Bodenarten und bei organischen Schadstoffen nach dem Humusgehalt, um damit sowohl die von diesen Parametern bestehenden Abhängigkeiten der Hintergrundgehalte als auch der Verfügbarkeit zu berücksichtigen. Erhebungen über Hintergrundgehalte zeigten aber darüber hinaus, daß zusätzlich großräumige erhebliche Besonderheiten in bezug auf erhöhte Schwermetallgehalte bei bestimmten Ausgangsgesteinen und bei großräumig siedlungsbedingt beeinflußten Gebieten bestehen. Daher wurde bereits im Bundes-Bodenschutzgesetz bei der Ermächtigung zur Festlegung von Boden-Vorsorgewerten die Ergänzung „unter Berücksichtigung von geogen oder großflächig siedlungsbedingten Schadstoffgehalten" mit vorgesehen.

77 Bei Überschreitung der Vorsorgewerte besteht die Besorgnis des Entstehens einer schädlichen Bodenveränderung (→ Rdnr. 1 zu § 9). Der Umkehrschluß, nämlich daß bei Unterschreitung dieser Werte in Bodenmaterial oder sonstigen Materialien eine generelle Unbedenklichkeit besteht, ist jedoch nicht in jedem Falle zulässig. Beispielsweise kann der Fall eintreten, daß Bodenmaterial nach einer Dekontamination in einer Bodenbehandlungsanlage trotz Unterschreitung der als Gesamtgehalte angegebenen Vorsorgewerte höhere Sickerwasserkonzentrationen verursacht, als vor der Dekontamination.

(König)

2. Anwendungshinweise zu den Vorsorge-Bodenwerten

78 Zur Differenzierung der Schwermetallwerte nach Bodenarten wird mit **Buchstabe a)** zunächst klargestellt, daß hierzu eine Zuordnung von Korngrößenklassen entsprechend den Hauptbodenarten gemäß bodenkundliche Kartieranleitung zu Grunde zu legen ist. **Buchstabe b)** enthält dann eine Ausnahmeregelung für stark schluffige Sande, die wegen ihrer relativ hohen Sorptionsfähigkeit mit der mittleren Kategorie der Vorsorge-Bodenwerte für Lehm/Schluff bewertet werden können.

79 Wegen der starken Abhängigkeit der Schwermetallmobilität vom Säurengrad des Bodens wird in **Buchstabe c)** eine zusätzliche pH-Wert-Abstufung eingeführt. Böden mit relativ niedrigen pH-Werten sind der jeweils niedrigeren Bodenart-Kategorie der Vorsorge-Werte zuzuordnen. Die pH-

Wert-Grenze wird entsprechend dem Löslichkeitsverhalten für Cadmium, Zink und Nickel auf pH 6,0 und für Blei auf pH 5,0 gesetzt.

Buchstabe d) enthält eine weitere Ausnahmeregelung für die Schwermetallwerte in stark humosen Böden. Diese liegt zum einen darin begründet, daß anmoorige und moorige Böden besondere Sorptionsverhältnisse aufweisen, andererseits ist von stark humosen Gartenböden bekannt, daß auf Grund des geringen Raumgewichtes eine massenbezogene Konzentrationsangabe nicht mit den Werten von schwach humosen Böden vergleichbar ist. Hierfür ist daher eine Einzelfall- oder gebietsbezogene Regelung vorgesehen. 80

(König)

3. Zulässige zusätzliche Frachten

Entsprechend der Definition in § 8 Abs. 2 Nr. 2 BBodSchG sind in Anhang 2 Nr. 5 *„Zulässige zusätzliche jährliche Frachten an Schadstoffen über alle Wirkungspfade"* für 7 Schwermetalle angegeben. Die Vorgaben zur Anwendung dieser Werte enthält § 11 BBodSchV. Auf den eingeschränkten Anwendungsbereich und deren Bedeutung für andere Rechtsbereiche wurde dort hingewiesen (→ Rdnr. 2 zu § 9). Ein wesentlicher Unterschied zur eintragsbegrenzenden Werten in anderen Rechtsbereichen liegt darin, daß sich diese Vorgaben der BBodSchV nicht nur auf einen Wirkungspfad, sondern auf die Summe aller Einträge beziehen. 81

Die Werte wurden abgeleitet auf der Basis vorliegender Eintragsdaten über Niederschlagsdeposition, Düngung und Abfallverwertung (siehe BACHMANN et al., 1997). Die festgelegten Werte liegen etwa doppelt so hoch wie die in der Verwaltungsvorschrift zur Umweltverträglichkeitsprüfung als „unbeachtlich" angegebenen Frachtarten. 82

(König)

Literatur

BACHMANN, G., BANNICK, C.G., GIESE, E., GLANTE, F., KIENE, A., KONIETZKA, R., RÜCK, F., SCHMIDT, S., TERYTZE, K., VON BORRIES, D. (1997):
  Fachliche Eckpunkte zur Ableitung von Bodenwerten im Rahmen des Bundes-Bodenschutzgesetzes. In: ROSENKRANZ, D., BACHMANN, G., EINSELE, G., HARREß, H.-M.: Bodenschutz. Ergänzbares Handbuch der Maßnahmen und Empfehlungen für Schutz, Pflege und Sanierung von Böden, Landschaft und Grundwasser. Kennzahl 3500, 24. Lfg. 09/97, Berlin: Erich Schmidt 1997

Anhang 3
Anforderungen an Sanierungsuntersuchungen und den Sanierungsplan

1. Sanierungsuntersuchungen

Mit Sanierungsuntersuchungen bei Altlasten sind die zur Erfüllung der Pflichten nach § 4 Abs. 3 des Bundes-Bodenschutzgesetzes geeigneten, erforderlichen und angemessenen Maßnahmen zu ermitteln. Die hierfür in Betracht kommenden Maßnahmen sind unter Berücksichtigung von Maßnahmenkombinationen und von erforderlichen Begleitmaßnahmen darzustellen.

Die Prüfung muß insbesondere

- die schadstoff-, boden-, material- und standortspezifische Eignung der Verfahren,
- die technische Durchführbarkeit,
- den erforderlichen Zeitaufwand,
- die Wirksamkeit im Hinblick auf das Sanierungsziel,
- eine Kostenschätzung sowie das Verhältnis von Kosten und Wirksamkeit,
- die Auswirkungen auf die Betroffenen im Sinne von § 12 Satz 1 des Bundes-Bodenschutzgesetzes und auf die Umwelt,
- das Erfordernis von Zulassungen,
- die Entstehung, Verwertung und Beseitigung von Abfällen,
- den Arbeitsschutz,
- die Wirkungsdauer der Maßnahmen und deren Überwachungsmöglichkeiten,
- die Erfordernisse der Nachsorge und
- die Nachbesserungsmöglichkeiten

umfassen.

Die Prüfung soll unter Verwendung vorhandener Daten, insbesondere aus Untersuchungen nach § 3 dieser Verordnung, sowie auf Grund sonstiger gesicherter Erkenntnisse durchgeführt werden. Soweit solche Informationen insbesondere zur gesicherten Abgrenzung belasteter Bereiche oder zur Beurteilung der Eignung von Sanierungsverfahren

Anhang 3

im Einzelfall nicht ausreichen, sind ergänzende Untersuchungen zur Prüfung der Eignung eines Verfahrens durchzuführen.

Die Ergebnisse der Prüfung und das danach vorzugswürdige Maßnahmenkonzept sind darzustellen.

2. Sanierungsplan

Ein Sanierungsplan soll die unter Nummer 1 bis 5 genannten Angaben sowie die für eine Verbindlichkeitserklärung nach § 13 Abs. 6 des Bundes-Bodenschutzgesetzes erforderlichen Angaben und Unterlagen enthalten.

1. Darstellung der Ausgangslage, insbesondere hinsichtlich

    – der Standortverhältnisse (u. a. geologische, hydrogeologische Situation; bestehende und planungsrechtlich zulässige Nutzung),
    – der Gefahrenlage (Zusammenfassung der Untersuchungen nach § 3 dieser Verordnung im Hinblick auf Schadstoffinventar nach Art, Menge und Verteilung, betroffene Wirkungspfade, Schutzgüter und -bedürfnisse),
    – der Sanierungsziele,
    – der getroffenen behördlichen Entscheidungen und der geschlossenen öffentlich-rechtlichen Verträge, insbesondere auch hinsichtlich des Maßnahmenkonzeptes, die sich auf die Erfüllung der nach § 4 des Bundes-Bodenschutzgesetzes zu erfüllenden Pflichten auswirken, und
    – der Ergebnisse der Sanierungsuntersuchungen.

2. Textliche und zeichnerische Darstellung der durchzuführenden Maßnahmen und Nachweis ihrer Eignung, insbesondere hinsichtlich

    – des Einwirkungsbereichs der Altlast und der Flächen, die für die vorgesehenen Maßnahmen benötigt werden,
    – des Gebietes des Sanierungsplans,
    – der Elemente und des Ablaufs der Sanierung im Hinblick auf

- den Bauablauf,
- die Erdarbeiten (insbesondere Aushub, Separierung, Wiedereinbau, Umlagerungen im Bereich des Sanierungsplans),
- die Abbrucharbeiten,
- die Zwischenlagerung von Bodenmaterial und sonstigen Materialien,
- die Abfallentsorgung beim Betrieb von Anlagen,
- die Verwendung von Böden und die Ablagerung von Abfällen auf Deponien und
- die Arbeits- und Immissionsschutzmaßnahmen,
— der fachspezifischen Berechnungen zu
  - on-site-Bodenbehandlungsanlagen,
  - in-situ-Maßnahmen,
  - Anlagen zur Fassung und Behandlung von Deponiegas oder Bodenluft,
  - Grundwasserbehandlungsanlagen,
  - Anlagen und Maßnahmen zur Fassung und Behandlung insbesondere von Sickerwasser,
— der zu behandelnden Mengen und der Transportwege bei Bodenbehandlung in off-site-Anlagen,
— der technischen Ausgestaltung von Sicherungsmaßnahmen und begleitenden Maßnahmen, insbesondere von
  - Oberflächen-, Vertikal- und Basisabdichtungen,
  - Oberflächenabdeckungen,
  - Zwischen- bzw. Bereitstellungslagern,
  - begleitenden passiven pneumatischen, hydraulischen oder sonstigen Maßnahmen (z. B. Baufeldentwässerung, Entwässerung des Aushubmaterials, Einhausung, Abluftfassung und -behandlung) und
— der behördlichen Zulassungserfordernisse für die durchzuführenden Maßnahmen.

3. Darstellung der Eigenkontrollmaßnahmen zur Überprüfung der sachgerechten Ausführung und Wirksamkeit der vorgesehenen Maßnahmen, insbesondere

— das Überwachungskonzept hinsichtlich
  - des Bodenmanagements bei Auskofferung, Separierung und Wiedereinbau,
  - der Boden- und Grundwasserbehandlung, der Entgasung oder der Bodenluftabsaugung,

- des Arbeits- und Immissionsschutzes,
- der begleitenden Probenahme und Analytik und
- das Untersuchungskonzept für Materialien und Bauteile bei der Ausführung von Bauwerken

4. Darstellung der Eigenkontrollmaßnahmen im Rahmen der Nachsorge einschließlich der Überwachung, insbesondere hinsichtlich

- des Erfordernisses und der Ausgestaltung von längerfristig zu betreibenden Anlagen oder Einrichtungen zur Fassung oder Behandlung von Grundwasser, Sickerwasser, Oberflächenwasser, Bodenluft oder Deponiegas sowie Anforderungen an deren Überwachung und Instandhaltung,
- der Maßnahmen zur Überwachung (z. B. Meßstellen) und
- der Funktionskontrolle im Hinblick auf die Einhaltung der Sanierungserfordernisse und Instandhaltung von Sicherungsbauwerken oder -einrichtungen

5. Darstellung des Zeitplans und der Kosten

Übersicht   Rdnr.

1.	Erläuterungen und Anwendungshinweise	1
1.1.	Konkrete Anforderungen an Sanierungsuntersuchungen	1
1.1.1	Zu den Anforderungen allgemein	1
1.1.2	Die Prüfkriterien im einzelnen	9
1.2	Konkrete Anforderungen an einen Sanierungsplan	39
1.2.1	Zur Anwendung der Regelungen allgemein	39
1.2.2	Darstellung der Ausgangslage	46
1.2.3	Darstellung der durchzuführenden Maßnahmen und Nachweis ihrer Eignung	56
1.2.4	Darstellung der Eigenkontrollmaßnahmen	67
1.2.5	Darstellung des Zeitplans und der Kosten	70
Literatur		

Anhang 3

1. Erläuterungen und Anwendungshinweise

1.1 Konkrete Anforderungen an Sanierungsuntersuchungen

1.1.1 Zu den Anforderungen allgemein

1 Anhang 3 konkretisiert unter Ziff. 1 die Anforderungen an Sanierungsuntersuchungen i. S. v. § 13 Abs.1 Satz 1 BBodSchG. Diese Vorschriften sind in Verbindung mit § 6 Abs. 1 BBodSchV zu sehen, der vorausgehend nähere Regelungen zu Sanierungsuntersuchungen trifft.

2 Verlangt die zuständige Behörde von einem Verpflichteten die Durchführung von Sanierungsuntersuchungen und die Vorlage der Ergebnisse, dann setzt dies voraus, daß sie zuvor das Vorliegen einer Altlast festgestellt und die Anordnungsbefugnis geprüft hat (→ *Rdnr. 2 ff. zu § 6)*. Nach § 13 Abs. 1 Satz 1 BBodSchG umfassen Sanierungsuntersuchungen diejenigen Untersuchungen, die von der zuständigen Behörde selbst als Grundlage für eine rechtmäßige Entscheidung über Art und Umfang der im Einzelfall erforderlichen Maßnahmen benötigt werden. **Satz 1** der Ziffer 1 in Anhang 3, der die Ermittlung der zur Erfüllung der Pflichten nach § 4 Abs. 3 BBodSchG **geeigneten, erforderlichen und angemessenen Maßnahmen** verlangt, ist eine für die Vollzugspraxis eindeutige Klarstellung dieses **Untersuchungszwecks.**

3 Aus **Satz 2** folgt, daß bei Sanierungsuntersuchungen in einer ersten Stufe die zur Erfüllung der Sanierungspflicht **in Betracht kommenden Maßnahmen** und Maßnahmenkombinationen, d. h. die nach sachkundigem Urteil grundsätzlich als geeignet erscheinenden Arten von Maßnahmen, auszuwählen und darzustellen sind. Nach der amtlichen Begründung (BT-Drucks. 780/98, S. 75) hat sich bei komplexen Altlastenfällen *„die Praxis bewährt, zunächst eine Vorauswahl grundsätzlich geeigneter Sanierungsverfahren auf der Grundlage der technischen Durchführbarkeit und der schadstoff- und bodenspezifischen Eignung zu treffen".* Darzustellen sind nach Satz 2 auch die bei diesen Maßnahmen erforderlichen Begleitmaßnahmen. Dies können z. B. Bodenbewegungen, Transportvorgänge, vorübergehende Beseitigung von Aufwuchs und Befestigungen oder nachbarschaftsschützende Maßnahmen sein. Ausreichend ist für diese Untersuchungsstufe eine summarische Beschreibung der betreffenden Maßnahmen.

4 Die Prüfung der nach der Vorauswahl in Betracht kommenden Maßnahmen (Maßnahmenkombinationen) nach den in **Satz 3** genannten Kriterien ist schlüssig die zweite Stufe von Sanierungsuntersuchungen. **Ziel** der Prüfung

ist, wie sich aus Satz 4 ergibt, die **Ermittlung des vorzugswürdigen Maßnahmenkonzepts**. Zu den Einzelheiten der in Satz 3 genannten Prüfkriterien → *Rdnr. 9 ff.*

Das Planungskonzept für die Sanierung wird in der BBodSchV vermutlich deshalb als „Maßnahmenkonzept" bezeichnet, weil der bisher gebräuchlichere Begriff „Sanierungskonzept" dahingehend mißverstanden werden kann, daß er Schutz- und Beschränkungsmaßnahmen nicht einschließt. Die amtliche Begründung zum BBodSchG spricht hingegen noch von Sanierungskonzept oder, wenn dies Gegenstand einer behördlichen Anordnung oder eines öffentlich-rechtlichen Vertrages geworden ist, von dem zu realisierenden Sanierungskonzept.

Soweit aus der Gefährdungsabschätzung oder aus sonstigen Ermittlungen gesicherte Daten und Erkenntnisse vorliegen, die für Sanierungsuntersuchungen benötigt werden, sollen diese bei der Prüfung nach Satz 3 verwendet werden. Diese selbstverständlich erscheinende Regelung in **Satz 4** bedeutet vor allem aber auch, daß die zuständige Behörde dem Verpflichteten die bei ihr vorhandenen Daten und Erkenntnisse insoweit zur Verfügung stellen muß.

Satz 5 enthält die für die Vollzugspraxis bedeutsame Klarstellung, daß im Rahmen von Sanierungsuntersuchungen von dem Verpflichteten ergänzende Untersuchungen verlangt werden können, insbesondere um belastete Bereiche auf den zu sanierenden Grundstücken abzugrenzen und oder um in Versuchen die spezifische Eignung in Betracht kommender Sanierungsverfahren zu untersuchen.

Nach **Satz 6** ist als Ergebnis von Sanierungsuntersuchungen das **Maßnahmenkonzept** darzustellen, das auf Grund der Sanierungsuntersuchungen als vorzugswürdig beurteilt wird. Dieses „vorzugswürdige Maßnahmenkonzept" spiegelt das fachliche Urteil eines Sachverständigen nach § 18 BBodSchG oder eines kompetenten anderen Untersuchungsnehmers wieder. Es stellt einen begründeten Maßnahmenvorschlag dar. Die Entscheidung über das schließlich zu realisierende Maßnahmenkonzept bleibt jedoch Sache der zuständigen Behörde.

(Fehlau)

1.1.2 Die Prüfkriterien im einzelnen

Als Grundlage für die einzelnen Prüfschritte und Untersuchungen und zur Vorlage bei der zuständigen Behörde sind die in Betracht kommenden Sa-

Anhang 3

nierungsmaßnahmen und sonstigen Maßnahmen zunächst in ihrer Gesamtheit und ggf. in den einzelnen Verfahrensstufen technisch zu **beschreiben**. Dabei sind bei Dekontaminationsverfahren insbesondere

- die Art der Anlagen
- die Anlagenkomponenten[1]
- Betriebsmittel, Hilfsstoffe, Energieverbrauch, Emissionen und Abfälle[2]

und bei bautechnischen Sicherungsverfahren

- die Art der Bauwerke/baulichen Einrichtungen
- die Sicherungssysteme
- die Baumaterialien und die Anforderungen an diese Materialien (z. B. Durchlässigkeit, Festigkeit, Beständigkeit gegen äußere Einflüsse)

sowie die im einzelnen erforderlichen Begleitmaßnahmen darzustellen.

10 Das erste in Anhang 1 Ziff. 1 genannte Prüfkriterium, die **schadstoff-, boden-, material- und standortspezifische Eignung der Verfahren**, konkretisiert **technische Aspekte** der in § 5 Abs. 1 und 3 genannten Eignungsvoraussetzungen. Die „standortspezifische Eignung" i. S. d. Nachbarschaftsschutzes ist im Kriterienkatalog gesondert angesprochen. Die technische Eignung von Verfahren hängt von einer Vielzahl von Faktoren ab. Die wesentlichen Einflußgrößen für Dekontaminations- und Immobilisierungsverfahren sind:

- Art und Größenordnung der Schadstoffgehalte
- Eigenschaften des Bodenmaterials
- das Sanierungsziel und sonstige Randbedingungen des Einzelfalls
- die einzusetzenden technischen Mittel.

11 Für die Mehrzahl der Sicherungsverfahren sowie in situ Verfahren haben zusätzlich die Untergrundverhältnisse (u. a. Geologie, Hydrogeologie, Grundwasser-Fließverhältnisse) einen maßgebenden Einfluß auf die Eignung.

---

[1] Ausgenommen i. d. R. immissionsschutzrechtlich genehmigte off-site Anlagen.
[2] Angaben jeweils zu den Kriterien, die nach Art des Verfahrens und Standort der Anlage merklichen Einfluß auf das Ergebnis einer Sanierungsuntersuchung haben können (z. B. auf Grund der Auswirkungen auf die Umwelt).

Anhang 3

Damit die **Eignung von bautechnischen Sicherungsverfahren** beurteilt werden kann, ist das Sanierungsziel von der zuständigen Behörde dahingehend zu konkretisieren, daß praktisch nachprüfbare Anforderungen an die Sicherungswirkung der einzelnen Maßnahme bzw. an die Verhinderung oder Verminderung der Schadstoffausbreitung angegeben werden. 12

Die **technische Durchführbarkeit** eines näher in Betracht gezogenen Verfahrens ist die notwendige Voraussetzung für dessen Anwendung bei der Sanierung im Einzelfall. Bezüglich dieses Kriteriums ist konkret anzugeben, welche Anforderungen im einzelnen erfüllt sein müssen (standortbezogen, organisatorisch etc.), damit das Verfahren technisch durchführbar ist. 13

Neben den Anforderungen, die unter den Kriterien „Eignung" und „Wirksamkeit" beschrieben werden *(→ Rdnr. 10 und 18)*, können u. a. folgende Aspekte zur Beurteilung der **(technischen) Durchführbarkeit** von Belang sein: 14

- Anforderungen an den Baugrubenverbau bei Auskofferungsmaßnahmen und Restriktionen bei sonstigen Baumaßnahmen (z. B. Arbeitsräume)
- Infrastrukturanforderungen (Platzbedarf, Ver- und Entsorgungsleitungen, Zuwegungen etc.) für on-site Anlagen oder andere Maßnahmen, einschließlich der erforderlichen Nebeneinrichtungen
- Bedarf an Energie, Betriebsmitteln und Hilfsstoffen beim Betrieb von on-site Anlagen oder anderer Maßnahmen (z. B. in situ)
- sonstige standortspezifische Einschränkungen des Verfahrens bezüglich der Durchführbarkeit (z. B. Kampfmittel, Hohlräume bzw. Fundamentreste im Untergrund, Setzungen, Bergsenkungen etc.)

Liegen technische (oder auch wirtschaftliche) Grenzen bezüglich der Größe der zu behandelnden Stoffmengen, der zu erreichenden Tiefe, der zu behandelnden oder zu sichernden Bereiche oder andere einschränkende Randbedingungen vor, sind diese anzugeben. Unterscheiden sich spezielle Verfahrensvarianten hinsichtlich des Anwendungsbereiches erheblich, ist dies herauszustellen. Das betrifft auch Unterschiede in den Anwendungsbereichen für on- und off-site Anlagen. 15

Hinsichtlich des **erforderlichen Zeitaufwands** sollen die voraussichtliche Dauer einer Maßnahme bis zum Erreichen des Sanierungsziels und die Faktoren aufgezeigt werden, von denen die Sanierungsdauer nachträglich 16

Anhang 3

oder unplanmäßig beeinflußt werden kann. Die Eignung von zeitaufwendigen Verfahren oder Maßnahmen kann insbesondere in Fällen, in denen eine bestehende Nutzung während der Sanierungsdurchführung behindert wird (z. B. Wohngebiet, Betriebsgrundstück), erheblich eingeschränkt werden. Einschränkungen bezüglich der Sanierungsdauer können sich auch ergeben, wenn in Verbindung mit einer bodenschutzrechtlich gebotenen Sanierung zusätzlich Maßnahmen zur Flächenreaktivierung für eine konkret angestrebte Nutzung durchgeführt werden sollen. Dies gilt insbesondere für mittel- bis langfristig wirksame Verfahren oder Methoden, z. B. in situ Biologie oder andere in situ Dekontaminationsverfahren, pneumatische bzw. hydraulische Maßnahmen oder mikrobiologische on-site Verfahren. Bei der Behandlung von Boden(-material) in einer off-site Dekontaminationsanlage sowie bei Einschließungsverfahren mit kalkulierbarem Bauablauf sind unter diesem Kriterium i. d. R. keine Einschränkungen der Eignung zu erwarten.

17 Bei Sicherungsmaßnahmen bezieht sich der darzustellende Zeitaufwand i. d. R. auf die Zeitdauer bis zum Erreichen der Sicherungswirkung, d. h. bis zur Fertigstellung und Abnahme eines Sicherungsbauwerkes.

18 Unter dem Kriterium **Wirksamkeit im Hinblick auf das Sanierungsziel** ist zu prüfen, inwieweit die grundsätzlich geeigneten und durchführbaren Verfahren und Maßnahmen auch das im Einzelfall vorgegebene Sanierungsziel zuverlässig erreichen können. Bei Dekontaminationsmaßnahmen ist es z. B. denkbar, daß eine Schadstoffminderung, nicht jedoch der Sanierungszielwert im betroffenen Medium erreicht wird. Bei Sicherungsverfahren kann die Wirksamkeit häufig nur abgeschätzt werden. Zur Abschätzung ist aber auch hier die Angabe möglichst konkreter quantitativer Sanierungsziele (z. B. Restdurchlässigkeiten) hilfreich *(→ Rdnr. 12).*

19 Die **Kostenschätzung** ist einzelfallbezogen für alle Leistungen vorzunehmen, die im Zusammenhang mit den betrachteten und als geeignet beurteilten Sanierungsvarianten zu erbringen sind. Die Kosten sind für die bei der Gesamtmaßnahme anfallenden Leistungen auf der Grundlage von **spezifischen Verfahrenskosten** darzustellen. Die spezifischen Verfahrenskosten weisen die Kosten aus, die durch die Anwendung eines Dekontaminationsverfahrens auf ein bestimmtes kontaminiertes Medium (Bodenmaterial, Grundwasser, Bodenluft) bzw. eines Sicherungsverfahrens zur Unterbrechung von bestimmten Wirkungspfaden entstehen. Eine detaillierte Arbeitshilfe zur Kostenermittlung bei der Sanierungsuntersuchung und Sanierungsplanung für Altlasten und für die Flächenreaktivierung hat

das Landesumweltamt Nordrhein-Westfalen herausgegeben (LUA NRW 1998).

Neben den spezifischen Kosten für die Sanierungskernleistungen sind auch besonders relevante **Kosten** für im Einzelfall erforderliche **verfahrensbegleitende Leistungen** separat darzustellen. Es handelt sich dabei z. B. um Kosten für Maßnahmen der Qualitätssicherung, Maßnahmen zum Immissionsschutz (z. B. Einhausung) und Nachsorge- und Überwachungsmaßnahmen. 20

Die zu unterschiedlichen Zeitpunkten anfallenden **Kosten** sind mit Hilfe finanzmathematischer Methoden (z. B. mittels der Barwertmethode) auf **einen Bezugszeitpunkt** zu beziehen, um die verschiedenen Varianten kostenmäßig miteinander vergleichen zu können. Die Kostenvergleichsrechnung ermöglicht einen Variantenvergleich bezüglich der Kosten. Hierbei wird allerdings von einem gleich großen Nutzen ausgegangen. 21

Wenn die bei einer Sanierungsuntersuchung zu prüfenden Sanierungsalternativen einen **unterschiedlichen Nutzen** haben, was in der Mehrzahl der Fälle bei Betrachtung aller Nutzenaspekte *(→ Rdnr. 24)* eintreten dürfte, sollte dies unter dem Kriterium „**Verhältnis von Kosten und Wirksamkeit**" berücksichtigt werden. 22

Unter dem Prüfkriterium „**Verhältnis von Kosten und Wirksamkeit**" werden Begriffe aus dem Bereich der Nutzen-Kosten-Untersuchung eingeführt. Die dort verwendete Begriffssystematik wird in Anhang 1 Ziff. 1 jedoch unvollständig bzw. mißverständlich übernommen. Nach den Grundsätzen für Nutzen-Kosten-Untersuchungen existiert kein „Verhältnis von Kosten und Wirksamkeit". Wohl aber kann bei Nutzen-Kosten-Untersuchungen durch eine Kostenwirksamkeitsanalyse das **Verhältnis** von **Nutzen** und **Kosten** ermittelt werden. Soll insofern ein Variantenvergleich durchgeführt werden, so bedeutet dies bei ungleichem Nutzen der Sanierungsalternativen, daß im Rahmen von Nutzen-Kosten-Untersuchungen der jeweilige Nutzen näher quantifiziert werden muß. Dazu kann im Wege einer fachlichen Prüfung der Sanierungsvarianten eine nutzwertanalytische Bewertung durchgeführt werden. Nach DRESCHMANN, ODENSAß (1999) *„ist es möglich, den für die verschiedenen Bewertungskriterien ermittelten multidimensionalen Nutzen als Gesamtnutzen eines Szenarios ... abzubilden."* 23

Anhang 3

24 Der (Gesamt-)Nutzen beinhaltet dabei insbesondere folgende Aspekte:

- Wirksamkeit (Sanierungszielerfüllung, Dauerhaftigkeit, Überwachbarkeit, Wiederherstellbarkeit)
- Auswirkungen (Beeinträchtigungen Betroffener oder der Umwelt, Abfallvermeidung, -verwertung oder -beseitigung)
- Grundstücksqualität (Nutzungsmöglichkeiten, Haftungssicherheit, stadtstrukturelle Funktion).

25 Es empfiehlt sich, die Darlegung zu dem Prüfkriterium „**Verhältnis von Kosten und Wirksamkeit**" nicht auf die „Wirksamkeit" im vorstehend engen Sinne zu beschränken, sondern auch den mittelbar mit den Varianten verbundenen Nutzen zu konkretisieren, der über die Sanierungspflicht des BBodSchG hinausgeht. So können z. B. verschiedene Sanierungsvarianten bezüglich der Erreichung des Sanierungsziels „Gefahrenabwehr" gleich geeignet sein, bezüglich anderer o. g. Kriterien aber einen unterschiedlichen Nutzen aufweisen.

26 Neben der oben erwähnten Kostenwirksamkeitsanalyse ist bei unterschiedlichem Nutzen von Sanierungsalternativen grundsätzlich auch die Kosten-Nutzen-Analyse ein denkbares Verfahren zur Berücksichtigung von Kosten und Nutzen. Da hierbei die jeweiligen (Teil-)nutzen monetarisiert werden und dafür noch keine allgemein akzeptierten Monetarisierungsableitungen vorliegen, wurde dieses Verfahren nach Kenntnis der Verf. bisher nicht eingesetzt.

27 Nähere Informationen zu Nutzen-Kosten-Untersuchungen im Rahmen von Sanierungsuntersuchungen können u. a. einer speziellen Arbeitshilfe des Landesumweltamtes NRW (LUA NRW 2000 b) und dem Teil 8 des Handbuchs zur Altlastenbehandlung in Sachsen (SMUL 1999) entnommen werden.

28 Bei Sanierungsuntersuchungen sind weiterhin die **Auswirkungen** der in Betracht kommenden Maßnahmen auf die **Betroffenen** i. S. v. § 12 Satz 1 BBodSchG und auf die **Umwelt** zu prüfen. Zu betrachten sind zum einen die Auswirkungen, die während der Ausführung einer Sanierungsmaßnahme auftreten. Im weiteren Sinne sind aber auch Veränderungen der örtlichen Gegebenheiten und Nutzungseinschränkungen, die nach der Sanierung bestehen bleiben, diesen Auswirkungen zuzurechnen. Zu den Auswirkungen auf die Betroffenen und die Umwelt können u. a zählen:

Anhang 3

- Veränderungen in den zu behandelnden Medien (z. B. Veränderungen der Boden- oder Untergrundeigenschaften durch eine Zugabe von Hilfsstoffen)
- Immissionen (z. B. Staub, Lärm und Erschütterungen durch den Verkehr für Materialtransporte oder von Behandlungsanlagen ausgehende Einwirkungen)
- anfallendes Abwasser sowie zu entsorgenden Abfälle nach Art und Menge
- der Energieverbrauch.

Im Ergebnis einer Sanierungsuntersuchung ist für die betrachteten Varianten zu beschreiben, welcher Art die Auswirkungen auf die Betroffenen und die Umwelt sind, welches Ausmaß diese haben können und von welchen Faktoren sie abhängen. Dabei sollte auch auf bisher nicht eindeutig geklärte Auswirkungen und deren Berücksichtigung in der Gesamtbetrachtung hingewiesen werden (z. B. Metabolitenbildung bei biologischen Verfahren). Es ist anzugeben, welche Schutzvorschriften (z. B. WHG, BImSchG) bei den einzelnen Sanierungsvarianten zu beachten sind, welche Anforderungen sich daraus ergeben und durch welche Maßnahmen diesen Anforderungen entsprochen werden kann. 29

In dem Bericht über eine Sanierungsuntersuchung ist vor allem auch offenzulegen, in welcher Weise signifikante Unterschiede der Varianten in ihren Auswirkungen auf Betroffene und Umwelt in die Erwägungen über das vorzugswürdige Maßnahmenkonzept einbezogen worden sind. 30

Zu prüfen ist weiterhin, welche **Zulassungen** für die einzelnen Sanierungsvarianten erforderlich sind, welche Anforderungen dabei an Errichtung und Betrieb einer benötigten Anlage oder an die Ausführung der betreffenden Maßnahmen auf Grund der einschlägigen Rechtsvorschriften zu erwarten sind und inwieweit dies für die Beurteilung der einzelnen Varianten von Bedeutung ist. Ein Zulassungserfordernis kommt in erster Linie bei on-site und in situ Verfahren und Maßnahmen oder auch bei Baumaßnahmen in Betracht. Soll eine Behandlung in einer bereits genehmigten und betriebenen off-site Anlage vorgenommen werden, ist zu klären, ob deren Annahmekriterien eine Behandlung erlauben. 31

Die nach Ziff. 1 verlangte Prüfung der Sanierungsvarianten umfaßt auch die **Entstehung, Verwertung und Beseitigung von Abfällen** (8. Anstrich). Dabei ist u. a. zu untersuchen, inwieweit entnommenes Material im Bereich derselben Altlast unter Erfüllung der Sanierungsziele wieder auf- oder eingebracht oder umgelagert werden kann. Die bei der Durchführung 32

Anhang 3

einer Sanierungsmaßnahme unvermeidlich entstehenden und extern zu entsorgenden Abfälle sind nach der Pflichtenhierarchie des Kreislaufwirtschafts- und Abfallgesetzes ordnungsgemäß und schadlos zu **verwerten** oder, wenn dies technisch nicht möglich oder wirtschaftlich nicht zumutbar ist, gemeinwohlverträglich zu **beseitigen**. Damit sind auch die Prüfschritte von Sanierungsuntersuchungen zu diesem Fragenkreis vorgezeichnet. Die Verwertungsmöglichkeiten für Böden, Bodenmaterialien oder sonstige Materialien hängen insbesondere von den Schadstoffgehalten, den für die jeweilige Verwertungsart zu erfüllenden Stoffanforderungen (Begrenzungen der Schadstoffgehalte, physikalische Kennwerte für Baustoffe u. a.) und den Einbaubedingungen im Einzelfall ab.

33 Als Ergebnis einer Sanierungsuntersuchung sind die verfahrens-, anlagen- oder maßnahmenbedingt entstehenden Abfälle nach Art, voraussichtlicher Menge und Beschaffenheit anzugeben. Abfälle, die erhöhte Schadstoffgehalte aufweisen können (z. B. Schlufffraktion, Schlamm der Abwasseraufbereitung, belastete Aktivkohle, Ionenaustauscher etc.) sind im einzelnen auszuweisen und zu charakterisieren. Soweit eine Behandlung vorgesehen ist, sollten die anfallenden Abfallmengen in Relation zur behandelten Stoffmenge abgeschätzt werden. Darzulegen und in die Variantenbeurteilung einzubeziehen sind vor allem auch realisierbare Wiedereinbauszenarien sowie die Verwertungs- und Beseitigungswege, die für eine ordnungsgemäße und schadlose Verwertung oder eine gemeinwohlverträgliche Abfallbeseitigung (zugelassene Abfälle der betreffenden Anlagen, Annahmebedingungen) **konkret** beschritten werden können.

34 Der Umgang mit schadstoffbelasteten Materialien bei der Altlastensanierung birgt Risiken, wie sie bei Bauarbeiten auf unbelasteten Böden üblicherweise nicht vorkommen. Ziff. 1 verlangt deshalb ausdrücklich, daß Sanierungsuntersuchungen auch eine Prüfung hinsichtlich des **Arbeitsschutzes** umfassen müssen. In der Ergebnisdarstellung sind demnach die für den Arbeitsschutz besonders relevanten Auswirkungen der Sanierungsvarianten (Art und Ausmaß) und die daraus resultierenden Arbeitsschutzmaßnahmen anzugeben und vergleichend zu betrachten. Die in Anhang 1 Nr. 6 u. a. verzeichneten „Regeln für Sicherheit und Gesundheitsschutz bei der Arbeit in kontaminierten Bereichen" des Fachausschusses Tiefbau im Hauptverband der gewerblichen Berufsgenossenschaften (ZH 1/183: 04.97) enthalten alle wesentlichen Bestimmungen, die bei derartigen Arbeiten zu berücksichtigen sind. Eingehende Erläuterungen und Hinweise zu diesem Fragenkreis finden sich bei BURMEIER, DRESCHMANN et al. (1995) und in Publikationen einzelner Länder (siehe Teil 4 des Anhangs 1 zu dieser Schrift).

Anhang 3

Die in Ziff. 1 schließlich verlangte Prüfung der **Wirkungsdauer der Maß-** 35
nahmen und deren **Überwachungsmöglichkeiten**, der **Erfordernisse der
Nachsorge** und der **Nachbesserungsmöglichkeiten** betrifft Kriterien, die
besonders eng miteinander verbunden sind. Vor allem bei Sicherungsmaßnahmen, aber z. B. auch bei in situ Dekontaminationsmaßnahmen sowie
hydraulischen und pneumatischen Begleitmaßnahmen, ist eine **Nachsorge**
einschließlich einer **Überwachung** im Hinblick auf die Wirkungsdauer der
Maßnahmen erforderlich. Die Nachsorge beinhaltet dabei insbesondere
Kontrollen im Zusammenhang mit

- der Prüfung und dem Nachweis der Wirksamkeit der Sanierung (Erreichen des Sanierungsziels bzw. dessen Einhaltung)
- der Überwachung der Wirkungspfade
- den Funktionskontrollen von Anlagen und Bauwerken
- dem Betrieb/der Unterhaltung von Anlagen/Bauwerken und
- den Maßnahmen der Langzeiterhaltung (Reparatur, Instandsetzung).

Die Darstellung der Ergebnisse einer Sanierungsuntersuchung soll konzep- 36
tionelle Aussagen zu den v. g. Aspekten beinhalten. In diesem Zusammenhang sind Angaben zur Langzeitbeständigkeit und zur voraussichtlichen
technischen Lebensdauer zu machen. Die zur Nachsorge erforderlichen
technischen und organisatorischen Maßnahmen sind – variantenbezogen –
in ihren wesentlichen Merkmalen darzustellen. Es ist jeweils ein Grobkonzept über Art, Umfang sowie Häufigkeit und Dauer notwendiger Kontrollen auszuarbeiten und in den Variantenvergleich einzustellen.

Da alle Anlagen und Bauwerke nur eine begrenzte technische Lebensdauer 37
haben, sollte außerdem verfahrensspezifisch dargestellt werden, welche
Möglichkeiten **der Nachbesserung** bestehen. Für Sicherungsverfahren ist
anzugeben, wie die Sicherungswirkung wieder hergestellt werden kann.
Dabei sind auch Restriktionen, die sich aus der planungsrechtlich zulässigen Nutzung oder für diese Nutzung ergeben können, zu berücksichtigen.

Für anfänglich in Betracht gezogene Maßnahmen, die sich schon im Laufe 38
einer Sanierungsuntersuchung für die konkrete Anwendung als ungeeignet
erweisen, kann das insoweit vorliegende Prüfergebnis summarisch dargestellt werden. Der Darstellung soll jedoch zu entnehmen sein, warum die
Eignung der betreffenden Maßnahme(n) trotz grundsätzlicher Eignung bei
ähnlichen Fallgestaltungen im vorliegenden Fall verneint wurde.

(Fehlau/Odensaß)

Anhang 3

1.2 Konkrete Anforderungen an einen Sanierungsplan

1.2.1 Zur Anwendung der Regelungen allgemein

39 Anhang 3 konkretisiert unter Ziffer 2 die Anforderungen an den **Inhalt** eines Sanierungsplans. Nach Satz 1 soll ein Sanierungsplan die unter den **Nummern 1 bis 5 genannten Angaben** sowie die für eine **Verbindlichkeitserklärung** nach § 13 Abs. 6 BBodSchG **erforderlichen Angaben und Unterlagen** enthalten. Daß zu den Nrn. 1 bis 5 lediglich „Angaben", hinsichtlich der Verbindlichkeitserklärung aber „Angaben und Unterlagen" verlangt werden, ist angesichts der näheren Regelungen unter den Nrn. 1 bis 5 unbeachtlich.

40 Die Nrn. 1 bis 5 enthalten bis ins einzelne gehende Kriterien, zu denen ein Sanierungsplan Darstellungen enthalten soll. In der amtlichen Begründung (BR-Drucks. 780/98, S. 76) heißt es dazu:

> „Mit diesen Kriterien wird sichergestellt, daß die zum Feststellen der Altlast maßgebenden Entscheidungen, wie Ergebnisse der Untersuchung und Bewertung sowie die Ergebnisse aus der Sanierungsuntersuchung zur Auswahl der technisch geeigneten und wirtschaftlich durchführbaren Maßnahme bzw. Maßnahmenkombination zusammenfassend dokumentiert werden."

41 Die wiederholte Verwendung des Wortes „insbesondere" in den Nrn. 1 bis 5 zeigt an, daß auch diese detaillierte Kriterienliste nicht abschließend ist. Die Anforderungen an den Sanierungsplan nach Anhang 3 Ziff. 2 können nach der amtlichen Begründung (BR-Drucks. 780/98, S. 76)

> „vielmehr im Rahmen des Verwaltungsvollzuges durch spezielle Anforderungen, die auf die jeweilige besondere Fallgestaltung ausgerichtet sind, abgeändert oder ergänzt werden."

42 Die amtliche Begründung (BR-Drucks. 780/98, S. 76) stellt andererseits aber auch klar:

> „Der Umfang des Sanierungsplans sowie der Detaillierungsgrad der Angaben richtet sich unter Berücksichtigung der Flächengröße der Altlast, der Art und Konzentration der vorhandenen Schadstoffe, der Bedeutung und Empfindlichkeit der betroffenen Schutzgüter sowie zur Anwendung kommenden Maßnahmen nach den Umständen des Einzelfalls."

SANDEN, SCHOENECK (1998, § 13 Rdnr. 7) führen hierzu näher aus: 43

„Dieser sehr umfangreiche Katalog stellt allerdings keine in jedem Einzelfall abzuarbeitende Checkliste dar, sondern hat eher den Charakter einer Sammlung von Bausteinen, aus denen nach fachlichen Kriterien und der Erforderlichkeit im konkreten Fall diejenigen auszuwählen sind, die eine sinnvolle und an der Erfüllung der Pflichten des § 4 Abs. 3 orientierte Planung ermöglichen. Ob der in einem Fall konkret zu erstellende Plan diese Inhalte tatsächlich enthält oder ob er einen davon (nach oben oder unten) abweichenden Zuschnitt besitzt hat sich ausschließlich daran zu orientieren, daß er die ihm zugewiesene Funktion erfüllt. Insofern konnte der Gesetzgeber mit seinen Vorschriften nur ein gewisses Angebot an die Praxis machen, aus der diese nach Ihren Bedürfnissen auswählt. Sofern die Behörde nicht von sich aus dem Verantwortlichen diesbezüglich Hinweise gibt, wird man es als Aufgabe der Sanierungsplanung selbst ansehen, hier den richtigen, d. h. angemessenen Zuschnitt zu finden."

Nach Satz 1 soll ein Sanierungsplan auch die für die Verbindlichkeitserklärung nach § 13 Abs. 6 BBodSchG erforderlichen Angaben und Unterlagen enthalten. Mißverständlich ist, daß Satz 1 die Angaben nach den Nrn. 1 bis 5 und die Angaben und Unterlagen für die Verbindlichkeitserklärung additiv mit „sowie" verbindet. Da sich der überwiegende Teil der unter den Nrn. 1 bis 5 verlangten Darstellungen mit Angaben und Unterlagen deckt, die für eine Verbindlichkeitserklärung und miteingeschlossene Zulassungen erforderlich sind, laufen die Anforderungen des zweiten Halbsatzes von Satz 1 lediglich auf eine ggf. notwendige Ergänzung dieser Darstellungen hinaus. 44

Bei der Art und Weise, wie die nach Ziff. 2 verlangten Angaben und Unterlagen in einem Sanierungsplan dargestellt werden, sind auch die Informationspflichten nach § 13 Abs. 3 BBodSchG zu berücksichtigen. Die Betroffenen i. S. v. § 12 des Gesetzes **in geeigneter Weise zu informieren**, bedeutet, daß es auch fachlich nicht vorgebildeten Betroffenen ermöglicht werden muß, die Darstellungen nachzuvollziehen, das Ergebnis der vorgesehenen Maßnahmen und die Auswirkungen während der Durchführung zu erkennen und den Schutz ihrer Rechte wahrzunehmen. 45

1.2.2 Darstellung der Ausgangslage

Nr. 1 verlangt die **Darstellung der Ausgangslage** und nennt dazu einzelne Inhalte. Aus diesen näheren Regelungen ergibt sich, daß als „Ausgangs- 46

Anhang 3

lage" die Ergebnisse der Sachverhaltsermittlung und ausgeführter Sanierungsuntersuchungen sowie die darauf beruhenden Bewertungen und Entscheidungen der zuständigen Behörde und etwa bereits geschlossene öffentlich-rechtliche Verträge dargestellt werden sollen. Von den in § 13 Abs. 1 Satz 1 BBodSchG aufgeführten Regelbeispielen für den Inhalt eines Sanierungsplans werden unter Nr. 1 demnach die „Zusammenfassung der Gefährdungsabschätzung und der Sanierungsuntersuchungen", die „Angaben über die bisherige und künftige Nutzung der zu sanierenden Grundstücke" sowie die „Darstellung des Sanierungsziels" mit z. T. abweichendem Wortlaut aufgegriffen. Welche Absicht der Verordnungsgeber mit den Abweichungen vom Wortlaut des Gesetzes verfolgt, kommt in der amtlichen Begründung nicht zum Ausdruck. Verstehen ließe sich die Wortwahl in Nr. 1 aber als eine gewisse Akzentuierung im Hinblick auf den Zweck eines Sanierungsplans (→ *Rdnr. 39 ff.*).

47 Die unter dem Kriterium **Standortverhältnisse** verlangten Angaben und Unterlagen zu den natürlichen Standortgegebenheiten (beispielhaft dort genannt „geologische, hydrogeologische Situation") und zur „bestehenden und planungsrechtlich zulässigen Nutzung" sind inhaltlich der Zusammenfassung der Gefährdungsabschätzung und ggf. auch der Sanierungsuntersuchungen zuzurechnen. Soweit nach der Gefährdungsabschätzung und den Sanierungsuntersuchungen die übrigen Standortgegebenheiten für die Gefahrenlage (→ *Rdnr. 51*) oder für das Maßnahmenkonzept (→ *Rdnr. 8*) Bedeutung haben, sind die entsprechenden Ergebnisse gleichfalls an dieser Stelle zusammenzufassen.

48 Während § 13 Abs.1 Satz 1 BBodSchG von der „bisherigen oder künftigen Nutzung" der zu sanierenden Grundstücke spricht, knüpft Nr. 1 mit der Wendung „bestehende und planungsrechtlich zulässige Nutzung" an § 4 Abs. 4 Satz 1 BBodSchG an. Der weniger auf die planerische Festsetzung gerichtete Wortlaut des § 13 Abs. 1 kann dahingehend verstanden werden, daß der Sanierungsplan nicht nur die planungsrechtlich zulässige Art der Nutzung sondern auch die relevanten Aspekte der **konkreten Grundstücksnutzung** darstellen soll. Erstreckt sich ein Sanierungsplan auch auf Maßnahmen, die über die Erfüllung der Sanierungspflicht nach § 4 Abs. 3 BBodSchG hinausgehen (z. B. weil in Verbindung mit einem öffentlich-rechtlichen Vertrag eine empfindlichere, planungsrechtlich noch nicht festgesetzte Nutzung ermöglicht werden soll), dann sind diese Maßnahmen besonders kenntlich zu machen.

49 Soweit in diesem Rahmen (also zur Umsetzung einer Sanierung, die über die z. Z. planungsrechtlich zulässige Nutzung hinausgeht), entnommenes

Bodenmaterial im Bereich der von der Altlastensanierung betroffenen Fläche wieder eingebracht werden soll, kann auch insoweit der Sanierungsplan für verbindlich erklärt werden (§ 13 Abs. 5 BBodSchG). Die eingeschränkte Konzentrationswirkung des § 13 Abs. 6, S. 1 BBodSchG gilt auch für diesen Fall, d. h. darüber hinausgehende Genehmigungen (vgl. Wortlaut des § 13 Abs. 6, S. 2 BBodSchG) sind nicht erforderlich.

Einer solchen Auslegung kann nicht entgegengehalten werden, daß § 4 Abs. 4 BBodSchG beschränkt ist auf die planungsrechtlich zulässige Nutzung. Diese Vorschrift will lediglich die Haftung des Störers begrenzen. Ein Reflex auf die Verbindlichkeitserklärung des Sanierungsplans gemäß § 13 Abs. 6 BBodSchG, die im Bodenschutzrecht ein Substitut sein soll für eine ansonsten erforderliche abfallrechtliche Zulassung, ist weder erkennbar noch zwingend.[1)] 50

Die näheren Regelungen in Nr. 1 zum Kriterium **Gefahrenlage** sind insofern mißverständlich, als lediglich auf die Untersuchungen nach Nr. 3 BBodSchV Bezug genommen wird. Die in § 13 Abs.1 Satz 1 BBodSchG verlangte Zusammenfassung der Gefährdungsabschätzung schließt jedoch auch die Bewertung nach § 4 BBodSchV ein, die Sache der zuständigen Behörde ist. Auch der Begriff „Gefahrenlage" selbst hebt auf eine rechtliche Bewertung ab, die allein der Behörde zusteht. Zu den Einzelkriterien „betroffene Wirkungspfade, Schutzgüter und -bedürfnisse" sind deshalb die dem Pflichtigen bekanntgegebenen Bewertungen der zuständigen Behörde wiederzugeben. 51

Wenn der Verordnungsgeber an dieser Stelle von „Gefahrenlage" spricht, dann könnte dies darauf hindeuten, daß er die **Zusammenfassung** der Ergebnisse der **Gefährdungsabschätzung** von einer bloßen Kurzfassung unterschieden wissen will. In erster Linie soll in diesem Teil eines Sanierungsplans herausgearbeitet werden, welche Gefahren oder Störungen nach Art und Umfang im Einzelfall bestehen oder nach sachkundiger Prognose zu erwarten sind. Darüber hinaus sind die für die Gefahrenbeurteilung maßgeblichen Untersuchungsergebnisse und Begutachtungen insoweit wiederzugeben, daß die Gründe und Abwägungen, die zu den behördlichen Entscheidungen über Sanierungserfordernisse und Sanierungsziele geführt haben, nachvollzogen werden können. 52

Verlangt ist nach Nr. 1 ausdrücklich auch die Darstellung der getroffenen **behördlichen Entscheidungen** und der **geschlossenen öffentlich-recht-** 53

[1)] Für Hinweise zu dieser Frage danken Verf. Frau Margret von Schmeling.

Anhang 3

lichen **Verträge,** die sich auf die Erfüllung der Pflichten nach § 4 BBodSchG auswirken. Implizit wird eine Darstellung behördlicher Entscheidungen auch an anderen Stellen des Kriterienkataloges der Nrn. 1 bis 5 gefordert. Soweit ein Sanierungsplan danach Bewertungen und Entscheidungen der zuständigen Behörde enthalten soll, hat deren Wiedergabe lediglich deklaratorischen Charakter. Letzteres gilt insbesondere auch für die Darstellung der **Sanierungsziele** (über den Zeitpunkt der behördlichen Entscheidung über die Sanierungsziele *(→ Rdnr. 10 zu § 6).*

54 Eine Darstellung der getroffenen behördlichen Entscheidungen wird „insbesondere auch hinsichtlich des Maßnahmenkonzepts" verlangt. Dadurch macht der Verordnungsgeber deutlich, daß er diese Entscheidung der Anordnung über die Vorlage eines Sanierungsplans zeitlich vorgelagert sieht (*→ Rdnr. 10 zu § 6).* In der Praxis kann es auch vorkommen, daß allein schon ein Maßnahmenkonzept Gegenstand eines öffentlich-rechtlichen Vertrages wird. I. d. R. dürften aber solche Verträge zwischen der zuständigen Behörde, dem Sanierungspflichtigen und ggf. Dritten auf der Grundlage eines Sanierungsplans geschlossen werden. § 13 Abs. 4 BBodSchG spricht insofern auch von dem **Entwurf** eines Sanierungsvertrages, der mit dem Sanierungsplan vorgelegt werden kann.

55 Abweichend von der in § 13 Abs. 1 BBodSchG genannten **Zusammenfassung der Sanierungsuntersuchungen** verlangt Nr. 1 ausdrücklich nur deren **Ergebnisse.** Im Sinne der weitergehenden Anforderung des Gesetzes muß sich einem Sanierungsplan gleichwohl entnehmen lassen, welche Sanierungsvarianten in die Sanierungsuntersuchungen einbezogen worden sind und welche Ergebnisse und Gründe dazu geführt haben, ein bestimmtes Maßnahmenkonzept als vorzugswürdig zu beurteilen (ggf. auch mehrere vergleichbar zielerfüllende Konzepte). Zusammenfassend darzustellen ist auch das auf Grund behördlicher Anordnung bzw. nach Vereinbarung oder Abstimmung mit der zuständigen Behörde schließlich zu realisierende Maßnahmenkonzept.

1.2.3 Darstellung der durchzuführenden Maßnahmen und Nachweis ihrer Eignung

56 Nr. 2 fordert in dem einleitenden Teilsatz die „textliche und zeichnerische Darstellung der durchzuführenden Maßnahmen" und den „Nachweis ihrer Eignung". In bezug auf die Form der Darstellung ist dies eine Wiederholung. Bereits § 6 Abs. 2 Satz 1 regelt, daß die Maßnahmen „textlich und zeichnerisch vollständig darzustellen" sind *(→ Rdnr. 14 zu § 6).* Auch die in Nr. 2 verlangte Darstellung „des Einwirkungsbereichs der Altlast" stellt

Anhang 3

insofern eine Wiederholung dar, als hier ein maßgeblicher Aspekt der Gefahrenlage gesondert aufgeführt wird. Im Einzelfall sollte die Darstellung, wie bei anderen Doppelnennungen, im naheliegendsten Zusammenhang erfolgen.

Die „**durchzuführenden Maßnahmen**" ergeben sich aus dem nach behördlicher Entscheidung oder nach Abklärung mit der Behörde zu realisierenden Maßnahmenkonzept. Die näheren Regelungen der Nr. 2 betreffen die Dekontaminations-, Sicherungs-, Schutz- oder Beschränkungsmaßnahmen, die im Einzelfall erforderlich sind, um das Sanierungsziel zu erreichen. Ausdrücklich verlangt werden auch Angaben über die notwendigerweise damit verbundenen sonstigen Maßnahmen, ausgenommen die Eigenkontrollmaßnahmen, für die konkrete Anforderungen unter Nr. 3 (sanierungsbegleitende Eigenkontrolle) und Nr. 4 (Eigenkontrolle während der Nachsorge) genannt werden. 57

Nähere Regelungen über den **Nachweis der Eignung** der in einem Sanierungsplan dargestellten Maßnahmen werden unter Nr. 2 nicht getroffen. Die Eignung der in Betracht kommenden Maßnahmen ist typischerweise im Rahmen von Sanierungsuntersuchungen zu prüfen *(→ Rdnr. 10)*. Die dabei anzuwendenden Kriterien sind in § 5 Abs. 1 und 3 festgelegt (→ *Rdnr. 14 ff. und 36 ff.* zu § 5). Trifft die zuständige Behörde auf Grund von Sanierungsuntersuchungen eine Entscheidung über das zu realisierende Maßnahmenkonzept, entscheidet sie damit zugleich über dessen Eignung. In solchen Fällen besteht der Eignungsnachweis i. d. R. aus der zusammenfassenden Wiedergabe der entsprechenden Prüfergebnisse aus der Sanierungsuntersuchung, der behördlichen Entscheidungen und der dem Verpflichteten mitgeteilten Entscheidungsgründe. Sinngemäß gilt dies auch dann, wenn die Behörde ohne vorangegangene Sanierungsuntersuchungen verlangt, einen Sanierungsplan für ein bestimmtes Maßnahmenkonzept vorzulegen. 58

Denkbar ist auch, daß die zuständige Behörde die Eignung einer Maßnahme dem Grunde nach bejaht, wenn bestimmte Anforderungen an deren Wirksamkeit erfüllt werden, sie die Maßnahme aber noch nicht in allen Einzelheiten festlegt (z. B. System und Materialien für eine Oberflächenabdichtung). Dann ist der Nachweis, daß die im Sanierungsplan konkret dargestellte Maßnahme (z. B. mineralische Oberflächenabdichtung mit bestimmtem Systemaufbau) den vorgegebenen Anforderungen genügt, im Rahmen dieses Plans zu erfüllen. 59

Anhang 3

60 Bietet der Verpflichtete die Erarbeitung eines Sanierungsplanes an und liegt eine abschließende behördliche Entscheidung über das betreffende Maßnahmenkonzept noch nicht vor, hat der Verpflichtete den Eignungsnachweis für die von ihm vorgesehenen Maßnahmen im Rahmen des Sanierungsplans zu führen. Nähere Hinweise über die anzuwendenden Eignungskriterien für Sanierungsmaßnahmen finden sich in den Erläuterungen zu § 5 Abs. 1 und 3 *(→ Rdnr. 14 ff. und 36 ff.)*.

61 Neben konkreten Anforderungen an die Darstellung der Sanierungs-, Schutz- oder Beschränkungsmaßnahmen und der sonstigen technischen Maßnahmen werden in Nr. 2 mehrere Einzelkriterien genannt, die in unmittelbarem Zusammenhang mit diesen Maßnahmen stehen. Dazu zählt auch die Darstellung **des Gebietes des Sanierungsplans**. Nähere Regelungen zur Abgrenzung dieses Gebietes werden in Anhang 3 oder an anderer Stelle der BBodSchV nicht getroffen. Neben den zu sanierenden Flächen und den Schutz- oder Beschränkungsmaßnahmen zu unterwerfenden Flächen werden dem Plangebiet regelmäßig auch die Flächen zuzurechnen sein, die benötigt werden, um die nach dem Maßnahmenkonzept vorgesehenen Maßnahmen zur Gefahrenabwehr (einschließlich der damit verbundenen Arbeitsschutz-, Immissionsschutz- und Eigenkontrollmaßnahmen) zweckentsprechend und ordnungsgemäß durchführen zu können. Die Regelung des § 13 Abs. 5 BBodSchG gilt jedoch nur für das Wiedereinbringen von Bodenmaterial „im Bereich der von der Altlastensanierung betroffenen Fläche", nicht für das Ablagern auf Flächen außerhalb des zu sanierenden Grundstücks i. S. d. § 2 Abs. 5 BBodSchG.

62 Zu der Frage, ob für größere Grundstücke i. S. d. § 2 Abs. 5 mehrere, auf Teilflächen bezogene Sanierungspläne (ggf. auch zeitlich nacheinander) verlangt oder vorgelegt werden können, enthält die BBodSchV keine Bestimmungen. Geregelt ist auch nicht, inwieweit mehrere voneinander getrennte Grundstücke (z. B. verschiedene Betriebsteile eines früheren Betriebes) wegen des Zusammenhangs der geplanten Gefahrenabwehrmaßnahmen in einen einzigen Sanierungsplan aufgenommen werden können. Insofern ist die zuständige Behörde nicht daran gehindert, in diesen Fragen nach den Erfordernissen des Einzelfalls und unter Beachtung des Zwecks eines Sanierungsplans zu verfahren. In jedem Fall hat sie aber bei der Verbindlichkeitserklärung eines Sanierungsplans dessen Gebiet bzw. Teilgebiete unter Zuhilfenahme einer zeichnerischen Darstellung eindeutig festzulegen.

63 Die verlangte Darstellung der **Abfallentsorgung** beim Betrieb von Anlagen, der **Verwendung von Böden** und der **Ablagerung** von Abfällen auf

Anhang 3

Deponien, der **Arbeits- und Immissionsschutzmaßnahmen** sowie der **Mengen** und **Transportwege** bei der Bodenbehandlung in off-site Anlagen sind maßgebliche Kriterien für die umweltverträgliche Durchführung der geplanten Maßnahmen und damit auch für deren Eignung *(→ Rdnr. 25 ff. zu § 5).*

Für bestimmte **Elemente und den Ablauf** von Sanierungen, die **fachspezifischen Berechnungen** zu Dekontaminationsmaßnahmen und die **technische Ausgestaltung** von Sicherungsmaßnahmen (Nr. 2 Anstriche 3, 4 und 6), d. h. für die planerische Durcharbeitung der Sanierungs-, Schutz- und Beschränkungsmaßnahmen selbst, kann eine Vielzahl von Technischen Regeln, Richtlinien und Arbeitshilfen von Bund, Ländern oder Fachgremien herangezogen werden. Das diesen Erläuterungen beigegebene Literaturverzeichnis und der Anhang zu dieser Schrift (Teil 4) führen solche Publikationen ohne Anspruch auf Vollständigkeit auf. 64

Soweit für die in einem Sanierungsplan dargestellten Maßnahmen **Zulassungserfordernisse** bestehen und die Zulassungen von einem verbindlichen Sanierungsplan miteingeschlossen werden können, ist diese Darstellung zugleich auch als entsprechende Antragsunterlage kenntlich zu machen. Die amtliche Begründung zu § 13 Abs. 1 BBodSchG führt hierzu folgendes aus (BT-Drucks. 13/6701, S. 41): 65

„Ein Sanierungsplan hat das zu realisierende Sanierungskonzept prüffähig darzustellen und die erforderlichen Angaben und Unterlagen auch für miteingeschlossene behördliche Entscheidungen zu enthalten. Grundlage des Sanierungsplanes soll eine Sanierungsuntersuchung sein, die insbesondere Untersuchungen über Art und Umfang geeigneter Maßnahmen und Machbarkeitsstudien umfaßt. In diesem Sinne dokumentiert ein Sanierungsplan das Ergebnis eines mehrstufigen Planungsprozesses. Er bildet die fachliche Grundlage für die behördlichen Anordnungen zur Altlastensanierung wie auch für die zur Durchführung der Sanierung notwendigen spezialgesetzlichen Zulassungen, etwa die immissionsschutzrechtliche Zulassung von Bodenbehandlungsanlagen, die im Rahmen von § 16 Abs. 2 konzentriert werden."

Weitere behördliche Entscheidungen, die von einem für verbindlich erklärten Sanierungsplan (oder einer Anordnung nach § 10 Abs. 1 BBodSchG) miteingeschlossen werden können, sind u. a. eine Indirekteinleitergenehmigung für die Einleitung verunreinigten Abwassers in die Kanalisation, eine wasserrechtliche Erlaubnis nach § 7 WHG, eine Baugenehmi- 66

Anhang 3

gung nach der jeweiligen Landesbauordnung, eine Ausnahmegenehmigung von einer Landschaftsschutzverordnung oder eine ggf. befristete Waldumwandlungsgenehmigung. Anzugeben sind erforderliche Zulassungen auch dann, wenn ein verbindlicher Sanierungsplan diese nicht einschließen kann (§ 6 Abs. 2 Satz 3 BBodSchV). Bestehen bei dem Pflichtigen oder dem von ihm beauftragten Dritten hierüber Unklarheiten, sollte die zuständige Behörde frühzeitig um Klärung gebeten werden.

1.2.4 Darstellung der Eigenkontrollmaßnahmen

67 Als weitere Anforderungen an einen Sanierungsplan nennt Anhang 3 Ziff. 2 die Darstellung der **Eigenkontrollmaßnahmen zur Überprüfung von Ausführung und Wirksamkeit der Maßnahmen** (Nr. 3) und der **Eigenkontrollmaßnahmen im Rahmen der Nachsorge** (Nr. 4). Eigenkontrollmaßnahmen zur Überprüfung von Ausführung und Wirksamkeit der Maßnahmen dienen vor allem auch dazu, das Erreichen des Sanierungsziels bei Dekontaminationsmaßnahmen (§ 5 Abs. 1 Satz 3) oder die Wirksamkeit von Sicherungsmaßnahmen (§ 5 Abs. 3 Satz 4) gegenüber der zuständigen Behörde zu belegen.

68 Die Wirksamkeit von Sicherungsmaßnahmen ist außerdem dauerhaft zu überwachen (§ 5 Abs. 3 Satz 4 BBodSchV). Nach § 15 Abs. 2 Satz 4 BBodSchG kann die zuständige Behörde Eigenkontrollmaßnahmen auch nach Durchführung von Dekontaminations-, Sicherungs- und Beschränkungsmaßnahmen anordnen. Eigenkontrollmaßnahmen im Rahmen der Nachsorge werden demnach regelmäßiger Bestandteil insbesondere von Sicherungsmaßnahmen sein. Ein Sanierungsplan, der Sicherungsmaßnahmen einschließt, muß deshalb ein mit der zuständigen Behörde abgeklärtes Nachsorgeprogramm enthalten, in dem Art, Umfang, Häufigkeit und Dauer der vorgesehenen Kontrollen und die beabsichtigte Ergebnisvorlage gegenüber der Behörde dargestellt werden. Zu den Kontrollen, die für die Nachsorge erforderlich sein können, siehe Rdnr. 35 zu Ziffer 1.

69 Hinweise zur Ausgestaltung dieser Maßnahmen und zur Prüfung der diesbezüglichen Planunterlagen können den Regelwerken und Fachpublikationen entnommen werden, die im nachstehenden Literaturverzeichnis und in Teil 4 des Anhangs zu dieser Schrift aufgeführt sind.

1.2.5 Darstellung des Zeitplans und der Kosten

70 Die unter Nr. 5 verlangte Darstellung der „**zeitlichen Durchführung**" der geplanten Sanierungsmaßnahmen gehört zu den in § 13 Abs. 1 Satz 1 BBodSchG genannten Regelinhalten eines Sanierungsplans. Der Zeitplan

ist für behördliche Entscheidungen nicht nur unter dem Aspekt des Zeitablaufs bis zur Gefahrenbeseitigung bedeutsam; er kann auch im Hinblick auf Zulassungen, die von einem verbindlichen Sanierungsplan miteingeschlossen werden sollen (z. B. Genehmigungsbedürftigkeit von Anlagen zur on-site Behandlung nach 4. BImSchV), und auf den Nachbarschaftsschutz entscheidungserheblich sein.

Zur Darstellung der **Kosten** äußert sich die amtliche Begründung nicht näher. In Fällen, in denen sich die zuständige Behörde und der Pflichtige über das zu realisierende Maßnahmenkonzept einig sind, ergeben sich keine besonderen Anforderungen an den Umfang und die Detailliertheit einer Kostenschätzung. Wesentliche Bedeutung kann die Darstellung der Kosten z. B. aber erlangen, wenn ein Verpflichteter anstelle einer behördlich angeordneten Maßnahme ein Austauschmittel anstrebt und dazu die Erstellung eines Sanierungsplans anbietet oder wenn ein Sanierungsplan Bestandteil eines öffentlich-rechtlichen Vertrages werden soll und von den Parteien eine anteilige Kostenübernahme vorgesehen ist. Eine „Arbeitshilfe zur Kostenermittlung bei der Sanierungsuntersuchung und Sanierungsplanung von Altlasten und der Entwicklung kontaminierter Brachflächen" hat das Landesumweltamt Nordrhein-Westfalen herausgegeben (LUA 1998).

71

(Fehlau/Odensaß)

Literatur

BAM – Bundesanstalt für Materialforschung und -prüfung (1992):
  Richtlinie für die Zulassung von Kunststoffdichtungsbahnen als Bestandteil einer Kombinationsdichtung für Siedlungs- und Sonderabfalldeponien sowie für Abdichtungen von Altlasten. Berlin: 1992

BAM – Bundesanstalt für Materialforschung und –prüfung (1995):
  Anforderungen an die Schutzschicht für die Dichtungsbahnen in der Kombinationsabdichtung, Zulassungsrichtlinie für Schutzschichten. Berlin: 1995

BICKEL, CH. (1999):
  Bundes-Bodenschutzgesetz: Kommentar. Köln: Heymanns 1999

BURMEIER, H., DRESCHMANN, O., EGERMANN, R., GANSE, J., RUMLER, S.:
  Sicheres Arbeiten auf Altlasten – Handlungsanleitungen für Aufsichtsbehörden, Planer und Ausführende. 2. Aufl. Aachen: focon-Ingenieurgesellschaft 1995

Anhang 3

DAI – Deutsches Asphaltinstitut (1996):
Allgemeine bauaufsichtliche Zulassung „Deponieasphalt für Deponieabdichtungen der Deponieklasse II". Bonn: DAI 1996

DECHEMA-Fachgespräche Umweltschutz (1992):
Einsatzmöglichkeiten und Grenzen mikrobiologischer Verfahren zur Bodensanierung. 1. Bericht des interdisziplinären Arbeitskreises „Umweltbiotechnologie – Boden". Hrsg.: KLEIN, Jürgen. Deutsche Gesellschaft für Chemisches Apparatewesen, Chemische Technik und Biotechnologie. Frankfurt a. M.: DECHEMA 1992

DECHEMA-Fachgespräche Umweltschutz (1992):
Labormethoden zur Beurteilung der biologischen Bodensanierung; 2. Bericht des interdisziplinären Arbeitskreises „Umweltbiotechnologie – Boden"; Ad-hoc-Arbeitsgruppe „Labormethoden zur Beurteilung der biologischen Bodensanierung". Hrsg.: KLEIN, Jürgen. Deutsche Gesellschaft für Chemisches Apparatewesen, Chemische Technik und Biotechnologie. Frankfurt a. M.: DECHEMA 1992

Deutsche Gesellschaft für Erd- und Grundbau (1996):
Empfehlungen für die Ausführung von Asphaltarbeiten im Wasserbau (EAAW 83), 4. Ausgabe 1983, 2. Aufl. Essen: 1996

DGGT – Deutsche Gesellschaft für Geotechnik e.V. (1997):
GDA-Empfehlungen Geotechnik der Deponien und Altlasten, 3. Aufl. Berlin: Ernst und Sohn 1997

DIBt – Deutsches Institut für Bautechnik (1996):
Grundsätze für den Eignungsnachweis von Dichtungselementen in Deponieabdichtungssystemen. Ausgabe November 1995. Berlin: DIBt 1996

DIBt – Deutsches Institut für Bautechnik (1996):
Merkblatt „Qualitätssicherung bei Asphaltdichtungen für Deponien". Ausgabe Juli 1996. Berlin: DIBt 1996

DIBt – Deutsches Institut für Bautechnik (1998):
Verschiedene allgemeine bauaufsichtliche Zulassungen für geosynthetische Tondichtungsbahnen zur Verwendung in Oberflächenabdichtungssystemen von Deponien der Deponieklasse I nach TA Siedlungsabfall. Berlin: DIBt 1998

Deutsches Institut für Gütesicherung und Kennzeichnung e. V. (1994):
Aufbereitung zur Wiederverwendung von kontaminierten Böden und Bauteilen, Gütesicherung, RAL-RG 501/2

Anhang 3

DRESCHMANN, P., ODENSAß, M. (1999):
Einfluß von Nutzen und Kosten auf die Sanierungsentscheidung.-Terrarec, H. 5, S. 54-60

Dritte Allgemeine Verwaltungsvorschrift zum Abfallgesetz (TA Siedlungsabfall) Technische Anleitung zur Verwertung, Behandlung und sonstigen Entsorgung von Siedlungsabfällen vom 14. Mai 1993 (BAnz. Nr. 99 a)

DVWK – Deutscher Verband für Wasserwirtschaft und Kulturbau e. V. (1990):
Dichtungselemente im Wasserbau. Merkblätter 215. Hamburg: Parey 1990

DVWK – Deutscher Verband für Wasserwirtschaft und Kulturbau e. V. (1991):
Sanierungsverfahren für Grundwasserschadensfälle und Altlasten – Anwendbarkeit und Beurteilung. Schriftenreihe des DVWK, H. 98. Hamburg: Parey 1991

DVWK – Deutscher Verband für Wasserwirtschaft und Kulturbau e.V. (1992):
Asphaltdichtungen für Talsperren und Speicherbecken. Merkblätter 223. Hamburg: Parey 1992

DVWK – Deutscher Verband für Wasserwirtschaft und Kulturbau e. V. (1992):
Anwendung von Kunststoffdichtungsbahnen im Wasserbau und für den Grundwasserschutz. Merkblätter 225. Hamburg: Parey 1992

DVWK – Deutscher Verband für Wasserwirtschaft und Kulturbau e. V. (1992):
Merkblätter zur Wasserwirtschaft; Asphaltdichtungen für Talsperren und Speicherbecken. Hamburg: Parey 1992

DVWK – Deutscher Verband für Wasserwirtschaft und Kulturbau e. V. (1996):
Deponieabdichtungen in Asphaltbauweise. Merkblätter 237. Bonn: Wirtschafts- und Verlagsgesellschaft Gas und Wasser 1996

FGSV – Forschungsgesellschaft für Straßen- und Verkehrswesen (1994):
Merkblatt für die Anwendung von Geotextilien und Geogittern im Erdbau des Straßenbaus. Köln: FGSV 1994

FGSV – Forschungsgesellschaft für Straßen- und Verkehrswesen (1994):
Zusätzliche Technische Vertragsbedingungen und Richtlinien für den Bau von Fahrbahndecken aus Asphalt (ZTV Asphalt 94). Köln: FGSV 1994

FGSV – Forschungsgesellschaft für Straßen- und Verkehrswesen (1994):
Zusätzliche technische Vorschriften und Richtlinien für Erdarbeiten und Straßenbau (ZTVE-StB 94). Köln: FGSV 1994

Anhang 3

FGSV – Forschungsgesellschaft für Straßen- und Verkehrswesen (1995):
Zusätzliche Technische Vertragsbedingungen und Richtlinien für Tragschichten im Straßenbau (ZTVT-StB 95). Köln: FGSV 1995

ITVA – Ingenieurtechnischer Verband Altlasten e. V. (1994 ff.):
Arbeitshilfen des ITVA-Fachausschusses H 1 „Technologien und Verfahren":
Mikrobiologische Verfahren zur Bodendekontamination;
Dekontamination durch Bodenwaschverfahren;
Dekontamination durch Thermische Bodenreinigungsverfahren;
Schadstoffeinbindung durch Verfestigung als Möglichkeit der Immobilisierung;
Oberflächensicherung;
Sicherung durch vertikale Abdichtung;
Bodenluftsanierung;
Grundwasserreinigung;
Hydraulische Maßnahmen. Berlin: ITVA 1994 ff.

ILS – Institut für Landes- und Stadtentwicklungsforschung (1994):
Gewerbegebiete auf Flächen mit Bodenbelastungsverdacht, Bausteine für die Planungspraxis in Nordrhein-Westfalen. 2. unv. Aufl. Dortmund: ILS 1994

LAGA – Länderarbeitsgemeinschaft Abfall (1994):
Anforderungen an die stoffliche Verwertung von mineralischen Reststoffen/Abfällen. Berlin: Erich Schmidt 1994

LAWA – Länderarbeitsgemeinschaft Wasser (1998):
Leitlinien zur Durchführung von dynamischen Kostenvergleichsrechnungen (6. Aufl.) einschl. Softwarepaket. Berlin: Kulturbuchverlag 1998

LUA – Landesumweltamt NRW (1998):
Leistungsbuch Altlastensanierung & Flächenentwicklung 1997/1998 – Arbeitshilfe zur Kostenermittlung bei der Sanierungsuntersuchung und Sanierungsplanung von Altlasten und der Entwicklung kontaminierter Brachflächen. Materialien zur Altlastensanierung und zum Bodenschutz, Bd. 5. Essen: LWA (Hrsg.) 1998

LUA – Landesumweltamt NRW (2000 b):
Anforderungen an eine Sanierungsuntersuchung unter Berücksichtigung von Nutzen-Kosten-Aspekten. Materialien zur Altlastensanierung und zum Bodenschutz. Essen: LUA 2000

LWA – Landesamt für Wasser und Abfall NRW (1993):
Mineralische Deponieabdichtungen. Richtlinie Nr. 18. Düsseldorf: LWA 1993

Anhang 3

LWA – Landesamt für Wasser und Abfall NRW (1994):
Beurteilung von Verfahren zur Verminderung der Mobilität von Schadstoffen in abzulagernden Abfällen. LWA-Materialien Nr. 1/94. Düsseldorf: 1994

OERDER, M., NUMBERGER, U., SCHÖNFELD TH. (1999):
Bundes-Bodenschutzgesetz: BBodSchG; Gesetz zum Schutz von schädlichen Bodenveränderungen und zur Sanierung von Altlasten; Kommentar. Stuttgart: Boorberg 1999

PETERSEN, F. (1999):
Rechtliche Anforderungen des Kreislaufwirtschafts- und Abfallgesetzes und Regelungsbedarf. In: FRANZIUS, V., BACHMANN, G. (Hrsg): Sanierung kontaminierter Standorte – Pro und Contra zu neuen rechtlichen Regelungen und Techniken. Berlin: Erich Schmidt 1999

SMUL – Sächsiches Staatsministerium für Umwelt und Landwirtschaft (1999):
Sanierungsuntersuchung. Handbuch zur Altlastenbehandlung, Teil 8. Dresden: SMUL (Hrsg.) 1999

SRU – Der Rat von Sachverständigen für Umweltfragen (1990):
Altlasten – Sondergutachten Dezember 1989. – Stuttgart: Metzler-Poeschel 1990

SRU – Der Rat von Sachverständigen für Umweltfragen (1995):
Altlasten II – Sondergutachten Februar 1995. – Stuttgart: Metzler-Poeschel 1995

TBG – Tiefbau Berufsgenossenschaft (1997):
Richtlinien für Arbeiten in kontaminierten Bereichen, ZH 1/183, 1997. München: Fachausschuß Tiefbau

VDI – Verein Deutscher Ingenieure (1974):
Maximale Immissions-Werte, VDI-Richtlinie 2310

VDI – Verein Deutscher Ingenieure (1997):
Emissionsminderung Anlagen zur Bodenluftabsaugung und zum Grundwasserstrippen. VDI-Richtlinie 3897

Zweite allgemeine Verwaltungsvorschrift zum Abfallgesetz (TA Abfall) Teil 1:
Technische Anleitung zur Lagerung, chemisch/physikalischen, biologischen Behandlung, Verbrennung und Ablagerung von besonders überwachungsbedürftigen Abfällen vom 12. März 1991 (GMBl. S. 139, ber. S. 469)

Anhang 4
Anforderungen an die Untersuchung und Bewertung von Flächen, bei denen der Verdacht einer schädlichen Bodenveränderung auf Grund von Bodenerosion durch Wasser vorliegt

1. Anwendung

Dieser Anhang findet gemäß § 8 Anwendung bei der Untersuchung von Flächen, bei denen der Verdacht einer schädlichen Bodenveränderung auf Grund von Bodenerosion durch Wasser besteht.

2. Untersuchung und Bewertung

Bestehen Anhaltspunkte für das Vorliegen einer schädlichen Bodenveränderung auf Grund von Bodenerosion durch Wasser, so ist zunächst zu prüfen,

a) ob erhebliche Mengen Bodenmaterials aus der Erosionsfläche geschwemmt wurden und
b) auf welche Erosionsflächen und auf welche Verursacher die Bodenabschwemmung zurückzuführen ist.

Hinweise für eine Identifikation der Erosionsfläche ergeben sich vor allem durch deutlich sichtbare Übertrittsstellen von Bodenmaterial von der Erosionsfläche zu den außerhalb der Erosionsfläche gelegenen und durch Bodenmaterial beeinträchtigten Bereichen. Weitere Hinweise ergeben sich aus dem Vorliegen deutlich sichtbarer Erosionsformen auf der Erosionsfläche. Bei der Prüfung gemäß Buchstabe a kann es erforderlich sein, die bei einem Erosionsereignis oder in Folge von Erosionsereignissen, die im Abstand von maximal wenigen Wochen nacheinander aufgetreten sind, von einer Verdachtsfläche abgeschwemmte Bodenmenge abzuschätzen. Dies kann mit Hilfe der „Kartieranleitung zur Erfassung aktueller Erosionsformen" (DVWK 1996) erfolgen.

Für die Abschätzung der Wiedereintrittswahrscheinlichkeit von Bodenabträgen gemäß § 8 Abs. 1 sind insbesondere gebietsspezifische statistische Auswertungen langjähriger Niederschlagsaufzeichnungen des Deutschen Wetterdienstes heranzuziehen. Hierzu können auch Erosionsprognosemodelle als Hilfsmittel genutzt werden, soweit sie nachweislich geeignet sind, die aus den Erosionsflächen abgeschwemmten Bodenmengen bei konkret eingetretenen Erosionsereignissen mit hinreichender Genauigkeit abzuschätzen.

Die Bedingungen für die Erwartung weiterer Bodenabträge gemäß § 8 Abs. 1 Nr. 2 sind in der Regel erfüllt, wenn innerhalb der letzten zehn Jahre mindestens in einem weiteren Fall erhebliche Mengen Bodenmaterials aus derselben Erosionsfläche geschwemmt wurden.

Übersicht   Rdnr.

1. Allgemeines 1
2. Erläuterungen und Anwendungshinweise 2

1. Allgemeines

Unter Bezug auf § 8 der Verordnung beschränkt sich der Anwendungsbereich dieses Anhangs auf die Flächen, bei denen der Verdacht einer schädlichen Bodenveränderung auf Grund von Bodenerosion durch Wasser besteht oder eine solche vorliegt, d. h. die Anhaltspunkte gem. § 8 Abs. 2 werden hier nicht weiter konkretisiert.   1

2. Erläuterungen und Anwendungshinweise

Unter Nr. 1 wird der Anwendungsbereich des Anhangs dargestellt.   2
Im weiteren werden unter Nr. 2 nähere Anforderungen an die Untersuchung und Bewertung der Verdachtsflächen gem. § 8 Abs. 2 aufgestellt. Zunächst sind die dort genannten Anhaltspunkte durch Untersuchungen zu überprüfen sowie die Erosionsfläche zu ermitteln. Hierzu werden nähere Kriterien, wie Übertrittsstellen und Erosionsformen genannt. Weiterhin wird für die Abschätzung der abgetragenen Menge auf die „Kartieranleitung zur Erfassung aktueller Erosionsformen" des DVWK (1996) verwiesen, die auch als Hilfsmittel für die Ermittlung der Erosionsfläche als geeignet anzusehen ist.

Für die abschließende Bewertung wird als wichtig hervorgehoben, daß die Niederschlagsverhältnisse in Form der gebietsspezifischen Wiederkehrwahrscheinlichkeit der erosionswirksamen Niederschläge zu berücksichtigen sind. Zur Darstellung der komplexen Zusammenhänge können im   3

Anhang 4

Rahmen der Untersuchung und Bewertung auch Erosionsprognosemodelle eingesetzt werden, wobei als Voraussetzung erfüllt sein muß, daß die verwendeten Modelle das einzelfallspezifische Erosionsgeschehen hinreichend genau abbilden können. Für die Verwendung bei der konkreten Gefahrenverdachtsuntersuchung ist dies eine notwendige Voraussetzung. Die für den vorsorgenden Erosionsschutz zur Verfügung stehenden Modelle werden damit nicht eingeschränkt.

4 Der letzte Satz von Anhang 4 konkretisiert ermessensleitend § 8 Abs. 4 Nr. 1, indem das Kriterium zurückliegender Erosionsereignisse auf derselben Erosionsfläche quantifiziert wird. Durch den unbestimmten Rechtsbegriff „i. d. R." verbleibt jedoch auch hier Ermessensspielraum. Der Zeitraum von zehn Jahren trägt dem bewirtschaftungsbedingten Wechsel des Bodenzustands bei landwirtschaftlicher Nutzung Rechnung. Andererseits stellt der Verordnungsgeber hiermit auch klar, daß ein einmaliger Abtrag in deutlich längeren Zeiträumen nicht die hinreichende Wahrscheinlichkeit entsprechend § 8 Abs. 4 Nr. 2 darstellt.

(Seiffert)

Anhang

Regelwerke und Veröffentlichungen aus den Ländern, Veröffentlichungen des Umweltbundesamtes

Regelwerke Teil 1

Anhang: Regelwerke und Veröffentlichungen aus den Ländern, Veröffentlichungen des Umweltbundesamtes [1]

Teil 1
Gesamtdarstellungen

Bundesland	Herausgeber, Titel
Baden-Württemberg	Landesanstalt für Umweltschutz Baden-Württemberg (Hrsg.): Das Modellstandortprogramm des Landes Baden-Württemberg, Erfahrungen für die Praxis der Altlastenbearbeitung; Symposium vom 3. bis 5. März 1993, Materialien zur Altlastenbearbeitung, Bd. 12, Karlsruhe 1993
Baden-Württemberg	Landesanstalt für Umweltschutz Baden-Württemberg (Hrsg.): Genehmigungserfordernisse bei der Altlastenbearbeitung, Leitfaden Recht, Materialien zur Altlastenbearbeitung, Bd. 18, Karlsruhe 1995
Baden-Württemberg	Landesanstalt für Umweltschutz Baden-Württemberg (Hrsg.): Statusbericht Altlasten – Materialien zur Altlastenbearbeitung, Bd. 27, Karlsruhe 1997
Baden-Württemberg	Landesanstalt für Umweltschutz Baden-Württemberg (Hrsg.): Moore und Anmoore in der Oberrheinebene, Materialien zum Bodenschutz, Bd. 6, Karlsruhe 1997
Baden-Württemberg	Landesanstalt für Umweltschutz Baden-Württemberg (Hrsg.): Altlasteninformationssystem „AlfaWeb", Karlsruhe 1998
Bayern	Bayerisches Landesamt für Umweltschutz (Hrsg.): Behandlung von Altlasten, München 1992
Bayern	Bayerisches Landesamt für Umweltschutz (Hrsg.): Bodenkontamination – Grundlagen und Fallbeispiele, München 1993
Bayern	Bayerisches Landesamt für Umweltschutz (Hrsg.): Bebaubarkeit von Altlasten, München 1996
Bayern	Bayerisches Landesamt für Umweltschutz (Hrsg.): Bodenbelastung durch Schießanlagen, München 1998

---

[1] Die aufgelisteten Regelwerke und Schriften sind überwiegend bereits vor Verabschiedung von BBodSchG und BBodSchV erschienen, ein Teil von ihnen wird daher gegenwärtig überarbeitet. Auf Abweichungen insbesondere gegenüber den Regelungen der BBodSchV sollte bei den vorliegenden Fassungen geachtet werden.

Regelwerke Teil 1

Brandenburg	Ministerium für Umwelt, Naturschutz und Raumordnung (Hrsg.): Flächenrecycling, Projektskizze Oranienburg. 1994 Flächenrecycling, Lauchhammer 1994 Flächenrecycling, Eisenhüttenstadt 1994 Flächenrecycling, Wittenberge 1995
Brandenburg	Ministerium für Umwelt, Naturschutz und Raumordnung (Hrsg.): Materialien zur Altlastenbearbeitung im Land Brandenburg. Bd. 1: Leitfaden Recht – Genehmigungserfordernisse bei der Altlastenbearbeitung, Oktober 1997 Altlasten in der Bauleitplanung (in Planung)
Brandenburg	Ministerium für Umwelt, Naturschutz und Raumordnung (Hrsg.): Handbuch zur Altlastenbearbeitung im Land Brandenburg 1998
Brandenburg	Ministerium für Umwelt, Naturschutz und Raumordnung (Hrsg.): Rüstungsaltlasten in Brandenburg, November 1998
Nordrhein-Westfalen	Ministerium für Umwelt, Raumordnung und Landwirtschaft des Landes Nordrhein-Westfalen (Hrsg.) und Niedersächsisches Umweltministerium (Hrsg.): Wegweiser für den Umgang mit Altlast-Verdachtsflächen auf freiwerdenden, militärisch genutzten Liegenschaften, Düsseldorf, Hannover 1992
Nordrhein-Westfalen	Ministerium für Umwelt, Raumordnung und Landwirtschaft des Landes Nordrhein-Westfalen (Hrsg.): Hinweise zur Ermittlung und Sanierung von Altlasten, 2. Auflage, 2. und 3. Lieferung, Düsseldorf 1994
Nordrhein-Westfalen	MEINERS, H. G., FRERICHS, S.: Konversion militärischer Liegenschaften: Altlasten/Bodenbelastungen, Lösungsansätze aus der Praxis. Materialien zur Ermittlung und Sanierung von Altlasten, Band 12 (Hrsg. dieses Bandes: Landesumweltamt Nordrhein-Westfalen), Düsseldorf 1996
Nordrhein-Westfalen	Landesumweltamt Nordrhein-Westfalen (Hrsg.): Zivile Anschlussnutzung von Militärstandorten – Risikofaktor Altlasten-Bodenbelastung – LUA-Materialien Nr. 38, Essen 1997
Rheinland-Pfalz	Ministerium für Umwelt und Forsten Rheinland-Pfalz (Hrsg.): Leitfaden Altlasten auf Konversionsliegenschaften (Erkundung, Bewertung und Sanierung), April 1995
Sachsen	Sächsisches Staatsministerium für Umwelt und Landwirtschaft (Hrsg.): Handbuch zur Altlastenbehandlung, Teil 1, Grundsätze zur Altlastenbehandlung (in Planung)

Regelwerke Teil 1

Sachsen	Sächsisches Staatsministerium für Umwelt und Landwirtschaft und das Sächsische Landesamt für Umwelt und Geologie (Hrsg.): Rahmenkonzeption, Band 1/1997
Sachsen-Anhalt	Landesamt für Umweltschutz Sachsen-Anhalt (Hrsg.): Leitfaden zum Altlastenprogramm, Berichte des LAU Heft 20, Halle 1996
Sachsen-Anhalt	Landesamt für Umweltschutz Sachsen-Anhalt (Hrsg.): Leitfaden zum Altlastenprogramm – Fortschreibung –, Berichte des LAU Heft 28, Halle 1997
Schleswig-Holstein	Ministerium für Natur und Umwelt des Landes Schleswig-Holstein (Hrsg.): Altlastensituation in Schleswig-Holstein, Kiel 1995
Umweltbundesamt	Internationale Erfahrungen der Herangehensweise an die Erfassung, Erkundung, Bewertung und Sanierung Militärischer Altlasten, UBA-Texte 4/97, März 1997
Umweltbundesamt	International Experience and Expertise in Registration, Investigation, Assessment and Clean-up of Contaminated Military Sites, UBA-Texte 5/97, März 1997
Umweltbundesamt	Bodenschutz: Ergänzbares Handbuch der Maßnahmen und Empfehlungen für Schutz, Pflege und Sanierung von Böden, Landschaft und Grundwasser/Hrsg. VON ROSENKRANZ, D.; G.; EINSELE, G. und HARREß, H.-M.; Erich Schmidt Verlag, Berlin
Umweltbundesamt	SCHAEFER, K.; BOEREN, F.; BOURTSEV, S. u.a. (1997): Internationale Erfahrungen der Herangehensweise an die Erfassung, Erkundung, Bewertung und Sanierung militärischer Altlasten (2 Bände, Umweltbundesamt, Texte 4/97, 742 S.
Umweltbundesamt	DOETSCH, P.; RUEPKE, A. (1998): Revitalisierung von Altstandorten versus Inanspruchnahme von Naturflächen. Gegenüberstellung und Flächenalternativen zur gewerblichen Nutzung durch qualitative, quantitative und monetäre Bewertung der gesellschaftlichen Potentiale und Effekte, Umweltbundesamt, Texte 15/98

Regelwerke Teil 2

Anhang: Regelwerke und Veröffentlichungen aus den Ländern,
Veröffentlichungen des Umweltbundesamtes

Teil 2
Erfassung

Bundesland	Herausgeber, Titel
Baden-Württemberg	Landesanstalt für Umweltschutz Baden-Württemberg (Hrsg.): Branchenkatalog zur historischen Erhebung von Altstandorten, 2., erweiterte Auflage, Materialien zur Altlastenbearbeitung, Bd. 3, Freiburg 1993
Baden-Württemberg	Landesanstalt für Umweltschutz Baden-Württemberg (Hrsg.): Handbuch Historische Erhebung altlastverdächtiger Flächen, Materialien zur Altlastenbearbeitung, Bd. 9, Karlsruhe 1995
Baden-Württemberg	Landesanstalt für Umweltschutz Baden-Württemberg (Hrsg.): Arbeitshilfe zur Bewertung altlastverdächtiger Standorte auf Beweisniveau 1, Karlsruhe 1995
Bayern	Bayerisches Landesamt für Umweltschutz (Hrsg.): Die Altlastenerhebung in Bayern, München 1993
Bayern	Bayerisches Landesamt für Umweltschutz (Hrsg.): Schießanlagen in Bayern – Auswertung der Umfrage 1996, München 1996
Mecklenburg-Vorpommern	Landesamt für Umwelt und Natur Mecklenburg-Vorpommern (Hrsg.): Altlastenerfassung Mecklenburg-Vorpommern – Handbuch zur Erfassung ziviler Altablagerungen und Altstandorte mit dem Computerprogramm ALPHA-dezentral
Mecklenburg-Vorpommern	Landesamt für Umwelt und Natur Mecklenburg-Vorpommern (Hrsg.): Altlastenerfassung militärischer Altlasten – Handbuch zur Erfassung militärischer Altlasten mit dem Computerprogramm ALPHA-militärisch
Mecklenburg-Vorpommern	Auftragsarbeit des Landesamtes für Umwelt und Natur Mecklenburg-Vorpommern (Hrsg.): Gezielte Nachermittlung von Rüstungsaltlastverdachtsstandorten in Mecklenburg-Vorpommern mit - historischer Recherche - geographischer Dokumentation (GIS) - Erstbewertung - Prioritätensetzung

Regelwerke Teil 2

Niedersachsen	Niedersächsisches Landesamt für Ökologie, Niedersächsisches Landesamt für Bodenforschung (Hrsg.): Altlasten/Fakten 4: HEITEFUSS, S. & KEUFFELTÜRK, A.: Erstbewertung von Altablagerungen bei Beweisniveau 1 – Ergänzende Bearbeitungshinweise zur Aufstellung Regionaler Prioritätenlisten und Regionaler Wartelisten durch die Regionalen Bewertungskommissionen – 8. S., 7. Abb., 1994
Niedersachsen	Niedersächsisches Landesamt für Ökologie, Niedersächsisches Landesamt für Bodenforschung (Hrsg.): Altlasten/Fakten 5: BADESOW, H. W.; DÖRHÖFER, G.; MEYER, R. & MÜCKE, K.: Altlastenprogramm des Landes Niedersachsen – Altablagerungen, Faktueller Sachstand/Zwischenbilanz – 12. S., 10. Abb., 1995
Niedersachsen	Niedersächsisches Landesamt für Ökologie, Niedersächsisches Landesamt für Bodenforschung: Altlastenprogramm des Landes Niedersachsen; Empfehlung zur Erfassung der Grunddaten von Altstandorten 1998
Niedersachsen	Niedersächsisches Landesamt für Ökologie, Niedersächsisches Landesamt für Bodenforschung (Hrsg.): Altlasten/Fakten 6: MÜCKE, K.; RÖHM, H. & TEUTEBERG, U.: Altlastenprogramm des Landes Niedersachsen – Altstandorte, Erfassung der Grunddaten von Altstandorten – 4 S., 3. Abb., 1998
Niedersachsen	Niedersächsisches Landesamt für Ökologie, Niedersächsisches Landesamt für Bodenforschung (Hrsg.): Altlasten/Fakten 7: DÖRHÖFER, G. & MÜCKE, K.: Altablagerungen und Altstandorte in Vorranggebieten für Wassergewinnung in Niedersachsen – Handlungsprioritäten – 8. S., 3. Abb., 2. Tab., 1999
Nordrhein-Westfalen	DODT, J.; BORRIES, H. W.; ECHTRHOFF-FRIEBE, H.; REINERS, N.: Die Verwendung von Karten und Luftbildern bei der Ermittlung von Altlasten. Ein Leitfaden für die praktische Arbeit. Im Auftrag des Ministers für Umwelt, Raumordnung und Landwirtschaft des Landes Nordrhein-Westfalen (Hrsg.), Düsseldorf 1987
Nordrhein-Westfalen	Kommunalverband Ruhrgebiet (Hrsg.): Erfassung möglicher Bodenverunreinigungen auf Altstandorten, Arbeitshilfe für die Erhebung und Auswertung von Informationen über produktionsspezifische Bodenbelastungen auf stillgelegten Industrie- und Gewerbeflächen, Essen 1989. (Gemeinschaftsprojekt von Umweltbundesamt, Kommunalverband Ruhrgebiet – KVR – Land NW)

Regelwerke Teil 2

Nordrhein-Westfalen	Erlass des Ministeriums für Umwelt, Raumordnung und Landwirtschaft des Landes Nordrhein-Westfalen über Form und Mindestinhalt der Karten über Altablagerungen und Altstandorte (§ 31 Abs. 2 Satz 2 LAbfG) vom 11.03.1991 – IV A 1 – 550.1
Nordrhein-Westfalen	DODT, J., GfD Ingenieur- und Beratungsgesellschaft mbH: Verdachtsflächen rüstungs- und kriegsbedingter Altlasten in NW, Ergebnisbericht über eine Recherche in überregionalen Archiven mit Schwerpunkt 1930 – 1950, Materialien zur Ermittlung und Sanierung von Altlasten, Band 3. Düsseldorf 1991 (Hrsg. dieses Bandes: Ministerium für Umwelt, Raumordnung und Landwirtschaft des Landes Nordrhein-Westfalen)
Nordrhein-Westfalen	Landesamt für Wasser und Abfall NW (Hrsg.): ISAL-Informationssystem Altlasten NW: Vorbemerkung, Ausfüllhinweise, ISAL-Erfassungsbogen / Stammdaten; Version 1.2, Düsseldorf 1992
Nordrhein-Westfalen	DODT, J., GfD Ingenieur- und Beratungsgesellschaft mbH: Verdachtsflächen rüstungs- und kriegsbedingter Altlasten in NW, Ergebnisbericht über eine Recherche in überregionalen Archiven mit Schwerpunkt 1900 – 1993, Materialien zur Ermittlung und Sanierung von Altlasten, Band 5, Düsseldorf 1992. (Hrsg. dieses Bandes: Landesamt für Wasser und Abfall im Einvernehmen mit dem Ministerium für Umwelt, Raumordnung und Landwirtschaft des Landes Nordrhein-Westfalen)
Nordrhein-Westfalen	Landesamt für Wasser und Abfall NW (Hrsg.): Vorläufiges Informationsblatt zur Erfassung von Altstandorten, Düsseldorf 1993
Nordrhein-Westfalen	DODT, J.; GILSBACH, A.; GUMPRICHT, H.-P.: Hinweise für die einzelfallbezogene Erfassung von Verdachtsflächen rüstungs- und kriegsbedingter Altlasten, Materialien zur Ermittlung und Sanierung von Altlasten, Band 9, Düsseldorf 1994. (Hrsg. dieses Bandes: Landesamt für Wasser und Abfall NW)
Nordrhein-Westfalen	Landesumweltamt NW (Hrsg.): Erhebung über Altlast-Verdachtsflächen auf militärischen Liegenschaften. Materialien zur Altlastensanierung und zum Bodenschutz, Band 1, Essen 1997
Rheinland-Pfalz	Landesamt für Umweltschutz und Gewerbeaufsicht (Hrsg.): Handbuch zur Erhebung von gewerblichen Altstandorten in Rheinland-Pfalz, Teil 1: Ersterhebung, März 1998
Sachsen	Sächsisches Staatsministerium für Umwelt und Landwirtschaft (Hrsg.): Handbuch zur Altlastenbehandlung, Teil 2, Verdachtsfallerfassung und formale Erstbewertung, Oktober 1997

Regelwerke Teil 2

Sachsen	Sächsisches Staatsministerium für Umwelt und Landwirtschaft (Hrsg.): Historische Erkundung von altlastenverdächtigen Flächen, Band 4/1998
Sachsen	Sächsisches Staatsministerium für Umwelt und Landwirtschaft (Hrsg.): Informationssystem ARDAT zur Stoffrecherche bei der Altlasten- und Abfallbehandlung – Anwenderhandbuch, Band 8/1998 – Gesamtnamenverzeichnis Band 9/1998
Sachsen	Sächsisches Landesamt für Umwelt und Geologie (Hrsg.): Handbuch zur Altlastenbehandlung, Merkblätter Nr. 1 Friedhöfe Nr. 2 Gaswerke und Kokereien Nr. 3 Gießereien Nr. 4 Tankstellen Nr. 5 Holzimprägnierstandorte
Schleswig-Holstein	Ministerium für Umwelt, Natur und Forsten des Landes Schleswig-Holstein (Hrsg.) Planungsgesellschaft Boden & Umwelt mbH: Nacherfassung von Rüstungsaltlastverdachtsstandorten in Schleswig-Holstein, Abschlussbericht, Kassel 1998.
Thüringen	Thüringer Ministerium für Landwirtschaft, Naturschutz und Umwelt (Hrsg.): Altlastenleitfaden Band I – Erkundung und Erstbewertung, Erfurt 1996
Thüringen	Thüringer Ministerium für Landwirtschaft, Naturschutz und Umwelt (Hrsg.): THALIS – Thüringer Altlasteninformationssystem, Erfurt 1997
Umweltbundesamt	THIEME, J.; APPELLER, B.; BASSEK, H. u.a. (1994). Branchentypische Inventarisierung von Bodenkontaminationen auf Rüstungsaltlasten, 2 Bände, Umweltbundesamt, Texte 43/94, 414 S.
Umweltbundesamt	FORSTHOFER, K.; BONGARTZ, A.; ENGEL H. u.a. (1995). Inventarisierung von Bodenkontaminationen auf Liegenschaften der Westgruppe der ehemals sowjetischen Truppen. Umweltbundesamt, Texte 36/95, 163 S.
Umweltbundesamt	FORSTHOFER, K.; HOPPE, CH.; HEINRICH, B. u.a. (1995): Erfassung und Bewertung von militärischen Rüstungsaltlasten. DV-Modelle, Umweltbundesamt, Texte 35/95, 163 S.
Umweltbundesamt	THIEME, J.; HAAS, R.; KOPECZ, P. (1996): Bestandsaufnahme von Rüstungsaltlastverdachtsstandorten in der Bundesrepublik Deutschland, Band 1: Bericht, 2., erw. Aufl., Umweltbundesamt, Texte 25/96, 292 S.

Regelwerke Teil 2

Umweltbundesamt	HAAS, RAINER (1996): Bestandsaufnahme von Rüstungsaltlastverdachtsstandorten in der Bundesrepublik Deutschland, Band 2: Explosivstofflexikon, 2., erw. Aufl., Umweltbundesamt, Texte 26/96, 378 S.
Umweltbundesamt	KOPECZ, P. (1996): Bestandsaufnahme von Rüstungsaltlastverdachtsstandorten in der Bundesrepublik Deutschland, Band 3: Kampfstofflexikon, 2., erw. Aufl., Umweltbundesamt, Texte 27/96, 301 S.
Umweltbundesamt	THIEME, J. (1996): Bestandsaufnahme von Rüstungsaltlastverdachtsstandorten in der Bundesrepublik Deutschland. Band 4: Katalog: „Übungs-, Nachweis- und Entgiftungsmittel", Umweltbundesamt, Texte 28/96, 143 S.
Umweltbundesamt	THIEME, J. (1996): Bestandsaufnahme von Rüstungsaltlastverdachtsstandorten in der Bundesrepublik Deutschland, Band 5: Findmittelverzeichnis Bundesarchive, 2., erw. Aufl., Umweltbundesamt, Texte 29/96, 160 S.
Umweltbundesamt	THIEME, J. (1996): Bestandaufnahme von Rüstungsaltlastverdachtsstandorten in der Bundesrepublik Deutschland, Band 6: Findmittelverzeichnis Staats- und Landesarchive, 2., erw. Aufl., Umweltbundesamt, Texte 30/96, 176 S.
Umweltbundesamt	THIEME, J. (1999): Umweltrelevante Aspekte der Zerlegung von Munition und Waffen nach dem I. Weltkrieg, Umweltbundesamt, Texte 3/99, 145 S.

Regelwerke Teil 3

Anhang: Regelwerke und Veröffentlichungen aus den Ländern,
Veröffentlichungen des Umweltbundesamtes

Teil 3
Gefährdungsabschätzung

Bundes-land	Herausgeber, Titel
Baden-Württemberg	Landesanstalt für Umweltschutz Baden-Württemberg (Hrsg.): Erkundung ehemaliger Gaswerksstandorte, Materialien zur Altlastenbearbeitung, Bd. 1, Karlsruhe 1990
Baden-Württemberg	Landesanstalt für Umweltschutz Baden-Württemberg (Hrsg.): Leitlinien zur Geophysik an Altlasten, Materialien zur Altlastenbearbeitung, Bd. 2, Karlsruhe 1990
Baden-Württemberg	Landesanstalt für Umweltschutz Baden-Württemberg (Hrsg.): Verfahrensempfehlungen für die Probenahme bei Altlasten (Boden, Abfall, Grundwasser, Sickerwasser, Bodenluft), Texte und Berichte zur Altlastenbearbeitung, 6, Karlsruhe 1991
Baden-Württemberg	Landesanstalt für Umweltschutz Baden-Württemberg (Hrsg.): Ingenieurvertragsmuster für die Altlastenerkundung, Karlsruhe 1991
Baden-Württemberg	Landesanstalt für Umweltschutz Baden-Württemberg (Hrsg.): Validierung der Analyseergebnisse von Bodenluftproben bei der Anwendung unterschiedlicher Probennahme- und Analysetechniken, Texte und Berichte zur Altlastenbearbeitung, 4, Karlsruhe 1991
Baden-Württemberg	Ministerium für Umwelt und Verkehr (Hrsg.): Verkehrsbedingte Immissionen in Baden-Württemberg – Schwermetalle und organische Fremdstoffe in straßennahen Böden und Aufwuchs / Heft 19, 1992
Baden-Württemberg	Landesanstalt für Umweltschutz Baden-Württemberg (Hrsg.): Die Erkundung der Stoffgefährlichkeit ehemaliger Hausmülldeponien am Beispiel dreier Modellstandorte in Baden-Württemberg, Texte und Berichte zur Altlastenbearbeitung, 5, Karlsruhe 1992

Regelwerke Teil 3

Baden-Württemberg	Umweltministerium Baden-Württemberg 1993 (Hrsg.): Dritte Verwaltungsvorschrift des Umweltministeriums zum Bodenschutzgesetz über die Ermittlung und Einstufung anorganischer Schadstoffe im Boden (VwV Anorganische Schadstoffe) vom 24. August 1993; Gemeinsames Amtsblatt 1993, S. 1029 ff.
Baden-Württemberg	Umweltministerium Baden-Württemberg 1993 (Hrsg.): Zweite Verwaltungsvorschrift des Umweltministeriums zum Bodenschutzgesetz über die Probennahmen und –aufbereitung (VwV Bodenproben) vom 24. August 1993; Gemeinsames Amtsblatt 1993, S. 1017 ff.
Baden-Württemberg	Landesanstalt für Umweltschutz Baden-Württemberg (Hrsg.): Bestimmung der Gebirgsdurchlässigkeit, Karlsruhe 1993
Baden-Württemberg	Landesanstalt für Umweltschutz Baden-Württemberg (Hrsg.): Stoffbericht Hexachlorcyclohexan (HCH), Karlsruhe 1993
Baden-Württemberg	Landesanstalt für Umweltschutz Baden-Württemberg (Hrsg.): Schwermetallgehalte von Böden aus verschiedenen Ausgangsgesteinen in Baden-Württemberg, Karlsruhe 1994
Baden-Württemberg	Landesanstalt für Umweltschutz Baden-Württemberg (Hrsg.): Derzeitige Anwendung und Entwicklungen von Elutionsverfahren, Karlsruhe 1994
Baden-Württemberg	Ministerium für Umwelt und Verkehr (Hrsg.): Handbuch Boden – Materialien zum Bodenschutz Bd. 1: Dioxine in Böden Baden-Württembergs; 60 Seiten, Karlsruhe 1995 Bd. 3: Schwermetallgehalte von Böden aus verschiedenen Ausgangsgesteinen in Baden-Württemberg; 20 Seiten, Karlsruhe 1994
Baden-Württemberg	Landesanstalt für Umweltschutz Baden-Württemberg (Hrsg.): Literaturstudie Elutionsverfahren für schwer lösliche organische Schadstoffe in Boden- und Abfallproben, Karlsruhe 1994
Baden-Württemberg	Ministerium für Umwelt und Verkehr (Hrsg.): Handbuch Boden – Texte und Berichte zum Bodenschutz Bd. 1: Mögliche Gefährdung des Grundwassers durch PCB sowie Dioxine und Furane im Boden; 47 Seiten; Karlsruhe 1995 Bd. 2: Einträge von Platingruppenelementen aus KFZ – Abgaskatalysatoren in straßennahe Böden; 14 Seiten; Karlsruhe 1995
Baden-Württemberg	Landesanstalt für Umweltschutz Baden-Württemberg (Hrsg.): Methodensammlung – Teil 1: Methoden zur Grundwassererkundung, Loseblattsammlung, Materialien zur Altlastenbearbeitung, Karlsruhe 1995

Regelwerke Teil 3

Baden-Württemberg	Ministerium für Umwelt und Verkehr (Hrsg.): Schwermetallgehalte in Böden und Pflanzen alter Bergbaustandorte im Südschwarzwald / Heft 32, 1995
Baden-Württemberg	Ministerium für Umwelt und Verkehr (Hrsg.): Schwermetalle in Böden und Pflanzen alter Bergbaustandorte im Mittleren Schwarzwald / Heft 33, 1995
Baden-Württemberg	Ministerium für Umwelt und Verkehr (Hrsg.): Schadstoffbelastung der Böden und des Aufwuchses im Bereich von Wurftauben-Schießanlagen / Heft 38, 1995
Baden-Württemberg	Landesanstalt für Umweltschutz Baden-Württemberg (Hrsg.): Bodenzustandsbericht Karlsruhe, Karlsruhe 1995
Baden-Württemberg	Landesanstalt für Umweltschutz Baden-Württemberg (Hrsg.): Bodenzustandsbericht Kehl, Karlsruhe 1995
Baden-Württemberg	Landesanstalt für Umweltschutz Baden-Württemberg (Hrsg.): Bodenzustandsbericht Pforzheim, Karlsruhe 1995
Baden-Württemberg	Landesanstalt für Umweltschutz Baden-Württemberg (Hrsg.): Einträge von Platingruppenelementen (PGE) aus Kfz-Abgaskatalysatoren in straßennahen Böden, Karlsruhe 1995
Baden-Württemberg	Landesanstalt für Umweltschutz Baden-Württemberg (Hrsg.): Mögliche Gefährdung des Grundwassers durch PCB sowie Dioxine und Furane im Boden, Karlsruhe 1995
Baden-Württemberg	Landesanstalt für Umweltschutz Baden-Württemberg (Hrsg.): Sicherung von bestehenden Bauten gegen Gefahren durch Deponiegas – Objektschutz, Karlsruhe 1995
Baden-Württemberg	Landesanstalt für Umweltschutz Baden-Württemberg (Hrsg.): Leitfaden Erkundungsstrategie Grundwasser, Karlsruhe 1995
Baden-Württemberg	Landesanstalt für Umweltschutz Baden-Württemberg (Hrsg.): Stoffbericht Hexachlorbenzol (HCB), Karlsruhe 1995
Baden-Württemberg	Landesanstalt für Umweltschutz Baden-Württemberg (Hrsg.): Stoffbericht Polychlorierte Biphenyle (PCB), Karlsruhe 1995
Baden-Württemberg	Landesanstalt für Umweltschutz Baden-Württemberg (Hrsg.): Vorgehensweise bei Verdacht auf Untergrundkontaminationen durch Holzschutzmittelanwendung, Karlsruhe 1995

Regelwerke Teil 3

Baden-Württemberg	Umweltministerium Baden-Württemberg 1995 (Hrsg.): Vierte Verwaltungsvorschrift des Umweltministeriums zum Bodenschutzgesetz über die Ermittlung und Einstufung von Gehalten organischer Schadstoffe im Boden (VwV Organische Schadstoffe) vom 10. Dezember 1995; Gemeinsames Amtsblatt 1996, S. 87 ff.
Baden-Württemberg	Landesanstalt für Umweltschutz Baden-Württemberg (Hrsg.): Altablagerungen in der Flächennutzung, Materialien zur Altlastenbearbeitung, Karlsruhe 1996
Baden-Württemberg	Landesanstalt für Umweltschutz Baden-Württemberg (Hrsg.): Bewertung altlastverdächtiger Flächen – XUMA-Bewertung, Karlsruhe 1996
Baden-Württemberg	Landesanstalt für Umweltschutz Baden-Württemberg (Hrsg.): Literaturstudie Vor-Ort-Analytik, Karlsruhe 1996
Baden-Württemberg	Landesanstalt für Umweltschutz Baden-Württemberg (Hrsg.): Stoffbericht Pentachlorphenol (PCP), Karlsruhe 1996
Baden-Württemberg	Landesanstalt für Umweltschutz Baden-Württemberg (Hrsg.): Vergleichende Prüfung von Vor-Ort-Analytik-Geräten in Rastatt bei der MVG, Karlsruhe 1996
Baden-Württemberg	Landesanstalt für Umweltschutz Baden-Württemberg (Hrsg.): Vergleichsmessungen mit aktiven und passiven Bodenluftuntersuchungsmethoden in Lichtenau, Karlsruhe 1996
Baden-Württemberg	Landesanstalt für Umweltschutz Baden-Württemberg (Hrsg.): Vergleichende Prüfung von Vor-Ort-Analytik-Geräten in Sinsheim am Modellvorhaben ehemalige Fa. Reinig, Karlsruhe 1996
Baden-Württemberg	Landesanstalt für Umweltschutz Baden-Württemberg (Hrsg.): Literaturstudie zum natürlichen Rückhalt/Abbau von Schadstoffen im Grundwasser, Karlsruhe 1997
Baden-Württemberg	Landesanstalt für Umweltschutz Baden-Württemberg (Hrsg.): Literaturstudie zum natürlichen Rückhalt/Abbau von Schadstoffen im Grundwasser, Karlsruhe 1997
Baden-Württemberg	Landesanstalt für Umweltschutz Baden-Württemberg (Hrsg.): Schnelleluierverfahren und TOC-Testkit – Erprobung für die Abfalleingangskontrolle und Altlastenuntersuchung im Vergleich mit Standardverfahren, Karlsruhe 1997
Baden-Württemberg	Landesanstalt für Umweltschutz Baden-Württemberg (Hrsg.): Analysenplanung bei der Erkundung von Altstandorten, XUMA-Analysenplan, CD-ROM; Materialien zur Altlastenbearbeitung, Bd. 28, Karlsruhe 1997

Baden-Württemberg	Landesanstalt für Umweltschutz Baden-Württemberg (Hrsg.): Arbeitsschutz bei der Erkundung von Altablagerungen, 2., völlig neubearbeitete Auflage, Materialien zur Altlastenbearbeitung, Bd. 14, Karlsruhe 1997
Baden-Württemberg	Landesanstalt für Umweltschutz Baden-Württemberg (Hrsg.): Ergänzung zu Band 20 „Methodensammlung" – Teil 2: Methoden zur fachtechnischen Kontrolle, Karlsruhe 1997
Baden-Württemberg	Landesanstalt für Umweltschutz Baden-Württemberg (Hrsg.): Elutionsverfahren zur Beurteilung von Grundwasserbelastungen durch Altlasten und Schadensfälle – Abschlußbericht, Karlsruhe 1997
Baden-Württemberg	Landesanstalt für Umweltschutz Baden-Württemberg (Hrsg.): Bodenversauerung – Ursachen, Auswirkungen, Maßnahme; Kurzfassung einer Literaturstudie, Karlsruhe 1997
Baden-Württemberg	Landesanstalt für Umweltschutz Baden-Württemberg (Hrsg.): Schwermetallbelastung durch den historischen Bergbau im Raum Wiesloch, Karlsruhe 1997
Baden-Württemberg	Landesanstalt für Umweltschutz Baden-Württemberg (Hrsg.): Stoffbericht Polycyclische aromatische Kohlenwasserstoffe (PAK), Karlsruhe 1997
Baden-Württemberg	Landesanstalt für Umweltschutz Baden-Württemberg (Hrsg.): Leitfaden fachtechnische Kontrolle von altlastverdächtigen Flächen, Altlasten und Schadensfällen, Materialien zur Altlastenbearbeitung, Bd. 25, Karlsruhe 1997
Baden-Württemberg	Landesanstalt für Umweltschutz Baden-Württemberg (Hrsg.): Fachtechnische Kontrolle von altlastverdächtigen Flächen, Altlasten und Schadensfällen, Texte und Berichte zur Altlastenbearbeitung, 37, Karlsruhe 1998
Baden-Württemberg	Landesanstalt für Umweltschutz Baden-Württemberg (Hrsg.): Ergänzung zu Band 20 „Methodensammlung" – Teil 3: Methoden der Feldanalytik kontaminierter Böden", Karlsruhe 1998
Baden-Württemberg	Landesanstalt für Umweltschutz Baden-Württemberg (Hrsg.): Orientierungswerte für die Bearbeitung von Altlasten und Schadensfällen einschließlich Erläuterungen in der Fassung vom 01.03.1998; Stand: 30.04.1998, Karlsruhe 1998
Baden-Württemberg	Landesanstalt für Umweltschutz Baden-Württemberg (Hrsg.): Bodenzustandsbericht Großraum Mannheim/Heidelberg, Schadstoffgehalte der Böden, Karlsruhe 1998

Regelwerke Teil 3

Baden-Württemberg	Landesanstalt für Umweltschutz Baden-Württemberg (Hrsg.): Literaturstudie zum Transfer von organischen Schadstoffen im System Boden/Pflanze und Boden/Sickerwasser, Karlsruhe 1998
Bayern	Bayerisches Staatsministerium für Landesentwicklung und Umweltfragen (Hrsg.): Probenahme von Böden und Substraten zur Erfassung des Bodenzustandes und Untersuchung kontaminierter Standorte. Materialien 129, München 1997
Bayern	Bayerisches Geologisches Landesamt (Hrsg.): Dioxine in Böden Bayerns, GLA-Fachbericht 7, München 1991
Bayern	Bayerisches Geologisches Landesamt (Hrsg.): Inventur organischer Schadstoffe in Böden Bayerns, GLA-Fachbericht 9, München 1993
Bayern	Bayerisches Landesamt für Umweltschutz (Hrsg.): Fortschrittliche Bewertung von Altlasten, München 1995
Bayern	Bayerisches Geologisches Landesamt (Hrsg.): Hintergrundbelastung bayerischer Böden mit organischen Problemstoffen, GLA-Fachbericht 12, München 1996
Bayern	Bayerisches Landesamt für Umweltschutz (Hrsg.): Analytische Qualitätssicherung im Umweltbereich, München 1997
Bayern	Bayerisches Geologisches Landesamt (Hrsg.): Die Humusauflage von Waldböden Südbayerns als Anzeiger der relativen Immissionsbelastung durch Schwermetalle, GLA-Fachbericht 15, München 1998
Bayern	Bayerisches Geologisches Landesamt (Hrsg.): Hintergrundwerte anorganischer Problemstoffe in Böden Bayerns, GLA-Fachbericht 16, München 1998
Bayern	Bayerisches Geologisches Landesamt (Hrsg.): Typische Gehalte ausgewählter Spurenelemente in Waldböden Bayerns, GLA-Fachbericht 17, München 1998
Bayern	Bayerisches Landesamt für Umweltschutz (Hrsg.): Geophysikalische Messmethoden im Altlastenbereich, München 1998
Bayern	Bayerisches Landesamt für Umweltschutz (Hrsg.): Untersuchung und Bewertung von Bodenbelastungen auf Schießanlagen für Einzelgeschosse, München 1998
Bayern	Bayerisches Landesamt für Umweltschutz (Hrsg.): Die Beprobung von Haufwerken, München 1998

Bayern	Bayerisches Landesamt für Wasserwirtschaft (Hrsg.): Branchenspezifische Leitparameter bei Untergrundverunreinigungen, Slg LfW Nr. 3.8-1 vom 15.07.1998, München 1998
Bayern	Bayerisches Landesamt für Wasserwirtschaft (Hrsg.): Ermittlung des Gefährdungspotentials von Untergrundverunreinigungen für den Wirkungspfad Boden-Wasser, Slg LfW Nr. 3.8-3 vom 15.07.1998, München 1998
Bayern	Bayerisches Landesamt für Wasserwirtschaft (Hrsg.): Bestimmung löslicher Anteile bei Untergrundverunreinigungen, Slg LfW Nr. 3.8-5 vom 15.07.1998, München 1998
Bayern	Bayerisches Landesamt für Wasserwirtschaft (Hrsg.): Entnahme und Untersuchung von Wasserproben bei Untergrundverunreinigungen mit wassergefährdenden Stoffen, Teil I: Errichtung von Grundwassermessstellen zur Untersuchung von Untergrundverunreinigungen, Slg LfW Nr. 3.8-6 vom 15.07.1998, München 1998
Bayern	Bayerisches Landesamt für Wasserwirtschaft (Hrsg.): Entnahme und Untersuchung von Wasserproben bei Untergrundverunreinigungen mit wassergefährdenden Stoffen, Teil II: Entnahme von Wasserproben bei Untergrundverunreinigungen mit wassergefährdenden Stoffen, Slg LfW Nr. 3.8-6 vom 15.07.1998, München 1998
Bayern	Bayerisches Landesamt für Wasserwirtschaft (Hrsg.): Entnahme und Untersuchung von Wasserproben bei Untergrundverunreinigungen mit wassergefährdenden Stoffen, Teil III: Tabellarische Aufstellung der Analysenverfahren für die Untersuchung von Wasserproben und Eluaten, Slg LfW Nr. 3.8-6 vom 15.07.1998, München 1998
Bayern	Bayerisches Landesamt für Wasserwirtschaft (Hrsg.): Bewertung von Gewässerverunreinigungen und Bodenbelastungen für den Wirkungspfad Boden-Wasser, Slg LfW Nr. 3.8-10 vom 15.07.1998, München 1998
Bayern	Bayerisches Geologisches Landesamt (Hrsg.): Mobilisierbare Schwermetalle in forstlich genutzten Böden Bayerns, GLA-Fachbericht 18, München 1999
Bayern	Bayerisches Landesamt für Umweltschutz (Hrsg.): Entnahme von Boden- und Bodenluftproben sowie Probenaufbereitung, Analytik und Qualitätssicherung, München 1999
Berlin	Senatsverwaltung für Inneres (Hrsg.): Berliner Liste 1996, Amtsblatt für Berlin, 30. März 1996

Regelwerke Teil 3

Brandenburg	Landesumweltamt Brandenburg (Hrsg.): Schwermetallgehalte brandenburgischer Böden. Fachbeiträge des LUA Nr. 19, 1997
Brandenburg	Ministerium für Umwelt, Naturschutz und Raumordnung (Hrsg.): Materialien zur Altlastenbearbeitung im Land Brandenburg. Bd. 3.1: Brandenburger Bewertungsmethodik (1) – Vergleichende Bewertung und Einzelfallbewertung – (in Planung) Bd. 3.2: Brandenburger Bewertungsmethodik (2) – Ableitung von Sanierungszielwerten – (in Planung) Bd. 4: Anforderungen an die Untersuchungen in der Orientierungs- und Detailphase, Mai 1998 Bd. 5: Simulation von Grundwasserströmungs- und –transportprozessen bei der Altlastenbearbeitung (Locker- und Festgestein, ungesättigte Bodenzone), Dezember 1998
Brandenburg	Ministerium für Umwelt, Naturschutz und Raumordnung (Hrsg.): Materialien zur Altlastenbearbeitung im Land Brandenburg. Bd. 8: Gewinnung von Boden-, Bodenluft- und Grundwasserproben im Rahmen der Altlastenbearbeitung, November 1998 Bd. 9: Anforderungen an Untersuchungsstellen, Gutachter und Gutachten im Rahmen der Altlastenbearbeitung, November 1998 Bd.10: Anforderungen an die Grundwassermessstellen im Rahmen der Altlastenbearbeitung (in Planung 1999)
Hamburg	Umweltbehörde (Hrsg.): Merkblätter Qualitätssicherung, September 1999 Nr. 1 Rückbau von Förderbrunnen Nr. 2 Planung von Grundwasserbeschaffenheitsmessstellen im Bereich von Altlasten und Untergrundverunreinigungen Nr. 3 Bau von Grundwasserbeschaffenheitsmessstellen Nr. 4 Entnahme von Grundwasserproben Nr. 5 Bauaufsicht beim Bau von Grundwassermessstellen Nr. 6 Entnahme von Bodenproben bei Bohr- und Sondierarbeiten für die chemische Analytik Nr. 7 Horizontierte Grundwasserprobenahme Nr. 8 Sicherung und Rückbau von Grundwassermessstellen Nr. 9 Entnahme von Bodenluftproben (in Vorbereitung) Nr. 10 Erkundung von CKW-Schäden (in Vorbereitung)
Mecklenburg-Vorpommern	Auftragsarbeit des Landesamtes für Umwelt und Natur Mecklenburg-Vorpommern: Ermittlung von Hintergrundwerten für Schwermetalle landwirtschaftlich genutzter Böden in Mecklenburg-Vorpommern (Ableitung von Hintergrundwerten aus LUFA-Untersuchungen landwirtschaftlicher Böden auf der Grundlage der LABO-Konzeption)

Regelwerke Teil 3

Niedersachsen	Niedersächsisches Ministerium für Frauen, Arbeit und Soziales (Hrsg.): Empelder Liste: Richtwerte für Arsen und Schwermetalle auf Kinderspielflächen, Stand: 1/93
Niedersachsen	AD-HOC-ARBEITSGRUPPE BODEN, 1994: Bodenkundliche Kartieranleitung - 4. Aufl. Hannover
Niedersachsen	Niedersächsisches Landesamt für Ökologie, Niedersächsisches Landesamt für Bodenforschung (Hrsg.): Altlasten/Fakten 2: RÖHM, H.: Standardgliederung für Gutachten zur Gefährdungsabschätzung und Gefahrenbeurteilung an Altlastverdachtsflächen – 4 S., 1994
Niedersachsen	Niedersächsisches Landesamt für Ökologie, Niedersächsisches Landesamt für Bodenforschung (Hrsg.): Altlasten/Fakten 3: FRONIUS, A. & KALLERT, U.: Chemisches Untersuchungsprogramm für Grundwasser bei Orientierungsuntersuchungen an Altablagerungen – 4. S., 1. Abb., 1994
Niedersachsen	AD-HOC-ARBEITSGRUPPE BODEN, 1996: Anleitung zur Entnahme von Bodenproben. - Geol. Jb., Heft 1, Reihe G
Niedersachsen	Niedersächsisches Landesamt für Ökologie, Niedersächsisches Landesamt für Bodenforschung (Hrsg.): Altlastenprogramm des Landes Niedersachsen; Altlastenhandbuch. Geologische Erkundungsmethoden, Springer-Verlag Berlin Heidelberg New York, 1997, ISBN 3-540-60955-5
Niedersachsen	Niedersächsisches Landesamt für Ökologie, Niedersächsisches Landesamt für Bodenforschung (Hrsg.): Altlastenprogramm des Landes Niedersachsen; Altlastenhandbuch: Berechnungsverfahren und Modelle, Springer-Verlag Berlin Heidelberg New York, 1997, ISBN 3-540-60755-2
Niedersachsen	Niedersächsisches Landesamt für Ökologie, Niedersächsisches Landesamt für Bodenforschung (Hrsg.): Altlastenprogramm des Landes Niedersachsen; Altlastenhandbuch: Wissenschaftlich technische Grundlagen der Erkundung; Springer-Verlag Berlin Heidelberg New York, 1997, ISBN 3-540-58930-9
Niedersachsen	Niedersächsisches Ministerium für Frauen, Arbeit und Soziales (Hrsg.): Beurteilungsempfehlungen für Altablagerungen in Kleingärten; Bewertungsleitfaden Kleingärten auf Altablagerungen, IFUA Bielefeld, 1998

Regelwerke Teil 3

Niedersachsen	Niedersächsisches Landesamt für Ökologie, Niedersächsisches Landesamt für Bodenforschung (Hrsg.): Altlasten/Fakten 8: MÜCKE, K.; NEUSS, M. & SCHOLTKA, M.: Modellprojekt „Woxdorf" – Grundwasserströmungs- und Stofftransportmodellierung – 12 S., 6. Abb., 3. Tab., 1999
Niedersachsen	Niedersächsisches Landesamt für Ökologie, Niedersächsisches Landesamt für Bodenforschung (Hrsg.): Altlastenprogramm des Landes Niedersachsen, Altlastenhandbuch: Klimatologische, hydrologische und hydraulische Erkundungsmethoden; In Bearbeitung, Abschluss für Ende 1999 geplant
Niedersachsen	Niedersächsisches Landesamt für Bodenforschung, Niedersächsisches Ministerium für Frauen, Arbeit und Soziales (Hrsg.): Leitfaden zur Nutzung von Bodeninformationen für die Bauleitplanung, Arbeitshefte Boden, in Vorbereitung, 1999
Nordrhein-Westfalen	Landesanstalt für Ökologie, Landschaftsentwicklung und Forstplanung NW (Hrsg.): Mindestuntersuchungsprogramm Kulturboden zur Gefährdungsabschätzung von Altablagerungen und Altstandorten im Hinblick auf eine landwirtschaftliche und gärtnerische Nutzung, Recklinghausen 1988
Nordrhein-Westfalen	Landesamt für Wasser und Abfall NW (Hrsg.): Leitfaden zur Grundwasseruntersuchung bei Altablagerungen und Altstandorten. LWA-Materialien 7/89, Düsseldorf 1989 (Schwerpunkt: Grundwasseruntersuchungen in Lockergesteinen)
Nordrhein-Westfalen	Altlasten-Kommission Nordrhein-Westfalen: Anwendbarkeit von Richt- und Grenzwerten aus Regelwerken anderer Anwendungsbereiche bei der Untersuchung und sachkundigen Beurteilung von Altablagerungen und Altstandorten. Materialien zur Ermittlung und Sanierung von Altlasten, Band 2, Düsseldorf 1989 (Hrsg. dieses Bandes: Landesamt für Wasser und Abfall NW)
Nordrhein-Westfalen	Landesumweltamt Nordrhein-Westfalen (Hrsg.): Materialien zur Ermittlung und Sanierung von Altlasten, Band 4 – Hintergrundwerte -, Essen 1991
Nordrhein-Westfalen	Altlasten-Kommission Nordrhein-Westfalen: Anwendung von Hintergrundwerten für den Boden bei der Beurteilung von Altlast-Verdachtsflächen und Altlasten WERNER, W., SPÄTE, A.: Erfassung und Auswertung von Hintergrundgehalten ausgewählter Schadstoffe in Böden Nordrhein-Westfalens. Materialien zur Ermittlung und Sanierung von Altlasten, Band 4, Düsseldorf 1991. (Hrsg. dieses Bandes: Landesamt für Wasser und Abfall NW)

Regelwerke Teil 3

Nordrhein-Westfalen	COLDEWEY, W. G.; KRAHN, L.: Grundwasseruntersuchungen im Felsgestein bei Altablagerungen und Altstandorten. Ein Leitfaden für die praktische Arbeit. Im Auftrag des Landesamtes für Wasser und Abfall NW (Hrsg.), Düsseldorf 1992
Nordrhein-Westfalen	Landesamt für Wasser und Abfall NW (Hrsg.): Parameter und Analysenmethoden bei Abfall- und Altlastenuntersuchungen. LWA-Merkblätter, Nr. 12. Düsseldorf 1992
Nordrhein-Westfalen	Landesamt für Wasser und Abfall NW (Hrsg.): Analytische Qualitätssicherung (AQS) für die Wasseranalytik in Nordrhein-Westfalen. LWA-Merkblätter, Nr. 11, Düsseldorf 1992
Nordrhein-Westfalen	Kommunalverband Ruhrgebiet, KVR (Hrsg.): Polycyclische aromatische Kohlenwasserstoffe in Böden und Pflanzen. Ein Beitrag zur Gefährdungsabschätzung bei Altlasten. Band 1: Untersuchungsverfahren; Band 2: Untersuchungsergebnisse Essen 1992
Nordrhein-Westfalen	OBERMANN, P., CREMERS, S.: Mobilisierung von Schwermetallen in Porenwässern von belasteten Böden und Deponien: Entwicklung eines aussagekräftigen Elutionsverfahrens. Materialien zur Ermittlung und Sanierung von Altlasten, Band 6, Düsseldorf 1992 (Hrsg. dieses Bandes: Landesamt für Wasser und Abfall NW)
Nordrhein-Westfalen	Bodenschutzzentrum Nordrhein-Westfalen (Hrsg.): Vorliegende Referenzwerte für PAK in Böden Nordrhein-Westfalens, Oberhausen 1993
Nordrhein-Westfalen	BRÜMMER, G.W., TEBAAY, R. H., WELP, G., OFFENBACHER, G., POLETSCHNY, H., CRÖßMANN, G., DELSCHEN, T., HEWIN, D., HEMBROCK-HAGER, A., LEISNER-SAABER, J., NECKER, U., ROTHKRANZ, A., WILKENS, M.: Beurteilung von PCB und PAK in Kulturböden. Materialien zur Ermittlung und Sanierung von Altlasten, Band 7, Recklinghausen 1993 (Hrsg. dieses Bandes: Landesanstalt für Ökologie, Landschaftsentwicklung und Forstplanung NW)
Nordrhein-Westfalen	Institut für Umweltschutz der Universität Dortmund: Feststoffuntersuchungsprogramme für Altstandorte der Metallbearbeitung. Materialien zur Ermittlung und Sanierung von Altlasten, Band 8, Dortmund 1993. (Hrsg. dieses Bandes: Landesamt für Wasser und Abfall NW)
Nordrhein-Westfalen	FLIEGNER, M., REINIRKENS, P., BALLER, T., BAUMERMANN, C., VARTMANN, CH.: Vorliegende Referenzwerte für PAK in Böden Nordrhein-Westfalen. Oberhausen 1993. (Hrsg. dieses Bandes: Bodenschutzzentrum des Landes NW)

Regelwerke Teil 3

Nordrhein-Westfalen	Landesoberbergamt NRW: Rundverfügung über „Abschlussbetriebspläne für Tagesanlagen (Kokereien) v. 1. Februar 1994 – 55-15-46-29 – SBl. A. 7 (Regelungen über Untersuchungen und Beurteilungen kokereispezifischer Schadstoffe in Boden und Grundwasser)
Nordrhein-Westfalen	Landesamt für Wasser und Abfall NW (Hrsg.): Altlasten-Kommission Nordrhein-Westfalen: Vorläufige Prüfwerte zur Beurteilung von Gehalten an ausgewählten Schwermetallen, Arsen und Thallium im Oberboden von Altlast-Verdachtsflächen im Hinblick auf die menschliche Gesundheit, Düsseldorf 1994
Nordrhein-Westfalen	Landesumweltamt Nordrhein-Westfalen (Hrsg.): Lysimeterversuche zum Verhalten persistenter organischer Schadstoffe im System Boden/Pflanze. Materialien zur Ermittlung und Sanierung von Altlasten, Band 13, Essen 1996
Nordrhein-Westfalen	Landesumweltamt Nordrhein-Westfalen (Hrsg.): Materialien zur Altlastensanierung und zum Bodenschutz, Band 2 – Mobilität anorganischer Schadstoffe in Böden Nordrhein-Westfalens, Essen 1997
Nordrhein-Westfalen	Bund/Länder Arbeitsgemeinschaft Bodenschutz – LABO – (Hrsg.): Hintergrundwerte für anorganische und organische Stoffe in Böden, LABO-Heft 7, 1998
Nordrhein-Westfalen	Ministerium für Umwelt, Raumordnung und Landwirtschaft des Landes Nordrhein-Westfalen (Hrsg.): Boden-InformationsSystem NRW – Auswertung vorliegender Schwermetalldaten in Bezug zu den Vorsorgewerten der BodSchV, Düsseldorf 1999 (in Vorbereitung)
Nordrhein-Westfalen	IKU - Institut für Kommunikation & Umweltplanung, Dortmund: Prüf- und Maßnahmenwerte für Bodenverunreinigungen und Altlasten. Düsseldorf: Ministerium für Umwelt, Raumordnung und Landwirtschaft des Landes Nordrhein-Westfalen (Hrsg.) 1999
Nordrhein-Westfalen	Mobilisierung von Schadstoffen in einem physiologienahem ‚in vitro-Verdauungssystem. (Hrsg.): Landesumweltamt Nordrhein-Westfalen. Materialien zur Altlastensanierung und zum Bodenschutz, Band 5, Essen 1999
Nordrhein-Westfalen	Landesumweltamt Nordrhein-Westfalen (Hrsg.): Leitfaden für die Sachverhaltsermittlung nach Prüfwertüberschreitungen. Materialien zur Altlastensanierung und zum Bodenschutz. Essen: (in Vorbereitung)

Regelwerke Teil 3

Rheinland-Pfalz	Ministerium für Umwelt und Forsten Rheinland-Pfalz (Hrsg.): Bodenbelastungskataster Rheinland-Pfalz für 10 Karten TK 25 (Inventur der Gehalte an anorganischen und organischen Stoffen in Böden von Rheinland-Pfalz / Quantifizierung der natürlichen Boden-Schwermetallgehalte und der anthropogenen Kontaminationen. Ermittlung des Gefährdungspotentials), 1996 [Das Kataster wird um weitere TK-Blätter ausgebaut]
Rheinland-Pfalz	Landesamt für Umweltschutz und Gewerbeaufsicht (Hrsg.) Merkblätter ALEX 01 Untersuchungsparameter für die abfall- und wasserwirtschaftliche Untersuchung 02 Orientierungswerte für die abfall- und wasserwirtschaftliche Beurteilung 03 Gewinnung von Boden-, Bodenluft und Grundwasserproben 04 Analysenverfahren für die Parameter der Merkblätter ALEX 01 und ALEX 02 05 Entwurf – Anforderungen an Untersuchungsstellen, Gutachter und Gutachten 06 Entwurf – Untersuchungsstrategien 07 Probenbehandlung
Rheinland-Pfalz	Landesamt für Umweltschutz und Gewerbeaufsicht (Hrsg.) Informationsblätter ALEX 02 Berücksichtigung von Flächen mit Bodenbelastung, insbesondere Altlasten bei der Bauleitplanung und im Baugenehmigungsverfahren für Boden/Deponat
Rheinland-Pfalz	Landesamt für Umweltschutz und Gewerbeaufsicht (Hrsg.): Informationsblätter 05 Vorgehensweise bei der Erkundung von Tankstellengeländen/Untersuchungsprogramm 15 Erkundung von Altablagerungen, Hinweise zu Untersuchungstrategien
Rheinland-Pfalz	Landesamt für Umweltschutz und Gewerbeaufsicht (Hrsg.) Informationsblätter ALEX 01 Häufig angewandte Probengewinnungsverfahren für Boden/Deponat

Regelwerke Teil 3

Rheinland-Pfalz	Landesamt für Umweltschutz und Gewerbeaufsicht (Hrsg.) Informationsblätter ALEX 03 Bestimmung löslicher Anteile (ELUATE) 04 Untersuchung von Feststoffen im Bereich von Altablagerungen und Altstandorten 06 Hinweise zu der Untersuchung der Parameter KW (polar, unpolar) und des AOX nach DIN 38 414 T. 18 (S18) 07 Ergänzungen zum Merkblatt ALEX 02 mit Hinweisen zur Anwendung der oSW- und oPW-Wasserwerte 08 Einsatz und Bewertung von Mischproben bei Böden 09 Anwendung der $oSW_{1,2,3}$- und $oPW_{1,2,3}$-Bodenwerte des Merkblattes ALEX 02 10 Vorgehensweise bei der Bestimmung des Phenolgehaltes 12 Handwerksbeprobung 14 Einsatz nicht genormter Untersuchungsverfahren im Altlastenbereich 16 Anwendung der Prüf- und Maßnahmenwerte nach der Bundes-Bodenschutz- und Altlastenverordnung und der Orientierungswerte nach dem Merkblatt ALEX 02
Rheinland-Pfalz	Ministerium für Umwelt und Forsten Rheinland-Pfalz (Hrsg.): Bodenschutz und gesundheitlicher Umweltschutz (Quecksilber-, Arsen- und Antimonbelastungen durch ehemaligen Bergbau im Nordpfälzer Bergland), Februar 1998
Sachsen	Sächsisches Staatsministerium für Umwelt und Landwirtschaft (Hrsg.): Handbuch zur Altlastenbehandlung, Teil 3, Gefährdungsabschätzung Pfad und Schutzgut Grundwasser, Januar 1995
Sachsen	Sächsisches Staatsministerium für Umwelt und Landwirtschaft (Hrsg.): Handbuch zur Altlastenbehandlung, Teil 4, Gefährdungsabschätzung Pfad und Schutzgut Boden, Dezember 1995
Sachsen	Sächsisches Staatsministerium für Umwelt und Landwirtschaft (Hrsg.): Empfehlung zur Handhabung von Prüf- und Maßnahmenwerten für die Gewährdungsabschätzung von Altlasten, Band 2/1995
Sachsen	Sächsisches Landesamt für Umwelt und Geologie (Hrsg.): Altlastenerkundung mit biologischen Methoden, Band 7/1995
Sachsen	Sächsisches Landesamt für Umwelt und Geologie (Hrsg.): Einsatz ausgewählter Fernerkundungsmethoden bei der Altlastenbehandlung am Beispiel von Untersuchungen im Raum Leipzig, Band 5/1995

Regelwerke Teil 3

Sachsen	Sächsisches Staatsministerium für Umwelt und Landwirtschaft und das Sächsische Landesamt für Umwelt und Geologie (Hrsg.): Computergestützte Gefährdungsabschätzung von Altlasten mit dem Programm GEFA, Band 2/ 1996
Sachsen	Sächsisches Staatsministerium für Umwelt und Landwirtschaft (Hrsg.): Simulation von Grundwasserströmungs- und –transportprozessen im Rahmen der Altlastenbehandlung, Band 4/1997
Sachsen	Sächsisches Staatsministerium für Umwelt und Landwirtschaft (Hrsg.): Simulation von Grundwasserströmungs- und Schadstofftransportprozessen im Festgesteinsgrundwasserleiter im Rahmen der Altlastenbehandlung, Band 7/1997
Sachsen	Sächsisches Staatsministerium für Umwelt und Landwirtschaft (Hrsg.): Ausgewählte public-domain Software zur Simulation von Strömungs- und Transportprozessen, Band 8/1997
Sachsen	Sächsisches Staatsministerium für Umwelt und Landwirtschaft (Hrsg.): Simulation des Schadstofftransportes in der ungesättigten Zone im Rahmen der Altlastenbehandlung, Band 5/1997
Sachsen	Sächsisches Staatsministerium für Umwelt und Landwirtschaft (Hrsg.): Simulation von Grundwasserströmungs- und Schadstofftransportprozessen in Lockergesteinsgrundwasserleitern im Rahmen der Altlastenbehandlung, Band 6/1997
Sachsen	Sächsisches Landesamt für Umwelt und Geologie (Hrsg.): Probenahme bei der Technischen Erkundung von altlastenverdächtigen Flächen, Band 3/1998
Sachsen	Sächsisches Landesamt für Umwelt und Geologie (Hrsg.): Vor–Ort–Analytik, März 1999
Sachsen-Anhalt	Ministerium für Raumordnung und Umwelt Sachsen-Anhalt (Hrsg.): Empfehlungen zum Bodenschutz in der Bauleitplanung, Magdeburg 1998
Schleswig-Holstein	Ministerium für Natur und Umwelt des Landes Schleswig-Holstein (Hrsg.): IfUA – Institut für Umweltanalyse GmbH: Altablagerung Nr. 78 in Barsbüttel – Expositionsbetrachtung Gas/Luftpfad; Bielefeld 1995,
Thüringen	Thüringer Ministeriums für Landwirtschaft, Naturschutz und Umwelt (Hrsg.): Biologische Verfahren in der Laboranalytik bei Altlasten – Stoffsammlung -, Erfurt 1997

Regelwerke Teil 3

Thüringen	Thüringer Landesanstalt für Geologie (Hrsg.): Atlas der Schwermetallgehalte Thüringer Böden – Hintergrundwerte für Schwermetalle und Arsen in Oberböden und bodenbildenden Substraten typischer Bodengesellschaften. Thüringer Landesanstalt für Geologie im Auftrag des Thüringer Ministeriums für Landwirtschaft, Naturschutz und Umwelt, Weimar 1997
Thüringen	Thüringer Landesanstalt für Umwelt: Ableitung von nutzungsabhängigen Normwerten für organische Schadstoffe in den Böden des Freistaates Thüringen. Abschlussbericht 1997 (Publikation in der Schriftenreihe der Thüringer Landesanstalt für Umwelt in Vorbereitung)
Umweltbundesamt	RICKING, M (1992): Zum Stand der Dibenzop-Dioxin- und Dibenzoferankontamination aquatischer Ökosysteme unter besonderer Berücksichtigung subhydrischer Böden, Umweltbundesamt, Texte 43/92, 169 S.
Umweltbundesamt	KÖRDEL, W.; KLÖPPEL, M.; TEMDE, A. u. a. (1992): Kleinräumige Bodencharakterisierung mittels Mikromethoden, Umweltbundesamt, Texte 30/92, 84 S.
Umweltbundesamt	FRÄNZLE, O.; JENSEN-HUSS, K.; DASCHKEIT, A. u. a. (1993): Grundlagen zur Bewertung der Belastung und Belastbarkeit von Böden als Teilen von Ökosystemen, Umweltbundesamt, Texte 59/93, 215 S.
Umweltbundesamt	LIENERT, D.; GEBEFÜGI, I.; LORINEI, G. u. a. (1994): Einflüsse der Formulierungshilfsstoffe von Pflanzenbehandlungsmitteln auf Böden, Umweltbundesamt, Texte 28/94, 110 S.
Umweltbundesamt	MENZL, K. (1994): Entwicklung von biologischen Testsystemen zur Kennzeichnung der Bodenqualität, Umweltbundesamt, Texte 45/94, 89 S.
Umweltbundesamt	Bestandsaufnahme der vorliegenden Richtwerte zur Beurteilung von Bodenverunreinigungen und synoptische Darstellung der diesen Werten zugrunde liegenden Ableitungskriterien und –modelle, UBA-Texte 35/94, Juni 1994
Umweltbundesamt	DOMINIK, P. UND PAETZ, A. (1995): Methodenhandbuch Bodenschutz I: Umweltbundesamt Berlin, Texte 10/95
Umweltbundesamt	CRÖßMANN, G.; WÜSTEMANN, M. (1995): Belastungen in Haus- und Kleingärten durch anorganische und organische Stoffe mit Schädigungspotential – Sachstandsdokumentation. Umweltbundesamt Berlin, Texte 11/95

Umwelt-bundesamt	PFAFF, M; SCHÜTZE, G. (1995): Auswirkungen von Güllenhochlastflächen in den neuen Ländern auf Böden und Gewässer und Entwicklung von Maßnahmen zur Minderung der davon ausgehenden Umweltbelastungen, Umweltbundesamt Berlin, Texte 17/95
Umwelt-bundesamt	FRÄNZLE, O.; SCHMOTZ, W. u. a. (1995): Handlungsanleitung für Schadstoffuntersuchungen in Böden – Teil I: Vorbemerkungen und theoretische Grundlagen; Teil II: Handlungsanleitung, Umweltbundesamt Berlin, Texte 26/95
Umwelt-bundesamt	HEIN, A. UND SAUERBECK, D. (1995): Die Nickelaufnahme von Pflanzen aus verschiedenen Böden und Bindungsformen und ihre Prognose durch chemische Extraktionsverfahren, Umweltbundesamt Berlin, Texte 33/95
Umwelt-bundesamt	RICKING, M. UND TERYTZE, K. (1995): Polychlorierte Dibenzo-p-dioxine, -furane (PCDD/F) und analog in datierten aquatischen Sedimenten und terrestrischen Böden, Umweltbundesamt Berlin, Texte 42/95
Umwelt-bundesamt	KUNTZE, H.; PLUQUET, E.; GRUPPE, M. (1996): Kennzeichnung der Empfindlichkeit der Böden gegenüber Schwermetallen unter Berücksichtigung von lithogenem Grundgehalt, pedogener An- und Abreicherung sowie anthropogener Zusatzbelastung – Teil I: Mobilität von Schwermetallen in Böden mit erhöhtem geogenem Grundgehalt und anthropogener Zusatzbelastung, Umweltbundesamt Berlin, Texte 55/95
Umwelt-bundesamt	BURKHARDT, D.; BELLERT, F.; BAYER, J. u. a. (1996): Vorgehensweise und methodische Instrumentarien bei der Untersuchung militärischer Liegenschaften, Umweltbundesamt, Texte 48/96, 279 S.
Umwelt-bundesamt	HINDEL, R.; FLEIGE, H. u. a. (1996): Kennzeichnung der Empfindlichkeit der Böden gegenüber Schwermetallen unter Berücksichtigung von lithogenem Grundgehalt, pedogener An- und Abreicherung sowie anthropogener Zusatzbelastung – Teil II: Kartiertechnisches Konzept zur flächenhaften Erfassung von Schwermetallgehalten in Böden, Umweltbundesamt Berlin, Texte 56/96
Umwelt-bundesamt	BRÜMMER, G.-W.; ROSCHER, S.; VERHOFF, M. (1995): Ausmaß und ökologische Gefahren der Versauerung von Böden unter Wald, Umweltbundesamt Berlin, Berichte 01/96
Umwelt-bundesamt	BUNZEL, A.: HINZEN, A.; OHLIGSCHLÄGER, G. (1997): Umweltschutz in der Bebauungsplanung./hrsg. vom Umweltbundesamt, Bauverlag, Wiesbaden und Berlin (Veröffentlichung der überarbeiteten Fassung in Vorbereitung

Regelwerke Teil 3

Umwelt-bundesamt	Machbarkeitsstudie zur Verknüpfung der Bewertung radiologischer und chemisch-toxikologischer Wirkungen von Altlasten, UBA-Texte 43/97, August 1997
Umwelt-bundesamt	BACHMANN, G.; BANNICK, C.; GIESE, E. u. a. (1997): Fachliche Eckpunkte zur Ableitung von Bodenwerten im Rahmen des Bundes-Bodenschutzgesetzes. In: ROSENKRANZ, D.; BACHMANN, G.; EINSELE, G. und HARREß, H.-M. (Hrsg.): Bodenschutz-Handbuch, Kennziffer 3500, Erich Schmidt Verlag, Berlin
Umwelt-bundesamt	BEIMS, U. (1997): Simulation von Strömungs- und Transportprozessen für die Bewertung von Altlasten. Teil 1: Simulation von Grundwasserströmungs- und Transportprozessen für das Lockergestein im Rahmen der Altlastenbearbeitung, Umweltbundesamt, Texte 86/97, 161 S.
Umwelt-bundesamt	BEIMS, U. (1997): Simulation von Strömungs- und Transportprozessen für die Bewertung von Altlasten. Teil 2: Simulation von Grundwasserströmungs- und Transportprozessen im Lockergestein, Festgestein und der ungesättigten Zone im Rahmen der Altlastenbearbeitung unter dem Aspekt der Qualitätssicherung, Umweltbundesamt, Texte 90/97, 263 S.
Umwelt-bundesamt	ALDAG, R.; VON BORRIES, D.; BRÜMMER, G.-W. (1997): Pflanzenbelastungen auf kontaminierten Standorten, Umweltbundesamt Berlin, Berichte 01/99
Umwelt-bundesamt	RÜDEL, H. (1998): Modifizierung und Erprobung eines Verfahrens zur Bestimmung von extrahierbarem Chrom (VI) neben Chrom (III) in Böden, Umweltbundesamt Berlin, Texte 06/98
Umwelt-bundesamt	KAISER, T.; SCHWARZ, W. u. a. (1998): Evaluierung des Gefährdungspotentials bisher wenig beachteter Stoffeinträge in Böden, Umweltbundesamt Berlin, Texte 60/98
Umwelt-bundesamt	NAVABI, K.; PAETZ, A. (1998): Methodenhandbuch Bodenschutz II: Kurzdarstellung und Kommentierung von Methoden zur Probenahme und biologischen Untersuchung von Böden, Umweltbundesamt Berlin, Texte 76/98
Umwelt-bundesamt	Bund/Länder-Arbeitsgemeinschaft Bodenschutz (1998): Hintergrundwerte für anorganische und organische Stoffe in Böden. In: ROSENKRANZ, D.; BACHMANN, G.; EINSELE, G. und HARREß, H.-M. (Hrsg.): Bodenschutz-Handbuch, Kennziffer 9006, Erich Schmidt Verlag, Berlin

Regelwerke Teil 3

Umwelt-bundesamt	KONIETZKA, R. UND DIETER, H. H. (1998): Ermittlung gefahrenbezogener chronischer Schadstoffdosen zur Gefahrenabwehr beim Wirkungspfad Boden-Mensch. In: ROSENKRANZ, D.; BACHMANN, G.; EINSELE, G. und HARREß, H.-M. (Hrsg.): Bodenschutz-Handbuch, Kennziffer 3530, Erich Schmidt Verlag, Berlin
Umwelt-bundesamt	BARKOWSKI, D.; GÜNTHER, P. u. a. (1999): Methoden und Ergebnisse der Resorptionsverfügbarkeit relevanter Schadstoffe in kontaminierten Böden und Materialien, Umweltbundesamt Berlin, Texte 06/99
Umwelt-bundesamt	KNOCHE, H.; BRAND, P. u. a. (1999): Schwermetalltransfer Boden – Pflanze: Ergebnisse der Auswertungen hinsichtlich der Königswasser- und Ammoniumnitrat-Extraktion anhand der Datenbank Transfer, Umweltbundesamt Berlin, Texte 11/99
Umwelt-bundesamt	ECKNIG, W. und OBST, R. (1999) Screeningmethoden zur Untersuchung von Böden, Umweltbundesamt Berlin, Texte 19/99
Umwelt-bundesamt	GÄTH, S.; SCHLÜTER, K. (1999): Überprüfung und Fortentwicklung der Bodenwerte für den Boden-Pflanze Pfad; Teilbericht: Evaporation von Quecksilber aus kontaminierten Böden und deren Bedeutung für die Quecksilber-Aufnahme von Kulturpflanzen. (Veröffentlichung in der Reihe Texte des Umweltbundesamtes in Vorbereitung)
Umwelt-bundesamt	MATTHIES, M.; REITER, B.;L TRAPP, S. (1999): Überprüfung und Fortentwicklung der Bodenwerte für den Boden-Pflanze Pfad; Teilbericht: Transferfaktoren Boden-Pflanze (Veröffentlichung in der Reihe Texte des Umweltbundesamtes in Vorbereitung)
Umwelt-bundesamt	UTERMANN, J.; DÜWEL, O. u.a. (1999): Methodische Anforderungen an die Flächenrepräsentanz von Hintergrundwerte in Oberböden (Veröffentlichung in der Reihe Texte des Umweltbundesamtes in Vorbereitung)
Umwelt-bundesamt	Gefährdungsabschätzung von Umweltschadstoffen: Ergänzbares Handbuch toxikologischer Basisdaten und ihre Bewertung./Hrsg. von EIKMANN, T.; HEINRICH, U.; HEINZOW, B. und KONIETZKA, R.; Erich Schmidt Verlag, Berlin
Umwelt-bundesamt	KOEPPLER, J.; THIEME, J.; FENGLER, S. u. a. (1999): Praxisleitfaden für die systematische Untersuchung eines Rüstungsaltlastenverdachtsstandortes, Umweltbundesamt, Texte 37/99, 119 S.

Regelwerke Teil 4

Anhang: Regelwerke und Veröffentlichungen aus den Ländern,
Veröffentlichungen des Umweltbundesamtes

Teil 4
Sanierungs-/Schutz- und Beschränkungsmaßnahmen

Bundes-land	Herausgeber, Titel
Baden-Württemberg	Landesanstalt für Umweltschutz Baden-Württemberg (Hrsg.): Identifikation von Sanierungstechnologien für Altablagerungen, Karlsruhe 1989
Baden-Württemberg	Landesanstalt für Umweltschutz Baden-Württemberg (Hrsg.): Möglichkeiten der Nutzung von Hausmüllverbrennungsanlagen bei der Sanierung von Altablagerungen, Karlsruhe 1989
Baden-Württemberg	Landesanstalt für Umweltschutz Baden-Württemberg (Hrsg.): Emissionen und Umweltauswirkungen von Altlastensanierungsverfahren, hier: Bodenwaschverfahren, Karlsruhe 1989
Baden-Württemberg	Landesanstalt für Umweltschutz Baden-Württemberg (Hrsg.): Der Grundwasser-Zirkulations-Brunnen (GZB) – Funktionsweise, bisherige Erfahrungen und Empfehlungen für den Anwender, Karlsruhe 1992
Baden-Württemberg	Landesanstalt für Umweltschutz Baden-Württemberg (Hrsg.): Handbuch Bodenwäsche, Karlsruhe 1993
Baden-Württemberg	Landesanstalt für Umweltschutz Baden-Württemberg (Hrsg.): UV-Oxidation in der Gasphase – Erfahrensprinzip und Einsatzbereiche der UV-Oxidation zur Abreinigung kontaminierter Luft, Karlsruhe 1994
Baden-Württemberg	Landesanstalt für Umweltschutz Baden-Württemberg (Hrsg.): Eingehende Erkundung für Sanierungsmaßnahmen/Sanierungsvorplanung (E3-4), Texte und Berichte zur Altlastenbearbeitung, 10, Karlsruhe 1994
Baden-Württemberg	Landesanstalt für Umweltschutz Baden-Württemberg (Hrsg.): Grundwasserreinigung bei der Bearbeitung von Altlasten und Schadensfällen, Karlsruhe 1995
Baden-Württemberg	Landesanstalt für Umweltschutz Baden-Württemberg (Hrsg.): Umweltverträglichkeit von Oberflächenabdichtungen zur Sicherung von Altablagerungen, Karlsruhe 1995

Regelwerke Teil 4

Baden-Württemberg	Landesanstalt für Umweltschutz Baden-Württemberg (Hrsg.): Hydraulische und pneumatische in-situ Verfahren, Karlsruhe 1995
Baden-Württemberg	Landesanstalt für Umweltschutz Baden-Württemberg (Hrsg.): Mikrobiologische Verfahren bei der Altlastensanierung, Karlsruhe 1996
Baden-Württemberg	Landesanstalt für Umweltschutz Baden-Württemberg (Hrsg.): Aktualisierung der Literaturstudie „Reaktive Wände" ph-Redox-reaktive Wände, Karlsruhe 1997
Baden-Württemberg	Landesanstalt für Umweltschutz Baden-Württemberg (Hrsg.): Bodenbehandlungsanlagen in der Bundsrepublik Deutschland – Erhebung, Stand November/Dezember 1996, Karlsruhe 1997
Baden-Württemberg	Landesanstalt für Umweltschutz Baden-Württemberg (Hrsg.): Referenzkatalog Altlasten-/Schadensfallsanierung – RefAS, Karlsruhe 1997
Baden-Württemberg	Landesanstalt für Umweltschutz Baden-Württemberg (Hrsg.): Technologien zur Abluftreinigung bei Bodenluftsanierungen – Verfahrensvorauswahl, Karlsruhe 1997
Bayern	Bayerisches Landesamt für Umweltschutz (Hrsg.): Verwertungsmöglichkeiten für gereinigtes Bodenmaterial aus Bodenbehandlungsanlagen, München 1994
Bayern	Bayerisches Landesamt für Umweltschutz (Hrsg.): Stand und Entwicklungen von Behandlungsverfahren für kontaminierte Böden, München 1995
Bayern	Bayerisches Landesamt für Umweltschutz (Hrsg.): Behandlungsverfahren für kontaminierte Böden mit flüchtigen organischen Schadstoffen, München 1996
Bayern	Bayerisches Landesamt für Umweltschutz (Hrsg.): Neue Entwicklungen zur Behandlung belasteter Böden, München 1997
Bayern	Bayerisches Landesamt für Wasserwirtschaft (Hrsg.): Behandlung von Untergrundverunreinigungen durch leichtflüchtige und sonstige leichtflüchtige organische Stoffe, Slg LfW Nr. 3.8-2 vom 15.01.1999, München 1998
Brandenburg	Ministerium für Umwelt, Naturschutz und Raumordnung (Hrsg.): Materialien zur Altlastenbearbeitung im Land Brandenburg. Bd. 6: Leitfaden Sanierungsplan, Juni 1998 Bd. 7: Anforderungen an die Untersuchungen von Altlasten in der Sanierungsphase (in Pianung 1999)

Regelwerke Teil 4

Hamburg	Umweltbehörde (Hrsg.): Vorläufige Leitwerte für die Sanierung von Grundwasser- und Bodenkontaminationen aus Sicht des Grundwasserschutzes – Mineralölkohlenwasserstoffe -, September 1990
Hamburg	Umweltbehörde (Hrsg.): Vorläufige Leitwerte für die Sanierung von Grundwasser- und Bodenkontaminationen aus Sicht des Grundwasserschutzes – LCKW, BTEX, PAK, Bezinkohlenwasserstoffe – Dezember 1992
Hamburg	Umweltbehörde (Hrsg.): Merkblatt zu den Anforderungen an Pfahlgründungen auf kontaminierten Standorten in Hamburger Marschgebieten aus Sicht des Gewässerschutzes, Dezember 1998
Mecklenburg-Vorpommern	Landesamt für Umwelt und Natur Mecklenburg-Vorpommern (Hrsg.): Handlungsempfehlungen bei der Schließung von Deponien nach der TA Siedlungsabfall
Nordrhein-Westfalen	Landesamt für Wasser und Abfall NW (Hrsg.): Feldversuche zur mikrobiologischen Sanierung eines PAK-belasteten Bodens (ehemaliger Gaswerkstandort in Solingen-Ohligs). Materialien zur Ermittlung und Sanierung von Altlasten, Band 10. Essen: 1994
Nordrhein-Westfalen	Ministerium für Umwelt, Raumordnung und Landwirtschaft des Landes Nordrhein-Westfalen (Hrsg.): Bodenüberdeckung als Sicherungsmaßnahme auf stofflich belasteten Flächen (Rd.Erl. vom 24.10.1995 – IV C 3 –348-00-06 und IV A 4 – 565.1.1). Düsseldorf: 1995
Nordrhein-Westfalen	Landesumweltamt Nordrhein-Westfalen (Hrsg.): Anforderungen an biologische Bodenbehandlungsanlagen nach dem Mietenverfahren. LUA-Merkblätter Nr. 8. Essen: 1997
Nordrhein-Westfalen	Landesumweltamt Nordrhein-Westfalen (Hrsg.): Auswertung und Erfahrung aus durchgeführten Sicherungsmaßnahmen bei Altlasten. Materialien zur Altlastensanierung und zum Bodenschutz, Band 3. Essen: 1997
Nordrhein-Westfalen	Landesumweltamt Nordrhein-Westfalen (Hrsg.): Leistungsbuch Altlastensanierung & Flächenentwicklung. Materialien zur Altlastensanierung und zum Bodenschutz, Band 5. Essen: 1998
Nordrhein-Westfalen	Landesumweltamt Nordrhein-Westfalen (Hrsg.): Arbeitshilfe zur Entwicklung von Rückbaukonzepten im Zuge des Flächenrecyclings. Materialien zur Altlastensanierung und zum Bodenschutz, Band 9. Essen: 1999

Regelwerke Teil 4

Nordrhein-Westfalen	Landesumweltamt Nordrhein-Westfalen (Hrsg.): Anforderungen an eine Sanierungsuntersuchung unter Berücksichtigung von Nutzen-Kosten-Aspekten. Materialien zur Altlastensanierung und zum Bodenschutz. Essen: 2000
Rheinland-Pfalz	Ministerium für Umwelt und Forsten Rheinland-Pfalz (Hrsg.): Grabarbeiten an bestehenden Deponien und Altablagerungen, Oktober 1996
Rheinland-Pfalz	Landesamt für Umweltschutz und Gewerbeaufsicht (Hrsg.): Informationsblätter ALEX 11 Inhaltliche Anforderungen an den Sanierungsplan 13 Baugrubenfreimessung im Rahmen von Sanierungsmaßnahmen
Sachsen	Sächsisches Landesamt für Umwelt und Geologie (Hrsg.): Immobilisierung von Schadstoffen in Altlasten, Band 1/1996
Sachsen	Sächsisches Landesamt für Umwelt und Geologie (Hrsg.): Arbeitshilfe für die Vergabe von Leistungen zur Altlastenbehandlung, Band 1/1998
Sachsen	Sächsisches Landesamt für Umwelt und Geologie (Hrsg.): Leitfaden zum Arbeitsschutz bei der Altlastenbehandlung, Band 5/1998
Sachsen	Sächsisches Staatsministerium für Umwelt und Landwirtschaft (Hrsg.): Handbuch zur Altlastenbehandlung, Teil 8, Sanierungsuntersuchung, Juli 1999
Sachsen	Sächsisches Landesamt für Umwelt und Geologie (Hrsg.): Oberflächensicherung von Altablagerungen und Deponien, März 1999
Schleswig-Holstein	Ministerium für Umwelt, Natur und Forsten Schleswig-Holstein (Hrsg.): Flammenlose, nicht katalytische Oxidation von Schadgasen im Altlastenbereich, Abschlussbericht für das LIFE–Projekt. Kiel 1999
Umwelt-Bundesamt	BONGARD, B.; KNEIB, W. (1995): Inventarisierung von technogenen Substraten und technisch hergestellter Böden, Umweltbundesamt Berlin, Texte 54/95
Umweltbundesamt	BRACKE, R.; DRESCHMANN, P.; NEUENHOFER, B. u. a. (1995): Entwicklung einer Systematik zur Kostenermittlung bei der Altlastensanierung – KOSAL, Umweltbundesamt, Texte 20/95, 261 S.

Regelwerke Teil 4

Umwelt-bundesamt	BENSON, L.; BRACKE, R.; DOETSCH, P. u. a. (1995): Entwicklung einer Systematik zur Prioritätenermittlung bei der Sanierung von Altlasten – PRISAL, Umweltbundesamt, Texte 21/95, 467 S.
Umwelt-bundesamt	BFUB Umweltberatung Fischer und Koechling (1995): Bedarfsanalyse für Bodensanierungszentren in den neuen Bundesländern. Phase I: Bedarfsanalyse für das BSZ Schwarze Pumpe. Umweltbundesamt, Texte 40/95, 228 S. Phase II: Bedarfsanalyse für Bodensanierungszentren in den neuen Bundesländern, Umweltbundesamt, Texte 41/95, 235 S.
Umwelt-bundesamt	DOETSCH, P.; HOTTEN, R.; DENKER, M. u. a. (1996): Analyse durchgeführter Altlastensanierungen im Hinblick auf Sanierungserfolge (Monitoring sanierter Altlasten), Umweltbundesamt, Texte 67/96, 611 S.
Umwelt-bundesamt	KÄSTNER, A. (1998): Untersuchungen ökologischer und methodischer Faktoren beim Nachweis rekombinanter Mikroorganismen im Boden, Umweltbundesamt Berlin, Texte 52/96
Umwelt-bundesamt	DOETSCH, P. (1997): Sicherung oder Dekontamination von Altlasten? Kriterien und Systematik zur Entscheidungsfindung Umweltbundesamt, Texte 22/97, 70 S.
Umwelt-bundesamt	DRESCHMANN, P.; DENKER M. (1998): Entwicklung und Validierung eines länderübergreifenden Handlungsrasters bei der Altlastensanierung auf der Grundlage abgeschlossener Sanierungsmaßnahmen. Handlungsrater Altlastensanierung. 2 Bände, Umweltbundesamt, Texte 11/98, 595 S.
Umwelt-bundesamt	SPILOK, K.; POHLE, H. (1998): Entwicklung und Anwendung innovativer Umwelttechnologien. Kurzfassung der Ergebnisse des F+E-Projekts: Innovationspotentiale von Umwelttechnologien Umweltbundesamt, Texte 31/98, 41 S.
Umwelt-bundesamt	AGEL, A.; LOEBEL, E. (1999): Entscheidungsgrundlagen für Sicherungs- und Sanierungskonzepte bei militärischen und Rüstungsaltlasten. Band I. Umweltbundesamt, Texte 28/99, 81 S.
Umwelt-bundesamt	PÜTTMANN, W.; DOLL, A. (1999): Entscheidungsgrundlagen für Sicherungs- und Sanierungskonzepte bei militärischen und Rüstungsaltlasten, Band II, Umweltbundesamt, Texte 29/99, 165 S.

Regelwerke Teil 5

Anhang: Regelwerke und Veröffentlichungen aus den Ländern, Veröffentlichungen des Umweltbundesamtes

Teil 5
Vorsorge

Bundes-land	Herausgeber, Titel
Baden-Württemberg	Ministerium für Umwelt und Verkehr (Hrsg.): Erhaltung fruchtbaren und kulturfähigen Bodens bei Flächeninanspruchnahmen / Heft 10, 1991 (vergriffen)
Baden-Württemberg	Ministerium für Umwelt und Verkehr (Hrsg.): Technische Verwertung von Bodenaushub / Heft 24, 1993
Baden-Württemberg	Ministerium für Umwelt und Verkehr (Hrsg.): Leitfaden zum Schutz der Böden beim Auftrag von kultivierbarem Bodenaushub / Heft 28, 1994
Baden-Württemberg	Ministerium für Umwelt und Verkehr (Hrsg.): Handbuch Boden – Materialien zum Bodenschutz Bd. 2: Bodendauerbeobachtung in Baden-Württemberg; Schwermetalle, Arsen, Organochlorverbindungen; 33 Seiten, Karlsruhe 1995
Baden-Württemberg	Ministerium für Umwelt und Verkehr (Hrsg.): Bewertung von Böden nach ihrer Leistungsfähigkeit – Leitfaden für Planungen und Gestattungsverfahren / Heft 31, 1995
Baden-Württemberg	Landesanstalt für Umweltschutz Baden-Württemberg (Hrsg.): Bodendauerbeobachtung in Baden-Württemberg – Schwermetalle, Arsen, Organochlorverbindungen, Karlsruhe 1995
Baden-Württemberg	Landesanstalt für Umweltschutz Baden-Württemberg (Hrsg.): Ermittlung atmosphärischer Stoffeinträge in den Boden, Karlsruhe 1997
Bayern	Bayerisches Geologisches Landesamt (Hrsg.): Boden-Monitoring, GLA-Fachbericht 14, München 1997
Brandenburg	Landesumweltamt Brandenburg (Hrsg.): Entscheidungsmatrix als Handlungshilfe für die Erhaltung und Wiederherstellung von Bodenfunktionen in Niedermooren. Fachbeiträge des LUA Nr. 27, 1997

Regelwerke Teil 5

Brandenburg	ZEITZ JUTTA, VOGEL INES, TÖLLE RAINER, LEHRKAMP HORST: Entwicklung eines Bewertungsverfahrens und Erarbeitung von Richtlinien zum Schutz der Bodenfunktionen in Niedermooren Brandenburgs. Ökologische Hefte der landwirtschaftlich-gärtnerischen Fakultät der Humboldt-Universität zu Berlin, Heft 8, 1997 (im Auftrag des Landesumweltamtes)
Brandenburg	Landesumweltamt Brandenburg (Hrsg.): Anforderungen des Bodenschutzes bei Planungs- und Zulassungsverfahren im Land Brandenburg – Handlungsanleitung, Fachbeiträge des LUA Nr. 29, 1998
Hessen	Hessisches Ministerium des Innern und für Landwirtschaft, Forsten und Naturschutz (Hrsg.): Bodenschutz in der Landschaftsplanung, Wiesbaden 1998
Niedersachsen	Niedersächsisches Landesamt für Bodenforschung (Hrsg.): Leitfaden zur Berücksichtigung von Bodeninformationen im Rahmen der Agrarstrukturplanung - Arbeitshefte Boden, im Druck, 1999
Niedersachsen	Landwirtschaftskammern Hannover und Weser-Ems (Hrsg.): Leitlinien ordnungsgemäße Landbewirtschaftung, 1991
Niedersachsen	Landwirtschaftskammer Hannover (Hrsg.): Empfehlungen zur standortangepassten Bodenbearbeitung, 1994
Niedersachsen	MÜLLER, U., 1997: Auswertungsmethoden im Bodenschutz - Tech. Ber. NIBIS, 6. Aufl. Hannover
Niedersachsen	Niedersächsisches Landesamt für Bodenforschung, Niedersächsisches Landesamt für Ökologie (Hrsg.): Bodenschutz in Raumordnung und Landschaftsplanung – Arbeitshefte Boden - in Druckvorbereitung, 1999
Nordrhein-Westfalen	Bund/Länder Arbeitsgemeinschaft Bodenschutz – LABO – (Hrsg.): Anforderungen an die Verwertung von kultivierbarem Bodenmaterial – Technische Regeln -, 1996
Sachsen-Anhalt	Landesamt für Umweltschutz Sachsen-Anhalt (Hrsg.): Klärschlammverwertung im Landschaftsbau. Berichte des LAU Heft 07., Halle 1993
Sachsen-Anhalt	BIZER, K., EWRINGMANN, D. (Finanzwissenschaftliches Forschungsinstitut an der Universität Köln): Eine Abgabe für den Bodenschutz. Im Auftrag des Ministeriums für Raumordnung, Landwirtschaft und Umwelt (Hrsg.), 1997

Regelwerke Teil 5

Sachsen-Anhalt	Landesamt für Umweltschutz Sachsen-Anhalt (Hrsg.): Bodenschutz in der räumlichen Planung. Berichte des LAU Heft 29, Halle 1998
Schleswig-Holstein	Ministerium für Natur und Umwelt des Landes Schleswig-Holstein (Hrsg.): Bodenschutz in Schleswig-Holstein, - Informationsgrundlagen, Bodenschutzprojekte, Probenahmehinweise, Maßstäbe zur Beurteilung von Böden -, Juli 1994
Schleswig-Holstein	Ministerium für Umwelt, Natur und Forsten des Landes Schleswig-Holstein (Hrsg.): Bodenschutzprogramm, - Ziele und Strategien des Bodenschutzes in Schleswig-Holstein-, November 1996
Thüringen	Thüringer Ministerium für Landwirtschaft, Naturschutz und Umwelt: Erlass zur Einführung der technischen Anforderungen an den Einsatz von Biokompost und Klärschlamm bei der Rekultivierung von devastierten Flächen des ehemaligen Bergbaus im Freistaat Thüringen mit Ausnahme der Kalirückstandshalden. Thüringer Staatsanzeiger Nr. 15/1997
Thüringen	Thüringer Ministerium für Landwirtschaft, Naturschutz und Umwelt (Hrsg.): Bodenversiegelung in Thüringen. Faltblatt. Erfurt 1999
Umweltbundesamt	MOHS, B.; MEINERS, H.-G. (1994): Kriterien des Bodenschutzes bei der Ver- und Entsiegelung von Böden. Umweltbundesamt Berlin, Texte 50/94
Umweltbundesamt	DUERR, H.-J.; PETELKAU, H.; SOMMER, C. (1995): Literaturstudie Bodenverdichtung. Umweltbundesamt Berlin, Texte 55/95
Umweltbundesamt	HARTMANN, K.-J.; LORENZ, S. u .a. (1995): Methodenbausteine im Bodeninformationssystem – Fachinformationssystem Bodenschutz/Brandenburg. Umweltbundesamt Berlin, Texte 62/95
Umweltbundesamt	HINZEN, A.; KRAUSE, D. u. a. (1995): Umweltschutz in der Flächennutzungsplanung./hrsg. vom Umweltbundesamt, Bauverlag, Wiesbaden und Berlin (Veröffentlichung der überarbeiteten Fassung in Vorbereitung)
Umweltbundesamt	SCHÜTZE, G.; NAGEL, H.-D. (1998): Kriterien für die Erarbeitung von Immissionsminderungszielen zum Schutz der Böden und Abschätzung der langfristigen räumlichen Auswirkungen anthropogener Stoffeinträge auf die Bodenfunktion. Umweltbundesamt Berlin, Texte 19/98
Umweltbundesamt	BARTELS, F., DASCHKEIT, A. u. a. (1998): Organisation und Methodik eines Bodenmonitorings. Umweltbundesamt Berlin, Texte 21/98

Regelwerke Teil 5

Umwelt-bundesamt	DANNEBERG, G.; LABES, G.; SIMON, R. (1998): Abschätzung der Einwirkungen gentechnisch veränderter Kulturpflanzen auf den Boden, vor allem auf die organische Bodensubstanz als Träger der Lebensraumfunktion: Darstellung des Kenntnisstandes und Abschätzung von Wirkungsszenarien. Umweltbundesamt Berlin, Texte 34/99
Umwelt-bundesamt	HAPPE, M.; MOHS, B. u. a. (1999): Bodenschutz und Landschaftsverbrauch. Umweltbundesamt Berlin, Texte 157
Umwelt-bundesamt	BÖHM, H.R.; HEILAND, P. u. a. (1999): Anforderungen des vorsorgenden Hochwasserschutzes an Raumordnung, Landes-/Regionalplanung, Stadtplanung und die Umweltfachplanung. Umweltbundesamt Berlin, Texte 45/99
Umwelt-bundesamt	BELOTTI, E.; MEYER, U. (1999): Einschätzung der Bodenqualität mit Hilfe pflanzlicher und tierischer Bioindikatoren. (Veröffentlichung in der Reihe Texte des Umweltbundesamtes in Vorbereitung)

Regelwerke Teil 6

Anhang: Regelwerke und Veröffentlichungen aus den Ländern, Veröffentlichungen des Umweltbundesamtes

Teil 6
Bodenerosion

Bundesland	Herausgeber, Titel
Baden-Württemberg	Ministerium für Umwelt und Verkehr (Hrsg.): Handbuch Boden – Materialien zum Bodenschutz Bd. 4: Prognose von Bodenerosion, Workshop; 147 Seiten und Karte; Karlsruhe 1995,
Baden-Württemberg	Landesanstalt für Umweltschutz Baden-Württemberg (Hrsg.): Prognose von Bodenerosion – Workshop, Karlsruhe 1995
Bayern	Bayerisches Geologisches Landesamt (Hrsg.): Atlas der Erosionsgefährdung in Bayern, GLA-Fachbericht 1, München 1986
Brandenburg	FRIELINGHAUS MONIKA (Hrsg.): Merkblätter zur Erosion in Brandenburg. ZALF-Bericht Nr. 27, 1997 (im Auftrag des Ministeriums für Umwelt, Naturschutz und Raumordnung
Mecklenburg-Vorpommern	Geologisches Landesamt Mecklenburg-Vorpommern (Hrsg.): Beschreibung der Wirkungsfaktoren für Boden- und Winderosionsmindernde Maßnahmen durch gezielte ackerbauliche Maßnahmen
Niedersachsen	Niedersächsisches Ministerium für Ernährung, Landwirtschaft und Forsten, Erhaltung des Bodens durch Erosionsschutz, 1989
Nordrhein-Westfalen	Ministerium für Umwelt, Raumordnung und Landwirtschaft des Landes Nordrhein-Westfalen (Hrsg.): Bodenerosion in Nordrhein-Westfalen – Gefährdung und Schutzmaßnahmen. Forschungsbericht Heft Nr. 30 der Landwirtschaftlichen Fakultät der Universität Bonn, 1995
Sachsen	Sächsisches Landesamt für Umwelt und Geologie sowie Sächsische Landesanstalt für Landwirtschaft, Freiberg und Dresden-Pillnitz (Hrsg.): Handbuch EROSION 2D/3D. Ein Computermodell zur Simulation der Bodenerosion durch Wasser, 1997. ISBN 3-00-001453-5

Thüringen	Thüringer Landesanstalt für Landwirtschaft (Hrsg.): Untersuchungen zur Schlaggestaltung sowie Empfehlungen für Flurbereinigungsverfahren in Thüringen. Themenkurzbericht 1998. Schriftenreihe der Thüringer Landesanstalt für Landwirtschaft, Heft 5/1999
Thüringen	Thüringer Landesanstalt für Landwirtschaft (Hrsg.): Stand und Anwendung kostensparender und bodenschonender Bodenbearbeitungssysteme in Thüringen. Themenkurzberichte 1998. Schriftenreihe der Thüringer Landesanstalt für Landwirtschaft, Heft 5/1999
Umweltbundesamt	FRIELINGHAUS, M.; WINNIGE, B. (1999): Maßstäbe bodenschonender landwirtschaftlicher Bodennutzung – Erarbeitung eines Bewertungs- und Entscheidungshilfesystems – Teil I: Wassererosion. (Veröffentlichung in der Reihe Texte des Umweltbundesamtes in Vorbereitung)

Stichwortverzeichnis

Altlastenkataster .... § 3 Rdnr. 75
Analysenverfahren .... Anh. 1 Rdnr. 88 ff.
Anhaltspunkte
- für Bodenerosion .... § 8 Rdnr. 8, Anh. 4 Rdnr. 2
- für eine Altlast .... § 3 Rdnr. 10 ff. und 70 f.
- für eine schädliche Bodenveränderung ..... § 3 Rdnr. 22 ff.
Anordnungsbefugnis
- für das Auf- und Einbringen
  von Materialien .... § 12 Rdnr. 21 f.
- für Detailuntersuchungen .... § 3 Rdnr. 35 ff.
- Sanierungsuntersuchung, -plan .... § 6 Rdnr. 2 ff.
- zur Vorsorge .... § 9 bis 11 Rdnr. 12
Anwendungsbereich
- BBodSchV .... Einf. Rdnr. 8, § 1 Rdnr. 1
- BBodSchG .... Einf. Rdnr. 9
Anzeigepflicht .... § 12 Rdnr. 23
Ausnahmen
- Gefahrenabwehr m. einfachen Mitteln ..... § 7 Rdnr. 1 ff.
- Untersuchung altlastverd. Flächen .... Anh. 1 Rdnr. 5 und 7
Baugenehmigungsverfahren .... § 4 Rdnr. 47 ff.
Bauleitplanung .... § 4 Rdnr. 47 ff.
Belastungsursachen .... § 3 Rdnr. 25 f.
Beseitigungspflicht .... § 5 Rdnr. 34
Betroffene .... Anh. 3 Rdnr. 28 ff.
Bodenabträge .... § 8 Rdnr. 3 ff.
Bodenerosion .... § 8 Rdnr. 1 ff.
Bodenmaterial .... § 2 Rdnr. 5 ff.,
                                                                     § 12 Rdnr. 2 und 9
Bodenüberdeckung .... § 5 Rdnr. 54 ff.
Dekontaminationsmaßnahmen
- Begriff .... § 5 Rdnr. 6
- Eignung .... § 5 Rdnr. 14,
                                                                     Anh. 3 Rdnr. 10
- Verfahren .... § 5 Rdnr. 7
Detailuntersuchung .... § 2 Rdnr. 25 ff.,
                                                                     § 3 Rdnr. 49 ff.,
                                                                     Anh. 1 Rdnr. 23 f.
Durchführbarkeit, technische .... Anh. 3 Rdnr. 13 ff.
Durchwurzelbare Bodenschicht .... § 2 Rdnr. 60

Eintragspfade	§ 3 Rdnr. 25
Einwirkungsbereich	§ 2 Rdnr. 8
Erfassung	Rdnr. 72 ff.
Erhebungen	
- über Altablagerungen und Altstandorte	§ 3 Rdnr. 73
- über altlastverdächtige Flächen	§ 3 Rdnr. 74
Erosionsfläche	§ 2 Rdnr. 52, § 8 Rdnr. 7 ff., Anh. 4 Rdnr. 2
Erosionsmindernde Maßnahmen	§ 8 Rdnr. 15
Erosionsprognose	Anh. 4 Rdnr. 3
Exposition(sbedingungen)	§ 2 Rdnr. 38 ff., § 3 Rdnr. 7, Anh. 1 Rdnr. 43, Anh. 2 Rdnr. 9
Flüchtige Schadstoffe	§ 3 Rdnr. 57ff.
Gefahrenbeurteilung	§ 3 Rdnr. 4, § 4 Rdnr. 2 ff.
Geringfügigkeitsschwelle	§ 4 Rdnr. 23 f.
Gute fachliche Praxis	§ 8 Rdnr. 3, 15
Hinreichender Verdacht i. S. v. § 9 Abs. 2 Satz 1 BBodSchG	§ 3 Rdnr. 35
Herkunftsort	§ 12 Rdnr. 44 ff.
Hintergrundgehalt	§ 2 Rdnr. 49 ff.
Historische Erkundung	§ 2 Rdnr. 1
Industrie- und Gewerbegrundstück	Anh. 2 Rdnr. 7
Inhalationsszenario	Anh. 2 Rdnr. 10
Innenraumluft	§ 3 Rdnr. 53 ff.
Kleinräumige Mittelwertbildung	§ 4 Rdnr. 23
Kinderspielfläche	Anh. 2 Rdnr. 4
Kosten	Anh. 3 Rdnr. 19 ff. und 71
Maßnahmenkonzept, vorzugswürdiges	Anh. 3 Rdnr. 4 f. und 8
Maßnahmenwert	§ 4 Rdnr. 10 und 29, Anh. 2 Rdnr. 12 f. und 38 ff.
Milieuveränderungen	§ 3 Rdnr. 66
Mobilisierbarkeit	§ 3 Rdnr. 7
Mobilität	§ 3 Rdnr. 7
Nachsorge	Anh. 3 Rdnr. 35 ff.
Nährstoffzufuhr	§ 12 Rdnr. 24 ff.
Off-site Schaden	§ 8 Rdnr. 7
Orientierende Untersuchung	§ 2 Rdnr. 15 ff., § 3 Rdnr. 29 ff., Anh. 1 Rdnr. 18 ff.

Ort der Beurteilung	§ 3 Rdnr. 44 f., Anh. 2 Rdnr. 7 und 71
Örtliche Gegebenheiten	§ 2 Rdnr. 43, § 3 Rdnr. 55
Park- und Freizeitanlage	Anh. 2 Rdnr. 6
Physikalische Beeinträchtigungen	§ 8 Rdnr. 1
Physiologische Gründigkeit	§ 2 Rdnr. 68 und 75

Probennahme
- bei Aufschüttungen .... Anh. 1 Rdnr. 64
- bei Bodenluft .... Anh. 1 Rdnr. 73 ff.
- Beprobungstiefen .... Anh. 1 Rdnr. 35 ff.
- Geräte .... Anh. 1 Rdnr. 52 und 71
- pfadspezifische Anforderungen .... Anh. 1 Rdnr. 42 ff.
- Probengewinnung .... Anh. 1 Rdnr. 65 ff.
- Probennahmeplanung .... Anh. 1 Rdnr. 32 und 60 ff.
- Probenzahl .... Anh. 1 Rdnr. 47 und 51
- Raster .... Anh. 1 Rdnr. 33 f.
- Teilflächenbildung .... Anh. 1 Rdnr. 30

Probengewinnung → *Probennahme*
Probenkonservierung .... Anh. 1 Rdnr. 76 f.
Probenlagerung .... Anh. 1 Rdnr. 76 f.
Probennahmeplanung → *Probennahme*
Probentransport .... Anh. 1 Rdnr. 76
Probenvorbehandlung → *Untersuchungsverfahren*
Prüfwert .... § 4 Rdnr. 4 ff.,
  Anh. 2 Rdnr. 14 ff. und 38 ff.
Qualitätssicherung .... Anh. 1 Rdnr. 109
Sanierung .... § 5 Rdnr. 2 ff.

Sanierungsplan
- Gebiet eines S. .... Anh. 3 Rdnr. 61 f.
- Anforderungen .... § 6 Rdnr. 8 f. und 13. ff.,
  Anh. 3. Rdnr. 39 ff.
- Anordnungsvoraussetzungen .... § 6 Rdnr. 2
- Ausnahmen .... § 7 Rdnr. 1 ff.
- Kosten .... Anh. 3 Rdnr. 71
- miteingeschlossene Zulassungen .... Anh. 3, Rdnr. 65 f.
- Mitwirkung der Behörde .... § 6 Rdnr. 10
- Umlagern innerhalb des Gebietes eines S. § 5 Rdnr. 66,
  Anh. 3 Rdnr. 49 f.
- zeitliche Durchführung .... Anh. 3 Rdnr. 70

Sanierungsuntersuchung
- Abfallentstehung und -entsorgung .... Anh. 3 Rdnr. 32 f.
- Anforderungen .... § 6 Rdnr. 11 f.,
  Anh. 3 Rdnr. 1 ff.
- Ausnahmen .... § 7 Rdnr. 1 ff.
- Zweck .... § 6 Rdnr. 7

Sanierungsziel
- Erreichen des Sanierungsziels.................... § 5 Rdnr. 32
- Schädliche Bodenveränderungen
  i. S. v. § 4 Abs. 5 BBodSchG................... § 5 Rdnr. 35

Schadstoff .... § 2 Rdnr. 34 ff.
Schutzgut .... § 2 Rdnr. 46 f.

Sicherungsmaßnahmen
- Arten von S. .... § 5 Rdnr. 36 ff.
- Beleg der Wirksamkeit .... § 5 Rdnr. 51
- Eignung .... § 7 Rdnr. 37 ff.,
  Anh. 3 Rdnr. 11 f. und 63
- langfristig/dauerhaft wirksame S. .... § 5 Rdnr. 43 ff.

Sickerwasserprognose
- allgemein... § 2 Rdnr. 30 ff.,
  Anh. 1 Rdnr. 99 ff.
- Abstromuntersuchungen im Grundw. .... Anh. 1 Rdnr. 100 ff.
- in situ Untersuchungen .... Anh. 1 Rdnr. 103
- Materialuntersuchungen im Labor .... Anh. 1 Rdnr. 104 f.
- Veränderungen i. d. Sickerstrecke .... Anh. 1 Rdnr. 107 f.

Überschreitung
- von Prüfwerten .... § 3 Rdnr. 41 ff.
- von Maßnahmenwerten .... § 3 Rdnr. 43

Untersuchungsbedarf .... § 12 Rdnr. 18 ff.

Untersuchungsumfang
- Grundsätze für die Festlegung .... Anh. 1 Rdnr. 9 ff.
- Differenzierung nach Fallgestaltungen .... Anh. 1 Rdnr. 3 ff.

Untersuchungsverfahren .... Anh. 1 Rdnr. 79 ff.
- Böden .... Anh. 1 Rdnr. 79 ff.
- Bodenluft .... Anh. 1 Rdnr. 96 ff.
- Bodenmaterial .... Anh. 1 Rdnr. 79 ff.
- Elution .... Anh. 1 Rdnr. 85 ff.
- Extraktion .... Anh. 1 Rdnr. 85 f.
- Probenauswahl .... Anh. 1 Rdnr. 79 ff.,
  Anh. 1 Rdnr. 110 f.
- Probenvorbehandlung .... Anh. 1 Rdnr. 80 f.

Verhältnis des BBodSchG
- zum Bauplanungsrecht .... Einf. Rdnr. 11 f.
- zum Bergrecht .... Einf. Rdnr. 13
- zum Immissionsschutzrecht .... Einf. Rdnr. 10
- zum Planfeststellungsverfahren .... Einf. Rdnr. 10
Verhältnismäßigkeit b. Grundwasserschutz .. § 4 Rdnr. 42 ff.,
    Anh. 1 Rdnr. 17
Verordnungsermächtigungen (BBodSchG) ... Einf. Rdnr. 15 ff.
Vorsorgewert .... § 9 bis 11 Rdnr. 4 ff.,
    Anh. 2 Rdnr. 74 ff.

Wirkungspfad Boden - Grundwasser
- Ableitungsgrundlagen .... § 3 Rdnr. 22 ff.
- Analysenverfahren .... Anh. 1 Rdnr. 88 und 93 f.
- Probennahme .... Anh. 1 Rdnr. 56 ff. und 99
- Prüfwerte .... Anh. 2 Rdnr. 68
- Untersuchungsverfahren → *Sickerwasserprognose*
Wirkungspfad Boden – Mensch
- Ableitungsgrundlagen .... Anh. 2 Rdnr. 8 f.
- Analysenverfahren .... Anh. 1 Rdnr. 88 ff.
- Abgrenzung der Nutzungen .... Anh. 2 Rdnr. 4 ff.
- Probennahme .... Anh. 1 Rdnr. 35 f. und 43 ff.
- Prüf- und Maßnahmenwerte .... Anh. 2 Rdnr. 8 ff.
- Untersuchungsverfahren .... Anh. 1 Rdnr. 43 ff.
Wirkungspfad Boden – Pflanze
- Ableitungsgrundlagen .... Anh. 2 Rdnr. 24 ff.
- Analysenverfahren .... Anh. 1 Rdnr. 88 ff.
- Abgrenzung der Nutzungen .... Anh. 2 Rdnr. 33 ff.
- Probennahme .... Anh. 1 Rdnr. 37 und 50 ff.
- Prüf- und Maßnahmenwerte .... Anh. 2 Rdnr. 38 ff.
- Schutzgüter .... Anh. 2 Rdnr. 26
- Untersuchungsverfahren .... Anh. 1 Rdnr. 79 ff.
Wohngartenszenario .... Anh. 2 Rdnr. 17 ff.
Wohngebiet .... Anh. 2 Rdnr. 5
Wurzeltiefgang .... § 2 Rdnr. 61 ff.
Zulässige Zusatzbelastungen .... § 9 – 11 Rdnr. 14 ff.